현대 협동조합론

현대 협동조합론

송춘호 · 전성군 지음

서문

철새는 계절이 바뀌면 하늘을 가르며 먼 길을 떠난다. 끝없는 바람을 맞으며 수천 킬로미터를 이동하는 여정 속에서 그들은 홀로 날지 않는다. 기러기들이 V자 대형을 이루어 하늘을 가르는 모습은, 단순한 비행의 기술이 아니라 협동과 연대의 깊은 비밀을 품고 있다. 앞장서는 새가 바람을 가르고 나면, 뒤따르는 새들은 그 길을 따라 힘을 덜 들여 날 수 있다. 선두에 선 새가 지치면 다른 새가 그 자리를 대신하고, 서로의 울음소리와 몸짓으로 대열을 맞추며 더 먼 길을 함께 완주한다. 자연은 이미 오래전부터 우리에게 이렇게 속삭여 왔다. "혼자가 아니라 함께일 때 더 멀리 갈 수 있다."

협동조합의 원리 또한 이와 같다. 개인의 힘은 한정적이지만, 연대와 협력을 통해 새로운 길을 열 수 있다. 각자의 작은 힘이 모이면 큰 바람을 일으키고, 나눔과 신뢰가 쌓이면 누구도 혼자서는 도달할 수 없는 성과를 이룰 수 있다. 이러한 정신은 단순한 이론을 넘어 사회적 제도로 자리 잡았다. 2011년 12월 29일 「협동조합 기본법」이 국회를 통과하면서, 한국 사회는 협동조합운동의 새로운 전환점을 맞이했다. 이는 씨앗이 흙 속에서 움트듯, 협동조합이 제도적 토양 위에서 뿌리를 내리기 시작한 순간이었다. 이어 2012년 UN은 '세계 협동조합의 해'를 선포하며 "협동조합은 더 나은 세상을 만든다"라는 구호를 내걸었다. 이는 협동의 정신이 국경을 넘어 인류 공동의 지혜로 확장되고 있음을 보여준다.

이 책은 바로 그 지혜를 탐구하고 나누기 위해 집필되었다. 협동조합을 이해하고 배우기 위한 기초 교재로서, 역사의 흐름과 사상의 전개, 운동의 현실과 조직의 운영까지를 담았다. 집필의 밑바탕에는 '씨앗'이라는 이미지를 두었다. 한 사람의 이해와 한 번의 실천이 곧 씨앗이 되어, 협동조합이라는 거대한 숲을 이루기를 바라는 마음이었다. 작은 씨앗 하나가 숲을 이루듯, 협동조합의 정신 또한 개인에서 시작해 공동체로 확장되고, 나아가 사회 전체를 변화시킬 수 있다.

책의 구성은 다섯 개의 모듈로 이루어져 있다. ▲역사를 통해 협동조합의 뿌리를 살피고, ▲이론과 현실 속에서 원리와 도전을 배우며, ▲조직과 운영을 통해 실제의 구조를 익히고, ▲한국농협운동의 여정을 따라가며, ▲세계 협동조합운동을 통해 미래를 전망한다. 또한 각 장마다 학습문제를 수록하여 단순한 지식 습득을 넘어 스스로 질문하고 답하며 사유를 확장할 수 있도록 했다.

이 책이 단순한 교재를 넘어 하나의 등불이 되기를 바란다. 협동조합을 학문적으로 이해하는 길에서, 그리고 현실 속에서 그 가치를 실천하고 확산하는 여정에서 길잡이가 되기를 소망한다. 철새가 함께 날며 더 먼 길을 가듯, 협동의 정신을 품은 독자 한 사람 한 사람이 씨앗이 되어 더 넓고 더 풍성한 숲을 이루어 가기를 기대한다.

2025년 10월 1일(양)

송춘호 · 전성군

목차

제5장 세계의 농협운동

제1장

협동조합의 생성과 발전

| 제1절 협동조합의 역사적 발전

협동[1]은 협동조합의 아이콘이다. 협동정신을 기본으로 삼는 협동조합의 역사적 발전은 그 시대의 사회적 · 경제적 요인들과 분리하여 생각할 수 없다. 현재와 마찬가지로 협동조합은 경제적 어려움과 사회적 변동이 있을 때 만들어졌다. 고대의 기록이나 고고학적 발견을 보면 중국, 이집트, 그리스와 같은 다양한 지역의 초기 문명에서 협동적 조직이 있었음을 알 수 있다.

그러나 근대적 협동조합운동을 출범시킨 것은 19세기 영국의 로치데일 공정개척자조합의 설립자들이었다. 로치데일의 선구자들, 초기 유럽의 협동조합 사상가들, 그리고 조직 활동가들이 전 세계 협동조합의 발달을 이끌 원칙들을 만들었다.

---

1 협동이 꼭 필요할까. 오랜 기간 동안 인류는 혼자서 생존할 수밖에 없었기 때문에 어떤 일을 하든 집단적인 협동을 할 수밖에 없었고, 이런 협동의 경험이 유전자 속에 깊이 새겨져 있다. 실제 협동 활동은 사회생활에서 필수적이다. 우리가 편하게 살아갈 수 있는 모든 소비재나 용역은 결국은 사회의 구성원 모두의 협동 활동으로 만들어지는 것이다. 하지만 세상이 발전하여 사회가 커지면 커질수록 협동의 범위와 규모도 커지게 되어 직접 몸으로 느끼기 어렵게 되어버린다. 마치 지구가 자전할 때 나는 거대한 굉음이 너무 소리가 크다 보니 우리가 못 듣고 있는 것과 마찬가지다. 이를테면 자동차 회사가 좋은 차를 만들려면 수만 개의 부품을 생산하는 부품회사들과 그곳에서 일하는 근로자, 연구기관 등이 협동으로 일하지 않으면 안 된다. 농업인들도 마찬가지이다. 농사를 지어 높은 소득을 올리려면 새로운 품종을 만드는 연구기관, 자금을 대출해 주는 금융기관, 농산물을 팔아 줄 수 있는 유통회사 등이 반드시 필요하다. 혼자 다 할 수도 있겠지만 돈과 노력과 개인의 능력이 협동하는 것보다 수백 배는 더 들어갈 수밖에 없어 사실상 불가능하다. 이처럼 혼자 성공했다고 하더라도 사실은 이미 많은 사회 구성원의 협동이 전제되는 것이다. 사회를 살아가며 협동하는 것은 선택이 아니라 필수이다. 협동조합은 이런 인간의 본성에 뿌리 깊이 박혀 있는 협동의 본능과 현대사회의 운영 원리인 협동을 발전시켜 상대적으로 약자들이 모여, 경제 사회 문화적 필요를 달성할 수 있도록 공동으로 소유하고 민주적으로 운영되는 자율적 단체를 만드는 것이다. 협동조합은 특히 소규모 농업인들이 많은 우리나라 농업에는 필수적인 조직이다.

1. 영국에서의 혁명적 기원

유럽에서 일어난 최초의 협동조합들은 농업생산과 공업생산의 방식이 변동함에 따라 발생한 엄청난 사회적 격동과 위기의 시대에 발생했다. 대략 1750년부터 1850년 사이의 산업혁명 이전 대부분의 유럽 가정은 자가소비와 소량의 판매를 위한 식량과 물건을 생산하면서 대체로 자급자족적인 생활을 하였다. 산업혁명으로 공장제 생산이 시작되었으며, 산업화를 가속하는 놀라운 발명이 급속하게 이루어졌다. 이 시기 발명품의 예는 석탄을 사용한 철강생산, 조면기계, 방직기계, 증기기관 등이 있다. 당시 경제에 대한 정부의 불간섭을 주장한 애덤 스미스(Adam Smith)의 저작들은 산업혁명에 박차를 가하였다.

소규모 생산과 가내수공업적 생산을 산업적 시스템이 점진적으로 대체하였다. 노동자들은 일을 찾아 도시로 이주해야만 하였으며, 노동자의 가족들은 토지와 분리되어 점차적으로 시장경제에 편입되었다. 노동자들은 대부분의 생활필수품, 특히 식량을 스스로 생산하는 대신에 이제는 구매를 하는 수밖에 없게 되었다. 하지만 생산의 발전과 함께 공정한 노동기준이 동반하지는 않았으며, 노동자들은 전형적으로 극도의 저임금과 열악한 작업환경에 놓여 있었다.

농촌지역에 남아 있던 사람들의 상황도 별반 다름이 없었다. 18세기에는 이미 농업혁명이 상당히 진전되어 있었다. 새로운 영농 방법과 신품종이 소개되어 토지소유제도에 극적인 변동이 일어났다. 소규모로 나누어져 있던 가족농지들이 주로 양과 다른 가축을 방목할 목적으로 대규모의 울타리를 친 사유지로 집적되어 갔다. 1760년에서 1843년 사이에 영국에서 약 700만 에이커의 농지가 이런 사유지에 편입되었다. 이에 따라 일자리를 잃게 된 수많은 농민들이 농지를 떠나 인근 도시로 내몰리게 되었다.

표현의 자유를 향한 운동이 이와 같은 혁명적 변화의 시기에 또 하나의 특징이었다. 영국인들은 당시 상황에 문제를 제기하고 더 많은 개인의 권리를 요구하면서 정부에 공개적으로 저항하기 시작했다. 이에 따라, 산업혁명과 농업혁명의 과정에서 일어난 광범위한 빈곤, 실업, 사회적 퇴보는 노동과 생활 조건의 개선을 요구하는 대중적인 외침을 만나게 되었다.

2. 초기 협동조합과 선구적 사상가들

공적부조제도가 미비한 상태에서 많은 유럽인들은 다양한 자조 조직을 설립하였다. 런던과 파리에는 1530년에 상호적 화재보험 회사가 있었으나, 처음으로 크게 성공하고 잘 알려진 사례는 1696년에 영국에서 설립된 아미커블 컨트리뷰션십(Amicable Contributionship)이었다. 영국에서는 나중에 우애조합(Friendly Society)으로 불리게 되는 상호부조조합(Mutual Aid Society)이 설립되어 조합원이 질병, 해고, 또는 사망 시에 재정적 지원을 하였다. 18세기 중반에 이미 여러 조합들이 사업을 하고 있었다. 1793년 최초의 우애조합법(Friendly Society Act)이 제정되면서 이들 조합이 법적으로 인정되었다. 우애조합이 대중의 부담을 완화시켜 주었기 때문에 19세기에는 우애조합을 지원하기 위한 여러 법안이 소개되었다. 노동자들은 고용주와 노동조건의 개선을 위한 협상을 하고 노동법규의 개선을 위해 정부에 압력을 가하기 위해 노동조합을 결성하였다.

영국에서 1760년에는 협동조합적인 또는 협동조합과 유사한 사업체가 운영되고 있었다. 대부분은 제분산업 또는 제빵산업에 집중되어 있는 소비자가 통제를 하는 조직이었다. 19세기에 들어서면서 협동조합적 옥수수 제분소가 여러 도시에 나타나서 제분업자의 폭리를 견제하였다. 18세기 말에 대부분의 서유럽 국가에는 이미 구매협동조합이 있었다. 스코틀랜드 펜위크(Fenwick)의 직조공 협동조합은 1769년에 집단적으로 생활용품 구매를 시작했다.

상호부조 조직과 노동조합의 앞선 형태는 중세 시대로 거슬러 올라가는 상인과 수공업자의 길드였다. 길드는 생산과 사업에 관한 구속력 있는 규범을 갖고 있었다. 부분적으로는 길드가 지역 내에서 특정 업종의 독점권을 유지하기 위하여 설립되었지만, 이들은 구성원에 대한 통제, 모든 구성원에 대한 평등한 대우, 구성원이 질병이나 가족의 위기에 처했을 때 재정적 지원을 하는 사회주의적인 관행을 갖고 있었다.

가. 로버트 오언(Robert Owen, 1771~1858)

오언은 '협동조합의 아버지(Father of Cooperation)'라고 불린다. 그는 1771년 영국의 뉴타운(New Town)시에서 철물점 주인의 아들로 태어났다. 조숙하고 독립심이 강했던 그는 10살 때부터 이미 점원 생활을 시작하였다. 그리고 점원으로 일하면서 상점 직원들도 공장 노동자들 못잖게 혹사당하는 것을 목격하였으며, 이것이 훗날 노동자의 권익 향상을 위해 일생을 헌신하게 된 계기로 작용하였다. 그는 29세가 되던 해인 1800년에는 뉴라나크(New Lanark)에 있는 수차방적공장을 인수하여 직접 경영을 맡았다.

오언은 인간의 성격 형성은 환경조건에 의해 커다란 영향을 받는다고 생각하였다. 따라서 노동자들에게 좋은 환경과 교육 기회를 제공한다면 노동자들을 훌륭한 시민으로 변화시킬 수 있다고 생각하였다. 이에 따라 그는 뉴라나크에 학교 교실과 강당, 간호학교 등이 갖추어져 있는 인격형성학원(Institute for the Formation of Character)을 설립하기도 하였다. 그가 운영한 방적공장에는 약 2,000명의 노동자가 있었다. 그는 이들 노동자에게 박애주의적 입장에서 양호한 작업시설과 근로 여건을 제공하였으며, 노동자들을 대상으로 한 교육에도 열성을 다하였다. 그리하여 오언이 운영하는 공장에서는 근로시간이 1일 10시간 이내로 제한되었으며, 교육에 많은 비용을 지출하는 등 노동자들의 복지 증진을 위한 다양한 노력이 전개되었다. 그는 또한 뉴라나크에 일종의 소비자 협동조합을 조직하고 각종 생활필수품을 대량으로 구입한 뒤 일반 상인보다 20% 정도 저렴하게 공급하여 노동자들에게 커다란 이익을 제공하였으며, 수익금 중 상당액을 교육비로 충당하였다.

오언의 사상은 빈민으로 전락한 노동자들의 생존권을 어떠한 방식으로 확보할 것인가라는 문제의식에서 출발하였다. 그리고 그가 제시한 해결책은 '협동촌(village of cooperation)'을 건설하는 것이었다. 그는 노동자들이 빈곤으로부터 해방되기 위해서는 자본가에게 종속될 수밖에 없는 자본주의 사회에서 벗어나, 노동자 스스로가 주인이 되고 자급자족을 달성할 수 있는 협동촌을 만들어야 한다고 주장하였다. 협동촌에서는 노동자들이 자본가에게 종속되지 않고 필요한 물품을 스스로 만들어 자급자족할 수 있게 된다. 그는 실제로 그의 방적공장이 있는 뉴라나크의 공장촌을 모범적인 공동사회로 만들고자 하였다. 그리고 몇 년 후에는 어둡고 빈곤했던 이 도시를 집과 도로가 잘 정비되고 노동자들 및 그들의 자녀들에게 훌륭한 교육 기회를 제공하는 모범적인 도시로 변화시키는 성과를 거두었다. 그의 이러한 업적은 이후 세상에 알려져 1815~1825년에 걸쳐 해마다 2만 명 이상의 사람들이 이 도시를 견학하였다.

오언은 1824년 그의 아들과 함께 미국으로 건너가 이듬해 사재를 들여 인디애나주에 2만 에이커의 토지를 구입한 뒤 뉴하모니(New Harmony) 협동촌을 건설하였다. 그는 이 협동촌을 자급자족이 가능한 이상적인 공동사회로 만들고자 하였다. 그러나 그의 계획은 결국 실패로 돌아갔다. 실패의 원인에는 자본 부족 문제와 구성원들이 공동체 생활에 적응하지 못한 현실적인 이유도 있었지만, 가장 주된 요인은 그의 이상이 현실과 너무 동떨어져 있었기 때문이었다. 사유재산과 상품생산을 두 축으로 하는 자본주의 체제하에서 격리촌을 건설하여 노동자의 권익을 보호하겠다는 생각은 현실과 상당한 괴리가 있었던 것이다.

그는 이후 다시 런던으로 돌아와 국민공평노동교환소(National Equitable Labor Exchange)를 개설하였다. 그는 노동자들에게 각자 생산한 물품을 이 교환소에 가지고 와서 생산에 투여된 시간에 비례하여 물품의 가치를 측정한 뒤 서로 교환하게 하였다. 그는 이와 같이 시장을 거치지 않고 노동자들끼리 직접 물품을 생산 · 교환하게 함으로써 자본가들이 상품의 생산과 시장거래를 통해 이윤을 획득하는 행위를 방지할 수 있다고 생각하였다. 그러나 이 계획도 결국은 실패로 끝나고 말았다. 이는 각자가 투입한 노동시간을 계산하는 것이 매우 어려웠을 뿐만 아니라, 화폐와 시장을 매개하지 않고 물물교환 방식으로 일일이 거래를 성사시킨다는 것도 현실적으로 불가능했기 때문이다.

오언은 노동자들의 능력을 신뢰하지 않고 그들을 지도와 교육의 대상으로만 여겼다. 따라서 노동자들의 자력에 의한 방식이 아니라 정부나 부유층의 원조에 기대어 협동조합운동을 실행하고자 하였다. 오언은 또한 모두가 평등하게 어울려 사는 이상적인 공동체 사회를 지향하여 일체의 기성 종교를 부인하는 한편, 가족에 대해서도 비판적이었다. 그는 자본주의 사회의 모순을 강하게 비판하였으며, 사회로부터 격리된 협동촌 건설을 통해 자본주의의 모순에서 벗어나고자 하였다. 이와 같이 그는 협동조합을 사회주의적 공동사회 건설의 기초조직으로 인식하였다. 이러한 점에서 그는 공상적 사회주의자로 평가받고 있는데, 실제로 초기 협동조합운동에서는 이러한 오언적 사회주의 사상이 많은 영향을 미쳤다.

나. 윌리엄 킹(William King, 1786~1865)

윌리엄 킹은 1786년 영국 입스위치(Ipswich)에서 중학교 교장의 아들로 태어나 케임브리지 의대를 졸업 후 의사가 되어 브라이튼(Brighton)에서 의료사업을 전개하면서 실업자와 가난한 노동자들의 비참한 삶을 목격하게 되었으며, 이를 계기로 빈민구제를 위한 사회사업에 깊은 관심을 갖게 되었다. 그리하여 1824년에는 빈민구제를 목적으로 브라이튼 지구협회(Brighton District Society)를 설립하였고, 1827년에는 협동조합자선기금(Cooperative Benevolent Fund Association)을 설립하였다.

그는 기부와 자선에 의지한 협동조합운동은 곧 한계에 직면하게 될 것이라고 믿고 있었고, 따라서 오언과 달리 노동자들이 스스로의 자력과 상부상조를 통해 빈곤에서 벗어나야 함을 역설하였다. 그는 이와 같은 취지에서 1827년 7월 소비조합을 설립하였다. 이 조합은 45인의 노동자 조합원으로 구성되어, 각자 5파운드씩 출자하였으며 1년 후에는 1인당 36파운드까지 출자금액을 인상하였다. 그러나 이 조합은 기독교적 색채가 강한 킹의 사상과 조합원의 현실적 요구가 합치되지 못하여 1년 남짓 운영되다가 해산하고 말았다.

이러한 실패를 겪은 후 킹은 우선 노동자들을 계몽시키는 것이 선결문제라고 생각하고, 월간지 협동조합인(The Cooperator)을 발간하였다. 이 잡지는 1828년에 창간호를 내기 시작하여 1830년 8월에 28호를 끝으로 폐간되었는데, 이 당시 영국 전역에 걸쳐 협동조합 사상을 보급하는 데 커다란 기여를 하였다. 이 잡지에 나타난 그의 협동조합 사상을 요약하면 다음과 같다. 이 세상에 존재하는 모든 생산물과 가치들은 모두 노동자들에 의해 생산되었는데, 노동자들은 자본가들이 지불하기로 마음먹은 임금만을 지급받게 된다. 또한 노동자들은 현실적으로 자기가 제공한 노동 가치의 4분의 1에 해당하는 임금밖에 지급받지 못하고 있다. 그러면 왜 노동자들은 자신이 생산한 모든 노동 가치를 스스로 완전히 획득하지 못하는가, 이는 노동자들이 일을 하는 동안에도 그들의 생계를 유지해야만 하는데, 이를 위해서는 자본가들이 축적한 자본과 그들이 지급하는 임금에 의존할 수밖에 없기 때문이다. 따라서 노동자들이 스스로 자본을 마련할 수 있다면, 그리하여 노동자들이 자본과 노동을 동시에 소유하게 된다면 노동자들은 더 이상 자본가에게 종속되지 않고 모든 생산물에 대한 가치를 완전히 획득할 수 있게 된다. 즉 노동은 자본을 축적함으로써 비로소 자유를 획득할 수 있다. 그러나 노동자들은 가난하므로 개별적으로는 충분한 자본을 마련할 수 없다. 그러므로 다수가 모여 자본을 형성해야 하며, 협동조합은 이러한 목적을 달성시킬 수 있다.

킹도 오언과 마찬가지로 최종적으로는 자급자족의 공동체를 구상하고 있었다. 이 공동체에서는 노동자들이 스스로 필요한 물품을 생산한다. 또한 실업 상태에 놓여 있는 노동자에게 일자리를 마련해 주기 위해 토지를 구입하고, 질병을 치료할 수 있는 각종 혜택을 제공한다. 그러나 킹은 오언과 달리 협동의 이익은 협동촌의 건설을 통해서만이 아니라 현존하는 자본주의 사회 내에서도 실현될 수 있다고 생각하였다. 그리고 이러한 목표를 실현시키기 위한 수단으로 오늘날 소비조합과 유사한 협동조합 방식의 점포 설립을 주장하였다. 킹은 '노동자들은 식료품과 생활필수품을 구입하기 위해 매일 점포를 이용하지 않을 수 없다. 그렇다면 노동자들 스스로 점포(union shop)를 만들어 이용하는 것이 더 유리하지 않겠는가'라고 말하였다. 킹은 노동자들이 직접 점포를 설립하면 두 가지 점에서 이익이 된다고 생각했다. 첫째는 소매 가격을 낮추어 생활비를 절약할 수 있고, 둘째는 노동자들이 직접 만든 물품을 점포에 판매할 수 있다는 점이다.

협동조합에 대한 킹의 구상을 좀 더 상세하게 요약하면 다음과 같다. 먼저 조합원들이 매주 회비를 내서 기금을 조성한다. 그리고 기금이 일정 액수에 달하면 노동자들에게 필요한 생필품을 판매하는 점포를 설립 · 운영한다. 여기에서 생긴 이익금은 공동의 자본으로 하여 다시 사업을 늘려 가는 데 투자한다. 사업 확장에 필요한 자본금은 출자금과 사업 이익금으로 조성해 나간다. 자본이 늘어나면 토지를 매입하여 협동촌을 건설한다. 조합원들은 협동촌에서 거주하며 스스로 농산물을 경작하고 제품을 생산하여 모든 의식주를 자체적으로 해결한다.

킹이 설립한 협동조합 점포는 1832년에 이르러 500개소로 늘어날 만큼 널리 확대되었다. 그러나 이듬해인 1833년에 이르러 이 운동은 실질적으로 거의 붕괴되었다. 그 이유에는 자본가의 조직적인 방해와 경기침체 등 여러 가지 원인이 있었지만, 가장 중요한 요인은 협동조합을 어떻게 운영할 것인가에 대한 내부적인 구조와 제도가 제대로 정비되지 못했다는 점이다. 예를 들어, 협동조합이 이윤을 창출할 경우 이것을 어떠한 방법으로 조합원에게 분배할 것인가에 대한 방법을 알지 못했다. 그 결과 단적인 예로, 조합원들에게 출자한 금액을 환불하기 위해 협동조합을 아예 해산하는 경우도 있었다.

오언과 킹의 사상을 살펴보면, 이들이 구상한 협동조합운동은 자본주의의 모순에 대한 비판에서부터 비롯되었으며, 자본주의 체제하에서 노동자들이 자본가에게 종속되어 노동력을 착취당할 수밖에 없는 구조적인 문제를 해결하기 위해서는 노동자들이 스스로 소유하고 통제하며, 그 이익을 온전히 향유할 수 있는 생산조직을 확보하는 것이 필요하다고 인식하였다. 그들이 노동자들로만 구성된 격리촌을 건설하거나, 노동자들이 공동으로 자본을 출자하여 소매점을 운영하는 방식을 대안으로 제시한 것은 바로 이러한 이유 때문이다. 이와 같이 협동조합이 유럽에서 처음 등장하게 된 것은 자본가들을 배제시키고 노동자들이 소유권과 통제권, 수익권을 모두 확보할 수 있는 조직구조를 모색하기 위한 것이었다.

오언과 킹의 차이점을 비교해 보면, 오언은 협동촌이나 국민공평노동교환소와 같이 자본주의 사회에서 격리된 방식을 줄곧 협동조합의 모습으로 추구하였다. 킹의 경우에는 협동촌을 협동조합의 궁극적 모습으로 인식한 점에서는 오언과 같았지만, 자본주의 체제 내에서도 협동조합 방식의 점포 설립을 통해 노동자의 이익을 지켜낼 수 있다고 제시한 점에서 차이가 있었다. 킹이 오언에 비해 좀 더 현실적인 대안을 제시하였다는 평가는 이러한 사실에 기인하고 있다.

그러나 오언과 킹이 구상한 협동조합운동은 결국 실패로 돌아갔다. 이들이 구상한 협동조합은 조합원이 소유권 · 통제권 · 수익권을 모두 확보하고 있는 체제라는 점에서 오늘날 현존하고 있는 협동조합과 본질적으로 동일하다. 그런데 이들이 구상한 협동조합이 모두 실패한 것은 협동촌과 소매점포를 지속적으로 유지시킬 수 있는 제도와 운영 방식을 정립하지 못했기 때문이다. 우리가 이들이 설립한 협동조합이 아니라 뒤이어 나타난 로치데일 공정개척자조합을 최초의 근대적 협동조합으로 인식하는 이유는, 로치데일 조합이 오늘날 협동조합의 근본적인 제도와 운영 방침을 처음으로 확립하였기 때문이다.

3. 최초의 근대적 협동조합

초기 협동조합의 실패를 극복하고 최초로 근대적 협동조합의 성립을 보게 된 것은 1844년 영국 랭커셔주의 로치데일이라는 소도시에서 로치데일 공정개척자조합(Rochdale Equitable Pioneers Society, 이하 로치데일 협동조합)이 설립되면서부터이다. 로치데일 협동조합의 탄생은 협동조합 역사에서 가장 중요한 사건으로 기록될 만하다. 로치데일 협동조합은 근대적 협동조합운동의 실질적인 출발점이 되었을 뿐만 아니라, 협동조합의 제도 및 운영 원칙의 근간을 최초로 확립하였기 때문이다. 즉 오늘날 협동조합은 로치데일 협동조합에 그 기원을 두고 있다고 말할 수 있다. 유럽과 북아메리카를 포함하여 전 세계적으로 협동조합운동이 크게 확산된 것도 로치데일 협동조합의 성공에 힘입은 바가 크다.

로치데일 협동조합이 설립될 당시 로치데일시는 인구 6만 5천 명의 조그만 도시였다. 로치데일은 모직과 면직 등 방직공업으로 유명한 도시였으며, 방직공장에서 일하는 노동자들이 주민의 다수를 차지하고 있었다. 그런데 산업혁명이 한창 진행 중이던 1840년대에 로치데일에서 거주하고 있던 노동자들의 삶은 차마 눈 뜨고 보기 어려울 정도로 매우 가난하고 비참하였다. 대부분의 노동자들은 누더기를 걸치고, 감자와 오트밀 죽 등으로 간신히 끼니를 연명하는 경우가 많았다. 도시는 위생상태와 환경, 상하수도 시설이 제대로 갖추어 있지 않은 열악한 상황이었으므로, 1848년 당시 로치데일시에 거주하고 있던 주민의 평균 수명은 21세에 불과했다.

노동자들의 삶이 이처럼 비참해진 것은 산업혁명의 영향 때문이었다. 로치데일에서는 대대로 가내수공업 형태의 소규모 방직업과 농업이 주로 이루어져 왔었다. 그러나 산업혁명의 결과 기계화가 진전되면서 이러한 생산방식은 공장제 대량생산 체제로 전환되었다. 이에 따라 자영업자들은 공장 노동자로 전락하였다. 더욱이 농촌에서 쫓겨 온 농민들과 실직 군인들, 아일랜드 이민자들이 이 도시로 밀려들면서 노동의 공급 과잉이 발생하여 노동자들의 임금수준과 근로조건이 악화되었다. 로치데일 협동조합이 설립되기 2년 전 이 도시의 60%에 해당하는 노동자들은 실직 상태에 있었다.

이러한 시대적 배경하에서 노동자들이 상호 협력을 통해 스스로의 힘으로 빈곤한 삶과 열악한 생활수준을 극복하기 위해 최초 28명의 노동자들이 주축이 되어 로치데일 협동조합이 설립되었다. 이들을 직업별로 분류해 보면 방직공장 노동자가 가장 많았으며, 신발수선공, 재단사, 목수 등도 포함되어 있었다. 이들 중 몇 명은 로버트 오언의 영향을 받은 사회주의자들이었고, 일부는 선거권 보장을 위해 투쟁해 온 차티스트(chartist)들이었다. 또한 종교 지도자들과 노동운동에 헌신해 온 사람들도 포함되어 있었다.

28명의 조합원들은 각자 1파운드씩 출자하여 총 28파운드의 자본금을 조성하였다. 조합원들은 이 자본금으로 연간 10파운드의 임대료를 지불하기로 하고 낡은 창고 하나를 인수하였다. 그런데 창고 주인이 협동조합을 신뢰하지 않았으므로, 찰스(Charles)라는 조합원이 임차계약의 당사자가 되었다. 창고는 일부 수리하여 식료품을 판매하는 점포로 개조하였다. 조합원들은 남은 16파운드의 자금으로 버터와 설탕, 밀가루, 오트밀, 양초 등의 물품을 구입한 후 상점을 운영하기 시작하였다.

상점은 처음에는 매주 월요일과 토요일 저녁에만 열렸다. 그러나 3개월이 지나면서부터는 화요일을 제외하고는 매일 열렸으며, 차와 담배 등도 판매 품목에 포함되었다. 상점 운영은 성공적으로 이루어졌다.

사업 첫해에만 710파운드의 매출을 기록하였으며, 22파운드의 이익을 남겼다. 그해 연도 말에는 조합원이 74명으로 늘어났고, 자본금도 181파운드로 증가했다. 이후로도 사업은 계속 번창했다. 특히 1849년에는 로치데일 저축은행(Rochdale Savings Bank)이 파산하자 많은 사람들이 투자 목적으로 로치데일 협동조합에 출자를 늘리기도 하였다. 1880년에는 조합원 수가 1,000명을 넘어섰고, 자본금 30만 파운드, 매출액 30만 파운드, 순이익 5만 파운드 등을 기록했다.

로치데일 협동조합이 이전의 협동조합과 달리 커다란 성공을 거두게 된 것은 협동조합 운영 원칙을 정립하고, 이 원칙하에서 점포를 효율적으로 운영하였기 때문이다. 로치데일 협동조합은 8대 운영 원칙을 정립하였는데, 이 원칙들은 협동조합 시스템의 지속적인 유지와 점포 사업의 상업적 성공이라는 두 가지 목적을 동시에 충족시켜 주는 성과를 가져다주었다.

〈표 1-1〉 로치데일 협동조합의 8대 운영 원칙

제1원칙	· 민주적 운영: 출자 규모에 관계없이 1인1표의 의결권
제2원칙	· 개방된 조합원 제도: 소액의 출자금만 납입하면 조합원으로 가입
제3원칙	· 출자에 대한 이자 제한: 출자배당을 5~8% 이내로 제한
제4원칙	· 이용고 배당 실시: 이용 실적에 따라 잉여금을 배당
제5원칙	· 현금거래 원칙: 시가에 의한 현금거래, 외상거래 금지
제6원칙	· 정직한 상품만 공급: 품질을 속이지 않고 정직한 상품만 취급
제7원칙	· 교육의 촉진: 조합원에게 협동조합 운영 방식 등을 교육
제8원칙	· 정치적 · 종교적 중립: 정치와 종교에 대해서 중립

로치데일 협동조합의 8대 운영 원칙을 살펴보면 오늘날의 협동조합 제도와 매우 유사함을 알 수 있다. 로치데일 협동조합의 운영 원칙

은 조합원이 주권을 갖는 협동조합 시스템을 유지시키고, 소매점을 효과적으로 운영할 수 있는 사업전략을 마련하기 위한 두 가지의 필요성 때문에 도입되었다. 먼저 개방된 조합원 제도는 보다 많은 소비자를 조합원으로 끌어들이는 데 적합하였다. 소매점 운영에 있어서 다수의 고객을 확보하는 것이 가장 중요한 과제이므로 이 원칙은 소비자 협동조합의 사업전략으로써 적절하였다.

이용고 배당 제도는 잉여금의 배당을 물품의 구입량에 비례시킴으로써 오늘날 마일리지 제도와 유사한 효과를 발휘하였다. 정직한 상품만을 취급한다는 원칙은 제품에 이물질을 섞거나 수량을 속이는 행위가 만연했던 당시의 상황에서 협동조합 사업의 신뢰도를 높이는 데 크게 기여하였다. 1인1표 방식의 민주적 운영 원칙과 자본에 대한 이자 제한 원칙은 협동조합이 일부 대주주에 의해 지배되지 않고, 다수의 조합원에 의해 지속적으로 소유 · 통제될 수 있는 조건을 형성하여 주었다. 현금거래 원칙은 이전의 협동조합들이 과도한 외상판매로 파산한 경험을 교훈 삼아 도입되었다. 교육 촉진의 원칙은 협동조합 운영에 대한 조합원의 이해를 높이는 역할을 하였으며, 정치적 · 종교적 중립 원칙은 불필요한 사상적 논쟁으로부터 벗어남으로써 조합이 다양한 고객을 조합원으로 유치시키는 데 일조하였다.

이처럼 로치데일 협동조합의 8대 운영 원칙은 소비자 협동조합의 운영에 적합한 방식으로 제정되었다는 특징이 있다. 이 원칙들은 이후 농업협동조합과 신용협동조합을 비롯한 다양한 협동조합에 적용되었으며, 그 결과 오늘날 협동조합 제도 및 운영 원칙의 전형을 형성하게 되었다. 특히 국제협동조합연맹(ICA)의 협동조합 원칙[2]이 로치데일 협동조합 원칙에 근간을 두고 제정됨으로써 그 파급효과는 더욱 커지게 되었다.

로치데일 협동조합이 초기 협동조합 역사에서 눈부신 성공을 거두게 된 데에는 운영 원칙의 제정뿐만 아니라, 시대를 앞서간 사업전략도 커다란 요인으로 작용하였다. 로치데일 협동조합은 소매점을 체인화하여 전국적인 판매망을 구축하였다. 당시 대부분의 소매업자들은 판매점을 하나씩밖에 보유하고 있지 않았다. 이에 비해 로치데일 협동조합은 지점 점포를 개설하여 사업 규모를 급속히 늘려 나갈 수 있었다.

---

2 협동조합 원칙은 1937년 국제협동조합연맹(ICA)이 처음으로 채택한 이후 두 번 개정이 되었다. ICA가 1995년 개정해 지금까지 이어져 오고 있는 7대 원칙은 다음과 같다.

제1원칙은 자발적이고 개방된 조합원 제도이다. 협동조합은 자발적인 조직으로서, 협동조합을 이용할 수 있고 조합원으로서 책임을 다하면 성(性) · 사회적 신분 · 인종 · 종교 · 정파에 따른 차별을 두지 않고 모든 사람에게 개방해야 한다는 것이다.

제2원칙은 조합원에 의한 민주적 관리이다. 협동조합은 조합원에 의해서 관리되는 민주적인 조직으로서 조합원은 정책수립과 의사결정 과정에 적극 참여해야 하고, 선출된 임원은 책임을 지고 봉사해야 한다는 것이다. 또한 단위조합의 조합원들은 동등한 투표권(1인1표)을 갖고, 다른 연합단계의 협동조합도 민주적인 방식에 따라 관리해야 한다는 뜻이다.

제3원칙은 조합원의 경제적 참여다. 조합원은 협동조합의 자본조달에 공평하게 기여해야 하며, 출자배당이 있을 경우 조합원은 출자액에 따라 제한된 배당을 받을 권리를 인정한 것이다. 잉여금 배분은 준비금 적립, 사업이용 실적에 비례한 편익 제공, 기타 조합원의 동의를 얻은 활동지원으로 제한하고 있다.

제4원칙은 자율과 독립이다. 협동조합이 정부 등 다른 조직과 약정을 맺거나 외부로부터 자본을 조달하고자 할 때는 조합원에 의한 민주적 관리가 보장되고 자율성이 보장돼야 한다는 것이다.

제5원칙은 교육 · 훈련 및 정보제공이다. 협동조합 발전에 효과적으로 기여하도록 교육과 훈련을 해야 한다는 것으로 특히 젊은 세대와 여론 지도층에 협동의 본질과 장점에 대한 정보를 제공해야 한다는 뜻이다.

제6원칙은 협동조합 간 협동이다. 협동조합은 지역 간 인접국 간 및 국제적으로 함께 일함으로써 조합원에게 가장 효과적으로 봉사하고 협동조합운동을 강화해야 한다는 것이다.

제7원칙은 지역사회에 대한 기여이다. 협동조합은 조합원의 의사에 따라 지역사회의 지속 가능한 발전을 위해 노력해야 한다는 것이다.

로치데일 협동조합은 또한 협동조합도매연합회(Cooperative Wholesale Society, 이하 CWS)의 설립을 통해 도매사업에도 진출하였다. CWS는 가격이 싼 식료품을 해외에서 수입하여 국내에 공급하였으며, 해외의 홍차 재배지를 직접 소유하기도 하였다. 또한 일부 선주가 운송비를 인상하자 CWS는 즉시 독자적인 해운업에도 진출하였다. CWS는 나아가 직접 제조업자가 되기도 하였다. CWS는 신발과 의류, 비누, 가구 등 노동자들의 생필품과 관련된 제품을 주로 생산하였다. CWS는 아울러 일부 생산협동조합을 인수하여 제조업 분야에 대한 진출을 더욱 확대하고 소매 부분으로 사업을 확장하였다. CWS는 계속적인 인수합병을 통하여 사업 규모를 확대하였으며, 1973년에는 스코틀랜드 도매협동조합(SCWS)을 인수하고, 2007년에는 영국에서 2위 규모인 유나이티드 코아퍼러티브(United Co-operatives)를 인수하였다. CWS는 2007년 말 코아퍼러티브 그룹(The Co-operative Group)으로 명칭을 단순화하고 조합원 450만 명과 임직원 12만 명 그리고 지역 협동조합을 회원으로 하는 세계 최대의 소비자 협동조합이 되었다.

로치데일 협동조합의 성공 배경에는 법률적 지원도 커다란 몫을 차지하였다. 1852년 영국에서는 세계 최초의 협동조합법으로 평가받는 산업 및 공급조합법(The Industrial and Provident Societies Act)이 제정되었다. 이 법이 제정되기 이전 협동조합은 우애조합법(Friendly Societies Act)의 적용을 받고 있었는데 이 법은 사업체가 아닌 상호부조단체를 규정하기 위해 고안된 법이었기 때문에 소비자조합이 조합원이 아닌 다른 사람들에게 물품을 판매하는 것을 금지하는 등 적절한 법적 보호를 받지 못하였었다.

산업 및 공급조합법은 협동조합에 대해 중요한 법적 보호장치를 마련해 주었다. 이 법은 협동조합의 재산권을 보호해 주었고, 협동조합 규범에 법적 구속력을 인정해 주었다. 또한 협동조합 예금에 대한 보호장치를 마련해 주었고, 협동조합이 비조합원에게도 물품을 판매할 수 있도록 허용하였다. 그리고 조합의 법적 지위를 인정하여 관료의 부당한 행위에 대해 대항할 수 있도록 하였다. 조합원들에 대한 출자배당을 5% 이하로 제한하였지만, 구매에 따른 이용고 배당은 폭넓게 허용하였다. 아울러 모든 조합원들이 조합의 부채에 대해 무한책임을 지도록 규정하고 있었으며, 출자는 조합원당 100파운드 이내로 제한하고 있었다. 그러나 1862년 이 법이 개정됨에 따라 조합원들의 책임은 유한책임으로 바뀌었다. 즉, 조합원들은 법 개정으로 자신의 출자금 범위 내에서만 조합의 채무를 부담하면 되었다. 또한 출자의 제한은 200파운드로 상향되었으며, 협동조합이 다른 협동조합에 투자하는 것이 허용되었다.

학습문제 풀이

[1] 유럽에서 초기 협동조합의 사적 배경이 아닌 것을 고르시오.

① 영국의 산업혁명　　② 미국의 독립운동

③ 차티스트 운동　　④ 노동자 실업문제

정답 2번

해설 미국의 독립운동은 직접적 연관성이 없음.

[2] 다음 중 영국 산업혁명의 영향이라 할 수 없는 것은?

① 근대적 자본주의 사회 출현

② 대량 생산체제 구축

③ 봉건적 대소유의 강화로 자본가 계급 형성

④ 곡물가격 폭등

정답 3번

[3] 초기 협동조합운동에 관한 설명으로 맞는 것을 고르시오.

① 런던에는 이미 15세기에 상호적 화재보험 회사가 운영되었다.

② 영국의 우애조합은 조합원의 질병, 해고, 사망 시에 재정적으로 지원하였다.

③ 17세기 영국에는 협동조합적 옥수수 제분소가 설립되어 제분업자를 견제하였다.

④ 17세기 서유럽에서 생활용품 구매를 위한 구매 협동조합이 설립되었다.

정답 2번

해설 1번은 16세기, 3번은 19세기, 4번은 18세기

[4] 초기 협동조합 사상가인 로버트 오언에 대한 설명으로 틀린 것을 고르시오.

① 오언은 노동자의 생존권을 위해 협동촌 건설을 주장하였다.

② 오언은 뉴라나크에서 방적공장을 직접 경영하였다.

③ 오언은 영국에 뉴하모니 협동촌을 건설하였다.

④ 오언은 공상적 사회주의자로 평가된다.

정답 3번

해설 뉴하모니 협동촌은 오언에 의해 미국에 건설되었다.

[5] 협동조합 사상가인 윌리엄 킹에 관한 설명으로 옳은 것을 고르시오.

① 윌리엄 킹은 18세기 영국에서 태어나 의료사업을 전개하였다.

② 윌리엄 킹은 농민 구제를 위해 협동조합 자선기금을 설립하였다.

③ 윌리엄 킹은 기부와 자선에 의지한 협동조합운동을 강조하였다.

④ 윌리엄 킹은 농민이 조합원으로 참여하는 소비자 조합을 조직하였다.

정답 1번

해설 2번은 빈민 구제, 3번은 자력과 상부상조, 4번은 노동자

[6] 로버트 오언과 윌리엄 킹의 공통점이라고 볼 수 없는 것은?

① 협동조합원이 소유권, 통제권, 수익권을 모두 확보하지 못했다.

② 구상이 자본주의 모순에 대한 비판으로부터 출발되었다.

③ 자급자족 공동체인 협동촌을 협동조합의 궁극적 모습으로 인식하고 있었다.

④ 제도와 운영 방식을 정립하지 못해 실패했다.

정답 1번

[7] 근대적 협동조합의 기틀을 마련한 로치데일 공정개척자조합이 경이적인 성공을 하게 된 요인으로 볼 수 없는 것은?

① 8대 운영 원칙을 통해 협동조합 시스템을 유지시키고 소매점을 효과적으로 운영

② 소규모 농업생산자들이 현물출자 등을 통해 자기자본을 확충

③ 소매점을 체인화하여 전국적인 판매망을 구축하고 도매사업에도 진출하는 등의 시대를 앞서간 사업전략

④ 세계 최초 협동조합법으로 평가받는 산업 및 공급조합법 제정으로 법률적 지원을 받음

정답 2번

[8] 영국 로치데일 협동조합의 원칙이 아닌 것을 고르시오.

① 민주적 운영

② 개방된 조합원 제도

③ 이용고 배당

④ 협동조합 간 협동

정답 4번

해설 협동조합 간 협동은 20세기 들어 ICA 원칙에 포함됨.

[9] 로치데일 협동조합에 관한 설명으로 틀린 것을 고르시오.

① 조합원에 대한 협동조합 교육을 강조하였다.

② 1844년 영국 로치데일 지역에서 설립되었다.

③ 28명의 노동자가 주도하여 설립되었다.

④ 수익경영을 추구하여 상업적 성공을 거두었다.

정답 4번

해설 로치데일 협동조합은 원가경영을 추구하였다.

[10] 로치데일 협동조합의 성공 요인이 아닌 것을 고르시오.

① 이용고 배당 실시

② 부자의 자선과 기부

③ 현금거래의 준수

④ 출자배당의 제한

정답 2번

해설 조합원의 자발적 사업 참여가 성공요인

[11] 로치데일 협동조합의 운영 방식에 관한 설명으로 틀린 것을 고르시오.

① 조합원에게 1인1표의 의결권을 부여하였다.

② 출자배당은 10% 이내로 제한하였다.

③ 조합원의 외상 거래를 금지하였다.

④ 조합원 가입 확대를 추진하였다.

정답 2번

해설 출자배당은 5~8% 이내로 제한

[12] 로치데일 협동조합의 역사적 성과에 대한 설명으로 틀린 것을 고르시오.

① 로치데일의 운영 원칙은 오늘날 ICA 협동조합 원칙에 영향을 미쳤다.

② 로치데일의 사업전략은 다른 지역의 협동조합 설립으로 확산되었다.

③ 로치데일 협동조합은 소비자 협동조합운동의 원형으로 평가된다.

④ 로치데일 협동조합은 이후 노동조합 운동의 발전에도 크게 기여하였다.

정답 4번

해설 노동조합 운동과는 무관하다.

[13] 산업 및 공급 조합법에 관한 설명으로 틀린 것을 고르시오.

① 이 법은 이후 우애조합법 제정으로 폐지되었다.

② 산업 및 공급 조합법은 세계 최초의 협동조합법으로 평가된다.

③ 조합원에 대한 출자배당을 5% 이하로 제한하였다.

④ 모든 조합원은 조합의 부채에 대해 무한책임을 지도록 규정하였다.

정답 1번

해설 우애조합법은 사업체가 아닌 상호부조단체를 규정하는 법률

★ OX 퀴즈

자본주의의 영향을 받은 자작농의 출현이 협동조합운동의 출발점이었다. (X)

★ 다음 내용 중 알맞은 것을 선택하세요.

〈로치데일 협동조합의 8대 운영 원칙〉

(1) 제1원칙 민주적 운영	(1, 15)	(9) 정치와 종교에 대해서 중립
(2) 제2원칙 개방된 조합원 제도	(2, 11)	(10) 출자배당률 5~8% 이내로 제한
(3) 제3원칙 출자에 대한 이자 제한	(3, 10)	(11) 소액의 출자금만 납입하면 조합원으로 가입
(4) 제4원칙 이용고 배당 실시	(4, 16)	(12) 시가에 의한 현금거래, 외상거래 금지
(5) 제5원칙 현금거래 원칙	(5, 12)	(13) 조합원에게 협동조합 운영 방식 등을 교육
(6) 제6원칙 정직한 상품만 공급	(6, 14)	(14) 품질을 속이지 않고 정직한 상품만 취급
(7) 제7원칙 교육의 촉진	(7, 13)	(15) 출자 규모에 관계없이 1인1표의 의결권
(8) 제8원칙 정치적 · 종교적 중립	(8, 9)	(16) 이용 실적에 따라 잉여금을 배당

| 제2절 신용 · 농업협동조합의 발생과 ICA

1. 신용협동조합의 발생

1-1 독일 신용협동조합의 태동

1806년 10월, 훗날 독일 통일의 주역이 되는 프로이센은 나폴레옹이 이끄는 프랑스군과의 전쟁에서 참패하였다. 프로이센은 간신히 독립국으로서의 지위는 유지했지만 사실상 나폴레옹의 속국으로 철저한 수탈과 내정간섭을 받게 되었다. 이에 당시 프로이센의 재상이었던 슈타인(Stein)은 국가 부흥을 위해 여러 부문에 걸친 개혁을 단행하였다. 농업 부문에서는 농민을 영주의 속박에서부터 해방시키기 위해 1807년 10월 농노제를 폐지한다는 칙령을 발표하였다. 농노제 폐지의 목적은 농민에게 완전한 토지소유권을 부여하고 부역을 폐지하여 인격적 자유를 확보해 주는 데 있었다. 슈타인이 농노제 폐지를 추진한 것은 중산층을 육성하는 것이야말로 국가를 튼튼하게 하는 지름길이라고 생각하였고, 이에 따라 농민을 노예적 속박으로부터 해방시켜 중산층으로 육성하고자 한 때문이었다. 슈타인의 개혁은 10년 뒤 재상에 오른 하르덴베르크(Hardenbergische)에 의해 계승되었다. 슈타인-하르덴베르크 개혁은 비록 만족할 만한 성공을 거두지는 못했지만, 독일에서 독립 자영농이 크게 증가하는 결과를 발생시켰다.

자영농의 등장은 사회 경제적으로 커다란 변화를 가져왔다. 노예적 신분에서 벗어난 자영농들이 점차 시장경제에 의존하는 현상이 나타나게 된 것이 가장 큰 특징이다. 노예적 신분에서는 잉여 농산물에 대한 권리가 농민에게 주어지지 않았기 때문에 시장거래가 활성화되지 못했다. 그러나 농민들이 자영농 신분을 획득하게 되면서부터는 자체 소비하고 남은 농산물을 시장에 내다 파는 것이 가능해졌다. 그리고 생계에 필요한 물품을 구입하기 위해서라도 농민들은 시장거래를 통해 현금을 확보할 수밖에 없었다. 이에 따라 현금거래를 목적으로 하는 상업농이 증가하게 되었다. 이와 함께, 이 당시 윤작법과 화학비료의 발명 등 농업기술의 발달로 생산력이 크게 증가하게 된 농업혁명이 발생한 점도 상업농의 발달을 촉진시켰다. 아울러 식량수요의 증가로 곡물 가격이 크게 상승하여 농민들의 생산 의욕은 계속 증가하였다.

이와 같은 사회적 · 기술적 변화로 인해 농민들의 생산 의욕은 크게 높아졌다. 따라서 많은 농민들이 농업생산을 증대시키고자 하였으며, 이에 따라 농업자금의 조달 필요성도 함께 증가하게 되었다. 농산물 생산을 늘리기 위해서는 비료, 농약, 종자를 더 많이 구입해야 했으므로, 자연 농업자금이 더 많이 필요하게 되었던 것이다. 그런데 농업인들은 자금이 부족했기 때문에 부득이 상인으로부터 고리대금을 빌릴 수밖에 없었다. 이 때문에 생산증대와 높은 곡물가격 덕택에 농민들이 얻은 이익은 고스란히 상인들의 몫으로 돌아갔다. 이에 따라 농민들에게는 저리로 자금을 빌릴 수 있는 농촌 신용조합의 필요성이 간절해지게 되었다. 독일에서 농촌 신용조합이 최초로 발생하게 된 것은 이러한 역사적 배경하에서 비롯되었다.

한편, 도시에서는 영국 등 선진국과 달리 공업화가 늦어졌기 때문에 수공업 형태의 생산방식이 여전히 지배적이었다. 독일의 산업혁명은 영국보다 1세기나 늦은 1850~1870년경에 시작되었다. 또한 봉건주의적 제도가 아직 많이 잔존하고 있는 토대 위에서 영국의 발달된 공업 기술이 일부 접목되는 형식으로 진행되었다. 독일의 노동자들은 적어도 1860년대까지 길드제도에 의해 보호받고 있었으며, 이에 따라 수공업적 생산방식이 광범위하게 유지되고 있었다. 도시 신용조합이 독일에서 최초 발생하게 된 것은 바로 이들 중소 수공업자 계층이 광범위하게 존재하고 있었던 것과 깊은 관련이 있다. 영국에서는 노동자들이 생산수단을 잃고 임노동자로 전락하였기 때문에, 생계비 등을 절약할 목적으로 소비조합이 주로 설립되었다. 그러나 독일에서는 독자적으로 사업체를 운영하는 소생산자들이 여전히 존재하고 있었기 때문에, 사업체 경영에 필요한 운영자금 조달 등을 위해 신용조합을 더 필요로 하였다. 소생산자들은 대부분 자본축적이 미진하였고, 따라서 이들에게 자본을 유통해 줄 목적으로 신용조합이 먼저 발달하게 된 것이다.

이러한 역사적 배경하에서 신용조합은 독일에서 최초 발생하였는데, 이 과정에서 두 명의 선구자의 역할이 매우 컸다. 이들이 바로 도시 신용조합을 창설한 슐체 델리치와 농촌 신용조합을 최초 설립한 빌헬름 라이파이젠이다.

1-2 독일 신용협동조합의 선구자

가. 슐체 델리치(1808~1883)

슐체 델리치(Hermann Shulze-Delitzsch)는 독일에서 도시 신용조합을 최초로 창설한 협동조합운동의 선구자이다. 슐체는 출생지인 델리치에서 읍장이자 재판관이었으며, 나중에는 국회의원이 되었다. 그는 국회의원 시절 노동자, 독립수공업자, 소상공인들의 경제상태 조사를 주된 임무로 하는 국회조사위원으로 활동했다. 그는 이 기간 중에 이들 계층이 빈곤에서 허덕이는 주요 원인이 무거운 고리채에 있음을 알게 되었다. 이를 계기로 그는 정계를 떠나 신용조합운동을 전개하게 되었다.

그는 1849년 델리치시에서 목공과 제화공을 조합원으로 하는 「원료구매조합」을 설립하였다. 이 조합은 조합원의 무한연대보증을 통해 자금을 차입한 후, 이 자금으로 원료를 대도시 도매시장에서 대량 구입하는 것을 목적으로 하였다. 무한책임주의를 채택하게 된 것은 조합원의 자본 출자 여력이 부족해 부득이 보증을 통한 차입에 의존할 수밖에 없었기 때문이며, 대량 구입은 중간 상인의 이윤을 배제하기 위해서였다. 그는 이후 단순히 원료를 공동 구매하는 것만으로는 수공업자의 어려움을 근본적으로 타개할 수 없음을 깨닫고 1850년 「대부조합(loan society)」을 설립하였다. 이 조합은 최초 10명의 수공업자들이 조합원으로 참여하여 설립되었는데, 원료구입 등에 필요한 자금을 조합원에게 대출해 주는 것을 목적으로 하였다. 이 조합이 바로 도시 신용조합의 효시가 되었다.

그런데 슐체가 설립한 신용조합은 초기에는 주로 부자들의 기부금이나 무이자의 외부차입금에 의존하여 운영되었다. 즉 자선적 · 구빈적 성격이 강하였던 것이다. 따라서 당연히 경영체로서 오래 지속되기 어려웠으며, 점차 쇠퇴하여 갔다. 이에 슐체는 조합의 지속 가능한 경영을 위해서는 자립 기반을 갖추는 것이 필요하다고 생각하여, 조합원에게 출자를 하도록 하였다. 이에 따라 조합원으로 가입하기 위해서는 출자의무를 부담하도록 했으며, 출자의무와는 별도로 조합 경영에 대해 무한책임을 지도록 했다. 조합의 수익은 20%를 자본금으로 적립한 뒤, 나머지를 출자금에 대한 배당 형식으로 조합원에게 지급하도록 했다. 조합이 조합원에게 자금을 대출해 줄 때는 담보 또는 친지 및 지인에 의한 대인보증을 요구했다. 조합의 경영은 총회에서 선출된 유급 상임 이사가 3년간 담당하도록 하는 등 전문 경영을 중시했다.

슐체가 확립한 이러한 운영 시스템은 그 기능을 충분히 발휘했다. 1905년까지 1천 개 이상의 신용협동조합이 설립되고, 약 60만 명에 달하는 조합원을 보유하게 되었다. 나치 정권하에서는 예금과 공채 인수를 주축으로 하는 제도금융을 담당하였다. 제2차 세계대전 후에도 많은 발전을 하였으나, 점차 슐체의 이념이 약화되고 신용조합보다는 중소기업협동조합으로서의 성격이 더 강해졌다.

나. 빌헬름 라이파이젠(1818~1888)

빌헬름 라이파이젠(Wilhelm Raiffeisen)은 독일 농촌 신용조합의 창설자이자, 농업협동조합의 사실상 원조로 평가받고 있다. 농민의 아들로 태어난 라이파이젠은 독실한 기독교 신자로 성장했다. 그는 일선 행정기관의 서기를 거쳐 읍장을 역임했다. 그는 읍장으로 재직하던 시절 주민의 대부분을 차지하고 있던 농민들이 심각한 빈곤 상태에 처해 있음을 목격하였다. 당시 농민들은 대부분 자금이 없어 농사철에 비료 · 농약 · 종자를 외상으로 구입한 뒤 이를 수확 후에 고율의 이자로 변제하는 악순환을 반복하였다. 악성 부채에 시달리다 못해 수확이 채 끝나기도 전에 농산물을 상인들에게 저가로 인도하는 경우도 다반사였다. 특히 '배고픈 40년대'라고 불릴 정도로 1840년대는 극심한 기근이 전 유럽을 휩쓸고 있었다. 1845~47년 동안 유럽의 많은 나라에서는 감자가 말라 죽는 병이 퍼져 감자 수확량이 크게 줄어들었다. 감자의 부족은 다른 식품의 가격상승을 가져왔다. 결국 수백만 명이 굶어 죽고, 높은 실업률과 정치 불안이 야기되었다.

라이파이젠은 이러한 시대적 상황에서 가난한 농업인들에게 감자와 빵을 배급하는 조직을 설립함과 동시에, 부유한 계층의 원조에 의지해 농민을 원조하기 위한 대부조합을 설립하였다. 1849년에는 농촌고리채 해소 운동의 일환으로 푸람멜스펠드 구제조합을 만들어 자금 대부사업을 개시하였고, 1854년 헷데스돌프로 전임한 뒤에는 헷데스돌프 자선조합을 설립하여 농업인 구제에 많은 힘을 기울였다. 그런데 이러한 신용조합은 부자들의 기부에 의해 유지되어 다분히 자선적 성격이 강하였다. 부자들의 기부행위는 일정한 한계를 가질 수밖에 없으므로 조합은 당연히 지속 운영되기 어려웠다. 라이파이젠도 이러한 문제의식을 갖고 있었으며, 이때 슐체가 조합원의 상호부조 원칙에 기초하여 대부조합을 설립했다는 소식을 듣고 그와 의견을 교환하며 자립 가능한 협동조합 모델을 강구하기 시작했다. 그래서 1862년 이러한 모델에 입각하여 안하우겐을 비롯한 4군데에 신용조합을 설립하였는데, 이것이 세계 최초의 농촌 신용조합으로서 근대적 농업협동조합의 시초가 되었다.

라이파이젠이 설립한 농촌 신용조합의 운영 원리를 살펴보면 다음과 같다. 라이파이젠의 모델은 기본적으로 출자금이 없다는 점에서 슐체의 모델과 달랐다. 라이파이젠이 조합원에게 출자나 가입금을 요구하지 않은 것은 농민 조합원 대부분이 출자할 여력이 부족했기 때문이다. 조합원 출자를 대신하여, 조합 운영에 필요한 자금은 조합원의 무한 연대보증 책임으로 자금을 차입하여 충당하였다. 조합원은 자신의 농장과 가축, 농기구 등을 무한책임을 위한 담보물로 제공하였다. 무한연대책임제가 적용되었기 때문에 조합원들은 공동운명체적인 관계에 있었고, 따라서 조합은 부락이라는 지역 단위를 기준으로 소규모 지역 조합 형식으로 조직되었다. 조합의 재산은 조합원의 총유(總有)로 하여 조합원 간 지분 분할을 인정하지 않았고, 조합의 잉여금은 조합원에게 배분하지 않고 전액 조합에 적립하였다. 조합은 조합원의 저축과 조합에 유보된 적립금을 통해 운영자금을 조달했으며, 이를 통해 조합원의 무한연대책임을 점차 완화시켜 주었다. 이러한 라이파이젠 협동조합의 운영 원칙은 로치데일 협동조합의 운영 원칙과 더불어 오늘날 협동조합 제도를 수립하는 근간이 되었다.

라이파이젠 신용조합은 최초 설립 이후 커다란 발전을 거듭했다. 신용조합 수는 1905년에 이르러 1만 3천 개 이상으로 늘어났다. 독일 농민의 절반가량이 조합원으로 가입하였다. 라이파이젠계의 농촌 신용조합 수는 슐체계의 도시 신용조합의 10배에 달했고, 조합원 수도 2배 이상이었다. 그러나 예금 규모에서는 도시 신용조합의 6분의 1 수준이었다. 라이파이젠 신용조합은 신용사업이 주된 사업이었지만, 점차 구매, 판매, 보험, 이용사업 등 농업경영과 관련된 각종 사업을 겸영하는 종합농협으로 발전하여 농업협동조합의 원조가 되었다. 라이파이젠계 조합들은 또한 조합 사업의 신용도를 제고시키기 위해 전국 단위 연합회를 설립하였다. 전국을 사업 범위로 하는 연합회의 설립은 조합 사업에 신용도를 높임으로써 라이파이젠 신용조합이 크게 발전하는 밑거름이 되었다.

라이파이젠과 슐체계 협동조합은 도시의 소상공인과 농촌의 자영 농업인이 지속 생존할 수 있는 기반을 제공해 주었다. 소상공인과 자영 농민들은 신용조합을 이용함으로써 고리대금업자의 횡포에서 벗어날 수 있었으며, 원활한 자금 융통이 가능해져 독자 경영의 유지가 가능해졌다. 많은 농민이 토지를 잃고 도시의 임노동자로 전락한 영국과 달리 독일에서 자영농과 독립 수공업자들이 오래도록 지속될 수 있었던 것은 이러한 협동조합 은행의 역할이 매우 컸다. 즉 독립 수공업자와 자영농의 존재가 협동조합 은행의 발생 기반이었지만, 동시에 협동조합 은행은 이들의 생존 가능성을 높여 주는 선순환 기능을 하였던 것이다.

2. 농업협동조합의 발생

2-1 농업협동조합의 태동

산업혁명이 소비자 협동조합을 발생시키는 계기가 되었다면, 농업혁명은 구매 · 판매 · 가공 등의 분야에서 농업계 협동조합이 나타나게 된 원인으로 작용하였다. 농업혁명은 농업기술의 발달로 농업생산을 크게 증가시켰으며, 노예적 신분에서 벗어난 자영농들은 점차 시장거래를 위해 농산물을 생산하기 시작하였다. 농업 생산 과정은 보다 자본집약적으로 변화되어 갔으며, 농산물의 품질관리가 점점 중요하게 되었다. 더욱이 철도의 발달에 힘입어 시장에서 부패하기 쉬운 농산물을 판매할 수 있게 되었고, 공업화된 가공기술의 발달로 농산물의 부가가치를 높이는 것이 가능하게 되었다. 이러한 농업 분야의 변화는 농업인들에게 상호 협력의 필요성을 높이게 되었고, 이에 따라 구매 · 판매 · 가공 등의 분야에서 협동조합의 설립이 증가하게 되었다. 과거 자급자족을 위한 농업이 아니라 판매를 목적으로 한 상업농이 확대됨에 따라 구매와 판매, 가공 등의 분야에서 보다 조직적으로 시장에 대응해야 할 필요성이 높아지게 된 것이다.

농업 분야에서의 협동조합 설립은 크게 세 가지 형태로 나타났다. 첫째는 구매협동조합이다. 이것은 종자와 화학비료, 농약의 구입을 조직화하려는 목적에서 나타났다. 둘째는 판매협동조합이다. 이것은 농산물의 유통과 판매를 조직화하기 위한 목적에서였다. 셋째는 가공협동조합이다. 이것은 농산물을 보다 높은 가치의 제품으로 만드는 것을 목적으로 하였다.

이 협동조합들 중에서 최초로 조직된 협동조합은 가공협동조합이었다. 근대적 의미에서의 최초의 가공협동조합은 미국에서 처음으로 설립되었는데, 1867년에 약 4백여 개의 협동조합 치즈공장과 크림제조공장이 처음 설립되었다. 1878년 크림 분리기가 발명된 이후에는, 버터가공협동조합이 유럽에서 급속히 확대되었다. 농업협동조합운동에서 커다란 업적을 쌓은 호레이스 플란켓(Horace Plunkett)은 버터가공협동조합이 아일랜드에서 급속히 증가하게 된 이유를 다음과 같이 말하였다. “버터 제조에 종사하는 자본가 기업들은 처음에는 우유를 생산하는 농가들에 그들이 요구하는 수준보다 높은 가격을 지불한다. 그리하여 농업인들이 자본가에게 점점 의존하게 만듦으로써 우유 판매망을 독점하게 된다. 이후 자본가들은 우유의 구입 가격을 크게 인하하여 초과 이윤을 착복하기 시작한다. 농민들은 대체 공급처가 없기 때문에 형편없는 가격에 자본가 기업에 우유를 제공할 수밖에 없다. 농민들이 공동으로 버터가공협동조합을 설립하기 시작한 것은 자본가들의 이러한 횡포에 대응하기 위한 필요성 때문이었다."

농산물의 공동판매를 목적으로 하는 판매협동조합의 설립도 미국에서 가장 먼저 시작되었다. 미국은 국토가 넓어 생산지와 시장 간의 거리가 멀리 떨어져 있었다. 농업인들은 그들이 생산한 농산물을 개별적으로 운송하는 것이 불가능하거나 크게 비효율적이었으므로, 원거리 시장에서의 조직적인 판매를 목적으로 협동조합을 설립하기 시작하였다. 1820년 뉴욕의 그란빌에서 식용돼지판매협동조합이 설립되었고, 1844년에는 포키푸시에서 양모판매협동조합이 설립되었다.

독일에서는 신용협동조합에 이어 구매협동조합이 가장 발전했다. 처음에는 개별 라이파이젠 신용조합이 조합원에게 자재를 염가로 공급할 목적으로 도매업자와의 교섭을 담당하였다. 그러나 하스(W. Hass, 1839~1913) 박사에 의해 최초로 독립적인 구매협동조합이 헤센주의 프리드베르크에서 설립되었다. 1873년에는 그 수가 15개로 늘어났다. 하스는 1895년 전국적인 구매연합조직을 설립하였다. 이 구매연합조직은 물품 공급 상인들이 전국적으로 구축한 카르텔 조직에 맞서 구매교섭력을 발휘함으로써 농민 조합원의 이익을 보호하는 데 많은 기여를 하였다.

2-2 덴마크의 농업협동조합

미국이나 독일에서 구 · 판매 및 가공협동조합이 최초 등장하였지만, 이러한 종류의 협동조합이 크게 성공한 나라는 덴마크이다. 19세기 중반 덴마크의 경제적 상황은 이러한 협동조합이 등장하기에 매우 적합한 조건이 갖추어져 있었다. 덴마크에서는 1788년부터 농노해방이 이루어져 자영농이 광범위하게 분포하고 있었다. 유럽에서는 노르웨이에 이어 자유토지 보유자가 가장 많았다. 또한 농장의 분포와 면적이 법률로 보호되었기 때문에, 19세기 중엽에 농민들은 평균 40에이커의 농지를 소유하여 상대적으로 부유하게 되었다. 사회적 측면에서도 협동조합의 설립에 유리한 조건이 갖추어져 있었다. 국민들은 균질적이었고 종교는 동일했으며, 마을을 기반으로 한 공동체 생활도 충분히 발전했다. 평등주의의 전통으로 사회계급 간 첨예한 대립과 차별도 크지 않았다. 영국에서는 1870년부터 시행되었던 의무교육이 덴마크에서는 1814년에 시작되었고, 1849년에는 자유주의적 민주주의와 선거권이 확립되었다. 그리고 정치적으로는 소규모 농업경영자 정당이 실질적으로 정권을 장악했다.

이와 같이 협동조합에 우호적인 경제 · 사회적 조건하에서 19세기 중엽 이후 협동조합의 설립이 이루어지게 되었다. 크리스찬 소네(Hans Christian Sonne)는 영국을 방문하여 로치데일 원칙을 배워 온 다음에 1866년 최초로 소비자 협동조합을 설립하였다. 이 협동조합은 농민들 사이에 확산되어 유럽의 다른 나라와는 대조적으로 농촌지역의 소비자운동으로 성장했다. 1882년에는 닐센(Neilsen)에 의해 최초의 낙농협동조합이 설립되었다. 이 협동조합은 1인1표의 의결권과 이용고 배당을 실시하는 등 로치데일 원칙과 유사하게 운영되었다. 그러나 크림 제조공장의 건설에 필요한 자금을 대출받을 때 조합원의 재산을 담보로 무한책임을 지도록 한 점은 로치데일 방식과 차이가 있었다. 이 협동조합은 급속히 성장하여 1900년까지 1천 개 이상의 조합이 설립되어, 덴마크 우유 생산량의 약 80%를 취급했다. 1887년에는 베이컨 가공협동조합이 설립되었다. 이 협동조합은 민간 베이컨 공장으로부터 많은 견제를 받았지만 1913년에 생산점유율이 85%에 달할 정도로 성장했다. 1895년에는 계란판매협동조합이, 1906년에는 청과물판매협동조합이 조직되었다. 그리고 1906년부터는 구매협동조합이 설립되기 시작하였다. 구매협동조합은 상인들이 납품하는 사료의 품질이 매우 나쁘다는 사실을 농가들이 인식하게 되면서부터 나타나게 되었다. 구매협동조합이 시장 점유율을 늘려 나가자 민간 공급업자들은 협동조합을 견제하기 위한 다양한 시도를 하였다. 예를 들어 일부 공급업자들은 대량의 사료를 협동조합 가격보다 큰 폭으로 낮게 덤핑 판매하는 경우가 자주 있었다. 그러나 민간 공급업자들의 이러한 견제에도 불구하고 1907년경에는 8백여 개의 구매협동조합이 설립되었다.

덴마크에서는 제1차 세계대전 시기에 전체 농가의 절반 이상이 소비자 협동조합의 조합원이었고, 전 가축두수의 86%가 낙농협동조합에 소속되어 있었으며, 사육돈의 약 50%가 베이컨가공협동조합과 계약을 맺고 있었다. 이렇게 덴마크는 사실상 '농업인에 의한 협동조합공화국'이 되었다. 마니키(Manniche)는 1960년대에 저술한 책에서 다음과 같이 말했다. 시간이 지남에 따라 덴마크의 농업인들은 철저하게 조직되어 그들은 언제 어디서나 협동조합과 함께했다. 농업인들은 그들이 원하면 담보대출을 신용협동조합에서 받았고, 전력공급협동조합을 통해 자신의 농장에 전력을 공급받았으며, 낙농협동조합이나 판매협동조합을 통해 우유, 돼지, 계란 등을 판매했다. 그리고 마을의 구매협동조합에서 종자, 사료, 비료뿐만 아니라 생활용품을 구매하였다. 농업인들은 보건협동조합과 협동조합보험회사를 통해 질병과 사망에 대비할 수 있었고, 농장에서 얻은 수익을 신용협동조합에 예치하였다.

3. 국제협동조합운동연맹(ICA)

3-1 국제협동조합연맹 설립

국제협동조합연맹(ICA: International Cooperative Alliance)은 약 8억 명에 달하는 전 세계 협동조합 조합원을 대표하는 세계 최대의 비정부조직(NGO)이다. 현재 90개 국가에서 각국 협동조합을 대표하는 222개 조직이 회원으로 가입되어 있다.

국제협동조합연맹은 1880년대, 주로 영국과 프랑스의 협동조합 관계자들이 상대 국가의 협동조합 실태를 파악하기 위해 상호 교류하기 시작하면서부터 설립이 추진되었다. 프랑스의 협동조합 관계자들은 1884년 영국에서 개최된 제16회 협동조합대회에 참석하여 영국 협동조합과의 상호 교류를 제안하였다. 이듬해인 1885년 협동조합대회에서도 프랑스의 협동조합 관계자들이 참석하였는데, 이 대회에서 영국의 협동조합 관계자들이 프랑스의 협동조합대회에 참석할 것을 결정하였다. 이와 더불어, 해외 협동조합운동에 대한 정보를 수집하기 위하여 해외조사위원회 설치를 결의함으로써, 양국 간 협동조합운동의 교류를 위한 기초를 닦게 되었다.

1886년에 개최된 영국의 협동조합대회에 프랑스의 협동조합 지도자인 보아브(E. D. Boyve)가 참석하였는데, 이 대회에서 그는 프랑스 협동조합대회의 결의에 따라 3년 이내에 맨체스터나 런던에 국제협동조합 지도위원회를 설치하고, 동 위원회에서 협동조합 원칙을 제정할 것을 제안하였다. 보아브의 이러한 제안에 따라 영국의 협동조합도매연합회(CWS)의 해외조사위원회가 본격적으로 활동을 개시하였다.

보아브는 국제협동조합기구를 설립하는 데 중추적 역할을 담당하였다. 그는 국제협동조합기구 설립을 위해 종합센터를 파리에, 특별센터를 맨체스터와 파리, 밀라노 등지에 설치하는 것을 주요 내용으로 하는 국제협동조합기구 설립계획을 프랑스 및 이탈리아의 협동조합대회에서 승인받았다. 이후 1887년에 영국의 칼라일 협동조합대회에서 협동조합 간 협력과 국제평화의 촉진을 위해 국제협동조합기구 창설을 공식적으로 제안하여 동의를 받았다.

이와 같은 보아브의 노력에도 불구하고, 영국 협동조합 내부에서 이윤분배를 둘러싸고 노동연합(1884년에 창설된 노동자 생산조합운동의 지도기관)과 도매연합회 간에 노선 대립이 벌어져 ICA의 창립에 많은 장애가 되었다. 노동연합은 투입된 노동에 대한 공정한 분배를 주장한 반면, 도매연합회는 이용고에 따른 배당을 주장하며 서로 양보하지 않았다. 이에 닐(E. V. Neal)은 원칙과 운영 원리가 상이한 조직끼리 어떻게 동맹을 맺을 수 있겠느냐는 원천적인 문제를 제기하였다. 사실 이 문제는 ICA가 창립되고 난 이후에도 주요 쟁점 사항이 되었다.

한편, 1893년 8월 프랑스와 벨기에, 이탈리아, 독일, 네덜란드 등 각국의 협동조합 대표가 참여한 회의에서 아일랜드 대표인 플란켓(H. C. Plunkett)은 생산자협동조합 외에 소비자 협동조합, 농업협동조합, 신용조합 등 다양한 형태의 협동조합의 참여를 제안하여 동의를 받았다. 이때 홀리요크(G. J. Holyyoke)는 새로 설립될 국제협동조합 기구의 정식 명칭을 ICA로 할 것을 제안하였다. 이 회의에서의 합의에 따라 이듬해인 1894년에 제1회 ICA대회를 개최하기로 하였으나, 회장 선출 등에 관한 주도권 싸움으로 또다시 연기되는 등 우여곡절 끝에 마침내 1895년 제1회 ICA대회를 런던에서 개최하게 되었다.

3-2 국제협동조합연맹의 조직과 활동

ICA의 회원과 집행부 구성은 전통적으로 유럽의 소비조합이 중심이었으나, 1960년 이후 아시아, 아프리카, 중남미 지역에서의 가입이 늘어나면서 세계적인 조직으로 발전하였다. ICA는 전 회원 조직이 참여하는 전체총회와 지역총회(아시아 · 태평양, 아프리카, 아메리카, 유럽)를 매년 서로 번갈아 가면서 2년마다 개최하고 있다. ICA 이사회는 전체총회에서 선출하는 회장 1명, 각 지역총회에서 추천하는 부회장 4명, 임기 4년의 이사 15명 등 총 20명으로 구성된다. 현재 한국에서는 최원병 농협중앙회장이 ICA 이사로 활동하고 있다.

ICA는 사업수행의 전문성을 높이기 위해 산하에 9개의 분과기구를 두고 있다. 9개의 분과기구는 소비자 협동조합, 농업, 어업, 금융, 보험공제, 주택, 보건, 여행, 전문서비스 등으로 구성되어 있다. 이 밖에 홍보, 연구, 여성, 교육연수 등 4개의 기능별 전문위원회도 구성되어 있다. 이들 분과기구와 위원회는 대부분 자체 재원으로 사무국을 두고 운영하고 있다. 이와 같은 분과기구로 농업 분야에는 국제협동조합농업기구(ICAO: International Cooperative Agricultural Organization)가 설치되어 있다. ICAO는 전 세계 농업협동조합을 대표하는 공식 기구로서 2005년 말 현재 39개국에서 49개의 전국단위 농업협동조합연합회가 회원으로 가입되어 있다

1998년 마닐라에서 개최된 ICAO 총회에서 한국의 농협중앙회장이 ICAO 회장으로 선출된 이후 농협중앙회 내에 ICAO 사무국을 설치 · 운영하고 있다. ICAO의 주요 활동은 세계 농업 부문 및 농협 기관 간의 상호 교류와 협력을 도모하며, 각국의 농업과 농협의 발전을 위해 조사사업을 수행하는 것이다.

〈그림 1-1〉 ICA 기구도

<table>
<tr><td colspan="4">회원조직</td></tr>
<tr><td colspan="4">지역총회 (전체총회와 번갈아 격년 개최)</td></tr>
<tr><td>아시아 · 태평양</td><td>아프리카</td><td>남북아메리카</td><td>유럽</td></tr>
<tr><td colspan="4">전체총회 (격년 개최)</td></tr>
<tr><td colspan="2">이사회 (20명)</td><td colspan="2">감사 관리 위원회</td></tr>
<tr><td colspan="4">회장</td></tr>
<tr><td colspan="2">분과기구 (9개)</td><td colspan="2">부회장</td></tr>
<tr><td colspan="4">회장, 부회장, 이사의 임기는 4년</td></tr>
</table>

ICA는 1922년 협동조합 간 교류 · 협력을 증진하고 협동조합의 존재를 일반 국민에게 알리기 위하여 매년 7월 첫째 토요일을 「세계협동조합의 날」로 정하고 있다. 우리나라는 1996년부터 「세계협동조합의 날」 기념행사를 개최하고 있는데, 1996년에는 처음으로 8개 국내 협동조합이 참여한 가운데 기념행사를 개최하였으며, 1997년 제75회부터

는 한국협동조합협의회의 주최로 농협, 수협, 임협, 엽연초조합, 생협, 신협, 새마을금고, 중소기업협동조합 등 국내 협동조합이 모두 참여한 가운데 「세계협동조합의 날」 기념식을 개최하고 있다.

한편, 한국농협은 1961년 종합농협이 탄생하면서부터 ICA에 가입하려 노력하였으나, 당시 농협중앙회장을 대통령이 임명하는 체제하에서는 ICA 원칙 중 정치적 중립 원칙을 지키지 못한다는 이유로 정회원 자격을 얻지 못하다가 1963년에 준회원 자격을 획득하게 되었다. 한국농협은 이후 계속 준회원 자격으로 ICA에 참여하여 오다가, 1972년 폴란드 바르샤바에서 개최된 제25회 ICA 총회에서 준회원제도를 폐지하자 자동적으로 정회원이 되었다. 이어서 1979년 수협중앙회, 1992년 신협중앙회, 1994년 새마을금고연합회, 1996년 임협중앙회 등이 ICA의 정회원으로 가입하였다.

학습문제 풀이

[1] 독일의 신용조합 운동에 대한 설명으로 옳은 것은?

① 슐체 델리치는 농촌에서, 라이파이젠은 도시에서 신용조합을 설립하였다.

② 슐체 델리치와 라이파이젠은 설립 초기부터 자조 · 자립의 원칙을 확고히 하였다.

③ 라이파이젠계 협동조합은 초기에는 신용조합이었지만 후에 종합농협으로 발전하였다.

④ 슐체 조합과 라이파이젠 조합은 소상공인이 계속 생존할 수 있는 기반을 제공했다.

정답 3번

[2] 독일 농촌 신용협동조합의 역사적 배경과 거리가 먼 것을 고르시오.

① 라이파이젠 ② 농노해방

③ 프로이센 ④ 차티스트 운동

정답 4번

해설 차티스트 운동은 영국의 로치데일 협동조합의 역사적 배경이다.

[3] 독일 도시 신용협동조합의 역사적 배경과 거리가 먼 것을 고르시오.

① 수공업자 ② 라이파이젠

③ 외부 기부금에 의존 ④ 슐체 델리치

정답 2번

해설 라이파이젠은 농촌 신용협동조합의 창시자이다.

[4] 독일의 라이파이젠 협동조합에 대한 설명으로 옳지 않은 것은?

① 출자금이나 가입금이 없었다.

② 조합원 무한 연대보증책임으로 조합운영 자금을 차입하여 충당하였다.

③ 세계 최초의 농촌 소비자조합으로서 근대적 농업협동조합의 시초가 되었다.

④ 라이파이젠 협동조합 운영 원칙은 로치데일 협동조합 운영 원칙과 더불어 오늘날 협동조합 제도를 수립하는 근간이 되었다.

정답 3번

[5] 라이파이젠 신용협동조합의 운영 원칙과 거리가 먼 것을 고르시오.

① 출자금이 없음

② 조합원의 무한 연대보증 책임

③ 이익 배당제도

④ 잉여금 적립

정답 3번

해설 이익배당을 하지 않고 잉여금을 모두 적립하였다.

[6] 농업 분야 협동조합의 유형이 아닌 것을 고르시오.

① 주택 협동조합

② 판매 협동조합

③ 구매 협동조합

④ 가공 협동조합

정답 1번

해설 주택 협동조합은 농업과 무관하게 설립되었다.

[7] 다음 중 농업계 협동조합의 설립과 발전에 대한 설명으로 틀린 것은?

① 최초의 독립적인 구매협동조합은 하스 박사에 의해 독일 헤센주의 프리드베르크에서 설립되었다.

② 미국은 국토가 넓어 생산지와 시장 간의 거리가 멀어 원거리 시장에서의 조직적인 판매를 목적으로 판매협동조합을 설립하기 시작했다.

③ 가공협동조합은 농업계 협동조합들 중에서 최초로 조직된 협동조합이다.

④ 농업계 협동조합 중 판매협동조합은 덴마크에서 가장 먼저 설립되었다.

정답 4번

[8] 덴마크에서 농업계 협동조합이 크게 성공한 배경으로 옳지 않은 것은?

① 정치적으로 수공업 생산자 정당이 실질적으로 정권을 장악했다.

② 1788년부터 농노해방이 이루어져 자영농이 광범위하게 분포했다.

③ 국민들은 균질적이었고 종교는 동일했으며, 마을을 기반으로 한 공동체 생활도 충분히 발전해 있었다.

④ 평등주의의 전통으로 사회계급 간 대립과 차별이 크지 않았다.

정답 1번

[9] 덴마크 농촌 협동조합운동의 설명으로 틀린 것을 고르시오.

① 소비협동조합은 영국 로치데일 협동조합 원칙을 따랐다.

② 낙농 협동조합은 라이파이젠 원칙에 입각하여 운영되었다.

③ 구매 협동조합은 20세기 들어 설립되었다.

④ 덴마크는 농업인에 의한 협동조합 공화국으로 평가된다.

정답 2번

해설 낙농 협동조합은 로치데일 원칙과 유사하게 운영되었다.

[10] 미국의 농협운동과 거리가 먼 것을 고르시오.

① 1922년 캐퍼-볼스테드 법은 협동조합의 권리장전으로 평가된다.

② 미시간주에서 처음으로 1865년 협동조합 판매법이 제정되었다.

③ 1890년 셔먼 법 제정은 협동조합 발전에 기여하였다.

④ 연방 정부의 지원이 중요하였다.

정답 3번

해설 셔먼 법은 농협 사업을 독과점으로 간주하였다.

[11] 다음 중 국제협동조합연맹에 대한 설명으로 옳지 않은 것은?

① 이사회는 전체총회에서 추천하는 회장 1명, 각 지역총회에서 선출하는 부회장 4명, 임기 4년의 이사 10명 등 총 15명으로 구성

② 분과기구와 전문위원회는 대부분 자체 재원으로 사무국을 두고 운영

③ 사업수행의 전문성을 높이기 위해 산하에 8개의 분과기구를 설치하고 4개의 기능별 전문위원회의 구성

④ 90개국 222개 협동조합을 회원으로 하며 조합원 수가 약 8억 명인 세계 최대의 비정부조직

정답 1번

[12] 다음 중 국제협동조합연맹에서의 우리나라 활동에 대한 설명으로 옳지 않은 것은?

① 1996년부터 '세계협동조합의 날' 기념행사를 개최하였다.

② 우리나라는 ICAO의 회장국으로 농협중앙회 내에 ICAO사무국을 설치, 운영하고 있다.

③ 1979년 수협중앙회, 1992년 신협중앙회, 1994년 새마을금고연합회, 1996년 임협중앙회가 ICA의 정회원으로 가입하였다.

④ 농협중앙회의 ICA의 회원 가입은 1963년에 이르러서 정회원 자격을 획득하였다.

정답 4번

[13] 국제협동조합연맹의 협동조합 원칙이 아닌 것을 고르시오.

① 개방적 조합원 제도

② 조합원의 민주적 관리

③ 자율과 독립

④ 협동조합 간 경쟁

정답 4번

해설 협동조합 간의 협동 원칙이다.

[14] 국제협동조합연맹에 관한 설명으로 틀린 것을 고르시오.

① 1895년에 창립되었다.

② 1937년에 처음으로 협동조합 원칙을 정립하였다.

③ 1995년에 협동조합의 정의, 가치와 원칙을 발표하였다.

④ 한국농협은 국제협동조합연맹의 준회원이다.

정답 4번

해설 한국농협은 1972년에 정회원이 되었다.

[15] 국제협동조합연맹이 제정한 협동조합의 가치에 포함되지 않는 것을 고르시오.

① 자기책임

② 자조

③ 평등

④ 교육

정답 4번

해설 교육은 협동조합의 원칙에 포함된다.

[16] 국제협동조합연맹의 발전과정에 직접 관련이 없는 사람을 고르시오.

① 보아브　　② 마르크스

③ 홀리요크　　④ 플란켓

정답 2번

해설 마르크스는 협동조합운동과 관련이 없다.

★ OX 퀴즈

협동조합 은행은 독립 수공업자와 자영농 때문에 생긴 것은 아니었지만 이들의 생존 가능성을 높여주었다. (○)

국제농업협동조합기구(ICAO)는 ICA 산하 9개 분과기구 중 하나로 전 세계 농협기관을 대표하는 공식기구로서 세계 농업 부문 또는 농협기관 간의 상호 교류와 협력을 도모하고, 각국의 농업과 농협 발전을 위해 조사사업을 수행한다. (○)

제2장

협동조합의 이론과 현실

| 제1절 협동조합과 조합원

1. 협동조합의 원칙과 정체성

가. ICA의 협동조합 정의1와 원칙2

협동조합의 정체성을 이론적으로 규명하기 위해서는 협동조합과 주식회사와의 차이점[3]을 밝히는 작업이 선행되어야 한다. 이는 다시 다

---

1 협동조합이란 평등에 기초하여 스스로에게 공동이익을 제공하기 위해 법적으로 하자가 없는 사람들에 의해 자유롭게 설립되고 소유 및 통제되는 사업체다. 공동이익은 출자에서 생기는 것이 아니라 협동조합의 활동으로부터 나오는 것이다. 〈에드가 파넬〉

2 협동조합을 운영하는 데에는 국가마다 특수성이 있다. 각국마다 역사가 다르고 협동조합에 대한 법률과 제도가 서로 다르기 때문이다. 우리나라는 경제발전 초기에 정부가 농촌개발을 위해 적극적으로 농협을 육성했다. 각종 제도적 지원과 정책대행 사업을 통해 농협도 빠르게 성장했으며, 규모나 사회적 영향력 측면에서 보면 세계 협동조합 중에서도 성공 사례로 꼽히고 있다. 하지만 1980년대까지는 조합장이 실질적으로 임명제로 운영되는 등 조합원이 농협의 주인으로서 민주적으로 운영되지 못했던 문제점이 있었다. 이후 조합원들의 노력으로 조합장 직선제가 도입되고, 농협법이 수차에 걸쳐 개정되면서 현재 법 제도적으로는 민주적인 체계를 완성했다. 일선조합에서 법 제도의 취지가 잘 달성되고 있는가에 대해서는 다양한 평가가 있다. ICA 협동조합 원칙 중 자발적 참여를 해설하면서 '세계 많은 나라에서는 경제적 압력과 정부 제도가 사람들에게 특정한 협동조합에 가입하도록 강요하는 경우가 있다. 이런 협동조합은 모든 조합원 참여를 이끌어내어 자발적으로 협동조합을 지지할 수 있도록 만들어야 하는 특별한 책임이 있다'라고 적고 있다. 농협은 각종 농업정책을 수행하면서 대부분의 농업인이 농협에 가입하지 않을 수 없는 구조다. 협동조합에 대해 준의무적으로 가입한 조합원의 참여를 적극적으로 이끌어내어 자발적으로 협동조합을 지지하도록 해야 한다는 ICA의 요구수준에 비춰 볼 때 우리의 농협은 아직도 해야 할 과제가 많이 있을 것이라 생각한다. 좀 더 세부적으로 말하면 1인1표로 대표되는 민주적 의사결정, 지역사회에 대한 기여, 조합원의 경제적 참여 등의 원칙은 잘 지켜지고 있다. 반면, 협동조합 간의 협동이나 교육훈련, 자율과 독립 등의 원칙은 더욱 많은 노력이 필요하다. 협동조합의 가치가 개개인의 삶의 규범으로 충분히 녹아 들어가 있는 조합원과 임직원의 비율이 높지 않은 것으로 보인다. 법 제도 차원에서 보장하는 협동조합의 원칙을 일선에서 잘 실행하기 위해서는 이 · 감사와 조합장, 직원들이 헌신하고 지도하는 것도 필요하지만, 이들을 선출하고 더 열심히 할 수 있도록 여건을 만드는 것은 결국 조합원의 몫이다.

3 협동조합과 주식회사의 가장 큰 차이는 협동조합은 인적 결합체인 반면 주식회사는 자본 결합

음과 같은 구체적 과제를 검토하는 작업이 된다. 협동조합이란 무엇인가? 조합원들이 공동이익의 추구를 위해 주식회사가 아닌 협동조합을 설립하는 이유는 무엇인가? 협동조합 원칙은 왜 존재하며 그 현실적 의미는 무엇인가? 원칙은 보편적인가 아니면 가변적인가? 협동조합은 조직구조와 시장행동 측면에서 주식회사와 다른 점이 무엇이며 이러한 특성이 조합원의 이익에 기여하는 원리는 무엇인가? 협동조합 원칙이 협동조합의 조직구조와 시장행동에 미치는 영향은 무엇인가? 협동조합 원칙은 시장경제 구조와 조합원 구성의 변화에 따라 달라지는 것

체라는 점이다. 협동조합은 출자를 많이 하든 적게 하든 1인1표로 의사결정을 한다. 그러나 주식회사는 출자액에 비례한 의사결정 구조를 갖고 있다. 따라서 주식회사는 경영권을 장악한 대주주에 의해 모든 의사가 결정된다. 그러나 협동조합은 조합원 모두가 평등한 권리를 갖고 조합 운영에 참여할 수 있다. 협동조합에 있어서 자본은 원활한 운영을 위한 수단이지 목적이 아닌 것이다. 협동조합은 조합원이 주인이고 주식회사는 주주가 주인이다. 주주라 하더라도 많은 돈을 투자한 대주주가 실제 주인이고 소액 주주는 경영에 아무런 영향력도 행사할 수 없다. 협동조합은 조합원의 경제적 · 사회적 · 문화적 지위 향상을 통한 편익 제공을 목적으로 하지만, 주식회사는 주주의 이익을 목적으로 한다. 또한 협동조합의 사업은 조합원의 이용을 원칙으로 하는 반면 주식회사는 불특정 다수의 고객이 사업 대상이 된다. 이런 차이가 있음에도 불구하고 협동조합과 주식회사가 사업을 통해 이윤추구를 하는 점에서는 차이가 없는 것 아닌가 하는 의문을 가질 수 있다. 주식회사가 이윤의 극대화를 목적으로 하는 것은 분명하다. 그러나 협동조합은 존립의 목적을 이윤 추구나 출자배당 그 자체에 두고 있지 않다. 오히려 출자나 배당금을 제한하면서까지 조합원 각자가 조합 운영에 동등한 권리를 행사할 수 있도록 하고 있다. 조합원의 입장에서도 배당보다는 조합을 통해 받는 서비스가 더 필요한 경우가 많다. 그러나 협동조합도 경영 부실로 인해 조합원이 피해를 보아서는 안 되기 때문에 사업을 통해 적정한 이윤을 내야 하고, 조합원을 위한 일을 더 잘할 수 있도록 자본을 적립해야 한다. 협동조합 운영의 기본 원리는 사업을 통해서 조합이 골고루 혜택을 받게 하는 데 있지 사업 자체를 통한 이익 확보에 있지 않다는 것이다. 따라서 협동조합은 먼저 사업을 수행하는 과정에서 기본 목적을 충실히 따라야 함은 물론 경영의 합리화나 경비 절감을 통해 보다 많은 이익이 조합원에게 돌아갈 수 있도록 최선의 노력을 다해야 한다. 그러기 위해서는 금융이나 경제사업 모두 시장에서 경쟁력을 확보해야 한다는 것은 주식회사와 다를 바 없다. 다만 그 과정에서 조합원을 단순한 고객으로 생각하거나 협동조합의 기본 성격과 목적 자체가 훼손되는 일이 발생되지 않도록 주의해야 할 것이다.

인가?

협동조합에 대한 정의의 대표적인 것에는 국제협동조합연맹과 미국 농무부의 협동조합의 정의가 있다. 국제협동조합연맹(ICA)은 1995년 창립 100주년 기념총회에서 협동조합을 "공동으로 소유되고 민주적으로 운영되는 사업체를 통하여 공통의 경제적 · 사회적 · 문화적 필요와 욕구를 충족시키고자 하는 사람들이 자발적으로 결성한 자율적인 조직(a cooperative is an autonomous association of persons united voluntarily to meet their common economic, social, and cultural needs and aspirations through a jointly owned and democratically controlled enterprise)"으로 정의하였다. ICA는 이러한 협동조합의 정의가 최소한의 것이며, 협동조합을 완벽하게 정의하기보다 폭넓게 규정한 것이라고 강조하였다. 왜냐하면, 세계적으로 다양한 형태의 협동조합이 있을 수 있고 이들 각각은 별도의 조직원리를 가질 수 있기 때문이다. 그럼에도 불구하고 ICA는 이러한 협동조합의 정의가 법률을 기초하거나 조합원을 교육하며 교재를 편찬하는 데 유용한 정의라고 권고하였다. ICA의 협동조합 정의에서 주목할 점은 다음과 같다.

첫째, 협동조합은 자율적(autonomous)인 조직이다. 이는 협동조합이 가능한 한 정부와 사기업체로부터 독립된 조직이어야 함을 의미한다.

둘째, 협동조합은 인격의 결합체(an association of persons)이다. 이는 협동조합이 법률적인 의미에서 인격의 결합체이며, 법인에도 조합원의 자격이 부여될 수 있음을 의미한다.

셋째, 협동조합의 인격체들은 자발적으로(voluntarily) 결합된다. 이는 조합원들이 협동조합의 설립 목적하에서 가입 또는 탈퇴가 자유로움을 의미한다.

넷째, 협동조합의 조합원은 공동의 경제적 · 사회적 · 문화적 필요를 만족시키고자 한다. 이는 협동조합이 개인적 이익과 공동의 이익을 동시에 추구해 나가는 조합원들에 의해 조직됨을 의미한다. 일반적으로 협동조합은 시장에서 사업을 수행해야 하므로, 효율적이며 경제적으로 운영되어야 한다. 대부분의 협동조합은 주로 경제적 목적을 위해 존재하지만 사회적 · 문화적 목표도 갖고 있다. '사회적'이라 함은 보건이나 육아와 같은 사회적 목표를 충족시키는 것이다. 문화적 목표도 평화를 촉진하고 스포츠와 문화행사를 후원하며 공동체 관계를 증진함으로써 추구해 나갈 수 있다.

다섯째, 협동조합은 공동으로 소유되고 민주적으로 운영되는 사업체이다. 이는 협동조합 내부의 통제권이 민주적인 방식에 따라 조합원에게 배분되어야 함을 강조한 것이다. 이처럼 소유권과 별도로 통제권의 민주적 배분을 동시에 강조하고 있는 점은 협동조합을 사기업체나 공기업체 등과 구별할 수 있도록 해주는 중요한 요소이다. 그리고 ICA는 협동조합이 시장에서 활동하는 조직체라는 점에서 개별 협동조합을 「사업체(enterprise)」로 규정하였는데, 이는 최근 협동조합을 둘러싼 여건 변화로 대기업과의 경쟁이 심화됨에 따라 경쟁력을 강화하지 않으면 협동조합이 존립할 수 없다는 위기의식에서 비롯된 것이다.

한편, 미국 농무부(USDA, 1987)는 농업협동조합을 염두에 두고서 협동조합을 "이용자가 소유하고 통제하는 사업체로서, 그 이익을 사업이용액에 비례하여 이용자에게 배분하는 사업체 (a cooperative is a user-owned, user-controlled business that distributes benefits on the basis of use)"라고

정의하였다. 이 정의에 따르면 협동조합은 구체적으로 다음의 세 가지 원칙에 의해 다른 사업체와 구별된다. (1) 이용자 소유 원칙(user-owner principle): 협동조합은 이용자들이 출자하여 소유한다. (2) 이용자 통제 원칙(user-control principle): 협동조합의 경영은 이용자들에 의해 통제된다. (3) 이용자 수익 원칙(user-benefits principle): 협동조합의 수익은 이용고에 비례하여 이용자에게 배분된다. 이러한 미국 농무부의 농업협동조합 원칙은 최근 유럽과 북미의 농업협동조합 관계자 및 학자들에게 보편적인 협동조합 원칙으로 받아들여지고 있다. 이는 이 원칙이 ICA 원칙에 비해 좀 더 과학적인 시각에서 협동조합과 주식회사의 차이점을 규명해 주고 있기 때문이다. 이하에서는 이 3원칙의 이론적 의미와 현실적 다양성을 검토한다. 나아가 이 3원칙이 갖는 실천적 의미, 즉 농업 분야에서 협동조합이 주식회사와 다른 시장행동을 갖는 현실에 대한 이론적 논의를 정리한다.

나. USDA의 협동조합 정의와 원칙

농업협동조합의 첫 번째 원칙은 이용자 소유 원칙(user-owner principle)이다. 이 원칙은 협동조합을 주식회사와 구별 짓는 가장 큰 특징으로서, 협동조합에서는 소유자(또는 투자자)와 이용자가 일치한다는 것을 의미한다. 반면에 주식회사의 경우 소유자(주주)와 이용자(고객)는 전혀 별개로서 이용자가 아니어도 소유할 수 있으며, 소유자가 아니어도 이용할 수 있다. 협동조합은 이용자가 소유한다는 의미에서 이용자 소유기업(POF: patron-owned firm)이라고도 불리며, 이에 대비하여 주식회사는 투자자소유기업(IOF: investor-owned firm)이라고 불린다.

조합원은 일반적으로 일정 기준 이상의 금액을 협동조합에 출자해야 하며, 이 경우 조합원은 투자자로서의 입장을 갖게 된다. 그러나 협동조합은 이용자 중심으로 운영되어 투자자로서 조합원의 이익이 제한되는 구조적 특성을 갖는다. 이는 결국 이용자로서 조합원의 이익을 보장하기 위해 투자자로서 조합원의 이익이 제한됨을 의미한다. 이는 투자자 이익의 극대화를 추구하는 주식회사에 비해 협동조합은 조직구조와 시장행동에서 많은 특수성을 갖게 된다. 협동조합은 사업수익을 이용자에게 배분하는 것을 원칙으로 하기 때문에 조합원의 출자에 대한 배당을 일정 수준 이하로 제한하며, 조합원은 탈퇴할 때 출자 원금만 돌려받게 된다. 조합원은 시간이 경과하거나 협동조합의 기업가치가 상승하는 경우에도 출자 원금만을 돌려받게 되므로 추가적 출자를 하지 않으려는 경향을 가지며, 이에 따라 협동조합은 자기자본 확대에 어려움을 갖게 된다. 자기자본 부족문제는 결국 협동조합이 시장경쟁 격화에 대응하여 높은 부가가치를 창출하는 분야에의 투자를 어렵게 하는 문제를 초래한다. 협동조합은 조합원 또는 주식시장을 통해 자기자본을 확보하는 것이 어렵기 때문에 주로 사업이익을 협동조합 내부에 유보하는 정책을 통해 자기자본을 조달하고 있다. 이러한 정책에는 제3장에서 살펴볼 배당금의 내부유보(retained patronage refunds), 단위당 자본금적립제도(per-unit capital retains), 공동자본(unallocated equity) 등이 포함된다.

협동조합은 조합원의 사업이용이 기본 목적이기 때문에 주식시장에 상장하지 않으며 일반적으로 출자증권이 시장에서 거래되지 않는다.

협동조합이 주식시장에 상장하지 않는 것은 투자자로서의 조합원의 지위보다 이용자로서의 조합원의 지위를 강조하기 때문이다. 협동조합이 주식시장에 상장되지 않기 때문에, 협동조합의 경영성과는 자본시장에서 공개적 · 객관적으로 평가되지 않는다. 협동조합은 자본시장에서 신용등급이 평가되지 않기 때문에 외부 금융기관으로부터 자금을 차입하는 데 어려움을 갖게 된다. 일부 국가에서 농업협동조합이 신용사업과 경제사업을 겸영하는 종합농협 방식으로 운영되는 것은 이러한 이유에서 기인한다. 협동조합에 대한 자본시장의 결여는 이 밖에도 많은 구조적 문제를 발생시킨다. 경영성과에 대한 시장 평가의 결여는 경영자에 대한 적절한 보상을 어렵게 하고, 유능한 경영자와 직원의 확보에 어려움을 겪게 한다. 또한 조합원과 이사회는 시장에서 형성된 주식가격 등을 통해 경영자를 객관적으로 평가하는 것이 어려우며, 이에 따라 경영자의 성과와 역할이 과소평가되는 경우도 자주 발생한다.

협동조합의 조합원이 '투자자'이면서 '이용자'로서의 지위를 동시에 갖기 때문에 양자 간에 갈등이 발생하는 경우도 자주 발생한다. 투자자와 이용자 간의 갈등은 특히 조합원 신구 세대 간에 현저하게 발견된다. 노령조합원은 조합사업의 이용기간이 얼마 남지 않았기 때문에 투자자로서의 이익에 많은 관심을 갖게 된다. 반면 영농에 종사할 수 있는 기간이 많이 남아 있는 젊은 조합원들은 사업이용과 조합의 장기투자에 더 많은 관심을 갖게 된다.

농업협동조합의 두 번째 원칙은 이용자 통제 원칙(user-control principle)이다. 이는 조합 경영에 관한 주요 의사결정은 이용자에 의해 민주적으로 이루어진다는 것을 의미하며, 투자자가 투자금액에 비례하여 경영 통제권을 갖는 주식회사와 구별되는 협동조합의 특징이다. 이용자로서 조합원의 경영통제는 이사회 선출권과 총회 의결권이라는 두 가지 방식으로 이루어진다. 투표 방식은 1인1표제(one member one vote)에 의한 민주적 통제 방식이 일반적이며, 일부 협동조합들은 비례투표제(proportional voting)를 채택하고 있다. 1인1표제는 대다수 조합원의 이익을 반영하는 데 유리하나, 의사결정 과정에 시간과 비용이 많이 소요되는 단점이 있다. 비례투표제는 사업이용량 등을 기준으로 투표권을 비례적으로 부여하는 것을 가리키는 데, 이 경우 협동조합이 소수의 대규모 조합원에 의해 지배되어 조합원의 합의를 저해시키는 문제점을 발생시킬 수 있다. 협동조합에서의 투표 방식은 다양하지만 가장 일반적인 투표 방법은 1인1표 방식이다. 19세기 초 협동조합의 확산 시기 이후, 1인1표제와 비례투표제 방식에 대한 오랜 논쟁이 전개된 적이 있었다. 비례투표제는 꾸준히 지속되었지만 이 방식의 확산은 제한되어 왔는데, 그 이유는 대다수 국가에서 일찍이 협동조합이 1인1표제를 사용하도록 법률로 규정한 데 있다. 최근 들어 비례투표제에 대한 관심이 높아지고 있는데, 미국의 일부 주에서는 최근 협동조합 법률을 개정하여 비례투표제를 법률에 포함시킨 바 있다.

농업협동조합의 세 번째 원칙은 이용자 수익 원칙(user-benefits principle)이다. 이용자 수익 원칙은 원가주의 가격설정(business-at-cost pricing), 이용고 배당(patronage refunds), 출자상환(equity redemption) 등의 방식으로 현실에서 이행된다. 즉 협동조합의 이익은 원가주의 방식의 가격설정, 이용고 배당, 출자 상환 등을 통해 이용자인 조합원에게 분배된다.

원가주의 방식의 가격설정은 협동조합이 농산물 판매가격, 영농자재 구입가격,[4] 서비스 가격 등의 설정에 있어서 주식회사와 같이 이윤 극대화 수준이 아니라 사업비용과 정상이윤을 반영하는 수준에서 가격을 설정하는 것을 말한다. 주식회사와 달리 협동조합은 이러한 가격을 조합의 수익 추구가 아닌 조합원의 이익 극대화를 추구하는 방식으로 설정한다. 또한 협동조합의 목적은 사업을 통해 조합원에게 필요한 서비스와 편익을 제공하는 데 있기 때문에 협동조합은 일반 영리기업과 달리 사업목적을 출자배당 자체에 두지 않으며, 사업이익은 이용실적에 비례하여 조합원에게 배당한다. 이와 같이 이용고 배당은 협동조합이 사업수익을 조합원에게 분배하는 가장 일반적 방식이다. 협동조합의 이용자 수익 원칙은 출자상환정책(equity redemption policy)을 통해

---

4 농협에서의 농자재 구입가격의 실상은 어떨까. 협동조합의 첫 성공 사례였던 로치데일 협동조합은 소비재 구매사업으로 시작했다. 여러 명의 조합원이 함께 농자재를 구입하면 교섭력이 높아지고, 그 결과 유리한 구매 조건으로 구입함으로써 조합원들의 비용 절감, 수익 향상이 이뤄지는 것이 구매사업의 원리다. 농협에서 구매하는 농자재가 항상 비싸다는 말은 사실이 아니다. 농협에서 구매하는 농자재의 가격이 싼 것도 있고, 비싼 것도 있다. 수도작 농약과 비료는 농협 계통구매가 가장 저렴하다. 일부 농자재가 비싼 경우가 있고, 품질 차별성 부족, 전문적인 정보를 제공하지 못하는 직원의 문제점이 겹쳐 말이 퍼진 것으로 생각된다. 농협은 전국에 퍼진 공급망과 240만 농업인조합원이 있지만 실제 구매사업을 할 때는 이런 조직력이 잘 발휘되지 않는다. 일본은 농업인조합원이 겨울철 농한기에 농협의 담당자와 올해 지을 농사와 구매할 자재의 예상량 등을 사전에 충분히 협의하여 농협의 구매는 '어느 정도 확정된 물량'을 가지고 계약을 하게 된다. 반면 우리나라의 계통구매는 이런 물량에 대한 충분한 사전정보 취합이 없는 상태에서 이뤄져 어떤 경우에는 일반 대리점보다 비싼 원가로 구매하기도 한다. 협동조합의 구매사업이 경쟁력을 갖추려면 농업인조합원들이 구매할 농자재를 농협에 알려주어야 하며, 공통의 자재를 같이 사겠다는 합의가 있어야 한다. 이를 위해 사전에 영농계획을 농협과 함께 짜야 한다. 또한 농협도 구매와 지도, 판매를 동시에 할 수 있는 전문가를 확보하고 전문성을 계속 키울 수 있도록 배려해 주어야 한다. 읍면 단위 개별 농협만으로 협상이 힘들면 시군 관내 농협의 물량을 모두 모아 협상하면 힘이 커질 수 있다. 이를 '연합구매사업'이라고 한다. 10년 전부터 일부 시군에서 시작하여 점차 확대되고 있다.

서도 구체화된다. 조합원들은 출자와 배당유보 등을 통해 수년간 자신의 지분을 협동조합에 축적해 간다. 출자한 조합원이 탈퇴, 사망, 과잉출자했을 경우 협동조합은 일정 지분을 조합원에게 현금으로 반환해 주는데, 이러한 제도를 출자상환이라 한다.

2. 주식회사와 협동조합의 비교

협동조합과 주식회사는 시장에서 사업체를 운영하는 경제조직으로 외형상 유사하다. 두 조직 모두 출자를 통해 자본을 조성하여 사업을 영위하고, 지배구조도 총회와 이사회, 감사, 경영자 등 비슷한 기관을 구성하고 있다. 따라서 조합원이 아닌 일반 고객들은 협동조합과 주식회사를 구분하기가 쉽지 않다. 특히 두 조직이 비슷한 상품과 서비스를 제공하는 경우에는 더욱 그러하다.

그러나 협동조합과 주식회사는 제도적 특징과 운영원리, 설립목적 등에서 커다란 차이가 있다. 기본적으로 협동조합은 이용자가 소유하고 통제하는 조직인 데 비해, 주식회사는 투자자가 소유하고 통제하는 조직이다. 또한 사업의 운영 목적에서도 협동조합은 조합원의 실익 증진을 추구하는 반면, 주식회사는 이윤의 극대화를 주된 목적으로 삼는다. 이 밖에도 자본조달 방식[5]과 배당제도, 의결권 방식 등에서도 협동

5 기업이나 협동조합 모두 사업을 수행하기 위해 자본을 조달하고 있지만, 조달된 자본의 성격과 조달하는 방식에서는 큰 차이를 보이고 있다. 우선 기업은 이윤 획득을 목적으로 하기 때문에 투자자(주주)의 자격에 제한이 없으며, 투자자는 배당을 목적으로 투자한다. 그러나 협동조합은 조합원의 출자를 통해 자신의 경제활동을 위한 사업자금을 조성하는 것이기 때문에 배당 자체를 목적으로 하지 않는다. 또한 외부의 투자가 이루어져도 투자자의 자격이나 투자액에 대해 제

조합과 주식회사는 많은 차이점이 있다. 협동조합과 주식회사의 차이점을 분석하는 데에는 USDA의 3원칙(이용자 소유 원칙, 이용자 통제 원칙, 이용자 수익 원칙)을 기준으로 하는 것이 유용하다. 즉 소유권과 통제권, 수익권을 기준으로 하여 두 조직을 비교하면 차이점을 보다 분명하게 인식할 수 있다.

가. 소유권의 비교

협동조합의 소유주는 조합원이다. 조합원은 소유주라는 측면에서 주식회사의 주주와 동일한 지위를 갖는다. 그런데 협동조합의 경우에는 소유에 제한이 있는 반면, 주식회사에는 그러한 제한이 없다. 즉 협

한을 두고 있다. 이러한 점이 협동조합 자본조달의 가장 큰 특징이라고 하겠다. 협동조합의 자본조달 방식은 내부조달과 외부조달로 나눌 수 있다. 어느 조직이든 내부에서 자기자본을 조달할 수 있다면 기업지배를 공고히 하고 조직의 신용도를 높일 수 있기 때문에 가장 이상적이라 할 수 있을 것이다. 서구의 협동조합은 조합원의 출자를 촉진하기 위해 기본출자제도, 단위당 자본적 제도 등과 같이 조합원별로 사업량에 비례해 공정한 출자의무를 부과하는 제도를 도입하거나 조합원에게 투자증권을 발행하고 있다. 또한 조합원의 출자로 충당하지 못하는 자본조달 문제를 해결하기 위해 외부 투자자에게 투자증권을 발행하거나 공공투자 자회사를 설립하는 등 다각적인 노력을 기울이고 있다. 우리 농협의 경우 농가인구의 감소와 노령화로 조합원 수는 감소하는 등 주변 환경을 고려할 때 자본 확충에 많은 어려움이 있다. 일선조합의 사정이 어렵기 때문에 농협중앙회도 내부 조달에 의한 자본 확충에는 상당한 제약이 따를 수밖에 없다. 그럼에도 불구하고 2008년 5월 농협중앙회가 '일선조합의 납입출자금 1조 원 추진운동'을 벌여 2009년 6월 26일 1조 원 규모의 대규모 자기자본 확충에 성공한 것은 획기적인 일이다. 은행권에서 유례없이 최단 기간에 1조 원의 자기자본을 추가로 확보하면서 농협의 신용 부문 국제결제은행(BIS) 기준 자기자본 비율은 2009년 3월 말 11.99%에서 2009년 6월 말 12.5%로, 자기자본 비율도 7.8%에서 8.2%로 높아져 농협중앙회의 대외 신인도가 크게 높아지게 됐다. 대자본과 경쟁하고 조합원에게 실익을 제공할 수 있는 사업체를 유지하면서 새로운 사업에 진출하기 위해선 자본의 확충이 필수적이다. 따라서 농협도 장기적으로는 외부로부터 자본조달을 할 수 있는 다각적인 방안 등을 강구할 필요가 있다. 앞으로 농협이 헤쳐 나가야 할 어려운 과제 중의 하나가 협동조합의 지배나 간섭을 막으면서 외부로부터 자본을 조달하는 합리적인 방안을 강구하는 일이다.

동조합은 조합원 1명이 출자할 수 있는 규모에 상한이 있는 경우가 일반적이다. 우리나라의 농협법에서는 예외 조항을 인정하고 있지만 조합원당 5천만 원으로 출자 상한을 규정하고 있다. 협동조합이 출자에 상한 규정을 두고 있는 것은 소수에 의한 협동조합 지배를 방지하기 위함이다. 주식회사에는 출자상한 제도가 없기 때문에 협동조합과 달리 대주주가 존재할 수 있다. 즉 주식회사는 소유권이 집중되어 있는 경우가 흔한 반면, 협동조합의 소유권은 폭넓게 분산되어 있다.

협동조합은 일반적으로 주식시장에 상장하지 않는다. 협동조합이 주식시장에 상장하지 않는 것은 외부 자본에 의해 조합원의 소유권과 통제권을 방해받지 않기 위함이다. 그러나 주식시장을 이용하지 않기 때문에 조합원 간 소유권 이전이 자유롭지 못하다. 주식회사의 주주가 주식시장을 통한 주식의 매매로 언제든지 소유권을 자유롭게 이전할 수 있는 것과 차이점이 있다. 협동조합에서는 주식시장과 같은 2차 시장을 통한 출자지분의 거래가 이루어지지 않기 때문에 출자가격이 변동하지 않는다. 출자지분의 거래가 제한적이기 때문에, 협동조합에서는 주식회사와 달리 조합원 탈퇴 시와 같은 경우에 출자지분을 상환할 책임이 있다.

주식회사에서는 주식을 소유하면 누구나 주주가 될 수 있다. 하지만 협동조합의 경우에는 협동조합의 성격에 따라 조합원의 자격기준에 제한이 있다. 이를테면 농업, 수산업, 임업협동조합의 경우 농업인, 어업인, 임업인으로 조합원의 자격이 제한된다.

나. 통제권의 비교

협동조합과 주식회사의 통제권 측면에서 가장 큰 차이점은 주식회사는 1주1표 원칙이지만, 협동조합은 1인1표 원칙이 적용된다는 점이다. 주식회사는 1주1표에 의해 의결권이 결정되기 때문에 소수의 지배대주주가 통제권을 장악하는 것이 가능하다. 그러나 협동조합에서는 출자액의 규모와 관계없이 1인1표로 의결권이 균등하게 주어지기 때문에 소수 조합원에 의한 통제가 불가능하며, 다수가 민주적으로 통제하는 구조가 성립되어 있다. 즉 주식회사의 경우에는 일부 지배대주주에게 통제권이 집중되어 있는 반면, 협동조합의 경우에는 민주적인 방식으로 통제가 이루어진다는 점이 커다란 차이점이다.

주식회사에서는 주주총회에서 이사를 선출하여 이사회를 구성하고, 이사회에서 최고경영자를 선임한다. 이 경우에도 1주1표 원칙이 적용되기 때문에 지배대주주의 영향력이 크게 작용한다. 협동조합에서는 조합원 총회에서 이사를 선출하여 이사회를 구성한다. 조합장의 경우에는 이사회에서 선임하는 방식과 조합원이 직접 선거에 의해 선출하는 방식으로 나뉜다.

다. 수익권의 비교

주식회사는 주주에게 출자액에 비례하여 출자배당을 실시한다. 주식회사에서는 이용고 배당을 거의 실시하지 않는다. 이에 비해 협동조합에서는 이용고 배당을 실시하며, 출자배당은 일정 수준 이하로 제한하는 경우가 일반적이다. 주식회사가 투자에 비례한 수익배분을 추구하는 반면, 협동조합은 이용에 비례한 수익배분을 중시한다는 점에서 커다란 차이점이 있다.

〈표 2-1〉 주식회사와 협동조합의 차이점

구분		주식회사	협동조합
통제 (control)	투표권	일반주주: 투자자	조합원: 투자자이며 이용자
자격		주식소유자	조합원 자격기준 가입 자유
투표권		주식 수에 비례 소수의 기업지배	1인1표의 민주적 관리 다수의 공평한 기업지배
경영		주주에 의해 선출된 이사회 이사회가 선발한 최고경영자	조합원에 의해 선출된 이사회 이사회가 선발한 최고경영자
소유권 (owner-ship)	소유자	주주 개인의 소유 제한이 없음	조합원 조합원의 개인소유 제한
소유자격		자격 제한 없음	자격 제한: 가입비, 최소출자, 이용고에 비례한 출자 등
소유권 이전		지분거래 가능 (2차시장)	극히 제한적임 (2차시장이 없음)
출자상환		상환책임 없음	상환책임 있음
수익 및 배당	발생	주주에 대한 투자수익 제공	이용고 배당 (원가주의)
출자배당		투자에 비례하여 실시 제한 없음	법적 제한 (최소배당) 일부 미실시
이용고 배당		거의 없음	협동조합의 독특한 특성 법적 규정, 매우 일반적임
공동지분		매우 광범위하게 허용 수익을 공동지분과 배당으로 분할	제한적 허용 (비조합원 사업수익) 상대적으로 적음

한 가지 특이한 점은 협동조합에서도 수익배분에 있어서는 비례주의를 채택하고 있다는 사실이다. 협동조합은 통제권에 있어서는 1인1

표의 동등주의를 채택하고 있다. 이에 비해 수익권에 있어서는 이용고와 출자에 비례한 배분으로 비례주의를 중시한다. 즉 통제는 동등하게 하되, 수익배분은 기여도에 따라 민주적으로 실시한다는 것이 협동조합의 운영원리이다. 그러나 조합을 운영하는 현실적 측면에서는 동등주의와 비례주의가 자주 충돌하는 경우가 있다. 예를 들어 수수료나 운임 책정 시 동등주의에 의해 모든 조합원에게 동등한 가격을 적용해야 할지, 아니면 운행거리나 구입금액 등에 따라 차등 적용해야 할지를 결정하는 데 많은 어려움이 있다.

3. 협동조합의 시장행동 특성

가. 협동조합과 주식회사의 시장행동 비교

협동조합은 주식회사와 구별되는 시장행동과 사업방식의 특성을 갖게 된다. 시장행동과 사업방식에 있어서 협동조합과 주식회사의 가장 큰 차이점은 협동조합의 경우 사업물량과 공급가격 결정 등 사업방식의 결정 범위가 주식회사에 비해 광범위하다는 점이다. 주식회사는 이윤극대화를 달성하는 단순한 방식으로 사업을 수행한다. 그러나 협동조합의 경우에는 이보다 복잡하다. 이윤극대화를 추구하는 개별 조합원은 자신의 농장경영과 협동조합 사업을 별개로 구별하지 않고, 농장경영과 연계하여 협동조합의 성과를 평가하게 된다. 이에 따라 협동조합의 경영자는 조합원의 이익까지 포함한 종합적인 관점에서 협동조합 사업에 관한 의사결정을 하게 된다. 이는 주식회사가 이윤극대화만을 추구하는 것에 비해 좀 더 복잡한 의사결정이 이루어지게 만든다.

예를 들어, 농산물 가공시장에서 주식회사는 자신이 구입하는 원료 농산물만을 비용으로 고려할 뿐, 원료 농산물을 공급하는 농업인이 자기 농장의 시설구입 등에 지출한 고정투자 비용은 전혀 고려하지 않는다. 즉 농업인이 해당 원료 농산물을 생산하기 위해 얼마만큼의 고정투자를 했는지는 주식회사의 입장에서 고려의 대상이 아니다. 반면에 협동조합은 조합원의 요구에 따라 그들이 투자한 고정비용까지 고려하여 원료농산물의 가격과 매입물량을 결정하게 된다. 예컨대 미작농업이 일반적인 지역에 위치한 농협에서는 조합원의 요구에 따라 미곡종합처리장을 설치하는 경우가 많다. 이는 미작 경영에 많은 고정투자를 한 조합원들이 쌀의 가공과 판매를 위해 미곡종합처리장을 설립하는 것이 자신의 영농과 관련하여 유리하다고 판단하기 때문이다. 이 경우 미곡 가격의 하락이 예상되거나, 투자 여력이 없는 농협도 외부 차입에 의존해서 무리하게 미곡종합처리장에 고정투자를 하게 되는 경향이 나타난다. 주식회사의 경우에는 자체 이윤극대화만을 염두에 두기 때문에 농업인이 처한 여건은 고려의 대상이 아니며, 따라서 수익 전망이 불투명함에도 불구하고 미곡종합처리장을 설립하는 의사결정은 선택하지 않을 것이다.

협동조합이 이용자에 의해 소유된다는 특성은 협동조합의 가격설정 방식에서도 주식회사와 구별되는 특수성을 초래한다. 협동조합의 가격결정은 사업의 이용자인 조합원의 소득분배에 영향을 미친다. 협동조합의 가격결정이 조합원의 이익에 많은 영향을 미치기 때문에 협동조합은 주식회사와 같이 이윤극대화의 사업전략을 추구하기가 어렵다. 이는 가격결정에 있어서 협동조합 경영자의 재량권을 제한하는 결과를 초래한다.

나. 협동조합 시장행동의 제약요인

앞서 살펴본 바와 같이 협동조합은 기업 자체의 이익뿐만 아니라 농업인의 이익까지 고려하는 의사결정을 한다. 그런데 여러 가지 이유로 인해 이러한 의사결정 방식은 자주 어려움에 직면하게 된다. 이러한 내용을 살펴보면 다음과 같다.

첫째, 개별 조합원과 전체 조합원 간의 이해 상충 문제가 발생하는 경우이다. 협동조합에서는 조합원 전체의 이익이 개별 조합원의 이익과 일치하지 않는 경우가 흔히 있다. 예컨대 협동조합이 특정 농산물의 시장가격을 일정 수준으로 유지하기 위해 조합원 전체의 생산을 제한하는 경우가 있다. 이때 일부 조합원들은 자신의 생산을 오히려 늘려 이익을 보고자 하는 경우가 있다. 다른 조합원들이 생산을 제한하고 있는 상황에서, 본인만 생산을 늘리면 개인적인 이익이 늘어나기 때문이다. 이에 따라 농업협동조합의 시장수급조정 노력은 이러한 무임승차자(free-rider problem) 문제로 인해 대개 실패로 귀결되는 경우가 많다. 잘 선별된 우수 농산물을 조합 브랜드로 출하하여 전체 조합원의 이익을 추구하는 공동판매사업[6]에서 일부 조합원의 속박이 행동도 이러한

---

6 농협이 판매사업을 형식적으로 한다는데, 사실인가요. 농협의 판매사업이 형식적인지, 실질적인지는 농업인을 둘러싼 농산물 판매의 전체적인 여건을 보면서 판단해야 한다. 예를 들어 1980년대만 하더라도 농업인 대부분이 트럭이 없을 때 농협 운송차량으로 마을을 돌면서 순회 수집하여 도매시장으로 보내는 것은 훌륭한 판매사업이었다. ARS 서비스가 없었을 때는 농민신문에서 도매시장 경락정보를 꼼꼼히 제공하는 것도 가뭄에 단비 같은 유통정보였다. 도매시장에 같은 농협 박스로 경매에 참가하는 것만 해도 농업인의 소득을 올릴 수 있는 때가 있었다. 하지

사례의 하나이다.

둘째, 조합원 구성이 이질적인 경우에도 조합원의 농장경영을 고려한 협동조합의 의사결정은 많은 제약에 부딪힌다. 예컨대 채소재배 농가와 쌀재배 농가, 낙농 농가가 하나의 협동조합에 조합원으로 가입하고 있는 경우가 있다고 하자. 이와 같이 조합원의 구성이 이질적인 경우 협동조합은 통일된 의사결정을 수행하기가 어려워진다. 예를 들어 미곡종합처리장을 설치하고자 할 경우 채소재배 농가와 낙농 농가가 반대할 가능성이 크다. 이에 비해 우유 가공시설을 설립하고자 하는 경우 이번에는 채소재배 농가와 쌀재배 농가의 반대에 부딪힐 것이다. 따라서 협동조합 경영에 관한 의사결정은 재배 품목이 다른 농가들 사이에서 합의 도출이 용이하지 않게 된다. 이 경우 협동조합은 개별 조합원의 농장경영과 독립적으로 비조합원을 대상으로 하는 독자적인 수익사업에 치중하는 선택을 할 수 있다. 이때 조합원들은 주식회사의 주주와 같은 입장에서 협동조합의 성과, 예컨대 높은 출자배당이나 대다수 조합원을 위한 일반적 환원사업 등에 만족할 수 있다. 특히 조합원

만 이제 시장과 정보 여건이 변하면서 농산물 유통은 점점 경쟁이 치열해지고 있으며, 대형마트 중심으로 유통 구조가 변화하면서 산지유통에서 농협이 담당해야 할 몫도 갈수록 커지고 있다. 지금과 같은 상황에서 농가가 선택한 도매법인에 물건을 보내고, 경매 결과에 따라 금액만 정산해 주는 데 머물러 있으면 '농협이 판매사업을 형식적으로 한다'라고 비판받을 수 있다. 하지만 앞서나가는 농협은 이미 다양한 판매활동을 통해 농업인조합원의 농산물을 높은 가격으로 팔기 위해 노력하고 있다. 수십억 원을 투자하여 선진국 농산물 선별장을 운영하는 농협도 있으며, 높은 품질과 상품화 마케팅 전략을 바탕으로 대형 유통업체와 대등한 관계에서 거래하는 농협도 있고, 나아가 더 좋은 품질을 만들기 위해 판매사업과 구매사업, 지도사업을 통합시켜 전국 최고의 성과를 만들어내는 사례도 있다(나주 세지메론, 잎맞춤 등). 판매사업은 반드시 농업인조합원과 농협이 단단히 뭉쳐질 때만 발전할 수 있다. 즉, 농협의 판매사업이 발전하려면 농업인조합원들이 협동의 마음을 함께 가지고 잘 조직되어 있어야 한다.

의 구성이 다양한 종합농협에서 이러한 현상이 자주 발생한다.

셋째, 조합원이 조합의 전반적인 경영 성과에 대한 관심이 낮고, 개별 이익의 관점에 치우치는 경향도 조합원의 이익까지를 고려하는 협동조합 경영자의 의사결정을 어렵게 만든다. 조합원은 일반적으로 협동조합의 소액출자자인 경우가 대부분이다. 따라서 출자배당의 몫이 크지 않기 때문에 조합의 전체적인 경영 성과에 대한 관심이 낮다. 이에 비해 출하 농산물의 매입 규모와 가격조건 등 개별 영농과 관련된 분야는 농가경제에 미치는 영향이 크기 때문에 관심이 지대하다. 이에 따라 조합원들은 조합의 전체적인 경영 성과보다 개별 영농과 관련된 이해관계를 중시하는 입장에서 조합 경영을 통제하고자 한다. 예를 들어 채소재배 농가는 미곡종합처리장의 설치보다 채소작물과 관련된 산지유통시설에 대한 투자를 확대하여 줄 것을 경영진에게 원하게 될 것이다. 설령 산지유통시설보다 미곡종합처리장의 설치가 조합 경영에 더 많은 이익을 가져다줄 것으로 예상되는 경우에도 채소재배 농가들의 선택은 바뀌지 않는다. 이 경우에도 채소재배 농가들은 조합의 전반적인 경영 성과보다 개별 영농과 관련된 사업에 더 많은 가중치를 부여하기 때문이다. 결과적으로 조합원들의 이러한 선택은 조합 경영에 부담으로 작용할 우려가 크다.

이러한 문제는 다양한 품목과 서비스를 취급하여 조합원의 구성이 크게 이질화되어 있는 협동조합에서 문제점이 더 크게 나타날 것이다. 다양한 품목과 서비스를 제공하는 종합협동조합의 경우 개별 조합원은 협동조합의 전반적인 경영 성과보다 자신의 농장 경영과 관련된 재화나 서비스에 대한 조합의 가격 설정에 더 많은 관심을 갖게 되기 때문이다. 반면 투자자소유기업의 투자자는 일반적으로 기업의 전체적인 경영 성과에 관심을 집중한다. 기업의 전체적인 경영 성과가 향상되면 보유하고 있는 주식가격의 상승으로 이어지기 때문이다. 그러나 협동조합의 조합원은 자신의 농장경영과 관련된 협동조합의 가격설정, 공동계산, 비용배분 등에 관한 구체적 의사결정에 더 집중하는 경향을 보인다. 특히 상이한 품목을 생산하거나 구입하는 조합원들은 조합의 가격설정과 비용배분 방식에 대해 서로 다른 입장을 갖게 된다. 이에 따라 조합 경영자는 이러한 의사결정에 있어서 주식회사 경영자에 비해 훨씬 신중하게 행동하지 않을 수 없다. 즉 투자자소유기업의 경영자는 전반적 경영 성과의 극대화와 이에 따른 주식 가치 상승에 최선의 노력을 기울이는 반면, 협동조합 경영자는 조합원의 다양한 이해관계와 입장을 고려하는 차원에서 보다 복잡한 의사결정을 하게 된다.

개별 조합원이 협동조합의 가격설정과 비용배분에 민감하다는 사실은 다음의 두 가지 시사점을 갖는다. 첫째, 협동조합에 있어서 가격설정과 비용배분에 관한 의사결정이 매우 어렵다는 점이다. 즉 이러한 의사결정 과정에 소요되는 비용이 상대적으로 높다는 사실이다. 이는 조합원이 이사회를 통해 의사결정 과정에 참여할 뿐만 아니라 조합원 간의 다양한 이해관계로 인해 조합원 간 합의를 찾기가 어렵다는 것을 의미한다. 둘째, 협동조합은 시장개척 또는 시장점유율 확보를 위한 전략적 행동, 예컨대 가격 할인이나 보조금 지급 등의 수단을 선택하는 데 있어서 상대적으로 제한을 받는다. 이는 일부 조합원들이 조합의 전략적 행동에 따라 자신들이 "불공평한 부담"을 지게 된다고 생각할 우려가 있기 때문이다. 예를 들어 조합이 수익 전망이 밝은 과수가공 사업에 진출하고자 하는 경우, 수혜 이익이 거의 없는 미곡재배 농가들은 조합이 특정 과수가공 시설에 투자를 집중하는 것에 반대할 가능성이 있다. 이 경우 조합은 수익창출 기회를 상실하게 된다. 그 결과 협동조합은 주식회사에 비해 상대적으로 사업 영역이 좁게 되는 결과를 초래한다. 예컨대 협동조합은 리스크 부담이 높은 가공사업 등에 대한 신규 진입을 기피하는 경향 등을 들 수 있다.

우리와 같은 종합농협의 경우 다양한 사업을 수행하고 조합원 구성이 이질적인 경우가 많아 이러한 문제가 자주 발생한다. 상호금융의 경우 자금 차입이 많은 조합원은 대출금리결정에 상대적으로 민감하다. 반면 자금 차입이 적은 조합원은 금리정책보다는 다른 분야의 사업에 더 많은 관심을 갖게 된다. 또한 특정 농산물을 재배하는 조합원이 소수인 경우 협동조합이 이의 판매를 위해 새로운 투자와 노력을 확대하기가 어렵다.

다. 협동조합 시장행동의 강점

협동조합은 소유자와 이용자가 일치하기 때문에 이용자 고객과 경영자 간의 정보 흐름이 원활하다는 점에서 민간기업에 비해 유리하다. 기업은 고객이 원하는 제품의 특성을 결정하는 데 많은 비용을 소요한다. 협동조합의 경우 이 비용이 상대적으로 작은데 그 이유는 제품 특성에 관한 정보를 수집하기에 용이한 구조를 갖기 때문이다. 투자자소유기업과 달리 협동조합은 고객 리스트를 갖고 있으며, 그들의 생산방식과 욕구에 관한 많은 정보를 수집할 수 있다. 조합원은 민간기업에 비해 협동조합에 보다 신뢰할 수 있는 정보를 제공한다. 그 이유는 조합원들은 협동조합이 그들의 정보를 역이용하여 기회주의적으로 행동함으로써 그들에게 손해를 주지는 않으리라는 믿음을 갖고 있기 때문이다. 또한 협동조합의 조합원은 민간기업의 고객에 비해 협동조합에 그들의 요구 사항을 전달할 수 있는 채널을 보다 많이 확보하고 있다. 조합원은 이사회 등 협동조합 지배구조에 공식적으로 참여하여 고객으로서의 목소리를 행사하는 데 유리하기 때문이다.

협동조합 이용자는 협동조합에 출자한 소유자이기 때문에 그들은 민간기업 고객에 비해 자신의 협동조합을 전속 이용하려는 경향이 높으며, 이는 경쟁기업이 단기적으로 보다 유리한 가격조건을 제시하는 경우에도 여전히 지속된다. 이처럼 경쟁기업의 단기적 유혹에도 불구하고 협동조합에의 전속거래가 유지되는 현상을 흔히 협동조합 충성도(cooperative loyalty)라고 한다. 이러한 충성은 비이성적인 것이 결코 아니며 다음과 같은 조합원의 믿음을 반영하는 것이다. 즉 경쟁기업의 위협에도 불구하고 조합원이 조합과의 거래를 유지할 경우 협동조합의 단기적 성과가 개선될 수 있다는 점, 장기적으로 보면 협동조합 전속거래에 따른 할인이익이 다른 업체와의 거래보다 더 크다는 점 등이다. 조합원 충성은 협동조합의 수요예측 능력 제고를 통해 조합원에게 더 많은 금전적 이익을 제공할 수 있으며, 이에 따라 재고비용을 낮추고 새로운 설비투자 계획에도 기여할 수 있다.

학습문제 풀이

[1] 다음은 1995년 ICA가 규정한 "협동조합 정의"이다. 괄호 안에 들어갈 말을 바르게 연결한 것은?

"협동조합이란 공동으로 소유되고 민주적으로 운영되는 사업체를 통하여 공통의 경제적 · 사회적 · 문화적 필요와 요구를 충족시키고자 하는 사람들이 ( )으로 결성한 ( )인 조직이다."

① 자발적 · 자조적

② 자발적 · 자율적

③ 자주적 · 자율적

④ 효율적 · 민주적

정답 2번

해설 자발적/자율적

[2] 미국 농무부가 정립한 협동조합 정의에서 빈칸에 맞지 않는 것을 고르시오.

"협동조합은 이용자가 소유하고 (1)하는 (2)로서 그 이익을 (3)에 비례하여 (4)에게 배분하는 사업체이다."

① 통제

② 운동체

③ 사업 이용액

④ 이용자

정답 2번

해설 운동체가 아니라 사업체이다.

[3] 국제협동조합연맹이 정립한 협동조합 정의에서 빈칸에 맞지 않는 것을 고르시오.

"협동조합은 공동으로 소유되고 (1) 운영되는 (2)를 통하여 공동의 경제적 · 사회적 · 문화적 (3)와 욕구를 충족시키고자 하는 사람들이 (4)으로 결성한 자율적인 조직이다."

① 민주적으로　　② 운동체

③ 필요　　④ 자발적으로

정답 2번

해설 운동체가 아니라 사업체이다.

[4] ICA의 "협동조합 정의"의 주요 내용에 대한 설명으로 옳지 않은 것은?

① 협동조합이 가능한 한 정부와 사기업체로부터 독립된 조직이어야 함.

② 조합원들이 협동조합의 목적과 재원 내에서 가입, 탈퇴가 자유로움.

③ 협동조합은 법률적 의미에서 인격의 결합체이며, 법인에도 조합원의 자격이 부여될 수 있음.

④ 협동조합은 공동으로 소유되고 민주적으로 운영되는 공동체임.

정답 4번

[5] 미국 농무성은 협동조합을 "이용자가 소유하고 통제하는 사업체로서, 그 이익을 사업이용액에 비례하여 이용자에게 배분하는 사업체"라고 정의했다. 이 정의에 의한 3원칙과 그 설명 내용이 바르게 연결된 것은?

① 조합원은 일반적으로 일정 기준 이상의 금액을 출자해야 하기 때문에 투자자로서의 입장을 갖게 되지만, 협동조합은 이용자 중심으로 운영되어 투자자로서 조합원의 이익이 제한되는 구조적 특성을 갖는다. - 이용자 통제 원칙

② 협동조합은 조합원이나 주식시장을 통해 자기자본을 확보하는 것이 어려워 주로 배당금의 내부유보, 목적출자, 공동자본 등과 같은 사업이익의 내부유보 정책을 통해 자기자본을 조달한다. - 이용자 소유 원칙

③ 이용자로서 조합원의 경영통제는 이사회 선출과 총회 의결권이라는 두 가지

방식으로 이루어진다. - 이용자 수익 원칙

④ 협동조합은 일반 영리기업과 달리 사업목적을 출자배당 자체에 두지 않으며, 사업이익은 이용 실적에 비례하여 조합원에게 배당한다. - 이용자 소유 원칙

정답 2번

[6] 미국 농무부의 협동조합 원칙에 포함되지 않는 것을 고르시오.

① 이용자의 소유 원칙

② 이용자의 통제 원칙

③ 이용자의 수익 원칙

④ 이용자의 교육 원칙

정답 4번

해설 교육 원칙은 포함되지 않는다.

[7] 이용자의 소유 원칙에 관한 설명으로 틀린 것을 고르시오.

① 조합원의 이용자 지위와 투자자 지위는 상호 갈등관계에 놓일 수 있다.

② 협동조합은 이용자 소유 기업으로 불린다.

③ 조합원의 투자자 이익은 이용자 이익과 동일하게 중시된다.

④ 조합원은 탈퇴 시 출자 원금만 돌려받게 된다.

정답 3번

해설 조합원의 이용자 이익은 투자자 이익에 우선하여 보장된다.

[8] 이용자 통제 원칙에 관한 설명으로 틀린 것을 고르시오.

① 이용자는 총회 의결권과 이사 선출권을 행사한다.

② 투표 방식은 반드시 일인일표제를 준수해야 한다.

③ 일부 협동조합은 사업이용 규모에 따른 비례투표제를 채택하고 있다.

④ 조합원의 출자 규모에 비례한 투표권 차별은 금지된다.

정답 2번

해설 조합원의 투표권은 일인일표제 또는 비례투표제로 행사될 수 있다.

[9] 이용자 수익 원칙에 관한 설명으로 틀린 것을 고르시오.

① 원가주의 가격결정 ② 출자배당 확대

③ 이용배당 중시 ④ 출자금의 원금 상환

정답 2번

해설 출자배당 확대는 조합원의 투자자 이익에 기여한다.

[10] 협동조합 운영 원칙에 어긋나는 것을 고르시오.

① 출자 규모에 비례하는 투표권 행사

② 조합원의 이사 선출권 행사

③ 이용고 배당의 강조

④ 소유 자격의 제한

정답 1번

해설 조합원의 투표권은 출자 규모와 무관하게 행사된다.

[11] 협동조합의 시장행동이 주식회사와 다른 점을 고르시오.

① 사업 물량과 가격에 대한 조합원의 결정 범위가 넓다.

② 경영자의 의사결정은 협동조합의 이익과 조합원의 이익을 모두 고려한다.

③ 가공 협동조합은 조합원으로부터 원료 농산물을 최대한 낮은 가격으로 구입한다.

④ 협동조합의 가격결정은 조합원의 소득에 영향을 미친다.

정답 3번

해설 원료 농산물을 최대한 높은 가격으로 구매한다.

[12] 협동조합 시장행동의 제약요인에 관한 설명으로 틀린 것을 고르시오.

① 개별 조합원과 전체 조합원 간의 이해상충 문제가 발생할 수 있다.

② 협동조합의 수급조절 사업은 조합원의 무임승차 문제로 인해 실패할 수 있다.

③ 재배 품목이 다른 조합원 간에 이해관계 충돌이 발생할 수 있다.

④ 조합원 간의 영농규모 격차는 협동조합의 제약요인이 되지 않는다.

정답 4번

해설 대농과 소농 간에는 이해관계가 서로 다를 수 있다.

[13] 협동조합이 주식회사에 비해 시장행동에서 갖는 강점이 아닌 것을 고르시오.

① 조합원과 경영자 간의 정보 흐름이 용이하다.

② 조합원은 출자자이기 때문에 전속 거래의 유인이 높다.

③ 조합원의 충성도에 따라 협동조합은 재고 비용을 낮출 수 있다.

④ 협동조합은 주식회사보다 자본 확충이 용이하다.

정답 4번

해설 일반적으로 자본 확충에 불리하다.

[14] 다음 중 전통 모형 협동조합의 문제라고 볼 수 없는 것은?

① 협동조합 충성도

② 조합원 이질화와 민주적 통제의 위기

③ 영향력비용문제

④ 자본시장의 평가 결여

정답 1번

[15] 다음 중 신세대협동조합의 특징이라고 볼 수 없는 것은?

① 최근 일부 신세대협동조합에서는 자본조달 확대를 위해 투자자 조합원 제도를 도입하여 투자한 일반 주민들에게도 조합원 지위를 부여함.

② 출하권 제도는 투자는 하지 않고 이용만 하려는 조합원의 무임승차자 문제를 해결하기 위한 것임.

③ 무의결 우선주는 조합원 자격과 관계없이 투자를 희망하는 지역 내 일반주민에게 할당되며, 투표권과 조합수익에 대한 배당을 받게 됨.

④ 협동조합의 운영효율화와 수익극대화를 위해 조합원 가입자격과 수를 제한함.

정답 3번

★ OX 퀴즈

ICA는 협동조합이 주로 개인의 경제적 필요를 만족시키고자 한다고 정의 내렸다. (×)

협동조합과 주식회사의 시장행동과 사업방식의 가장 큰 차이점은 가격설정 방식으로 이용자에 의해 소유되기 때문에 이윤극대화를 위한 사업전략을 추구해야만 한다. (×)

1. 전통모형 협동조합

가. 특징

현실에 존재하는 협동조합들은 그 조직구조와 사업 방식에 따라 매우 다양하다. 서구 농협의 경우 미국 중서부지역의 신세대협동조합에서부터 유럽 지중해 연안국가의 공공성이 강한 농협에 이르기까지 다양한 형태를 보이고 있다. 이러한 협동조합 유형들의 양극단에 과거 로치데일 협동조합에 기원을 두는 전통모형 협동조합과 최근에 나타나고 있는 비례모형 협동조합이 위치한다.

협동조합 모형 간의 차이는 기본적으로 조합원과 협동조합과의 관계가 어떻게 형성되고 있는가, 즉 지배구조의 차이에 있다. 이는 협동조합이 어떻게 조합원을 위해 기능하며 시장, 정부 및 이해관계자에 대하여 행동하는가를 결정하는 다양한 권리 의무 관계를 포함한다. 어떤 협동조합 모형이 바람직한가에 대한 문제는 그 조합이 처해 있는 사업환경이 어떠한가에 달려 있으며, 특정 모형이 다른 모형보다 우월하다고 단정하기는 어렵다.

닐슨(Nilsson, 1997)은 협동조합의 바람직한 모형을 결정하는 요인으로 경제적 요인과 더불어 정치적 요인과 사회적 요인을 분석하였다. 그에 의하면, 과거 정부의 보호 아래 농업이 성장하던 시기에는 협동조합이 큰 어려움 없이 안정적으로 사업을 유지할 수 있었다. 각국 정부는 농업성장과 농가의 소득지지를 위해 농산물 가격지지 정책 및 수입규제 조치 등을 통해 자국 농업을 보호하였다. 또한 농업 생산성 제고 등 정부의 정책목표 달성을 위해 협동조합을 지원하였다. 협동조합은 정부의 정책사업 대행과 농업의 양적 성장에 힘입어 지속 성장할 수 있었다. 그는 이와 같이 과거 농업 성장기에 존재하였던 협동조합을 전통모형 협동조합(traditional cooperative)이라고 지칭하였다.

이 시기의 협동조합은 사업량을 극대화함으로써 비용을 낮추는 사업전략을 추구하여 조합원의 실익에 기여하였다. 생산만 하면 팔리던 시기였으므로 사업량 극대화 전략이 가장 효과적이었다. 이러한 이유 때문에 전통모형 협동조합은 사업량 극대화를 목표로 하는 경우가 많으며, 이를 위해 로치데일 방식의 전통적 조직구조를 채택하게 된다. 앞서 살펴본 바와 같이, 로치데일 협동조합은 소비자 협동조합으로서 많은 소비자 고객을 조합원으로 확보하는 것이 점포 사업에 유리하였다. 따라서 로치데일 협동조합은 조합원 수와 사업량(점포 판매량)을 늘리는 조직구조를 구축하였다. 그리고 농업이 성장하던 시기에는 이와 같은 로치데일 방식의 전략이 농업협동조합에도 적합하였다. 따라서 전통적인 농업협동조합은 로치데일 방식에 기초하여 다음과 같은 전략을 선택하게 된다.

첫째, 조합원 수를 늘릴 목적으로 조합원 수 증대 정책을 채택하였다. 먼저 가입자유의 원칙에 따른 개방형 조합원 제도(open membership)를 채택하여 신규 조합원의 가입을 유도하고자 하였다. 또한 신규 조합원의 가입을 늘리기 위해 조합가입 시 낮은 출자의무를 부담시켰고, 1인1표 원칙을 채택하여 신규 조합원에게도 기존 조합원과 동일한 권리를 부여하였다. 이러한 조합원 수 증대 정책은 사업물량 확대로 이어져 조합 사업의 평균비용을 낮추는 역할을 하였고, 이에 따라 기존 조합원도 이익을 보는 결과를 가져왔다. 이에 따라 기존 조합원도 신규 조합원을 늘리는 정책에 반대하지 않게 된다.

둘째, 사업물량을 확대하는 정책이다. 이를 위해 협동조합은 조합원이 출하한 농산물에 최대한 높은 가격을 지불하며, 이에 필요한 재정을 조달하기 위해 출자배당을 최소화하고 배당의무가 없는 공동지분(unallocated capital)의 확대에 노력하게 된다. 또한 농산물 출하 시 거리 · 물량 · 품질에 관계없이 모든 조합원에게 동일한 가격과 수수료율을 적용하여 가능한 한 많은 농가가 사업에 참여하도록 유도한다. 그런데 상이한 조건의 조합원 그룹 간에 동일한 가격과 수수료율을 적용함으로써 이러한 협동조합에서는 이익을 남기는 측에서 별다른 대가를 받지 않고 다른 측을 지원하는 교차보조(cross subsidy)가 흔히 존재한다. 예컨대 동일한 운송비 정책은 근거리 조합원의 비용으로 원거리 조합원에 대한 보조가 되며, 낮은 조합가입비는 기존 조합원 비용으로 신규 조합원에 대한 보조가 된다. 이는 생산성이 높은 농업인의 희생을 통해 생산성이 낮은 농업인을 조합원으로 가입시켜 농산물을 출하하게 하는 결과를 가져온다. 또한 당연히 조합원 수가 늘어나 조합 사업물량이 증가하는 결과로도 이어지게 된다.

셋째, 협동조합은 이념[7]과 가치[8]를 중시하는 경향을 보이는데, 이는 주로 기존 조합원의 사업 참여를 유지시키기 위해서 채택된다. 협동조합이 규모의 경제를 확보하기 위해서는 신규 조합원 가입은 물론 기존 조합원의 유지가 중요하며, 이를 위해 협동조합은 연대, 형평, 이타주

의 등의 협동조합 이데올로기의 확산에 노력한다. 이와 같은 공동체 인

---

7 협동조합 이념이란 협동조합운동의 지배적인 가치와 규범 · 신념 및 이상 등을 포함한 주체적 의지의 표현으로, 협동조합이 지향하는 최고가치와 지도정신을 의미한다. 지금까지 협동조합 사상가와 운동가들에 의해 주장되고 실천돼 온 협동조합 이념으로는 '상부상조의 협동정신' '자조 · 자주 · 자립의 이념' '평등 · 비영리 · 공정의 이념' 등이 있다. 우리 농협의 경우에는 '자조 · 자립 · 협동'을 농협의 3대 이념으로 삼고 있다. 이 중 협동은 농협의 중심 이념으로 막연히 힘을 합친다는 사전적 의미가 아니라, 같은 목적을 달성하기 위해 힘을 모아 공동의 성과를 얻고자 하는 구체적 행위를 말한다. 협동이념이 잘 구현되기 위해서는 무엇보다 서로에게 이익을 줄 수 있는 자득타득(自得他得)의 상부상조 정신이 필요하게 되는데, 이는 조합원 서로에게 도움이 되지 못하는 협동은 별다른 의미가 없기 때문이다. 이러한 이념은 우리가 잘 알고 있는 '일인은 만인을 위하여, 만인은 일인을 위하여'라는 말 속에 잘 표현돼 있다. 또한 '자조이념'은 자득타득의 상부상조 정신의 전제조건으로 작용하게 되는데, 이는 서로 돕는다는 것은 자신의 일을 해결하는 자조의 바탕 위에서만 가능하기 때문이다. 즉 협동조합을 통해 '자조 → 자득타득의 상부상조 → 바람직한 협동이념 구현'의 관계가 형성되는 것이다. 또한 농협운동은 외부의 원조나 지원으로 이뤄지는 것이 아니라 조합원 스스로 자신들의 문제를 해결하고 개선하는 데 그 목적이 있으므로 '자립'을 농협의 이념으로 삼고 있는 것이다. '자립'은 외부의 간섭이나 지배에서 벗어나 올바른 협동조합운동을 전개해 나가기 위한 전제조건이기도 하다. 협동조합 이념은 협동조합을 운영하는 기본 원리이자 기반이다. 조합원은 협동조합의 이념을 중심으로 결집되고, 협동조합 이념을 바탕으로 협동조합운동을 전개하고, 협동조합 운영에 참여하게 되는 것이다. 따라서 협동조합 이념이 전체 조합원들 간에 명확하게 공유될 때는 협동조합운동이 조합원의 적극적인 참여를 불러일으켜 활발하게 전개되지만, 그렇지 못할 경우에는 협동조합운동이 침체되거나 협동조합의 존립 자체도 위협받을 가능성이 많다. 그렇기 때문에 협동조합은 지속적인 교육을 통하여 임직원과 조합원 모두가 이와 같은 협동조합 이념을 항상 명확하게 공유할 수 있도록 지속적으로 관심과 노력을 기울여 나가야 한다.

8 모든 사상에 나름의 가치가 있듯이 인간존중과 협동의 이념을 지닌 협동조합 사상에도 가치가 내포되어 있다. 이러한 협동조합의 가치는 협동조합이 다른 조직체에 비해 우월한 조직체라는 점을 인식시켜 준다. 협동조합의 가치에 대한 논의는 협동조합 고유의 존재 의의와 협동조합 특유의 사회 · 경제적 공헌에서 출발한다. 역사적으로 1844년 로치데일 협동조합이 탄생한 이래 많은 세월이 흐르는 동안 협동조합이 세계 도처에서 우여곡절을 겪으면서도 양적으로나 질적으로 발전을 거듭해 왔다. 이는 무엇보다 대중 속에 뿌리를 박고, 때로는 운동체로서, 때로는 경영체로서 정신적으로나 경제적으로 봉사해 왔기 때문이다. 이것이 협동조합의 사회적 · 경제적 존재 의의이며 공헌이다. 협동조합이 지니는 기본적 가치의 원천도 바로 여기에 있다. 그러나 협동조합이 기본적 가치를 현실에서 전개해 나가는 데는 보다 구체적이고 실천적인 가덕목이 선정되어야만 한다. 사람에 따라 사회 환경에 따라 선정 기준과 내용이 다르고, 상황에 따라 윤리적 기준과 경제적 기준을 달리하다 보면 협동조합의 가치 기준도 가변적일 수밖에 없다. 따라서 협동조합 학자와 운동가들은 모든 나라의 모든 협동조합이 공통으로 추구해야 할 협동조합의 보편적 가치를 규범화하기 위해 많은 노력을 기울여 왔다. 그러한 노력이 결실을 맺어 국제협동

식과 이념을 확산시킴으로써 기존 조합원의 협동조합 참여를 유지시키고, 신 · 구 조합원 간의 통합을 가속화시킨다.

전통모형 협동조합은 농업생산성 제고와 규모의 경제 달성을 통해 농업의 양적 성장과 농가소득 증대에 기여한다. 조합원들은 조합 사업의 확대가 자신에게도 이익이 되기 때문에 자발적으로 사업에 참여한다. 이러한 상황에서 협동조합은 생산 지향적, 사업량 극대화 전략을 추구한다. 식량증산이 중시되고, 정부의 농업보호 정책이 지속되는 환경에서 협동조합의 이러한 전략은 합리성을 갖게 된다. 그리고 조직구조는 사업량 극대화 전략에 맞추어 1인1표주의, 가입자유의 원칙, 동등원칙, 이념 · 가치 지향의 성격을 갖게 된다.

나. 구조 문제

협동조합의 제도적 특징을 연구하는 학자들은 전통모형 협동조합 조직에 고유하게 내재되어 있는 구조 문제에 대해 분석하였다. 이 학자들은 전통적 협동조합의 구조 문제로 기간 문제, 위험회피 문제, 통제 문제, 무임승차 문제, 영향력비용 문제 등을 분석하고 있다. 이 중 기간 문제와 포트폴리오 문제, 무임승차자 문제는 제3장에서 자세히 살펴보

조합연맹(ICA)은 1995년 ICA 창립 100주년을 맞아 영국 런던에서 협동조합 가치와 협동조합의 7대 원칙을 제시했다. ICA가 발표한 협동조합의 가치는 기본적 가치와 윤리적 가치로 나누어져 있다. 기본적 가치는 자조(self-help), 자기책임(self-responsibility), 민주주의(democracy), 평등(equality), 공정(equity), 연대(solidarity)에 기초한다고 제시했다. 윤리적 가치로 제시된 것은 정직(honesty), 공개(openness), 사회적 책임(social responsibility), 타인에 대한 배려(caring for others)다. 이런 협동조합의 가치는 협동조합의 과거와 현재, 그리고 미래를 연결시키는 고리이다. 협동조합의 가치는 이상적인 목표가 아니라 실천을 위한 지침으로 행동화하고, 사업화하며, 성과화하는 데 있다. 그래야만 협동조합다운 협동조합으로 바로 설 수 있다.

게 될 것이다. 이 장에서는 통제 문제와 영향력비용 문제에 대해서만 살펴보기로 한다.

통제 문제(control problem)는 소유와 경영이 분리되어 있는 조직에서 나타나는 지배구조 문제에 해당한다. 통제 문제는 조합원이 협동조합의 경영자를 효과적으로 통제하지 못하는 문제를 가리키는데, 이는 일반 기업의 주인과 대리인 문제(principal agent problem)와 유사하다. 주인-대리인 문제는 기업에서 주인인 주주가 대리인인 경영자를 완전히 통제하지 못하는 데서 발생하는 비용을 가리킨다. 주주는 경영자가 주주 이익의 극대화를 위해 노력하기 바라지만, 경영자는 높은 급여와 고급 사무실 설치, 외형 위주의 성장전략 등 경영자의 입장에서 기업을 경영하기도 한다. 이와 같이 경영자가 주주의 이익과 부합되지 않게 기업을 경영하는 데서 발생하는 문제를 주인-대리인 문제라고 한다. 이 문제는 특히 주주가 경영자를 효과적으로 통제할 수 있는 장치가 미흡할 때 심각하게 나타날 수 있다.

협동조합에서 통제 문제가 자주 제기되는 것은 주식회사와 달리 출자지분을 거래하는 자본시장이 존재하지 않아 주식가격(출자증권의 시장가격)을 잣대로 경영성과를 평가하거나 경영진을 통제할 수 있는 장치가 존재하지 않기 때문이다. 따라서 조합원이 주식가격과 같은 객관적인 기준을 토대로 경영진을 효과적으로 통제하지 못하는 문제가 발생하는데, 이러한 문제를 통제 문제라고 한다.

영향력비용 문제(influence cost problem)는 조합원 그룹 간에 협동조합의 이익배분에 관한 의사결정에 영향력을 행사하는 과정에서 수반되는 비용과 관련된 문제이다. 예를 들어 협동조합이 다양한 사업을 운영하고 있고, 조합원들이 다양한 이해관계를 가질 경우 이질적인 조합원 그룹들은 협동조합 사업이 자신에게 유리한 방향으로 이루어지도록 협동조합 의사결정에 영향력을 행사하려는 경향이 존재한다. 이는 협동조합이 다른 기업에 비해 의사결정 비용이 높다는 점을 의미한다. 주식회사의 경우에는 주가의 극대화를 추구하는 점에서 주주들의 이해관계가 공통점을 갖는 반면, 협동조합은 개별 조합원의 이해관계가 자신의 영농활동과 밀접하게 연관되어 다양하게 나타나게 된다. 따라서 협동조합의 주요 의사결정에 있어서 조합원의 합의를 형성하는 과정은 주식회사에 비해 많은 시간과 비용이 소요된다. 조합원 그룹들은 자기 그룹에 유리한 방향으로 협동조합이 의사결정을 하도록 영향력을 행사하고자 한다. 예를 들어 조합의 이익을 현금배당으로 지급할지, 유통시설에 투자할지를 결정하는 과정에서 후계농업인과 노령농업인 간에 이해의 대립이 발생할 수 있다. 영농규모가 작고 은퇴가 얼마 남지 않은 노령농업인은 주로 현금배당을 선호하는 반면, 영농규모가 크고 영농에 종사하는 기간이 많이 남은 후계농업인은 협동조합이 유통시설에 더 많이 투자하기를 바랄 가능성이 높기 때문이다. 이들 조합원은 협동조합이 자기 그룹에 유리한 결정을 하도록 영향력을 행사하고자 하는데 이 과정에서 많은 비용이 발생한다. 그리고 이러한 비용에는 영향력 행사 활동에 관련된 직접적 비용은 물론 영향력 행사에 따른 그릇된 의사결정이 초래하는 비효율성 등 간접적 비용도 포함된다.

다. 지배구조 문제

1) 주식회사와 협동조합의 지배구조 비교

앞서 살펴본 통제 문제와 영향력비용 문제는 협동조합의 지배구조 문제와 관련이 있다. 따라서 이러한 구조 문제와 연관하여 전통모형 협동조합의 지배구조 문제에 대해 좀 더 구체적으로 살펴보기로 한다.

주식회사와 협동조합의 지배구조는 형식적 측면에서 유사한 구조를 갖추고 있다. 주식회사는 주주총회와 이사회, 이사회 의장(기업 회장), 전문 경영인이 지배구조의 중요한 구성요소이다. 협동조합에서는 조합원 총회와 이사회, 조합장, 전문경영인(상임이사 또는 전무) 등이 주요 지배구조를 형성하고 있다. 이사회는 특히 주주(조합원)대표와 경영자대표로 구성되어 소유와 경영의 접점에 위치해 있기 때문에, 주식회사와 협동조합의 지배구조에서 매우 중요한 위치를 차지하고 있다.

주식회사와 협동조합의 지배구조는 형식적 측면에서는 유사하지만, 그 내용 면에서는 확연히 다른 구조를 가지고 있다. 먼저 주식회사에는 지배대주주가 존재하지만 협동조합에서는 소유권이 폭넓게 분산되어 있다. 협동조합은 특정 조합원에 의한 조합 지배를 방지하기 위해 출자상한제(한국농협은 조합원당 5천만 원)를 시행하고 있기 때문에 소유권의 집중이 불가능하다. 또한 주식회사는 1주1표제에 의해 운영되는 반면, 협동조합은 1인1표의 민주적 방식으로 운영된다.

협동조합은 일반적으로 주식시장에 상장하지 않기 때문에 자본시장의 평가를 받지 않는다. 협동조합의 조합원이 투자자이면서 이용자(고객)라는 이중적인 성격을 갖는다는 점도 주식회사의 주주와 차이점이다. 협동조합에서 주요 임원을 선거에 의해 선출하는 것도 주식회사와 다른 점이다.

〈표 2-2〉 주식회사와 협동조합의 지배구조 비교

구 분	주식회사	협동조합
소유권	· 소수의 지배대주주 존재	· 소유권이 폭넓게 분산
의결권	· 1주1표제, 의결권이 집중	· 1인1표제, 의결권이 분산
외부통제	· 자본시장 평가가 중요	· 자본시장 평가 부재
주주성격	· 투자자 입장	· 투자자 및 고객 입장
대표선임	· 대주주에 의해 선임	· 선거에 의해 선출

2) 협동조합의 지배구조 문제

가) 조합원 이질화와 민주적 통제의 위기

농업의 구조조정 결과 영농규모와 연령 · 소득 · 교육수준 등에서 조합원 간 이질화가 심화되고 있다. 이에 따라 대농과 소농, 후계농과 고령농, 성장품목과 전통품목 재배농가 간 이해의 대립과 갈등이 발생하고 있다. 협동조합을 지탱하는 가장 핵심적 요소인 조합원 간 협력 기반이 약화되고 있는 것이다. 조합원 간 이질화는 민주적 합의 도출을 어렵게 하고 있다. 따라서 의사결정 비용이 증가하고, 이해관계가 다른 조합원 그룹 간에 자원배분을 둘러싸고 갈등하는 양상이 나타나고 있다. 그 결과 때로는 협동조합의 주요 의사결정이 사업성 측면보다 정치적 타결 위주로 이루어지는 폐해를 낳고 있다.

조합원이 조합의 전반적인 경영성과에 대한 관심이 낮고, 개별 이익의 관점에 치우치는 경향도 민주적 통제에 따른 부담을 가중시킨다. 예를 들어 조합원들은 시장가격이 유리할 때는 협동조합에 대한 출하를 기피하다가, 불리한 경우에는 협동조합이 경영에 부담이 되더라도 출하 농산물을 매입하여 줄 것을 강력히 요구하게 된다. 그리고 자신의 영농과 깊이 관련된 분야에는 협동조합이 투자를 확대하여 줄 것을 요구하는 반면, 그렇지 않은 분야에 대해서는 협동조합이 투자를 확대하는 것에 대해 소극적인 태도를 보이게 된다. 이러한 경향은 당연히 조합 사업의 효율성과 경쟁력을 저하시키는 요인으로 작용한다. 미국 팜랜드 농협의 파산 사례가 이를 입증해 주고 있다.

팜랜드(Farmland) 농협은 1990년대 이후 부동의 미국 제1위 농협이었다. 팜랜드는 우리나라의 중앙회와 같이 회원조합들의 연합회였으며, 축산가공, 곡물판매, 석유, 비료 등 다양한 농업 관련 사업에 종사한 종합농협이었다. 팜랜드 농협은 2001년 매출액이 약 12조 원에 달할 정도로 크게 성장하였으나, 2002년 파산하여 전 세계 협동조합 관계자들에게 커다란 파문을 안겨 주었다. 팜랜드는 1990년대 들어 급격한 외형 확장을 추구하였다. 그리고 조합원 출자나 이익의 내부유보 등 전통적인 자본조달 방법으로는 사업 확장에 필요한 자금을 확보하는 것이 어렵게 되자, 투자자금을 주로 금융기관의 부채에 의존하였다. 그 결과 1995년 이후 5년 만에 부채가 8,000억 원 증가하였다. 무리한 차입경영과 함께 비료사업의 적자경영은 팜랜드 농협의 파산에 결정적인 원인을 제공하였다. 1990년대 이후 원재료 가격의 상승과 수입비료의 증가 등으로 비료사업의 사업성이 매우 악화되었다. 팜랜드는 몇 차례 비료사업의 철수를 검토하였으나, 비료를 저렴하게 공급받기 원하는 조합원의 요구에 밀려 계속 유지할 수밖에 없었다. 비료사업의 적자는 축산가공 등의 사업수익으로 충당하였다. 그러나 비료사업의 적자

규모가 눈덩이처럼 불어나고 타 부문의 사업수익으로 이를 충당하는 비정상적인 경영이 한계에 직면하자 결국 2002년 파산을 신청하게 되었다.

1인1표의 민주적 선거제도는 조합 내에서 다수를 차지하고 있는 영세 · 소농이 조합을 지배하는 현상을 초래하기도 한다. 대농과 전업농, 성장품목 농가들은 최근 그 수가 늘어나고 있음에도 수적으로는 조합 내에서 여전히 소수이다. 따라서 조합의 주요 의사결정은 영세 · 소농에 의해 좌우될 가능성이 높다. 특히 조합장이 선거에 의해 선출되는 경우 소수인 대농과 전업농의 요구가 반영될 여지는 더욱 줄어든다. 이에 따라 실제로는 조합 사업에서 커다란 비중을 차지하고 있는 대농과 전업농들이 조합 사업에 불만을 품게 되고, 영농조합법인 등을 조직하여 조합에서 이탈하는 현상을 초래하기도 한다.

조합원들이 조합 경영에 대한 감시 역할을 충실히 수행하지 않는 경향도 민주적 통제 위기를 가중시킨다. 협동조합의 의결권은 1인1표로 제한되어 있으며, 조합원 1인당 출자금액은 최소금액인 경우가 많다. 최소금액만 출자하면 조합원으로서의 모든 권한을 행사할 수 있는 조합원은 추가출자의 의지가 부족하고 조합은 경영개선을 위한 재원확보의 어려움이 가중된다. 그뿐만 아니라 주식회사와 달리 출자지분의 가격도 조합의 자산 가치에 따라 변하지 않는다. 이러한 특징들은 조합원들로 하여금 협동조합 경영을 감시하고자 하는 유인을 저하시키는 요인이 된다. 조합원이 느끼는 조합경영 감시에 따르는 잠재적 이익이 적기 때문이다.

그 결과 조합원들은 감시 의무를 소홀히 하거나, 다른 조합원의 결정을 단순히 따르려는 경향(follow up problem)을 보이게 된다.

나) 자본시장의 평가 결여

협동조합은 일반적으로 주식시장에 상장되지 않기 때문에 사업성과에 대해 자본시장으로부터 객관적인 평가를 받지 않는다. 이는 협동조합의 민주적 운영을 방해받지 않는다는 편리함이 있는 반면, 조합원이 경영진의 성과를 제대로 평가하는 데는 장애가 된다. 일반 주식회사에서는 주주가 자본시장에서 평가되는 주식 가치를 기준으로 경영자를 효과적으로 통제할 수 있다. 협동조합에는 이러한 장치가 없기 때문에 조합원은 경영진이 제공한 자료나 복잡한 회계장부에 의존하여 협동조합 경영을 감시해야 한다. 이에 따라 조합원에 의한 경영감시 활동이 효과적으로 이루어지기 어렵다.

경영진의 입장에서도 사업성과에 대해 정당한 평가와 보상을 요구할 객관적 기준을 찾기 어려운 문제에 부딪히게 된다. 협동조합의 조합원은 사업의 이용자(고객)이면서 소유주(투자자)인 이중적 성격을 갖는다. 이에 따라 고객이면서 투자자라는 서로 상반된 입장에서 조합의 경영성과를 평가한다. 고객의 입장에서는 조합이 농산물 매입가격을 인상하고, 자재공급 가격을 인하하는 것을 더 높이 평가한다. 반면 투자자 입장에서는 조합이 초과수익을 달성하여 더 많은 배당을 지급하여 주는 것을 선호한다. 경영진은 조합원의 이러한 상반된 입장 때문에 경영성과를 제대로 평가받기 어렵다. 예를 들어 서비스가격을 낮추는 대신 배당을 적게 하면 출자를 많이 한 조합원들의 불만이 높아지게 되고, 높은 이윤과 고배당을 추구하는 대신 서비스가격을 인상하면 사업 이용을 많이 하는 조합원의 불만이 증가하게 된다. 이에 따라 경영진은 '조합원 실익 증대'와 '경영수익의 개선'이라는 상충된 목표를 어떻게 조화시켜 나갈 것인가 하는 어려운 문제에 직면하게 된다. 그리고 이러한 어려움은 '주식가격'과 같이 경영성과를 객관적으로 인정받을 수 있는 평가지표가 존재하지 않기 때문에 더욱 심각하게 느껴지게 된다.

한편, 조합원들이 협동조합에 대한 경영 감시를 효과적으로 수행하기가 여의치 않기 때문에, 이사회의 역할이 매우 중요해진다. 이사회는 조합원과 경영진의 접점에서 주요 의사를 결정하고, 경영을 통제할 책임이 있기 때문이다. 그러나 주로 영세 · 소농들로 구성되어 있는 이사회 역시 전문성 부족으로 제대로 그 기능을 수행하지 못하는 경우가 많다. 특히 이사회가 사외이사를 배제하고 농업인 조합원으로만 구성되어 있는 경우 이사회의 전문성 부족 문제는 더욱 심각해진다. 미국농협의 실패 사례에서도 자주 이사회의 비전문성이 그 원인으로 지적되어 왔다. 이사회의 기능 강화와 이사의 전문성 확보가 협동조합 지배구조 개선의 중요한 과제로 등장하고 있는 것은 이 때문이다.

다) 성과주의 도입 미흡

앞서 살펴본 바와 같이 협동조합은 경영성과에 대해 자본시장의 평가를 받지 않는다. 조합원은 고객과 투자자라는 상반된 입장에서 경영성과를 평가한다. 이러한 사실들은 협동조합의 경영성과에 대한 객관적인 평가를 어렵게 한다. 그리고 객관적 평가 기준이 없다는 점은 성과와 보상을 일치시키는 성과주의 도입에 장애 요인으로 작용한다. 주식회사의 스톡옵션과 같은 제도를 협동조합에서는 도입하기가 어려운 것이다.

성과주의 제도가 제대로 구축되어 있지 않은 경우 임직원들의 자발적인 성취동기가 약화된다. 또한 성과에 따른 보상을 수단으로 조합원이 임직원을 효과적으로 통제하기도 어렵다. 이는 결과적으로 경영 효율성 제고 및 책임경영체제 구축을 저해하는 요인이 되고 있다.

2. 비례모형 협동조합의 등장

가. 비례모형 협동조합의 등장 배경과 특징

전통모형 협동조합은 시장구조의 변화로 인해 많은 어려움에 직면하고 있다. 농산물 시장의 만성적인 공급초과 현상으로 인해 단순한 물량 증대가 이윤 확대를 보장할 수 없게 되자 전통모형 협동조합은 더 이상 생산량 증대정책을 추구하기가 어렵게 되고 있다. 특히 최근 협동조합은 정부의 가격지지 정책 축소로 규모의 경제가 소멸되고, 세계경제의 통합으로 글로벌 시장경쟁에 직면하고 있다. 또한 생명공학과 정보통신기술의 발달로 고부가가치 영역이 확대됨에 따라 단순한 비용절감 전략도 한계에 직면하고 있다. 안전성 · 건강성 · 기능성에 대한 소비자의 관심이 높아짐에 따라 원료 농산물의 단순 유통 역시 수익창출의 한계에 직면하게 된다. 아울러 조합의 사업량 증가에 따라 농산물의 시장가격이 하락하는 경우가 자주 발생하여 사업량 극대화 전략은 효과를 발휘하지 못하고 있다.

조직구조 측면에서도 통제 문제와 영향력비용 문제, 그리고 이에 따른 지배구조의 문제가 심화되어 협동조합 제도 역시 많은 어려움에 직면하고 있다. 특히 농업의 구조분화와 대규모 전업농의 등장으로 조합원 이질화가 심화됨에 따라 이러한 구조 문제가 더욱 부각되고 있다. 조합원의 이질화는 전업농과 영세소농, 후계농과 노령농, 성장품목과 전통품목 재배농가 간 갈등과 이해의 대립을 발생시킨다. 특히 평등주의의 1인1표 방식으로 조합이 다수를 구성하는 영세 소농 위주로 운영됨에 따라 전략적인 의사결정을 수립하는 데 어려움을 겪게 되고, 소수 조합원인 전업농들의 불만이 늘어나게 된다. 노령농업인은 당장의 현금배당과 환원사업 확대를 선호하여 조합이 장기 시설투자를 위한 자본조달에 어려움을 겪게 된다. 또한 사업 기여도에 비례하여 가격과 수수료가 차등 적용되지 않아 조합원들이 가급적 비용부담을 회피하려는 현상도 나타나게 된다.

이러한 시장 환경 및 조직구조 변화에 대응하여 협동조합은 전통모형 방식의 생산지향적 요소를 개선하려는 행동을 추구하게 된다. 예컨대 운송비용을 거리에 비례하여 부과하고, 신규 조합원의 가입조건을 엄격하게 제한하며, 원료농산물 가격을 판매가격과 연계하여 결정하는 경우가 이에 해당한다. 또한 협동조합과 조합원, 조합원 상호 간에 편익과 이익기여도에 비례하여 비용부담을 일치시키고자 하는 노력이 증대하게 되는 것이다. 더 나아가 일부 협동조합은 우수 조합원으로 조합원 수를 제한하는 폐쇄형 조합원 제도(closed membership)를 선택하기도 한다. 또한 조합과 조합원 간에 엄격한 출하계약을 체결하는 비례모형 요소들을 선호하게 되며, 조합원이 가장 효율적인 농업인들로 구성되기를 기대한다. 이러한 노력이 부가가치 농산물과 연관될 경우 신세대협동조합(New Generation Cooperative)이 된다.

키리아코폴로스(Kyriakopolous, 2000)는 시장경쟁의 격화와 조합원 구성의 이질화에 따라 협동조합이 전통모형에서 비례모형으로 전환하는 것으로 인식하고, 전통모형과 비례모형 협동조합(proportional cooperative)을 (표 2-3)과 같이 비교 정리하였다.

〈표 2-3〉 전통모형과 비례모형 협동조합의 비교

협동조합 원칙	전통모형	비례모형
	소유권	
소유자격	조합원에 한정	비조합원도 제한적 허용
자본형태	집단적 소유	개별적 출자증권
가입비	일정 금액	비례적 출자증권
	통제권	
투표권	조합원에 한정	비조합원도 제한적 허용
투표원리	1인1표제	비례투표제 확대
의사결정	이사회 주도	전문경영자 주도
	수익권	
이익배분	이용액 기준	이용액과 출자 기준
가격설정	평등성(equal) 중시	비례성(proportional) 중시
비용배분	거리 · 물량 · 품질에 중립	거리 · 물량 · 품질에 비례

전통모형은 생산지향적 농업단계에서는 상당한 합리성을 갖는 협동조합 형태로 평가되고 있다. 즉 농산물 수요가 지속적으로 증가하여 농업생산의 성장과 규모경제 추구가 중요한 단계에서는 개방형 조합원 제도가 유리하다. 신규 조합원의 참여는 조합사업의 평균비용을 낮추어 기존 조합원에게도 이익을 주게 된다. 협동조합의 설립 초기와 같이 조합원의 동질성이 높은 단계에서는 비례투표제보다 1인1표 제도가

신규 조합원의 참여를 유도하는 등 합리성을 갖는다. 소비자 선호가 원료농산물의 단순 유통에 만족하는 단계에서는 대규모 유통시설 투자가 필요하지 않으며, 따라서 전통모형 협동조합에서의 자기자본 부족 문제가 심각한 제약조건이 되지 않는다. 이 경우 협동조합은 민간업자의 기회주의적 행동을 견제하는 역할 수행만으로도 조합원에게 이익을 줄 수 있다.

그러나 시장경쟁이 격화되고 농산물 공급 과잉이 진전되는 단계에 이르러서는 규모의 경제보다 품질 차별화와 고부가가치 창출이 중요하며, 이를 달성하기 위한 시설투자가 요구된다. 그러나 전통적 협동조합은 자본부족 문제 때문에 이러한 요구에 제대로 대응하지 못하는 경우가 발생한다. 농업생산의 분화에 따른 조합원의 이질화 현상은 이런 문제를 심화시키는 한편 추가적인 구조 문제를 발생시킨다. 결국 조합원의 참여부족과 조합의 자본부족 문제로 귀착되어 협동조합의 위기를 심화시킨다.

비례모형 협동조합에서는 비례성 원칙(proportionality principle)을 중시한다. 이는 전통모형 협동조합의 동등성 원칙(equality principle)에 대비되는 개념이다. 바튼(Barton, 1989)은 이용고 비례의 개념을 협동조합 원칙에 확대하여 출자의무와 투표권, 비용배분이 조합원의 이용고 수준에 비례하여 결정되는 협동조합을 비례모형 협동조합으로 정의하였다. 협동조합에 있어서 동등성 원칙과 비례성 원칙 간의 갈등은 당초부터 협동조합 3대 원칙에 이미 잠재하는 것이었다. 1인1표제로 대표되는 민주적 통제와 이용자 통제 원칙은 동등성 원칙에 기반을 두고 있는 반면, 이용고에 따른 차등 배당을 중시하는 이용자 수익 원칙은 비례성 원칙과 관련되는 것이다. 비례모형 협동조합을 중시하는 사람들은 협동조합의 이익이 이용고에 비례하여 배분된다면, 수혜자는 마땅히 이에 비례하여 출자나 비용분담 의무도 이행해야 한다는 점을 강조한다. 이와 같은 과정을 통해 조합원의 이익기여도와 비용분담 의무를 비례적으로 일치시킬 수 있다는 것이다. 만일 이익과 비용 분담이 비례적으로 연계되지 않는다면 협동조합에 이익기여도가 높은 조합원들이 협동조합을 이탈하는 문제가 발생할 수 있음을 지적한다. 그리고 이러한 문제점이 현실화될 경우 협동조합의 경쟁력 저하로 이어질 수 있다는 점도 동시에 지적한다. 예를 들어, 우수 품질의 농산물을 출하하는 조합원과 사업이용 규모가 큰 조합원을 그렇지 않은 조합원과 동일하게 취급한다면 이들 조합원의 불만이 커질 것이다. 그리고 이들은 협동조합보다 더 나은 조건을 제시하는 민간업체와의 거래를 더 선호하게 될 것이다. 비례모형을 주장하는 사람들은 기업과의 치열한 생존경쟁에서 협동조합이 살아남기 위해서는 좀 더 효율적인 시스템으로 전환해야 함을 역설한다. 비례모형은 모든 조합원의 획일적 평등이 아니라 이익기여도에 비례하여 차별적인 대우를 제공함으로써 사업운영의 효율성을 높일 수 있는 방식이다. 비례모형을 주장하는 사람들은 이러한 시스템이 보다 공정한 협동조합 운영 방식이라는 점을 강조한다.

한편, 이용고에 비례한 출자제도는 신규 조합원이나 대규모 사업이용 조합원의 출자 부담을 야기하여 이들의 조합가입을 저해할 우려가 있다. 대부분 젊은 계층에 속하는 신규 조합원에게 이용고 비례출자 의무는 경제적 부담이 크며, 이는 조합원 수 증대에 제약조건이 될 수도 있기 때문이다. 따라서 비례모형을 주장하는 사람들도 모든 협동조합에서 비례모형을 획일적으로 도입하는 것을 주장하는 것은 아니며, 사업의 특징과 시장 여건에 대한 사전 분석이 전제되어야 함을 지적한다.

나. 비례모형 협동조합의 사례: 신세대협동조합

신세대협동조합(New Generation Cooperative)은 1990년대 초 미국의 노스다코타와 미네소타 지역에서 가공사업을 중심으로 하는 50여 개 농협이 새롭게 등장하면서 용어가 사용되기 시작했는데, 이들은 산물 출하를 주로 하는 기존의 판매농협과 달리 포장 · 가공 등의 새로운 부가가치 창출을 통해 조합원의 실익을 증대하고자 하였다. 신세대란 수식어는 이들 협동조합이 이전에 있었던 전통적인 협동조합과 확연히 구별되는 조직구조를 선택했기 때문에 붙여졌다. 여기에는 출자액과 사업이용권의 직접적 연계, 사업이용권의 양도 허용, 폐쇄형 조합원 제도의 채택 등이 해당된다. 이러한 조직구조는 주로 전통모형 협동조합의 구조 문제를 해결하기 위한 차원에서 도입된 특징이 있다. 신세대협동조합의 조직구조 특징을 구체적으로 살펴보면 다음과 같다.

신세대협동조합의 첫 번째 특징은 조합원 출자로 자본을 조달하는 기존 협동조합과 달리, 주식발행을 통해 자기자본을 조달하고 있다는 점이다. 주식은 일반주(equity shares)와 무의결우선주(preferred shares)로 구분하고 있다. 일반주는 조합원의 자격획득과 동시에 생산농산물을 조합에 출하할 수 있는 권리와 의무를 나타내며, 조합원은 이 주식의 매입과 동시에 조합원 자격을 획득하게 된다. 무의결 우선주는 조합원 자격과 관계없이 투자를 희망하는 지역 내 일반주민에게 판매되며, 투표권은 없으나 조합수익에 대해 우선적으로 배당받게 된다. 그러나 최근 일부 신세대협동조합에서는 자본조달 확대를 위해 투자자 조합원 제도를 도입하여 협동조합에 투자한 일반 주민들에게도 조합원 지위를 부여하는 경우가 나타나고 있다.

신세대협동조합의 두 번째 특징은 주식과 출하권(delivery rights)을 연계하는 점에 있다. 여기서 출하권은 조합원이 농산물을 조합에 출하할 수 있는 권리를 의미한다. 전통적인 협동조합에서는 조합원이면 누구나 조합에 농산물을 출하할 수 있기 때문에 출하권이 존재하지 않으나, 신세대협동조합에서 출하권은 일반주와 연계되어 조합원이 구입한 일반주 금액에 비례하여 출하량이 결정된다. 조합원은 구입한 주식 수에 비례하여 반드시 조합에 출하해야 하고, 조합은 조합원이 출하한 물량을 의무적으로 받아들여야 한다. 출하권 제도는 투자는 하지 않고 이용만 하려는 조합원의 무임승차자 문제를 해결하기 위한 것이다.

신세대협동조합의 세 번째 특징은 조합원에게 주식의 거래를 허용한다는 점이다. 신세대협동조합이 발행한 주식은 조합원 간 또는 비조합원에 대한 매매가 가능하며, 매매가격은 협동조합의 시장가치에 따라 변동된다. 매매는 상시적으로 가능하나, 비조합원에 대한 매매는 이사회의 승인이 필요하다. 이처럼 주식의 매매가 가능하고 시세차익도 얻을 수 있으므로 협동조합을 이용하지 않거나 이용 가능성이 적은 농업인도 투자할 수 있으며, 시장에서 형성된 주식가격을 통해 조합원이 조합의 경영성과와 가치를 평가하기가 용이하다.

네 번째 특징은 협동조합의 운영효율화와 수익극대화를 위해 농가의 생산품목과 생산기술, 출하 가능량, 조합의 판매 처리능력 등에 의해 조합원의 가입자격과 수를 제한하는 것이다. 즉 신세대협동조합은 폐쇄형 조합원 제도(Closed Membership)를 채택하고 있다. 조합원의 추가가입은 협동조합의 판매처리 능력이 확대되거나 자본 확대의 필요성이 있을 때만 주식매입을 통해 가능하다. 신세대협동조합이 폐쇄형 조합원 제도를 채택하고 있는 것은 이들 조합이 주로 판매농협인 것과 관련이 있다. 즉 구매나 신용사업을 겸영하지 않아 많은 수의 고객을 확보해야 할 필요성이 크지 않은 것이다.

다섯 번째 특징은 협동조합과 출하조합원 간의 권리 · 의무를 엄격하게 규정한 출하계약(Cooperative Marketing Agreements)을 바탕으로 사업을 추진하고 있다는 점이다. 조합원은 사전에 약정한 품질과 물량에 맞게 반드시 협동조합에 출하해야 하며, 위반 시 벌금을 부과 받게 된다. 이는 자신에게 유리할 때만 협동조합 사업을 이용하고자 하는 조합원의 무임승차 문제를 해결하는 데 도움이 된다.

신세대협동조합은 전통모형 협동조합의 한계를 극복하고 있다는 점에서 특징을 갖는다. 전통적 협동조합 원칙은 조합원의 무임승차자 문제를 발생시키고, 투자자본 조달에도 한계를 보였다. 예를 들어 조합재산의 공동소유 원칙은 조합원의 지분에 대한 권리를 인정하지 않음으로써 출자를 유인하지 못하였고, 가입 · 탈퇴의 자유 원칙은 조합원이 가격조건 등 상황이 유리할 때에만 협동조합에 참여하는 결과를 초래하였다. 또한 출자배당의 제한 원칙은 투자대상으로서의 출자가치를 감소시켰고, 지분을 양도할 수 없도록 한 원칙은 자본이익 획득과 유동성 확보를 어렵게 함으로써 투자를 유치하는 데 불리한 결과를 초래하였다. 아울러 조합원 평등원칙은 대규모 출하자와 고품질 농산물을 출하한 농업인의 불만을 초래하여 이들의 사업참여 동기를 감소시키는 문제점을 갖고 있었다.

신세대협동조합은 이러한 전통적 협동조합의 고질적 문제의 해결방안이 될 수 있다. 협동조합이 안고 있는 지속적인 문제 중 하나는 무임승차자 문제이다. 무임승차자들은 비용 분담에는 소극적이면서 협동조합이 제공하는 이익만을 향유하고자 한다. 예를 들어 협동조합 사업을 이용하기 원하면서도 출자에는 소극적인 조합원이 이에 해당한다. 그러나 이러한 문제가 발생하는 것은 조합원 개인의 문제에서 비롯된 것이 아니며, 전통적 협동조합의 제도적 틀 속에서 조합원이 합리적으로 선택한 결과일 따름이다. 즉 출자나 비용분담의 여부에 관계없이 조합 사업의 이용이 자유로운 상황에서는 조합원들이 출자나 비용분담을 굳이 이행하려고 하지 않게 된다. 이는 그렇게 하는 것이 조합원에게 유리하기 때문이며, 제도적으로 그러한 선택을 가능하게 하는 여건이 주어져 있기 때문이다. 따라서 이러한 문제를 해결하기 위해서는 조합원을 설득하는 것은 무의미하며, 그러한 선택을 하지 못하도록 방지할 수 있는 제도적 장치를 수립하는 것이 필요하다. 왜냐하면 주어진 제약 조건하에서 가장 최선의 선택을 하고자 하는 것은 조합원을 비롯한 모든 경제주체들의 당연한 행동 방식이기 때문이다. 신세대협동조합은 이러한 문제를 해결하기 위해 조합원 수를 제한하고, 출하권 구입을 통해 상당 수준의 조합원 출자를 요구하는 방식으로 조직되고 있다. 즉 일정한 의무를 부담하는 조합원만을 조합원으로 가입시키고, 또 가입한 조합원에게도 출하물량에 비례하는 출자 및 비용부담 의무를 부담시키고 있다. 그리고 이를 통해 조합원의 무임승차자 문제를 제도적으로 해결하고자 한다.

한편, 신세대협동조합의 조합원가입제한 원칙은 전통적 협동조합의 조합원가입자유 원칙이 갖는 역할을 제한한다는 점에서 새로운 문제를 초래한다. 조합원가입을 제한하는 것은 더 많은 조합원이 협동조합 사업으로부터 혜택을 받는 것을 저해하기 때문이다. 또한 구매나 신용사업과 같이 다수의 고객을 확보해야 하는 사업에서는 이러한 전략을 취하는 것이 바람직하지 않다.

신세대협동조합은 몇 가지 한계도 갖고 있다. 첫 번째 한계는 대부분의 신세대협동조합들이 지역단위로 소규모로 조직된다는 점이다. 이 점은 지역사회 발전이란 측면에서 장점이 되기도 한다. 그러나 소규모 조직들은 농산물의 중간 또는 최종시장에서 다수의 분산된 판매자들을 양산하고, 이러한 분산화는 대형화된 구매자들이 다수의 협동조합을 상대로 기회주의적 전략을 구사할 수 있게 한다는 점에서 단점이 된다. 이는 마치 협동조합을 조직하기 이전에 개별 농업인들이 대규모 구매자들에게 착취당하는 것과 같은 이치이다. 또한 소규모 협동조합 조직은 전문 경영자의 채용과 전문기술의 채택을 어렵게 한다는 단점이 있다. 예컨대 신세대협동조합 차원의 가공공장은 거대기업과의 경쟁에서 불리한 입장에 처하게 된다. 두 번째 더욱 심각한 단점은 신세대협동조합에서는 종종 이용자와 소유자의 일치성 원칙이 지켜지지 않는다는 점이다. 일부 신세대조합의 경우 이용자보다는 투자자 중심의 문화가 중시되고 있으며, 영농에 종사하지 않는 투자자 조합원의 참여가 늘어나고 있다. 이러한 경향은 외부자본 조달을 중시하는 경향이 증가함에 따라 더욱 늘어나게 된다. 또한 폐쇄형 조합원 제도는 일부 유망한 조합원의 진입을 막고 있으며, 이후 가입이 허용되더라도 이들은 기존 출하권의 가격이 크게 상승한 경우 높은 가입비용을 지불해야 한다.

3. 협동조합의 사업전략과 조직구조

가. 협동조합의 사업전략

1) 규모화 전략(Cost leadership strategy)

규모화 전략이란 사업량 확대를 통해 평균비용을 인하하고 시장교섭력을 강화하여 독과점 기업의 견제를 추구하는 전략을 의미한다. 이는 규모의 경제와 범위의 경제효과를 얻고자 하는 것이다. 규모의 경제란 생산량 또는 사업량이 증가함에 따라 단위당 평균비용이 더 감소하는 현상을 의미하며, 범위의 경제란 한 기업의 생산비용이 공동투입요소로 인하여 이를 각각 다른 기업에서 생산할 때보다 낮아지는 현상을 의미한다.

〈그림 2-1〉에서와 같이 협동조합은 사업량을 Q0에서 Q1으로 늘리면 평균비용(AC)이 C0에서 C1으로 감소하여 규모화에 의한 비용절감 효과가 발생한다. 또한 소비자들에게 상품 공급가격을 P0에서 P1으로 인하할 수 있으므로 가격경쟁력이 향상된다고 할 수 있다.

〈그림 2-1〉 협동조합의 규모화 전략

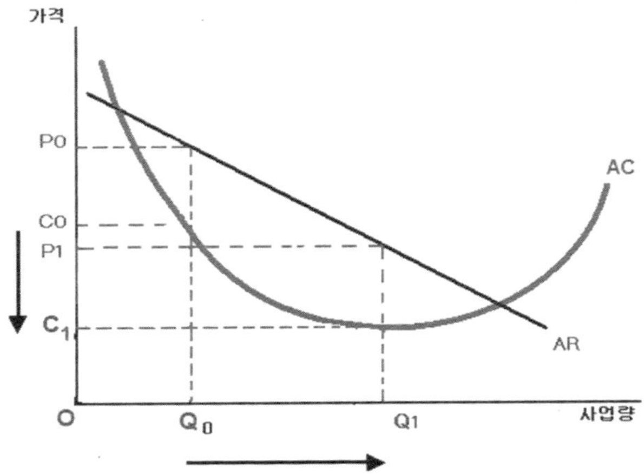

협동조합이 글로벌 대형 농식품 가공 · 유통업체에 대응하여 사업의 효율성과 시장지배력을 확대하기 위해서는 인수 · 합병, 사업연합, 전략적 제휴 등을 통해 규모화 전략을 추진하는 것이 중요하다.

2) 차별화 전략(Differentiation strategy)

차별화 전략은 소비자 계층과 시장을 세분화하여 품질 고급화와 서비스 혁신을 통해 새로운 수요를 창출하고 소요된 비용 이상의 가격프리미엄을 얻는 것을 말한다. 차별화는 유형의 차별화와 무형의 차별화로 나누어 분석할 수 있다. 유형의 차별화란 크기, 모양, 중량, 색상, 맛, 디자인 등에서 우리가 눈으로 관찰할 수 있는 제품이나 서비스 특성의 차이를 의미하며 무형의 차별화란 소비자가 상품이나 서비스에 대하여 느끼는 감정적 · 심리적 · 사회적 차이를 의미한다.

〈그림 2-2〉 협동조합의 차별화 전략

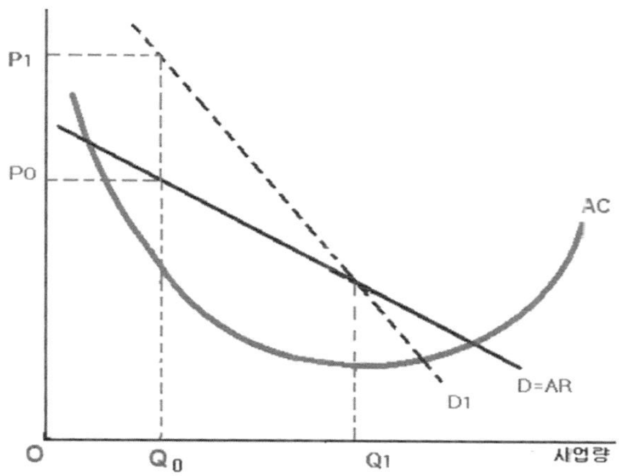

〈그림 2-2〉와 같이 차별화는 시장수요곡선의 가격 탄력성을 감소시키며(D → D1) 제품의 대체성과 가격 민감도를 축소시켜 준다. 협동조합의 차별화 전략으로 시장수요곡선이 D에서 D1으로 이동하여 같은 물량 Q0를 출하해도 가격이 P0에서 P1으로 인상되는 효과를 얻는다. 일반적으로 차별화가 미흡한 경우 물량 확대에 따른 가격경쟁이 심화되어 수익률이 낮아지게 된다.

나. 협동조합의 조직구조

협동조합이 환경에 부합한 사업전략을 수립하였더라도 이를 효과적으로 달성할 수 있는 적합한 조직구조가 뒷받침되어야 한다. 그렇지 못할 경우 조직운영의 비효율성으로 인해 경영성과의 향상을 기대할 수 없다.

협동조합의 조직구조는 전통형 조직구조와 기업형 조직구조로 분류할 수 있다. 전통형 조직구조는 물량 확대의 규모화 사업전략에 부합한 조직구조이며 협동조합의 전통적인 '평등원칙'을 조직구조에 반영한다. 이는 조합원의 이해가 동질적이고 수요가 농산물 공급량을 초과했던 농업성장기의 협동조합에서 주로 신규 조합원 가입과 사업 이용 확대를 위해 채택한 조직구조이다. 그러나 시장 환경이 급변하면서 물량 확대 위주의 전통적인 사업전략과 이를 뒷받침하던 전통형 조직구조는 비효율성을 야기하고 있다. 아울러 협동조합 내부에서도 농업구조의 분화와 대규모 전업농의 등장에 따른 조합원의 다양성과 이질화가 심화되면서 전통형 조직구조의 변화 요구가 커지고 있다.

기업형 조직구조는 시장지향적 사업전략을 추진하기 위해 운동체적 성격보다는 효율성을 강조하며 '평등원칙'을 수정한 '비례원칙'을 반영하는 조직구조이다. 이는 소비자와 대형유통업체의 요구수준을 만족시키고 신뢰도를 높이기 위해 품질관리가 필수적인 차별화 사업전략에 합치하는 조직구조를 의미한다. 기업형 조직구조를 채택한 조합들은 품질고급화를 위해 품질격차가 농가수취가격과 직결되는 출하협약을 체결하고 조합원의 무임승차를 차단한다. 따라서 기업형 조직구조에는 조직구성원들이 합의에 의해 명확한 품질평가 기준을 설정하고 이에 근거한 공정한 보상체제를 존중하는 조직문화의 형성이 중요하다.

다. 협동조합 사업전략과 조직구조의 합치성

1) 합치 모형

협동조합이 사업목표를 달성하기 위해서는 시장환경에 부합하는 사업전략의 수립과 이를 효과적으로 실행할 수 있는 조직구조를 채택하여야 한다. 즉 시장환경, 사업전략, 조직구조는 상황에 맞도록 일련의 순환과정을 형성하며 이 변수들의 합치에 의해 나타난 결과변수가 협동조합의 경영성과이다. 경영성과가 미흡할 경우에는 더 나은 성과를 위해 전략과 조직구조가 합치하도록 개선하는 지속적인 피드백 과정을 거치게 된다. 일반적으로 협동조합이 사업전략과 조직구조를 합치시켜 경영효율을 높이기 위해서는 차별화 전략을 추구하지 않는 조합은 전통형 조직구조를, 차별화 전략을 추구하는 조합은 기업형 조직구조를 채택하게 된다.

서구 학자들은 협동조합이 추구하는 2가지 사업전략(규모화 정도, X축 차별화 정도, Y축)과 조직구조(기업화 정도, Z축)를 기준으로 협동조합의 대표적 모형(Cubic Model)을 구분하였다. 〈그림 2-3〉은 사업전략과 조직구조가 합치하는 협동조합모형인 촌락모형 협동조합, 품목모형 협동조합, 틈새모형 협동조합, 부가가치모형 협동조합 네 가지 형태를 구분하여 보여 주고 있으며, 아울러 비례모형으로의 전환에 대한 방향성을 제시하고 있다.

〈그림 2-3〉 전략-구조에 의한 협동조합의 모형 구분

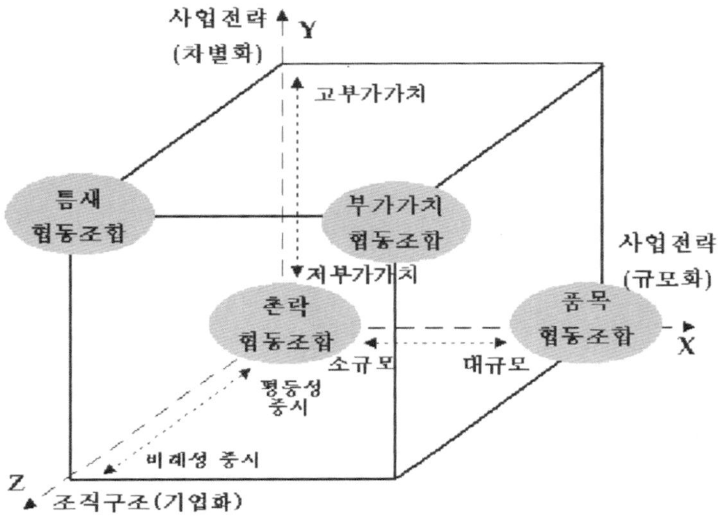

첫째, 촌락모형(village model)은 전통모형의 대표적 유형으로 소규모 지역시장을 대상으로 사업을 영위하는 읍 · 면 소재 지역농협이 여기에 해당한다. 규모가 작아 평균비용이 높고 제품 차별화 수준도 낮다. 신용사업과 서비스사업이 핵심 사업이며, 경제사업은 영농자재 공급 등 조합원의 생산활동 지원에 치중하며 농산물 판매사업도 도매시장이나 공판장 출하를 위한 수집 · 운송사업이 중심이 된다. 조합원이 동질적이기 때문에 1인1표주의, 동등한 가격설정, 이념 · 가치 중시 등 전통모형의 조직구조를 유지한다. 제한적인 시장경쟁하에서 존속이 가능한 모형으로 조합원의 분화가 심화되고 시장경쟁이 치열해지고 있는 오늘날에는 위기에 직면할 가능성이 크다.

둘째, 품목모형(commodity model)은 특정품목에 대한 규모화는 달성하였으나 제품의 차별화 수준이 낮은 단계의 협동조합으로 전통모형의 조직구조를 유지한다. 촌락협동조합이 내적 성장과 연속적인 합병을 통해 변화한 가장 일반적인 협동조합 형태이다.

셋째, 틈새모형(niche model)은 규모는 작지만 차별화된 농산물로 틈새시장을 공략하는 협동조합으로 기업형의 조직구조를 유지한다. 사업규모는 작지만, 차별화를 위한 유통시설 투자가 이루어지고 있으며, 물량과 품질 통제를 위해 출하협약이나 공동선별 · 계산제[9]를 채택하고 있다. 틈새협동조합은 대규모 투자에 참여한 조합원들의 배타적인 의사결정에 의해 출현하였으며 전략적 성격은 본질적으로 부가가치협동조합의 성격과 동일하지만, 지역시장, 유기농제품 시장, 특색상품 등

---

9 공동선별, 공동계산을 해야 농협판매사업이 발전한다는데, 사실인가요. WTO 출범 이후 외국농산물이 거의 완전히 개방되고, 심지어 무게 때문에 불가능할 거라는 배추조차도 절임배추로 가공되어 수입되고 있다. 외국농산물이 낮은 가격을 무기로 국내시장을 잠식해 가고 있는 지금 우리 농산물이 시장에서 경쟁하려면 품질경쟁력뿐만 아니라, 정확한 규격과 안정적인 품질, 안전성이 필수가 되었다. 나아가 최근에 각광을 받고 있는 '이력추적제' 등 소비자에게 신뢰를 줄 수 있는 정보를 전달할 수 있도록 해야 한다. 이런 것을 통틀어서 '비가격 경쟁력'이라고 하며, 이는 우리나라 농가처럼 소규모 농가가 단독으로 하기 어렵다. 따라서 여러 농가가 힘을 모아 공동으로 선별하고, 공동으로 계산하는 체계를 짜서 '충분한 물량이 되는 얼굴 있는 농산물'을 만들어야 한다. 이런 의미에서 공동선별/공동계산은 하면 좋고 아니어도 좋은 선택사양이 아니라 꼭 해야만 하는 '필수'다. 공동선별/공동계산이 반드시 달성되어야 할 농협의 판매시스템이지만 쉽게 만들어지지는 않는다. 우선 생산기술이 뛰어난 농가들은 기술력이 떨어지는 농가들과 함께 선별하고 계산하면 손해를 본다는 생각을 가지고 있으며, 규모가 작아서 농가가 직접 선별하고 포장하는 농가는 농협에 맡기면 비용이 더 들어간다고 꺼릴 수 있다. 하지만 성공적인 모범 사례를 보면 공동선별/공동계산이 잘 정착되면 전체적인 기술수준이 높아져 모두에게 도움이 되며, 선별장이 효율적으로 운영되고 각종 지원을 연결하면서 문제를 해결해 나갈 수 있다. 최근 정부나 농협의 정책은 공동선별/공동계산을 활성화시키도록 설계되고 있다. 정부는 각종 브랜드 정책을 개발하고 있으며, 농협도 2009년부터 112대책을 제시하고 '공선(공동선별)출하회'를 적극적으로 육성하고 있다.

의 소규모 틈새시장에 집중한 소규모 조직이다. 원료 단위당 투자 비중이 높으며, 출하조건은 매우 엄격하고, 조합원 자격은 폐쇄적이며 동질적이다. 조합원에게 적절한 투자와 출하 인센티브를 제공하기 위해 조합원과의 계약은 개별적인 구조를 보이고 있다. 이는 출자증권의 거래, 생산 및 출하 권리에 연계된 출자 의무, 의결권 차등화 등을 의미한다.

넷째, 부가가치모형(value-added model)은 비례모형의 대표적인 유형으로 차별화된 상품 개발에 중점을 두며, 시장지배력 확대와 공급망 관리를 위해 규모화를 함께 추구한다. 특히 농산물의 부가가치를 높이기 위해 유통 · 가공시설 등에 투자를 확대하며, 재원 확보를 위해 외부투자를 적극적으로 유치하며 중앙집권적인 단일조직 시스템 구축과 자회사 설립 확대, 전문경영인 체제 도입 등 기업경영 요소를 도입하는 비례모형의 조직구조를 구축하고 있다. 출하약정을 지키지 않는 조합원의 참여를 제한하기도 하며, 조합원의 투자와 이용에 비례한 인센티브 시스템 도입을 통해 평등성 원칙보다는 사업성과를 중시하는 비례적 보상체계와 조직문화를 확립하고 있다.

2) 불합치 모형

협동조합이 경쟁력을 유지하고 환경변화에 효과적으로 대응하기 위한 사업전략과 조직구조의 불일치는 조직의 비효율성인 인센티브 부족, 거래비용 증가, 대리인 비용 증가 등을 초래하여 협동조합의 경영성과에 부정적인 영향을 미치게 될 것이다. 사업전략과 조직구조의 불일치의 원인으로는 차별화 전략을 추구하는 조합이 전통형 조직구조를 채택하고 있거나, 차별화 전략을 추구하지 않는 조합이 기업형 조직구조를 채택함으로 인해 발생되며 협동조합의 구조 문제(①, ②, ③, ④)를 초래하고 조합 경영의 지속성을 저해하게 된다.

〈그림 2-4〉 협동조합 사업전략과 조직구조의 불합치

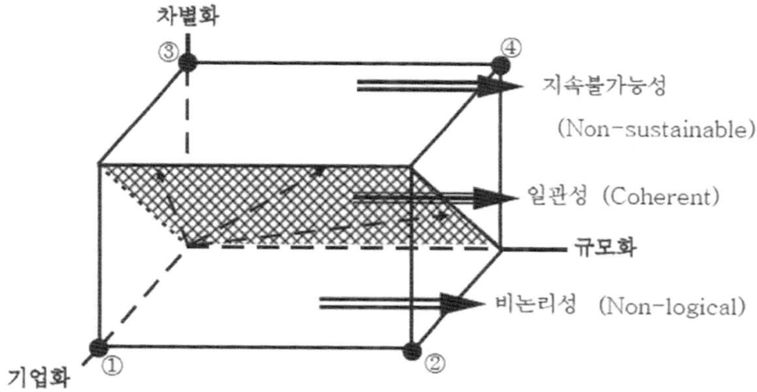

협동조합의 구조 문제는 비논리적 유형과 비효율적 유형으로 구분할 수 있다. 비논리적 유형은 〈그림 2-4〉에서 하부의 두 꼭짓점인 ①과 ②를 말하며, 이는 차별화 전략이 없이 규모화 전략만을 추구하는 조합이 기업형 조직구조를 채택하여 전략과 조직구조의 불일치를 야기하는 경우를 의미한다. 차별화가 미약하지만 기업화 경향이 큰 소규모 지역농협 모형(왼쪽, ①)은 복잡한 조직구조를 고안하고 실행하는 데 따른 내부 거래비용이 많이 드는 반면, 추가적인 이점은 매우 미약하다. 오른쪽 ②는 차별화가 미약하지만 기업화 경향이 큰 대규모 품목모형이다. 차별화 전략을 추구하지 않을 경우 큰 투자가 필요치 않아 기업화

요구도 크지 않으므로 논리적으로 모순되며 실제 이런 농협 사례는 거의 발생하지 않는다.

비효율적 유형은 후면 상부의 두 꼭짓점인 ③과 ④를 말하는데, 앞에서 논의한 전통모형 협동조합 중 협동조합의 구조 문제에 직면해 있는 협동조합들이 여기에 속한다. 왼쪽 ③은 강한 차별화 전략은 보유하고 있으나, 틈새모형이 가지고 있는 기업형 구조를 채택하지 않은 모형을 의미한다. 오른쪽 ④는 차별화 전략과 규모화 전략을 추구하지만, 기업형 조직구조를 채택하지 않은 대규모 품목모형이다. 두 모형(③, ④)은 사업전략의 효율적 실행을 위한 조직구조가 뒷받침되지 못한 비효율적 모형으로 재산권 문제, 의사결정 문제, 무임승차 문제 등이 발생하며, 출하협약의 부재로 조합원의 물량과 품질통제가 어렵고, 사업기여도에 비례한 가격과 수수료가 차등 적용되지 않아 대농의 이탈이 심화되고 조합 경영의 어려움을 가중시키게 된다. 그뿐만 아니라 조합원에 대한 투자의 인센티브가 없어 차별화를 위한 자본조달이 어렵고 조합원의 경영 참여가 약화된다.

4. 협동조합의 성공 사례

가. 네덜란드 그리너리[10] 농협

네덜란드 그리너리 농협은 경제사업 중심의 서구 협동조합의 대표

---

10 그리너리는 생산자연합과 판매회사로 구성된 이원화 구조에서 볼 수 있듯이 기업형 경영과 협동조합의 정체성을 조화시키며 조직의 지속가능성을 높였다. 특히 판매회사인 그리너리BV는 전문 경영인을 내세워 판매 · 물류 · 배송 · 수출 등 농산물 생산 이외의 임무를 맡았다. 이후

적 성공 사례라고 할 수 있다. 그리너리는 농산물의 수입 증가와 대형 유통업체의 시장지배력 강화로 경영환경이 위기에 직면하자 1995년부터 조직구조와 사업전략을 과감하고 신속히 혁신하여 1996년에 전액 출자 자회사인 그리너리 비브이(유한회사)를 설립하여 판매사업을 전담토록 하는 새로운 기업형 조합경영모델을 도입하였다.

1998년에는 네덜란드의 최대 청과도매회사인 Van Dijk Delft Group을 인수하였고 4월에는 영국 Perkins Fresh Produce사의 네덜란드 지사를 인수(총 인수자금 4억 유로)하여 인수회사들의 전산망과 판매조직, 판매 노하우를 통합하고 사업역량을 제고함으로써 만성 적자에서 흑자로 전환하는 데 성공하였다. 이후 주요 고객을 대형소매점으로 설정하고 해외 60여 국가에 거래망을 확보하는 동시에 1,350개 기업과 제휴관계 체결을 통해 연중 안정적 공급체계를 구축함으로써 유럽 최대 청과 도매회사로 성장할 수 있었다.

그리너리 농협의 사업 방식은 판매담당직원의 알선에 의한 계약 중

그리너리만의 차별화된 유통 시스템을 구축했다. '그린다이렉트(Greendirect)'라는 인터넷 네트워크가 대표적이다. 조합원들은 그리너리에 연·월·주간 농산물 생산 예정량을 통보한다. 그리너리는 조합원들에게 고객의 주문정보·물류계획·시장동향 등 정보를 제공한다. 농산물 유통을 규모화하는 만큼 정보 공유를 통한 체계적인 수급 조절 시스템을 도입한 것이다. 농산물 유통 규모화의 또 다른 조건은 엄격한 품질관리다. 아무리 규모가 커지더라도 작은 결점도 결코 허용하지 않는 것이다. 그리너리의 모든 조합원은 유럽의 GAP(농산물 우수관리) 인증을, 모든 유통시설은 HACCP(위해요소 중점관리기준) 등 각종 품질인증을 획득해야 하고, 이력관리시스템도 필수로 갖춰야 한다. 그리너리는 농산물 등급별로 가격을 차별화해 1등급(수출용)과 2등급(내수용)의 가격 차이가 최대 배 정도까지 나도록 한다. 일종의 경쟁 시스템이다. 그렇다고 조합원들이 품질관리 고민에 허덕이도록 방치하는 것은 아니다. 그리너리 소속 품질 관리사들이 조합원들의 농장과 물류센터를 순회하며 제공하는 품질 지도 시스템을 운영하고 있다. 이렇게 높인 소비자 신뢰도는 그리너리의 통합 브랜드인 'The Greenery'에 오롯이 투영된다. 그리너리의 세계적인 브랜드 파워는 다시 충성도 높은 소비자를 모으는 선순환을 만든다.

계 판매 사업을 위주로 하며 생산자와 구매자로부터 각각 3%씩 총 6%의 수수료를 수취함으로써 조합의 지속 가능한 경영기반을 마련하고 있다. 한편, 조합원과 조합, 자회사 간 의사결정 체계를 연계시켜 원활한 의사소통을 도모하여 조합원과 고객의 의견을 적극 수렴함으로써 기업형 경영과 협동조합 정체성 간의 조화와 균형을 유지하고 있다.

그리너리 농협의 사업전략과 조직구조 혁신, 운영 원리의 측면에서 시사점을 도출하면 다음과 같이 요약할 수 있다.

첫째, 소유와 경영의 분리로 정치적 의사결정 구조를 배제하고, 경영의 책임성과 전문성을 강화하여 판매사업의 효율화를 기하기 위해 자회사를 설립하여 사업을 전담하게 하도록 조직구조를 개선하였다. 둘째, 광역합병과 민간도매회사 인수로 유통시설을 집중하고 전산망을 통합하며, 장기 출하계약을 기반으로 국제적 농업마케팅을 강화하고 시장지배력을 확대하는 규모화 전략을 추진하였다. 셋째, 소비자 선호도 관련 정보를 데이터베이스화하여 전사적 품질관리체계를 구축하고 엄격한 품질규정과 이행을 통해 모든 조합원에게 유럽의 청과물 품질관리제도(GAP)인증을 획득하도록 하였을 뿐만 아니라 모든 유통시설에 대해서도 HACCP 등 품질인증과 이력관리 시스템을 구축하여 소비자 신뢰도를 증진하고 브랜드 파워(The Greenery)를 제고하여 농산물 수취가격을 제고하는 차별화 전략을 추진하였다. 넷째, 가격결정권의 위임, 이용고 비례 수수료 및 수익의 배분, 무임승차자 배제, 개별지분증권 발행과 개별지분화, 출하액 비례 출자의무제, 대농 중심의 효율화 등 조합원과 조합의 이익을 연계하는 기업형 경영 방식을 채택하였다.

나. 상주시 외서농협

외서농협[11]은 소규모 농촌형 조합으로서 경제사업 중심의 조합경영 가능성을 보여준 우리나라의 대표적 성공 사례 조합으로 경제사업 영업수익이 50억 원을 달성, 영업수익 75억 원의 67%를 차지고 있는데 이는 지역농협의 전국 평균 경제사업 영업수익 비율인 22%를 훨씬 초과하는 높은 수준이다(2007년 기준).

인구 감소와 농가소득의 감소로 신용사업이 위축되는 상황에서 외서농협은 지역의 기후와 토양 등 자연조건에 적합한 '배'를 특화작목으

---

11 외서농협은 농산물 시장개방에 대응하기 위해 1998년 캐나다에 처음으르 배를 수출한 이후 2005년 미국으로 수출국을 변경해 공격적으로 나서 현재 대미배 · 대만배 수출 공선출하회를 운영하고 있다. 지한진 대미배 수출 공선출하 회장은 "농사만 잘 지으면 농협에서 모든 작업을 도맡아 해주기 때문에 일손도 절감되고 판로 걱정도 없다"라며 "수출을 통해 내수 시장의 홍수 출하를 막아 가격을 지지한다는 자부심도 있다"라고 말했다. 내수 가격이 수출 가격보다 높을 때도 있지만 회원들은 동요하지 않을 만큼 공선회에 대한 신뢰가 탄탄하다고 했다. 하지만 처음부터 공선회 운영이 순탄했던 것은 아니다. 외서농협은 회원들의 신뢰를 얻기 위해 계획을 세워 교육하고 꾸준히 설득을 해나가는 한편 일반 도매시장보다 평균 수취가격을 더 높인 결과 공선회를 바라보는 회원들의 인식이 달라졌다. 수출 전에 가격 근가를 합의해 결정하기 때문에 가격변동으로 인한 위험 부담이 없어지면서 현재 대미배 수출회원 98명, 대만배 수출회원 86명 등 공선회출하회원이 184명에 달한다. 외서농협의 공선회 관리는 엄격하다. 회원들은 가입회비와 이행보증금을 내야 하며 무조건 농협에 위탁하고 공동선별 · 공동계산제를 수용한다는 '3문 불가' 원칙을 수용해야 한다. 이러한 계약을 위반하는 때는 '3진 아웃제'를 적용하고 있다. 3년 동안 약정 이행 정도와 상품성을 평가해 그 결과에 따라 인센티브(혜택)와 페널티(벌칙)를 각각 부과하는 것이다. 잘하는 농가는 시상과 함께 출하우선권을 주고 연수도 우선적으로 보내준다. 하지만 제대로 이행하지 않으면 출하 물량을 규제하고 위약금을 징수하는 것은 물론 사업 참여에도 제한을 둔다. 농협의 역할은 이뿐 아니다. 회원들이 고품질 배를 생산할 수 있도록 재배 초기부터 관리하고 있다. 한 달에 한 번 배 기술대학을 운영하고 수출 및 수확 후 관리를 위해 현장 컨설팅을 진행하고 있다. 주요 시기별로 기술교육을 하고 회원 간의 영농정보 교류를 활성화하는 데도 역점을 두고 있다. 또 식물검역소와 함께 회원의 과수원을 방문해 품종별로 잔류농약을 정밀 검사하는 등 철저하게 관리하고 있다. 이 같은 관리에 힘입어 미국과 대만에 수출하는 물량도 2005년 763톤에서 2007년 1,012톤, 2008년 1,174톤, 2009년 1,223톤, 2010년 1,332톤, 2011년 1,719톤 등으로 꾸준히 늘어났다.

로 선정하고 오랜 재배경험과 조합원 교육을 통해 품질 고급화와 브랜드가치를 제고하여 대형유통 업체와 직거래사업을 추진한 결과, 참여농가는 도매시장에의 개별 출하가격에 비교하여 약 21% 이상 더 높은 가격을 수취하는 판매사업 성과를 거두었다. 외서농협은 농산물 수출시장 개척에도 성공하여 2007년 배 매출액 41억 원 중 해외수출실적이 21억 원으로 절반을 차지하고 있다.

외서농협 경제사업의 성공 요인은 다음과 같이 요약할 수 있다. 첫째, 참여농가는 품질선별권을 100% 조합에 위임하고 조합은 철저하게 소비자의 선호도에 따른 품질기준에 합격한 상품만을 출하함으로써 브랜드가치와 소비자 만족도를 향상시키는 차별화 전략이다. 품질 고급화를 위해 정기적으로 전문가를 초빙하여 생산기술교육을 확대하고 품질관리사를 육성하여 공정한 공동선별과 수확 후 관리의 차별화, 등급별 포장과 마케팅의 차별화 전략을 시행하였다. 둘째, 500상자 이상의 '배' 출하가 가능한 농가와 재배조건 및 품질기준을 명시한 사전 출하계약을 체결하여 안정된 물량을 확보하고, 이를 기반으로 인근 협동조합들과 연합사업을 확대하고 공격적으로 해외수출 시장을 개척하는 규모화 전략이다. 셋째, '3문 불가의 원칙'과 '삼진아웃제' 등 엄격한 규약의 시행으로 무임승차 행위를 철저히 차단하고 품질등급 격차가 소득과 직결되는 공동정산제를 정착시켜 고품질 생산을 유도하고 적정한 수수료(5%)를 수취함으로써 조합경영의 안정성과 판매사업의 지속성 및 경쟁력을 강화하는 기업형 경영 방식을 실행하여 사업전략과 조직구조를 일치시켰다는 점이 사업 성공의 핵심 요인이라고 할 수 있다.

다. 지리산순한한우사업단

순한한우사업단은 전라남도 동부권 7개 축협이 결성한 한우 공동 브랜드 연합조직으로 한우 공동브랜드 사업의 규모화 · 차별화 전략을 통해 축산농가의 소득 향상과 경영안정에 앞장선 성공적인 모델이다. 공동 브랜드의 추진 배경에는 한우 브랜드화를 위한 노력이 있었지만 개별조합 단위로는 브랜드사업 추진에 한계가 있었고 시장변화에 따른 규모화 대응의 필요성이 커졌기 때문이다. 즉 대부분의 브랜드는 연간 1천 두 미만 출하의 영세규모로 고품질의 한우고기를 안정적으로 공급받기를 원하는 유통업체의 요구수준에 크게 미달하였기 때문이다.

따라서 참여 조합들은 상호협력과 양보를 통해 광역단위 연합을 구축하고 한우공동브랜드 사업의 추진을 위해 철저한 사육기준과 출하기준을 준수하여 엄격한 품질관리에 성공하고 유통업체와 공동으로 상표를 출원하고 납품하는 상생의 공동브랜드를 구축하였으며 대형유통업체와의 전략적 제휴를 통해 안정적 판로를 확보하고 대규모 축산농가 위주의 생산 · 판매 전략을 수립하였다.

이러한 노력의 성공으로 1년 만에 매출액이 약 2.6배로 증가하였으며 일반 시장 출하에 비해 두당 30~100만 원(약 5~15%) 높은 가격을 수취할 수 있었다.

순한한우사업단의 성공 요인은 첫째, 규모화 사업전략을 위해 광역단위 연합을 추진하였고 공동구매를 통해 원가를 절감하였다는 점이다. 둘째, 차별화 전략의 추진을 위해서 엄격한 브랜드 관리기준을 설정하고 인센티브 제시를 통해 조합원을 통제하고 브랜드 가치를 향상시켰다. 셋째, 사업효율성을 높이기 위해 기업형 경영방식을 도입하여 조합원가입 자격의 상향, 이용고에 따른 비용과 수익의 분담, 사업다각화를 위한 한우펀드 발행에 의한 자금 조달 등을 시행하였다는 점을 들 수 있다.

라. 아산시 송악농협

아산송악농협은 1,451명의 조합원이 있는 소규모지만 조합원에 밀착된 사업을 통해 실익에 기여하면서 안정적인 경영에 성공하였고, 시장 경쟁력을 갖춘 경제사업 성공모델을 확립하여 지역 활성화와 조합원 소득 제고에 기여하고 있다. 송악농협이 전략적으로 추진하는 사업은 '쌀 가공사업(떡, 빵)', '건강보조식품 · 가공사업(사슴육골즙 공장)', '친환경 농산물'의 3가지다.

첫째, 쌀 가공사업의 경우, 국내 부가가치가 높은 가공사업만이 송악 쌀 문제를 해결할 수 있다는 전략으로 자체 브랜드인 '느티나무 떡'을 개발하였다. "시간이 걸리더라도 정직과 믿음으로 소비자 입맛을 사로잡자"라는 시장지향적 브랜드 전략을 기반으로 하여 직판장, 통신판매, 인터넷 쇼핑몰 등으로 유통채널을 다양화하였다. 그 결과 전통떡과 쌀 · 빵 원료로 2008년 14억 원 상당의 쌀과 잡곡(송악면 전체 쌀 생산량의 40%, 잡곡 생산량의 25%)을 조합원으로부터 매입하여 품질이 낮은 지역 쌀 판매 문제를 완전히 해소하고 쌀 가공사업 총매출액 40억 원을 달성하였다. 직판매장에는 매일 새벽 배송을 실시하며, 진공포장제품은 통신과 인터넷 쇼핑몰을 통해 판매하고, 냉동제품을 개발하여 새로운 소비수요를 창출하고 있다. 또한 가공공장에 연중 30명의 고용을 창출하여 연간 6억 원의 농외소득을 창출하는 사회적 기업 역할을 하고 있다.

둘째, 건강보조식품 가공사업의 경우, 1996년 시작한 '사슴육골즙 공장'에서 2009년 3억 1,850만 원의 녹용과 육골을 농가에서 매입하고, 총매출액 38억 원을 달성하였다. 원료인 녹용과 사슴 육골의 매입가격은 사슴작목반이 시장조사를 거쳐 가격을 제시하면 송악농협 이사회에서 결의를 거쳐 확정하는 체계이고 매입가격 결정이 사슴 절각 직후에 이루어지기 때문에 시장가격을 선도하는 강력한 경쟁척도(competitive yardstick) 역할을 수행하고 있다. 사슴 육골즙 공장의 설립과 운영은 조합원 농업경영의 주요 문제해결에 조합이 적극적으로 기여하면서 조합의 자체 수익원으로 핵심적 역할을 하여 경영 안정에 크게 기여하고 있다.

셋째, 친환경 농산물 직거래 사업에 있어서는, 공선출하회 조직을 육성하고, 산지유통 112운동을 적극 추진하여 연합사업 참여 농가를 지원하고 연합사업 참여 확대를 유도하였다. 또한 순회 수집과 배송으로 거래비용을 절감시키면서 생협(한살림)에 판로를 연계하여 2008년 친환경 농산물 매출 40억 원을 달성할 수 있도록 지원하였으며, 2009년부터는 아산시 연합판매사업도 주도적으로 추진하고 있다.

아산 송악농협의 핵심 성공 요인은, "민주적 운영과 합리적 인센티브 제도"를 통해 조합원의 사업 참여를 유도하고 시장지향적인 전략을 토대로 경제사업 활성화를 추구한 것이라 할 수 있다. 2009년 조합 전체 매출 총이익 173억 원 중 77%인 133억 원을 경제사업에서 실현하였다. 송악농협은 조합원이 가장 필요로 하는 사업(과잉 생산한 사슴 육골과 녹용, 질이 낮은 쌀, 친환경 농산물 등의 판매)에 전략적으로 진출하여, 조합원 참여를 통한 경제사업 활성화에 성공한 것이다. 즉, 조합원 중심의 사업 선택, 소비자 중심의 품질관리, 원가기준의 가격 결정 등 협동조합 고유의 원칙을 실천함으로써, 그 결과 조합은 적자 부담 없이 경제사업을 추진하고, 조합원은 최선의 가격과 안정된 판로를 보장 받는 성과를 거두는 대표적인 예라 하겠다.

마. 영천시 금호농협

금호농협은 경북 영천시 남서부에 있는 금호읍의 금호농협, 대창면의 대창농협, 청통면의 청통농협이 2005년 8월 합병 의결하여 2006년 3월부터 금호농협이란 명칭으로 출범한 합병농협으로서 포도, 복숭아 등의 집하장, (수출)선과장, 저온창고 등이 한 곳에 집약된 산지유통센터(APC)를 운영하고 있다.

금호농협은 포도 주산지에 위치한 농촌형 합병농협으로서 '제값 받기(Best Price)'를 획득한다는 협동조합 기본을 충실히 이행함으로써 농가소득 증대를 달성하였다. 포도판매 사업에서, 도매시장 출하물량은 작목반별 전속출하 관행을 유지하고 대형 유통업체 출하물량은 조합의 교섭력을 통해 수행함으로써 도매시장 일반 평균가보다 10~20% 더 높은 수취가격을 받게 되었다. 즉, 물량 규모화 및 품질 차별화에 의한 시장지배력(market power)의 증대로 참여 조합원의 수취가격을 높여주게 된 것이다.

또한, 포도 주산지 특성상 중간상인들과의 심한 경쟁 속에서도 원가주의(business-at-cost) 원칙에 입각하여 관내 생산량의 50% 이상을 계통출하 함으로써 중간상인들의 폭리를 견제하는 경쟁척도(competitive yardstick) 기능을 수행하고 있고, APC 사업에서 품질 규격화와 선별 처리를 위한 투자를 통해 산지수집상을 압도하고 공정한 시장 질서를 확립하는 시장선도자(pacemaker) 역할도 수행하고 있다. 2008년 농림식품수산부로부터 산지유통전문조직에 선정되었고, 농협중앙회 농산물 품질경영대상을 수상하였다. 시장에서 바이어들의 요구에 신속히 대응하여 적시적량의 물량공급, 정확한 표시 사항 기재로 호평을 받고 있으며, 일부 우수 작목반 포도의 경우 '농민 브랜드'를 획득하여 일반 포도보다 10~20% 더 높은 수취가격을 받고 있다.

금호농협 포도 판매사업의 성공 요인은, 첫째, 저장기간이 짧은 포도의 특성과 경쟁이 일상화된 주산지의 특성을 감안하여 도매시장 출하를 중시하는 전략을 추진하였고, 둘째, 작목반을 핵심 고리로 삼아 조합원과 출하약정체결, 계통출하 장려금, 작목반 활성화 등 조합원 및 작목반 관리를 강조하였으며, 이는 규모화를 통한 시장교섭력 증대를 꾀한 것이다. 셋째, 2006년 GAP 포도 생산, 2007년 세척 포도 및 복숭아 등의 제품 차별화와 수출을 통한 시장개척이다.

넷째, 이용고 배당에서 판매사업 비중을 40%까지 확대하였다. 다섯째, 인근 조합과의 합병을 통해 물량 규모화를 추진함과 동시에, 여섯째, 정부와 중앙회의 지원을 지렛대로 활용하여 효율적인 APC 운영을 한 것이라 하겠다. 포도와 같은 신선과일의 경우 도매시장 출하에서 조합의 점유율을 높이기 어려운 점을 감안하면, 금호농협의 성과는 높게 평가할 수 있다. 협동조합 원칙에 입각한 작목반 중심의 관리, 이용고 배당정책을 통해 유사 유통업체에 대한 경쟁력을 확보하는 사업전략은 중요한 시사점을 제공하고 있다.

바. 안성시 고삼농협

고삼농협은 조합의 규모가 작지만 실용적인 조합운영 방식으로 농촌사회에서 협동조합운동도 힘 있게 전개하고 공동의 사업이익도 창출하면서 농가의 비용도 절감하고 조합원 농가와 함께 성과를 나누고 있는 "지역농협의 새로운 운영모델"을 보여 주고 있다.

고삼농협은 환경변화에 따라 다양하게 나타나는 조합원 요구를 새로운 사업으로 발전시키고, 이를 추진하기 위해 조합의 전통적인 조직구조 외에도 조합원 편익 증대를 위해 지역의 농협 네트워크 조직을 구성하였다. 다품종 소량을 취급하는 소규모 조합의 불리한 점을 극복하기 위해 조합원들에게는 지역농협들이 공동으로 설립한 사업연합조직을 활용하도록 유도하고, 조합은 소농의 영농과 복지사업에 중점을 두었다.

고삼농협은 1994년 조합원 영농실태와 의식조사 및 농협경영분석을 실시하여 고삼농협 관내 농가의 핵심역량 창출에 초점을 맞춘 고삼 제1차 장기발전 계획을 수립하였고, 1998년 고삼면 전체를 대상으로 한 지역농업 조직화에 중점을 둔 고삼 제2차 장기발전계획을 수립하였으며, 2003년부터는 농업소득 제고, 농기계 관련 부채 경감, 삶의 질 향상을 위한 조합원 영농실태 및 삶의 질 조사를 2년 주기로 실시하였다. 이러한 장기발전계획을 바탕으로 조합원 편익 증대를 위한 사업을 추진하였다.

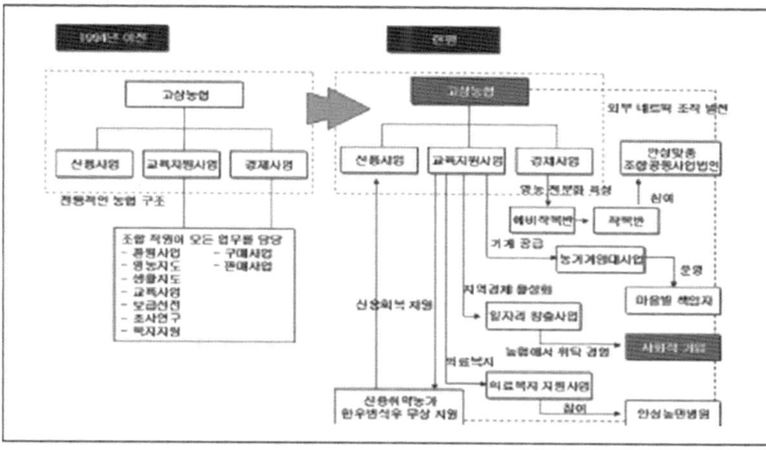

〈그림 2-5〉 외부 네트워크를 이용하는 고삼농협의 농협운동 모델

첫째, 「농협사업연합」을 전국 최초로 추진하였다. 1999년 안성시 관내 11개 농협이 구매사업을 사업연합 방식으로 추진하며 「안성지역 농협사업연합」을 발족하고, 쌀, 포도, 배, 한우, 인삼 5대 품목에 대한 판매사업연합으로 범위를 넓혀 나갔고, 농협 조합공동사업법인의 효시로 발전하게 되었다.

둘째, 「마을별 책임자 농기계 임대사업」을 전국 최초로 실시하였다. 1996년부터 마을별로 농작업기 구입을 지원하였고, 2000년부터는 안성시와 경기도에 수도작형 대형 농기계 임대사업을 제안한 후 확대하면서 3단계의 혁신 과정을 거쳐 효율적인 「마을별 책임자 임대 운영 방식」을 전국 최초로 실시하였다.

셋째, 조합원 건강검진을 위해 안성의료생활협동조합과 협동조합 간 협동사업으로 추진하였고, 정부, 농협중앙회, 농가부부모임 회원들의 합의를 얻어 농촌에 홀로 거주하는 독거노인에 대한 돌봄 사업을 실시하고 있다.

넷째, 저소득층 조합원 농가 한우번식우 지원사업인 「비빌 언덕 만들어 주기」를 실시하여 2008년 16호 농가를 선정 후 32두 분양하였고, 2009년도 말 기준 농가 자산가치 증대 규모는 1억 9천72만 원에 달하게 되었다. 또한, 고삼농협은 2005년 시작한 사회적 일자리 지원사업의 종료 시한(3년)이 2008년 도래함에 따라 사업단을 분리하여 '사회적 기업'으로 재출범시켰다. 2010년 현재 고삼농협과 분리된 농업회사법인인 '(유)생명농업 지원센터'를 운영하고 있으며, 농업회사 법인이기 때문에 '사회적 기업 육성법'과 농식품부 정책사업을 동시에 활용할 수 있는 자격을 갖추고 있을 뿐만 아니라, 전체 유급직원 34명 중 27명(79%)의 일자리를 취약계층에게 제공(남자 19, 여자 15), 연간 5억 760만 원의 소득창출 효과를 내고 있다.

고삼농협의 사회적 기업인 (유)생명농업지킴센터는 농협과의 협력관계를 강화하며 다양한 서비스 업무를 3개 부문으로 결합하여 운영하고 있다. (유)생명농업지킴센터의 직원들인 농업인 조합원들이 30여 개 초등학교에 학교농장을 조성해 주고, 초등학생들에게 농업(작물 재배)과 농촌 전통문화(쌀겨 비누 만들기, 천연염색) 체험 사업을 실시하고 있다. 이와 같이 고삼농협은 2008년 사회적 기업 인증을 획득한 후 관내 취약계층 조합원과 주민에게 일자리도 창출해 주고, 도농교류학교농장사업, 친환경 농자재가공사업, 농산물유통사업 등 농촌만이 제공할 수 있는 농촌형 사회적 서비스를 핵심 역량으로 다양한 사업 성과를 거두고 있다.

〈그림 2-6〉 고삼농협과 사회적 기업과의 관계 및 사업추진 개념도

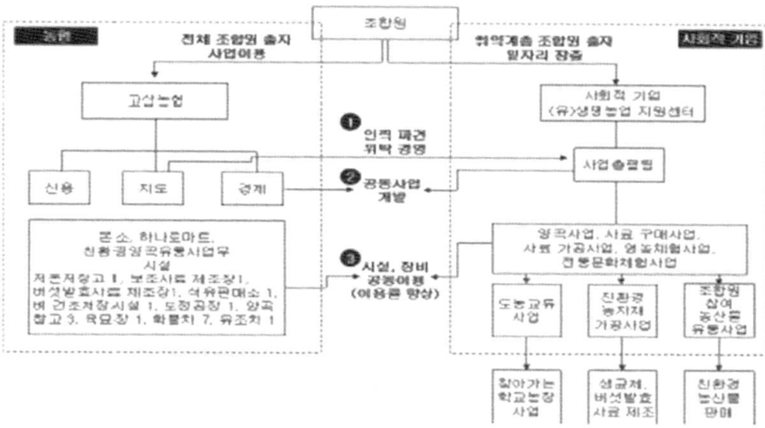

고삼농협이 농촌형 사회적 기업 등 조합원 편익 사업을 추진할 수 있게 된 성공 요인은 1994년부터 조합의 장기발전계획을 세우고, 2003년부터는 조합원 농가의 영농형태와 삶의 질을 격년 단위로 전수조사하며, 그 결과를 토대로 조합의 사업물량과 사업의 우선순위 및 추진경로를 정하고, 조합원 계층의 실정에 부합한 실용적인 사업을 개발하여 꾸준히 실천한 결과에서 찾을 수 있다.

고삼농협의 농협 운영 방식은 지역조합들이 비록 규모는 작지만, 지역사회의 든든한 구심체 역할을 수행할 수 있다는 비전을 실천한 사례이고, 농촌의 자원을 핵심 역량으로 하여 농업을 통해 지역 취약계층에 대한 일자리 창출과 지역경제의 주체가 될 수 있는 '농촌형 사회적 기

업'의 개념과 필요성을 보여 주는 사례라고 할 수 있다.

사. 경주시농협연합사업

경북 경주시에서 농산물 공동집하 · 선별 · 포장 · 저장 · 출하를 위한 시설을 건립(2006년 6월)하고, 농산물 유통망 개선의 필요성, 지역사회에 대한 공헌의 필요성, 농협의 책임감 등의 공감대를 바탕으로 하여 '경주시'와 경주시 관내 11개 농협, 농협중앙회 경주시지부가 참여하는 농협경주시연합사업단 간에 농산물산지 유통센터(APC) 운영에 관한 협약을 체결하게 되었다. 연합사업단의 조직은 11개 참여 조합의 조합장과 농협중앙회 경주시지부장이 참여하는 '연합사업 운영협의회'와 실무책임자로 구성된 '연합사업 실무협의회'로 구성되어 있고, 참여 조합에서 파견 근무 중인 마케팅 담당자 등 총 9명이 근무하고 있다.

경주시연합사업단의 운영 원칙과 방식은 첫째, 참여농협은 생산 및 지도, 연합사업단은 시설운영, 상품화, 마케팅을 부담하고, 지자체와 협력으로 브랜드 마케팅과 품질관리를 실시하고, 둘째, 연합사업은 원칙적으로 수탁사업으로 실시하며, 저장성 있는 농산물도 매취사업은 참여 농협의 책임하에 실시하되, 셋째, 공동선별 · 공동계산 원칙을 적용하고 있다. 넷째, 선별장까지 운송은 농업인의 책임이지만, 경주시에서 연합사업 참여 농업인에 대해 일정한 입고물류비를 지원하고, 다섯째, 기존 농업인 조직인 작목반이 참여하는 작목회를 조직하여 연합사업에 참여하도록 하고 있다. 취급 품목의 다양화를 통하여 유통센터(APC)를 연중 가동하고 있으며, 농업인의 참여 조건은 생산량 전부를 수탁하고, 판매시기, 판매상대방, 판매가격을 묻지 않는 3무(無) 원칙을 수용해야만 하는 것이다.

경주시는 연합사업의 활성화에 인적 · 물적 지원을 하고, 생산관련 영농지도를 하여 지역 농산물의 품질 향상을 유도하고 있고, 농협경주시연합사업단은 유통센터(APC)를 운영하면서 2008년 매출액 144억원을 달성하였고, 조합원 실익 증진과 농산물산지 유통 개선에 기여하여 농림수산식품부 '2009 공동마케팅조직'에 선정되는 등 성공적으로 연합사업을 실시하고 있다. 이와 같은 지방자치단체와 지역 농협의 윈-윈 협력에 따라, 지자체의 직접사업지원금은 연합사업 참여 농업인에 지원하고, 생산지원금은 유통센터(APC)에 출하하는 작목반연합회를 통해 지원하여 농정과 농협에 대한 신뢰 제고에 기여하고 있다.

지자체, 농협연합사업, 농업인의 새로운 파트너십 구축으로 유통센터(APC) 출하 농산물을 경주시 농산물의 공동 브랜드인 '이사금'으로 통합하여 농산물 브랜드 파워와 경쟁력 제고 및 부가가치 창출에 앞장서고 있다. 또한, 연합사업단은 외부 지원에만 의존하지 않고 자체 영업활동에 의한 자립경영 구조를 정립해 나가고 있으며 참여농협의 연합사업 부문은 흑자를 시현하고 있다.

농협경주시연합사업단의 성공 요인은, 첫째, 수확 후 처리와 판로개척에 어려움을 겪는 농업인의 실질적 요구(needs) 사항에 부응하여 연합사업단에서 유통센터(APC)를 운영하여 공동선별 · 공동계산으로 해결해 주는 효율적 사업모델 구축과 마케팅 활동이고, 둘째, 지역 농협 직원 중 최고의 유통 전문가를 연합사업단에 파견하여 전문 경영을 실시하는 것이다. 셋째, 농업인 · 농협 · 지자체 간의 새로운 협력체계를 구축하여 농업인의 실익을 증진시킨 점에 있다.

〈그림 2-7〉 농협경주시연합사업의 사업운영 흐름도

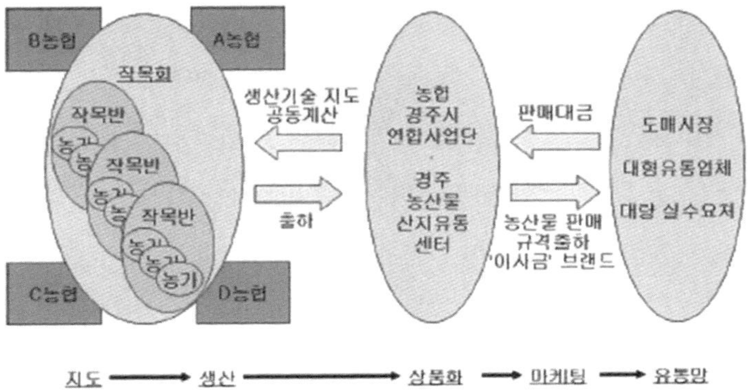

연합사업의 성공으로 농업인의 삶, 농협의 위상, 지자체 농정에 변화를 초래하였고, 농업인은 연합사업 참여를 통해 생산 이후의 활동과 관련한 시간과 노력을 획기적으로 줄이고 삶의 질 향상을 꾀할 수 있게 되었다. 결국, 판매사업 강화로 농협에 대한 신뢰가 증대되고, 경주시 농정의 투명성이 높아져 연합사업이 활성화되는 선순환을 실현할 수 있게 된 것이다.

아. 나주시 남평농협

나주시 남평농협은 왕건이탐낸쌀 사업을 통해 가치사슬상의 모든 단계인 「자재 · 생산 · 가공 · 판매」 단계에 걸쳐 농업인이 중심이 된 수직계열화(vertical integration)를 구축하여, 친환경 쌀 농가에 연간 6억 7

천만 원의 소득을 증대시키는 성과를 실현하였고, 브랜드 가치를 최대한 조합원에게 전달하는 사업모델을 운영하고 있다.

시장지향적인 사업전략으로 첫째, 소비자에게 안정성과 미질을 보장하는 품질 차별화 전략과 둘째, 친환경 농법을 통한 안전성 제고 전략을 체계적으로 추진하였고, 셋째, 브랜드 파워를 바탕으로 틈새시장을 겨냥한 직거래 전략을 추진하였다. 이에 농가소득 증대뿐만 아니라 '왕건이탐낸쌀'의 브랜드 가치가 약 130억 원 수준으로 평가받게 되었다. 조합원은 계약재배에 참여하여 엄격한 생산관리와 출하약정을 이행하고, 품질에 따라 수매가격을 차등하는 비례원칙을 적용하여 차별화 사업전략을 뒷받침하는 안정적인 사업체제를 확립하고 있다.

또한 시설원예 농가들과 친환경출하협약을 체결하고, 친환경 자재 및 판매사업을 추진하여 브랜드 가치 창출과 제값 받기 판로에 노력하였고, 참여 조합원은 품질관리와 출하물량을 이행하고, 판매시기 · 판매처 · 판매가격을 농협에 전적으로 위임하는 '3문 불가 원칙'을 준수하고 있으며, 출하약정을 위반한 조합원에 대한 제재조치(위약금)를 규정하여 운영하고 있다. 농협은 친환경 영농자재를 지원하고 온라인 택배사업과 파머스 마켓을 통한 직거래사업을 통해 판로를 개척해야 한다는 판매사업 이행 사항까지 규정하여 친환경 출하협약 체계를 선진국 수준으로 확립하고 있다.

남평농협의 성공 요인은, 첫째, 친환경 농업에 대한 조합원의 민주적 합의에 의한 비례원칙 도출, 참여 조합원이 출하협약을 엄격하게 이행하는 선진국형 시스템을 구축하여 친환경 농산물의 '제값 받기' 전략을 성공적으로 추진하고, 가치사슬의 모든 단계에서 수직계열화를 구축하여 브랜드 가치를 최대한 조합원 실익으로 전환한 것이다. 둘째, 조합원 및 지역사회와 함께하는 협동조합운동을 실천하고 조합원에게 경영정보를 투명하게 공개하여 조합원 실익 중심의 농협경영을 이행한 것이다. 특히 민주적 합의에 의한 비례원칙 도출 및 실행은 판매농협의 차별화 사업전략이 성공하기 위한 조건으로 시사하는 바가 크다 하겠다.

✎ 학습문제 풀이

[1] 전통모형 협동조합에 관한 설명으로 틀린 것을 고르시오.

① 사업물량의 확대로 비용을 낮추는 전략을 강조하였다.

② 협동조합의 이념과 가치를 중시하였다.

③ 1인1표제와 개방조합원 제도로 조합원 확대를 추구하였다.

④ 조합원 자격을 엄격하게 제한하여 동질성을 강조하였다.

정답 4번

해설 비례모형 협동조합의 특성이다.

[2] 다음 중 전통모형 협동조합의 문제라고 볼 수 없는 것은?

① 협동조합 충성도

② 조합원 이질화와 민주적 통제의 위기

③ 영향력비용문제

④ 자본시장의 평가 결여

정답 1번

[3] 협동조합의 구조 문제에 해당하지 않는 것을 고르시오.

① 통제 문제

② 영향력 비용 문제

③ 수익성 문제

④ 무임승차 문제

정답 3번

해설 수익성은 구조 문제에 해당하지 않는다.

[4] 협동조합의 통제 문제에 관한 설명으로 틀린 것을 고르시오.

① 조합원과 경영자 간의 주인-대리인 문제이다.

② 노령 조합원은 현금 배당을 중시한다.

③ 주식회사에 비해 경영 성과의 객관적 평가가 어렵다.

④ 경영자가 조합원의 이익을 제대로 실행하지 않는 문제이다.

정답 2번

해설 영향력 비용 문제와 관련된다.

[5] 협동조합의 영향력 비용 문제에 관한 설명으로 틀린 것을 고르시오.

① 조합원의 이질화로 합의 형성에 시간과 비용이 많이 소요된다.

② 조합원과 경영자 간의 정보 비대칭 문제에서 비롯된다.

③ 원로 조합원은 현금배당을 선호한다.

④ 젊은 조합원은 시설투자를 강조한다.

정답 2번

해설 협동조합의 통제 문제에 관련된다.

[6] 주식회사와 구별되는 협동조합의 지배구조 특성이 아닌 것을 고르시오.

① 의결권이 집중되어 있다.

② 출자규모와 무관하게 1인1표 제도가 일반적이다.

③ 자본시장의 평가를 받지 않는다.

④ 소유권이 광범위하게 분산되어 있다.

정답 1번

해설 대주주가 없어 의결권이 분산되어 있다.

[7] 협동조합의 지배구조에 관한 설명으로 틀린 것을 고르시오.

① 경영자에 대한 성과 보상제도의 도입이 어렵다.

② 이사회의 전문성 제고가 중요한 과제이다.

③ 조합원 계층분화에 따라 1인1표제의 중요성이 강조된다.

④ 조합원의 이질적 계층분화는 민주적 통제의 실행을 어렵게 한다.

정답 3번

해설 1인1표제의 현실적 한계가 나타난다.

[8] 비례모형 협동조합의 특성에 관한 설명으로 틀린 것을 고르시오.

① 이용 규모에 비례하는 투표권 행사

② 이용 규모에 비례하는 출자금 제도

③ 개방 조합원 제도

④ 조합원 자격의 엄격한 제한

정답 3번

해설 전통모형 협동조합의 특성이다.

[9] 협동조합의 비례성 원칙에 관한 설명으로 틀린 것을 고르시오.

① 이용 규모에 비례한 의결권 행사

② 이용 규모에 비례한 출자의 의무

③ 이용 규모와 무관한 비용의 분담

④ 이용 규모에 비례한 수익의 배분

정답 3번

해설 이용 규모에 비례하여 비용을 분담한다.

[10] 신세대협동조합에 관한 설명으로 틀린 것을 고르시오.

① 전통모형 협동조합의 전형적 사례이다.

② 1990년대 초 미국에서 처음으로 설립되었다.

③ 가공 사업을 통한 부가가치 창출을 강조하였다.

④ 협동조합 구조 문제의 해소에 기여하였다.

정답 1번

해설 비례모형 협동조합의 전형적 사례이다.

[11] 다음 중 신세대협동조합의 특징이라고 볼 수 없는 것은?

① 최근 일부 신세대협동조합에서는 자본조달 확대를 위해 투자자 조합원 제도를 도입하여 투자한 일반 주민들에게도 조합원 지위를 부여함.

② 출하권 제도는 투자는 하지 않고 이용만 하려는 조합원의 무임승차자 문제를 해결하기 위한 것임.

③ 무의결 우선주는 조합원 자격과 관계없이 투자를 희망하는 지역 내 일반주민에게 할당되며, 투표권과 조합수익에 대한 배당을 받게 됨.

④ 협동조합의 운영 효율화와 수익 극대화를 위해 조합원 가입자격과 수를 제한함.

정답 3번

[12] 다음은 협동조합의 시장지배력 역할에 관한 설명으로 가장 거리가 먼 것은?

① 사피로는 협동조합이 농업인의 물량을 집중시키기 위해서는 조합과 조합원이 장기 출하 계약을 체결하고, 전문 경영인을 고용해야 한다고 주장함.

② 협동조합이 시장지배력의 행사로 조합원에게 이익을 제공하는 것은 시장에서 소비자 비용 부담을 전제로 하는 경우가 많아 시장의 효율성 증대에 어긋날 수도 있음.

③ 협동조합을 통한 농업인의 공동행동은 독점금지법에서 예외로 인정되지만, 부당한 시장 가격 인상 행동은 독점금지법에 의해 제한되고 있음.

④ 폐쇄형 조합원 제도에서는 농업인의 무임승차 문제로 인해 시장지배력의 발휘가 곤란함.

정답 4번

[13] 협동조합의 사업전략에 관한 설명으로 틀린 것을 고르시오.

① 규모화 전략은 사업물량의 확대로 평균비용을 절감한다.

② 규모화 전략은 규모의 경제로 시장 교섭력을 강화한다.

③ 차별화 전략은 시장 세분화와 품질 고급화를 추구한다.

④ 차별화 전략은 광역합병과 사업연합을 통해 실행된다.

정답 4번

해설 규모화 전략의 실행과제이다.

[14] 협동조합의 사업전략과 조직구조의 관계에 관한 설명으로 틀린 것을 고르시오.

① 전통형 조직구조는 규모화 사업전략에 적합하다.

② 비례형 조직구조는 차별화 사업전략에 부합된다.

③ 사업전략과 조직구조의 상충은 비효율성을 초래한다.

④ 농업성장 시기에는 차별화 전략과 비례형 조직구조가 합리적이다.

정답 4번

해설 농업성장기에는 규모화 전략과 전통형 조직구조가 합리적이다.

[15] 베큼(Bekkum)의 협동조합 모형 구분에 포함되지 않는 것을 고르시오.

① 비례모형　　② 틈새모형

③ 부가가치모형　　④ 촌락모형

정답 1번

해설 비례모형은 조직구조의 유형이다.

[16] 베쿰(Bekkum)의 협동조합 모형이론에 관한 설명으로 틀린 것을 고르시오.

① 틈새모형은 규모화 사업전략을 추구한다.

② 부가가치모형은 비례적 조직구조를 강조한다.

③ 촌락모형은 전통형 조직구조를 유지한다.

④ 품목모형은 차별화 사업전략을 추구한다.

정답 4번

해설 품목모형은 규모화 사업전략을 추구한다.

[17] 베쿰(Bekkum)의 협동조합 모형이론에 관한 설명으로 틀린 것을 고르시오.

① 비례형 조직구조는 차별화 사업전략의 성공 조건이다.

② 사업전략과 조직구조의 불합치는 협동조합 구조 문제를 초래한다.

③ 전통형 조직구조에서 차별화 사업전략은 지속 가능하지 않다.

④ 비례형 조직구조는 규모화 사업전략의 성공 조건이다.

정답 4번

해설 규모화 사업전략은 전통형 조직구조에서도 지속 가능하다.

[18] 네덜란드 그리너리 농협의 사례와 무관한 것을 고르시오.

① 채소 경매농협들이 합병하여 규모화 전략을 추구하였다.

② 시장지향적 구조개편의 성공 사례로 평가된다.

③ 청과 도매회사를 인수하여 협동조합 자회사로 운영하였다.

④ 이용 규모에 비례하는 출자 제도를 도입하였다.

정답 1번

해설 차별화 전략을 추구하였다.

[19] 상주시 외서농협의 사례와 무관한 것을 고르시오.

① 3문 불가 원칙과 삼진아웃 제도를 실행하였다.

② 조합원은 배의 품질 선별권을 농협에 위임하였다.

③ 농협은 일정 자격을 갖춘 조합원과 사전 출하계약을 체결하였다.

④ 신용사업 수익을 바탕으로 경제사업 활성화를 추진하였다.

정답 4번

해설 차별화 사업전략과 비례형 조직구조가 성공 요인이다.

[20] 지리산 순한한우연합사업 사례와 무관한 것을 고르시오.

① 전남의 7개 축협이 참여하는 공동 브랜드로 차별화 사업전략을 추구하였다.

② 유통업체의 대규모 물량 요구에 부응하여 규모화 사업전략을 추구하였다.

③ 참여 농민은 엄격한 사육기준과 출하기준을 준수하였다.

④ 농협중앙회와의 계통출하사업이 핵심적 성공 요인이다.

정답 4번

해설 대형 유통업체와의 전략 제휴와 전속 거래를 추구하였다

[21] 안성시 고삼농협 사례와 무관한 것을 고르시오.

① 전체 조합원의 영농실태 조사를 토대로 농협의 사업계획을 수립하였다.

② 안성시 농협연합사업을 통해 규모화 사업전략을 추구하였다.

③ 농민 조합원의 일자리 창출을 위해 사회적 기업을 운영하였다.

④ 농협중앙회의 무이자 자금지원을 토대로 사업 혁신에 성공하였다.

정답 4번

해설 농민 조합원의 사업 참여를 유도한 것이 핵심 성공 요인이다.

[22] 경주시 농협연합사업단 사례와 무관한 것을 고르시오.

① 11개 농협이 참여하는 산지유통센터 운영으로 규모화 사업전략을 추구하였다.

② 농산물 공동 브랜드를 통한 차별화 사업전략을 추구하였다.

③ 농민 조합원은 출하규모에 비례하는 출자의무를 이행하였다.

④ 공동선별 공동계산으로 조합원의 무임승차 문제를 해소하였다.

정답 3번

해설 농협과 지자체의 협력이 중요한 성공 요인이다.

★ OX 퀴즈

신세대협동조합 조직구조의 특징은 주식발행을 통해 자기자본을 조달한다는 것이며 주식과 출하권을 연계하고 조합원 가입자격과 수를 제한한다는 것이다. (○)

전통모형의 협동조합 제도는 여전히 한국농협의 상호금융사업이나 자재구매사업에 적합한 측면이 크다. (○)

| 제3절 협동조합과 시장

1. 구매협동조합의 시장균형

협동조합은 조합원이 직면하는 시장실패 문제에 대응하기 위해 조직된 수직통합 사업체(vertically integrated business)이다. 농업협동조합은 후방에서는 구매사업을 통해 농자재를 공급하고, 전방에서는 농산물 판매사업을 통해 조합원을 지원한다. 구매협동조합은 영농자재, 생활물자, 금융서비스 등을 조합원에게 최선의 가격(best price)으로 공급하는 것을 목표로 한다. 그리고 이와 같은 목표를 달성하는 과정에서 협동조합은 독점기업의 불공정 거래행위를 견제하고 시장 경쟁을 촉진하는 경쟁척도 역할을 수행한다.

여기서는 영농자재를 생산, 공급하는 구매협동조합의 경우, 이용고배당, 원가주의 등 협동조합 원칙이 실제 사업에 어떻게 적용되는지를 규명하기 위해 시장행동 및 시장성과에 관한 이론적 접근을 시도하고자 한다. 시장행동 측면에서는 협동조합의 사업전략, 가격정책 등을 분석하고, 시장성과 측면에서는 시장행동에 따른 조합원 편익과 사회적 후생 증대효과를 검토하고자 한다.

가. 시장구조

영농자재 시장은 독점적 경쟁시장 형태를 갖고 있다. 독점적 경쟁시장은 제품의 차별화에 의하여 어느 정도의 독점력을 갖고 있는 다수의 소규모 기업이 경쟁하고 있는 시장구조를 말한다. 각 기업은 완전경쟁의 경우처럼 완전히 같은 제품을 생산하는 것이 아니라 실질적으로 품질이 다소 다른 제품, 또는 구매자 쪽에서 품질이 다소 다르다고 생각할 수 있는 제품을 생산한다. 이와 같은 생산물의 차별화는 특허 · 상표 · 디자인 · 품질 · 판매방법의 차이나 광고에 의해서 생긴다.

공급자가 다수라는 점에서 경쟁적이라 할 수 있고, 생산물의 차별화에 의해 우하향(右下向) 수요곡선에 직면하고 있다는 점에서는 독점과 유사하다고 할 수 있다. 영농자재 시장에서 경쟁하는 구매협동조합과 주식회사는 제품 차별화를 통해 구매자들로 하여금 자사 제품을 구매토록 유도하고 경쟁업체의 제품으로 대체하지 못하도록 판매 전략을 수립한다.

다수의 기업이 동질적인 상품과 서비스를 거래하는 완전경쟁시장의 경우 개별 기업은 가격수용자에 불과하므로 협동조합의 경쟁척도 역할이 작동될 여지가 없지만, 독점적 경쟁 시장구조에서는 개별 기업이 제품 차별화를 통해 가격조정을 할 수 있으므로 협동조합은 주식회사에 대응하여 다양한 시장 활동을 전개함으로써 시장 경쟁을 촉진하고 조합원 편익을 증대시킬 수 있다.

나. 시장행동과 시장성과

1) 주식회사

주식회사는 투자자에게 더 많은 배당을 실시하고 기업 가치를 높여 주주에게 자본 이득을 안겨주기 위해 순수입 극대화를 추구한다. 이를 위해 주식회사는 한계수입(MR)과 한계비용(MC)이 일치하는 점에서

Q1의 물량을 P1의 가격으로 판매한다(그림 2-8). 한계수입과 한계비용이 일치하는 점에서 가격과 물량을 결정하는 이유는 한계수입이 한계비용보다 클 경우에는 생산량을 증대시켜 순수입을 증가시킬 수 있으며, 반대로 한계수입이 한계비용보다 작을 경우에는 생산량을 감소시켜서 순수입을 증가시킬 수 있기 때문이다.

〈그림 2-8〉 주식회사의 순수입 극대화

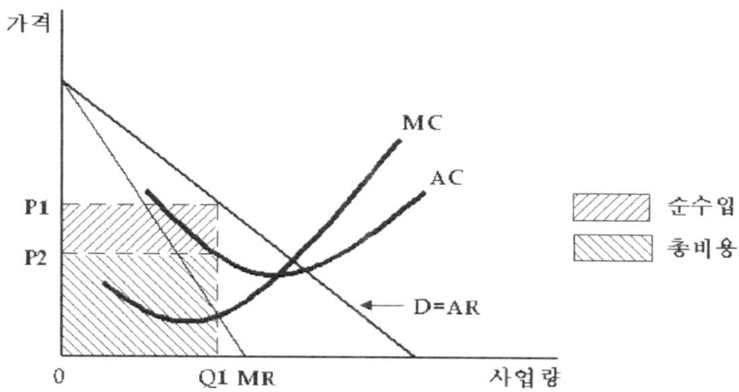

2) 구매협동조합

구매협동조합은 조합원에게 사업 이용 실적에 비례하여 이용고 배당을 실시한다. 만약 구매협동조합이 순수입 전액을 조합원에게 이용고 배당으로 환원한다면, 이용고 배당은 가격에서 평균비용을 차감한 것과 같아진다. 일반적으로 평균비용에는 판매관리비, 자본이자 등 제 비용과 적정이윤이 포함되어 있다. 따라서 협동조합은 평균수입과 평균비용이 같을 때 총수입으로 출자금 및 부채에 대한 이자 등 제 비용을 충당하고, 자본을 유지할 수 있다.

조합원은 협동조합의 경영권을 이사회에 위임하며, 이사회는 사업목표와 가격 및 이용고 배당 정책을 수립한다. 협동조합의 사업목표 달성 여부는 조합원이 가격 및 이용고 배당 정책에 어떻게 반응하느냐에 달려 있다.

협동조합이 주식회사처럼 순수입 극대화를 목표로 정하고 한계수입과 한계비용이 일치하는 점에서 Q1의 물량을 P1의 가격으로 조합원에게 판매한다면 조합원에 대한 이용고 배당은 P1-P4가 되며, 순가격은 P4, 또는 P1에서 이용고 배당을 차감한 것과 같다(표 2-4의 ①번 목표). 이러한 순수입 극대화 목표는 원가주의 원칙이나 조합원 편익 극대화 등에 부합하지 않는다. 따라서 구매협동조합은 조합원에게 최저 시장가격으로 공급하거나, 시장가격에서 이용고 배당을 차감한 순가격을 최저수준으로 낮춰 조합원 편익을 극대화하는 가격정책을 모색하게 된다.

협동조합은 이용자인 조합원이 소유하는 사업체이므로 원가주의에 입각하여 최저가격 판매를 사업목표로 정할 수 있다. 이 경우 협동조합은 평균비용(AC)과 평균수입(AR)이 일치하는 점에서 P3의 가격으로 Q3의 물량을 공급하며, 자본이자를 충당할 수 있는 수준인 정상 수입만을 획득한다(그림 2-9). 최저 시장가격 정책을 추진하는 협동조합은 순수입 극대화를 추구하는 주식회사에 비해 더 많은 물량을 더 낮은 가격에 공급할 수 있다(표 2-4의 ③번 목표). 이에 따라 경쟁업체인 주식회사의 초과이윤은 축소되는 반면, 소비자의 이익은 확대되며, 그 결과 사회 전체의 후생이 증대되는 외부효과를 발생시켜 협동조합에 대한 사회 전반의 우호적인 인식을 형성할 수도 있다. 이와 같이 협동조합은 독점기업을 견제하여, 시장구조를 보다 경쟁적이며 효율적인 형태로 전환시키는 경쟁척도 역할을 수행한다.

만약 협동조합이 조합원 편익을 극대화하기 위해 순가격을 최저수준으로 낮추려 한다면, 평균비용의 최저점(또는 한계비용과 평균비용이 일치하는 점)에서 사업물량과 가격을 책정하게 된다. 왜냐하면 Q2 이상에서는 한계비용이 평균비용보다 높아서 사업량을 줄이면 평균비용이 낮아지며, Q2 이하에서는 사업량을 늘림으로써 평균비용을 줄일 수 있기 때문이다. 따라서 조합원은 P5의 순가격으로 Q2의 물량을 구매함으로써 편익을 극대화할 수 있다(표 2-4의 ②번 목표).

〈그림 2-9〉 구매협동조합의 시장균형

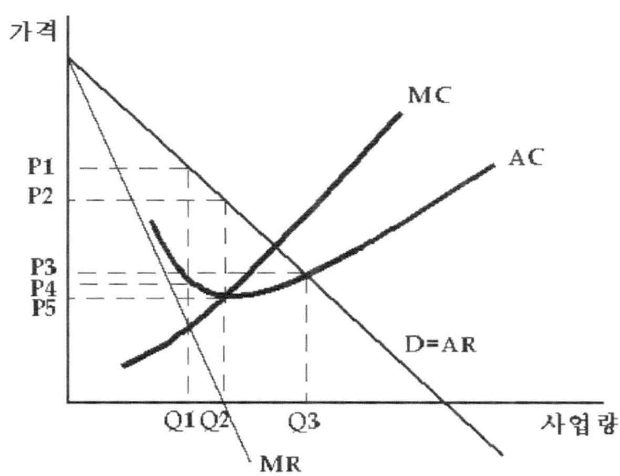

〈표 2-4〉 구매협동조합의 사업목표별 시장행동

사업목표	시장행동기준	사업량	시장가격	이용고 배당	순가격
① 협동조합의 순수입 극대화 (주식회사와 동일)	MC=MR	Q1	P1	P1-P4	P4
② 조합원 편익 극대화 (최저 순가격)	MC=AC	Q2	P2	P2-P5	P5
③ 협동조합의 수지균형 (원가주의)	AC=AR=P	Q3	P3	-	P3

조합원은 원가주의, 이용고 배당 등 협동조합 원칙에 대한 이해 정도에 따라 시장가격이나 순가격 중 어느 하나를 기준으로 구매 의사를 결정한다. 따라서 경영진이나 이사회가 가격 및 이용고 배당 정책을 수립하는 데 있어 조합원의 구매 의사결정 기준은 매우 중요한 의미를 지닌다. 만약 조합원이 이용고 배당에 대해 현재가치를 낮게 평가하거나 그 지급이 불확실할 것으로 생각한다면 순가격보다 시장가격을 중시하게 된다. 예를 들어, 이용고 배당률이 현저하게 낮게 책정되어 이용고 배당의 현재가치가 0에 가깝다면, 조합원들은 이용고 배당을 무시하고 현재의 시장가격을 기준으로 구매 의사를 결정할 것이다.

P2의 가격과 Q2의 사업량에서 조합원들은 P2에서 P5를 차감한 만큼의 이용 고배당을 받게 되며, 협동조합은 최저 순가격을 통해 조합원 편익을 극대화한다(그림 2-6). 협동조합이 조합원 편익 극대화를 달성하기 위해서는 사업량을 평균비용이 가장 낮은 점에 해당하는 Q2로 제한해야 한다. 그러나 조합원들이 장래에 지급될 이용고 배당을 불확실한 것으로 생각하거나, 순가격 P5가 시장가격 P2보다 훨씬 낮아 더 많은 물량을 구매하려는 유인을 가질 경우 사업량을 제한하는 데 어려

움이 발생한다. 이로 인해 구매협동조합의 사업량은 Q2~Q3 구간에서 불안정한 상태에 빠지게 되고, 경영자들은 가격정책을 수립하는 데 어려움을 겪게 된다. 협동조합이 사업량을 Q2로 제한하기 위해서는 이용고 배당에 관한 조합원의 신뢰를 확보하거나, 폐쇄형 조합원 제도(closed membership)를 도입하여 조합원 수를 Q2의 사업량 이내로 제한하는 등의 대책이 필요하다.

한편 조합원들이 이용고 배당을 불신하여 현재의 시장가격을 기준으로 구매 의사를 결정할 경우, 협동조합은 최저 시장가격, 원가주의를 사업목표로 정할 수 있다. 최저 시장가격 정책은 협동조합의 내부유보를 어렵게 하고 배당 축소 등의 문제를 야기하지만, 경험적으로 볼 때 조합원들은 최저 시장가격을 선호하고 있다. 다만 조합원들이 원가주의를 잘못 인식하여 과도하게 시장가격 인하를 요구할 경우, 협동조합은 경영 압박에 시달려 자본 유지가 어려운 상황에 직면할 수도 있다.

2. 판매협동조합의 시장균형

판매협동조합은 조합원으로부터 출하 받은 농산물을 규모화하여 단순 판매하거나, 이를 원료로 투입하여 부가가치가 높은 가공제품을 생산, 판매하는 협동조합이다. 일반적으로 판매협동조합은 조합원의 농산물을 제값에 안정적으로 판매하여 주는 것을 목표로 한다. 농산물을 가공하여 판매하는 협동조합은 조합원의 생산물을 원료로 매입하며, 가공 농산물을 조합원이 아닌 제3의 소비자 또는 유통업체에 판매한다. 이로 인해 조합원과의 관계에 있어서 구매협동조합과 판매협동조합은 서로 다른 이론이 적용된다.

이 글에서는 쌀 가공사업을 운영하는 판매협동조합의 시장행동과 시장성과를 주식회사와 비교하여 설명하고자 한다. 특히, 협동조합의 사업 방식과 목표로 인해 성과가 어떻게 달라지는지에 주목하고자 한다.

가. 시장구조

쌀시장은 다수의 판매협동조합과 민간 쌀 가공회사가 존재하지만 미질(米質), 산지, 브랜드 등 제품의 차별화 수준에 따라 가격이 달라지는 독점적 경쟁시장의 형태를 띠고 있다. 판매협동조합은 이러한 독점적 경쟁시장에서 조합원의 편익 극대화를 추구한다.

조합원이 출하한 벼는 판매협동조합의 투입원료가 된다. 따라서 판매협동조합의 벼 수요는 가공된 쌀의 최종수요에 따라 변동한다. 조합원에게 지급할 벼 대금과 이용고 배당의 재원이 되는 순수입(NR)은 총수입에서 가공 및 판매제비(조합원에게 지불한 벼 매입대금은 제외)를 차감한 것이며, 평균순수입(ANR)은 순수입을 쌀 판매량으로 나눈 것이다. 또한 평균순수입은 가공한 쌀에 대한 수요곡선(D)이 나타내는 쌀 판매에 따른 평균수입(AR)에서 조정평균비용(AAC)을 차감하여 산출되며, 조정평균비용은 평균비용(AC)에서 벼 평균매입가격(APR)을 차감한 것과 같다. 그리고 평균순수입곡선의 형태는 조정평균비용과 평균수입의 상대적인 크기에 따라 달라진다(그림 2-10). (그림 2-11)에서 볼 수 있는 것처럼 조정평균비용이 평균수입보다 크거나, 가공된 쌀의 물량이 Qa보다 적거나 Qb보다 많으면 평균순수입은 음(-)이 된다. 이는 협동

〈그림 2-10〉 가공농산물(쌀) 수요

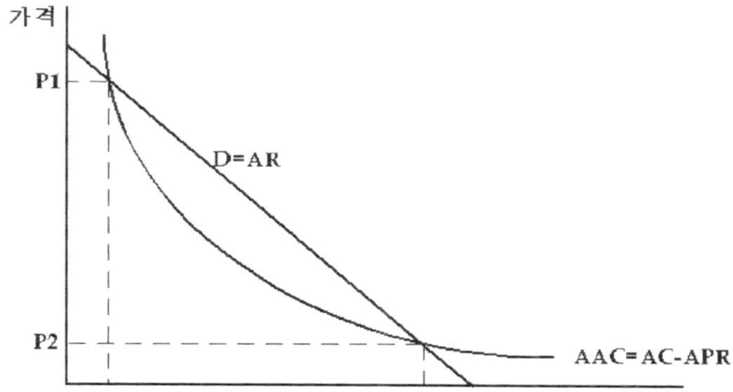

〈그림 2-11〉 원료농산물(벼) 수요

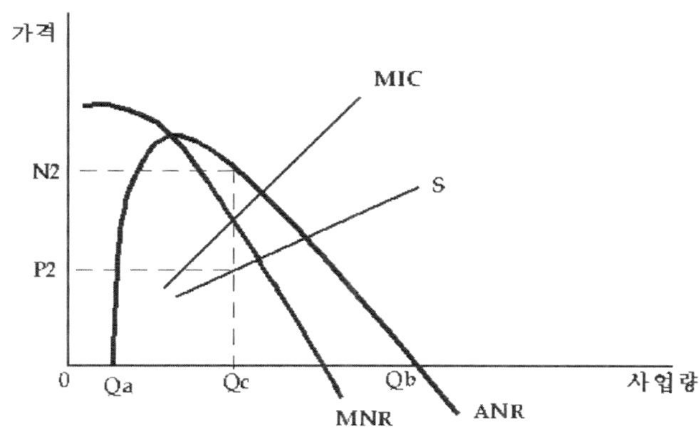

조합이 가공판매 관련 비용을 차감한 후 조합원이 출하한 벼 대금으로 지급할 수입이 없다는 것을 의미한다. 한편, 양(+)의 평균순수입은 조합원에게 벼 대금을 지불할 수 있음을 의미한다. 또한 평균순수입은 평균수입과 조정평균비용의 차가 가장 클 경우에 최대가 된다. 그리고 벼

출하 농가의 수입 규모는 가공업자가 주식회사인지 아니면 판매협동조합인지에 따라 달라지며, 판매협동조합인 경우에도 사업목표에 따라 각각 달라진다.

나. 시장행동과 시장성과

주식회사는 (그림 2-12)에서 볼 수 있는 것처럼 이윤극대화 목표를 달성하기 위해 한계순수입(MNR)과 한계투입비용(MIC)이 일치하는 점에서 P2의 가격으로 Q2의 벼를 매입하며, 이때 N2-P2의 초과이윤을 획득한다. 판매협동조합도 주식회사와 동일하게 한계순수입과 한계투입비용이 일치하는 점(P2, Q2)에서 순수입 극대화를 실현할 수는 있지만, 이러한 사업목표는 조합원 편익 극대화라는 협동조합 본연의 목표에 부합하지 않는다(표 2-5의 ②번 목표). 따라서 협동조합은 평균순수입(ANR)과 한계순수입(MNR)이 일치하는 점, 다시 말해 평균순수입(ANR)의 최고점에서 P1의 가격으로 Q1의 물량을 매입함으로써 N1-P1의 초과이윤을 얻게 되고, 이를 이용고 배당으로 환원하여 조합원 편익을 극대화한다(표 2-5의 ①번 목표). 그러나 이용고 배당에 따른 N1의 최고 순가격은 조합원들에게 생산 증대의 유인을 제공하고, 이에 따라 조합원들은 판매협동조합에 대해 벼 매입을 늘려 줄 것을 요구하게 된다. 그 결과 판매협동조합의 사업량은 늘어나 공급곡선(S)을 따라 우상향하게 되고, 평균순수입은 낮아져 평균순수입(ANR) 곡선을 따라 우하향하게 된다. 이러한 조정과정을 거쳐 평균순수입(ANR)과 공급곡선(S)이 일치하는 점에서 새로운 균형이 이루어진다. 이 균형점에서 판매협동조합은 P3의 가격으로 Q3만큼의 벼를 매입함으로써 원가주의에 근거한 수지균형을 달성하고, 이로 인해 조합원의 편익은 감소하는 반면 소비자의 이익과 사회 전체적인 후생은 증가하게 된다(표 2-5의 ③번 목표). 때때로 조합원의 요구에 의해 사업량이 Q3를 초과할 수도 있지만, 이 경우 판매협동조합은 벼 매입가격(S)이 쌀 판매에서 얻는 평균순수입(ANR)을 초과하기 때문에 적자를 보게 된다.

〈그림 2-12〉 판매협동조합의 시장균형

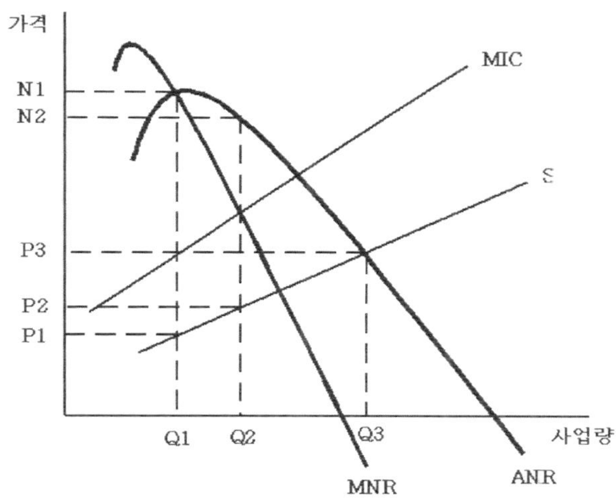

결국 판매협동조합은 Q1부터 Q3까지의 사업량 구간에서 광범위한 사업전략의 선택이 가능하다. 농업 구조조정에 따라 조합원의 구성이 대규모 전업농과 소규모 한계농으로 양극화되는 상황에서, 만약 판매협동조합이 조합원 편익 극대화를 위해 Q1의 사업량을 선택한다면 시장가격(P1)보다 훨씬 높은 순가격(N1)으로 인해 생산량 증대의 유인을

갖게 된 품질이 낮은 벼를 생산하는 한계농을 중심으로 판매협동조합에 대해 사업량 확대를 요구하게 될 것이다. 이와 반대로 Q2, Q3의 사업량을 선택할 경우에는, 품질이 우수한 벼를 생산하는 전업농들을 중심으로 조합원 편익이 감소되는 데 불만을 품고 판매협동조합을 이탈하는 사태가 발생할 수도 있다. 조합원 간의 갈등 심화로 인해 한계농의 의견을 존중할 경우 전업농이 반발하고, 반대로 전업농을 중시하면 한계농이 반발하는 문제가 발생하여, 협동조합 경영진의 의사결정은 더욱 어려워진다.

판매협동조합은 다양한 조합원 집단 간의 이해 상충, 그리고 조합원 편익 극대화의 사업전략을 선택했을 경우에 발생할 수 있는 조합원과 소비자 간 이해 상충으로 인해 불안정한 균형 구조를 이루고 있다. 하지만 오늘날과 같은 개방화 시대에는 각국 정부의 농업보호정책이 축소되면서 판매협동조합의 역할이 더욱 중요해지고 있고, 조합원 계층의 분화와 이질화에 따른 의사결정의 어려움을 해소하기 위해 혁신 또한 강조되고 있다.

결국 협동조합의 법률이나 정관[12]의 개정 필요성, 새로운 조직구조

---

12 농협의 가장 중요한 정보는 '정관'이다. 정관은 농협의 헌법이므로 모든 농협의 사업과 운영은 정관에 의해 수행된다. 다음으로 농협의 사업 방향을 구체적으로 제시한 '사업계획 및 수지예산서'이다. 매년 12월 대의원총회에서 결정되므로 1년의 살림살이를 확인할 수 있다. 농협의 경영 상황을 일목요연하게 숫자로 기록해 둔 것이 각종 재무제표다. 재무제표는 농협의 이해관계자(조합장, 임직원, 대의원, 조합원, 거래당사자 등)가 합리적인 의사결정을 내릴 수 있도록 농협의 경영성과와 재무 상태를 일정한 형식으로 요약하여 표시하는 보고서다. 재무제표는 결산 대의원총회 1주일 전까지 대의원에게 제출해야 하는데, 사업보고서, 대차대조표, 손익계산서, 잉여금처분안 등이 그것이다. 이 자료들은 농협법에 따르면 언제나 사무소에 비치해 두어야 하며, 조합원들은 자유롭게 열람할 수 있다. 만약 집에서 꼼꼼히 검토하겠다고 생각하여 복사해 달라고 하면 실비만 받고 복사해 주어야 한다. 이 외에도 이사회 회의록과 대의원총회

에 대한 조합원의 합의, 그리고 협동조합 구성원 간 새로운 조직문화의 형성 등을 통해 협동조합의 원칙을 새로운 전략에 맞게 유연하게 수정해 나가는 노력이 필요하다.

〈표 2-5〉 판매협동조합의 사업목표별 시장행동

사업목표	시장행동기준	사업량	시장가격	이용고 배당	순가격
① 조합원 편익 극대화 (최고 순가격)	MNR=ANR	Q1	P1	N1-P1	N1
② 협동조합의 순수입 극대화 (주식회사와 동일)	MNR=MIC	Q2	P2	N2-P2	N2
③ 협동조합의 수지균형 (원가주의)	ANR=S	Q3	P3	-	P3

3. 협동조합의 역할과 한계

협동조합은 일반적으로 조합원과 시장의 관계에서 거래비용을 최소화하고, 시장을 경쟁적 구조로 효율화하여 조합원의 이익에 기여하는 역할을 수행한다. 시장이 독과점 구조일 때 경쟁척도(competitive yardstick) 역할을 통해 시장 경쟁을 촉진하여 조합원 이익에 기여하며, 시장이 경쟁적인 경우에는 시장 선도자(pacemaker)로서 새로운 기술 도

회의록도 직원에게 이야기하면 열람하고 복사할 수 있다. 위에서 이야기한 중요 정보 이외에 이사회 회의 자료나 보다 상세한 회계 관련 자료들을 열람하고자 하면 조합원의 3% 이상이나 100명 이상의 동의를 받아 조합에 신청하면 된다. 이들 정보 가운데 대차대조표와 손익계산서는 어느 정도 공부를 해야만 이해할 수 있으며, 농협의 여러 정보들도 법과 정관, 제도, 협동조합의 원리를 알아야 옳고 그름, 문제점과 개선 방향을 따질 수 있다. 따라서 조합원 가운데 협동조합에 관심이 있고, 농협을 위해 더 많은 역할을 하려는 분들은 함께 모여 정기적으로 학습을 하는 것이 필요하다. 학습을 하는 데 필요한 자료는 협동조합연구소 홈페이지나 농협중앙회 홈페이지, 한농연과 전농 등 농민단체의 홈페이지에서 구할 수 있고, 연구소로 연락하면 필요한 정보를 제공해 드릴 수 있다.

입과 수요 개발을 통해 시장 효율을 높여 공익에 기여한다. 시장 전망이 불투명하여 민간기업이 진출하지 않는 경우(missing market, 예를 들어 농촌의 문화복지사업 등)에는 민간기업을 대신하여 서비스를 창출하는 기능을 수행하며, 조합원의 힘을 결집하여 시장지배력(market power)을 확보함으로써 조합원에게 유리한 시장가격과 안정된 시장 출하처를 제공하는 역할도 수행한다.

만일 모든 시장이 완전하게 작동한다면 시장가격은 모든 자원을 가장 효율적으로 배분하게 되며 이를 경쟁적 균형(competitive equilibrium)이라고 한다. 시장이 이와 같이 완전하게 효율적인 경우에는 농업인들이 협동조합이라는 특수한 형태의 사업조직을 설립하고 운영할 이유가 존재하지 않을지도 모른다. 따라서 협동조합은 시장이 경쟁적 균형을 달성하지 못할 때, 즉 시장실패가 존재할 때 설립과 존재의 합리적 근거를 갖게 된다. 앞에서 제시한 협동조합의 역할에서 시장지배력 역할을 제외한 나머지 역할은 모두 넓은 의미에서 시장실패의 교정 역할에 해당된다. 이하에서는 시장경제에서 협동조합의 역할과 한계를 크게 두 가지로 구분하여 캘리포니아 학파의 시장지배력 이론과 너스(Nourse) 학파의 경쟁척도 이론으로 구분하여 정리한다.

가. 시장지배력(market power) 역할

미국 태생의 변호사이자 일생을 협동조합운동에 헌신한 사피로(Sapiro)는 상인과의 불균등한 지위를 해소하고 농업인의 이익을 적극 보호하기 위해 협동조합이 강력한 시장지배력을 행사해야 한다고 주장하였다. 즉 협동조합이 농업인의 물량을 집중하여 시장에서의 지배력을 높여야 한다는 주장이다. 예를 들어 판매사업 분야에서는 출하물량을 집중하고, 구매사업 분야에서는 구입물량을 집중하여 거래 상대방으로부터 유리한 거래조건을 얻어낼 수 있다는 것이다. 사피로(Sapiro)는 이를 위해 조합과 조합원이 장기 출하계약을 체결하고, 전문적인 경영인을 고용해야 한다고 역설하였다. 왜냐하면 장기 출하계약을 체결해야만 협동조합이 안정적으로 시장지배력이 가능한 물량을 확보할 수 있고, 전문경영인은 거래 상대방과의 관계에서 고도의 협상능력을 발휘할 수 있기 때문이다. 20세기 초 미국의 많은 협동조합 관계자들은 사피로의 영향을 받아 협동조합운동을 전개하였으며, 이들이 캘리포니아 학파(California School)를 형성하였다.

캘리포니아 학파의 협동조합 이론은 농업인들이 시장지배력(market power)을 확보하고, 이를 이용하여 시장 교역조건을 자신들에게 유리하게 만들기 위하여 협동조합을 조직할 수 있다는 것이다. 실제로 판매협동조합은 특정 품목에 있어서 지배적인 시장점유율을 확보하는 경우, 또는 특정 브랜드가 어느 정도 소비자 선호를 확보하는 경우에 시장지배력을 확보하는 것이 가능하다.

협동조합의 시장지배력 역할은 시장 교역조건의 개선을 통해 조합원에게 이익을 제공하지만, 현실적인 문제는 협동조합이 시장지배력을 발휘할 수 있는 능력이 매우 제한적이라는 점이다. 협동조합을 통한 농업인의 공동행동은 독점금지법에서 예외로 인정되지만, 부당한 시장가격 인상 행동은 독점금지법에 의해 제한되고 있다. 보다 심각한 제약조건은 개방형 조합원 제도(open membership)하에서는 농업인의 무임승차 문제(free-rider problem)로 인해 시장지배력의 발휘가 곤란하다는 점이다. 즉 시장지배력을 행사하기 위해서는 모든 조합원의 참여와 단결이 중요한데 무임승차 문제는 이러한 것들을 약화시키게 된다. 이러한 이유 때문에 시장지배력을 지향하는 협동조합은 '유통명령제'와 같은 정부의 제도적 지원을 필요로 한다. 여기서 '유통명령제'란 농산물 과잉생산에 따른 가격폭락을 막기 위해 농산물의 생산과 출하를 제도적으로 강제 조정하는 정책을 가리킨다. 생산자, 소비자, 유통업자로 구성된 위원회가 참여자 간 합의를 도출하고, 이를 전제로 등급과 물량에 따른 농산물 출하를 규제하는 유통명령이 발동된다. 이를 위반할 경우 법률에 정해진 정부의 공권력으로 벌금 부과와 실형이 부과되어 강력한 수급조절정책이 가능해진다.

협동조합이 시장지배력의 행사로 조합원에게 이익을 제공하는 것은 시장에서 소비자의 비용 부담을 전제로 하는 경우가 많으며, 이는 시장의 효율성 증대에 어긋날 수도 있다. 즉 조합원의 단합된 힘으로 농산물 판매가격을 인상하는 경우 이는 소비자 부담으로 귀착될 수 있기 때문이다. 다만 기존 시장에서 독점적 지위로 초과이윤을 누리는 경제주체가 존재하는 경우에는 협동조합이 참여하여 시장지배력을 행사하는 것이 시장의 경쟁을 촉진하는 결과를 가져올 수 있을 것이다.

사피로는 1920년대 캘리포니아 지역에서 품목별 협동조합을 조직하여 계획적인 판매사업으로 시장을 통제하여 농업인에게 유리한 가격을 실현하고자 노력하였다. 그의 주장은 다음과 같은 "판매협동조합의 8계명"으로 요약된다. (1) 판매협동조합은 지역보다는 품목 중심으로 조직되어야 한다. (2) 조합원은 농업인에 한정하며 조합은 사업 목적으로만 운영된다. (3) 완전한 민주적 통제 원칙을 지킨다. (4) 모든 기술적 분야에 전문가를 확보한다. (5) 강제력 있는 조합원과의 장기 출하계약을 통해 협동조합 사업의 안정성을 확보한다. (6) 시장을 통제하기 위해 최소한 50% 이상의 시장점유율을 확보해야 한다. (7) 공동계산제를 채택하며, 조합원에게 출자의무를 부여하지 않는 비출자조합을 원칙으로 한다. (8) 사업 방식은 거래알선 방식보다는 무조건 위탁 방식이 효과적이다.

사피로의 주도하에 품목별로 조직된 협동조합은 초기에 상당한 시장점유율을 확보하고 계획적 출하를 통해 농업인에게 유리한 가격 실현에 기여하였다. 이러한 사피로의 협동조합운동은 광범위한 지역에서 재배되는 품목보다는 제한된 지역 특히 태평양 연안의 특수작물 분야에서 성공을 거두었다. 이는 생산단지가 제한적인 경우가 물량을 효과적으로 통제하는 데 유리하였기 때문이다. 이들 협동조합의 성공은 농산물의 수취가격을 높이는 데 기여하였다는 점에서 농업인들로부터 폭넓은 지지를 받았다.

사피로 이론의 핵심은 협동조합과 조합원 간의 다년간 출하계약의 철저한 이행이다. 이러한 출하 의무는 협동조합이 시장에서 영향력을 행사하기 위해 필수적인 조건이다. 즉 조합원이 협동조합에 전속 출하계약을 이행해야만 협동조합이 물량을 통제할 수 있고, 이를 바탕으로 시장지배력을 행사하는 것이 가능해지기 때문이다. 그러나 실제로 이러한 출하의무계약은 당시 과일과 특수작물에서만 이행되었고, 곡물, 담배, 면화 등의 분야에서는 실패하였다. 이러한 실패의 원인은 이들 품목에서는 대규모 과잉 생산이 빠른 속도로 진행되었다는 점에 있다.

즉 과잉 생산되고 있는 품목의 경우에는 협동조합이 물량을 통제하는 것이 매우 어렵기 때문이다. 또한 농업인의 입장에서도 협동조합이 생산조정을 실시하는 경우 별도로 시장판매를 단행한다면 과잉 생산된 농산물을 처분하는 것이 가능해진다. 따라서 만성적인 농산물 과잉 생산 기조에서는 조합원의 출하물량을 통제하는 것이 어려워 시장지배력의 행사는 많은 한계에 직면하게 된다. 사피로는 이러한 현실을 간과하는 오류를 범하였다. 그는 광범위한 지역에서 생산되는 저장성 있는 작물의 경우 만성적 과잉 생산 문제가 발생할 가능성이 높은 점을 과소평가하였던 것이다. 결국 사피로 모형의 협동조합은 미국 대부분의 지역에서 사라졌다.

이러한 경험과 관련하여 아브라함슨(Abrahamsen, 1980)은 다음과 같이 농업협동조합의 한계를 지적하였다. "미국의 농업협동조합 지도자들은 현실적 경험을 통하여 협동조합들이 생산을 조절할 수 없다는 점을 배웠다. 1920년대 농업인과의 엄격한 계약을 주장한 사피로와 연방농업위원회(Federal Farm Board)의 경험은 협동조합들이 효과적인 생산조절 프로그램을 조직하고 유지할 수 없다는 점을 입증하였다." 그는 아울러 협동조합이 단기적으로는 어느 정도 생산조절의 성과를 거둘 수 있지만 장기적으로는 정부의 강력한 정책에 의해서만 가능하다고 지적하였다. 또한 장기적으로는 농산물 간의 대체가 이루어지기 때문에 생산조절을 통한 가격지지가 실효를 얻기 어려움을 지적하였다.

나. 경쟁척도(competitive yardstick) 역할

협동조합의 경쟁척도 역할은 시장경쟁을 촉진하여 시장 효율성을 높이는 역할을 의미한다. 이는 결국 농업인은 물론 소비자를 포함한 사회 전체의 후생을 증진시키는 공익적 역할을 하는 것이다. 이러한 공익성의 원천은 협동조합 사업의 원가주의(business-at-cost) 원칙에서 나오는 것이다. 협동조합이 제시하는 가격은 사업비용과 정상이윤을 합한 수준이며, 이 경우 협동조합과 경쟁하는 민간업체는 초과이윤의 확보가 어렵게 된다. 즉 여기서 협동조합이 설정한 가격은 시장에서의 경쟁척도(competitive yardstick)가 되는 셈이다. 예를 들어 어느 농촌지역에서 유일하게 존재하는 농약상이 독점적 지위를 이용하여 고가로 농약을 판매한다고 가정해 보자. 이 상인은 자신의 유리한 지위를 이용해 농업인을 상대로 폭리를 취할 수 있다. 그러나 협동조합이 농약판매 사업에 진출하게 되면 상인의 독점적 지위는 약화된다. 따라서 협동조합이 판매하는 가격 이상으로 과거와 같이 농약을 판매하는 것이 불가능해진다. 이 경우 협동조합이 농약을 판매하는 가격은 시장경쟁을 촉진시키는 척도(yardstick)로서의 기능을 하게 된다. 또 다른 예로 대규모 산지수집상이나 소비지의 대형 유통업자들은 그들의 독점적 지위를 이용하여 출하 농산물의 가격을 과도하게 인하하는 등 부당한 요구를 하는 경우가 많다. 그리고 이러한 피해는 고스란히 농업인의 피해로 이어지게 된다. 협동조합은 이 과정에서 이들의 독점적 지위를 견제하는 기능을 수행한다. 즉 농업인들이 협동조합을 통해 물량을 집중시킴으로써 이들의 독점력에 대항할 수 있는 기반을 갖게 된다. 그리고 이러한 힘을 이용하여 농산물의 출하가격을 일정 수준 이상으로 확보할 수 있게 된다. 이와 같이 독점적 지위를 갖는 거래 상대방을 견제하는 기능을 통해 협동조합은 농업인의 이익을 보호하게 된다. 협동조합이 경쟁척도 역할을 통해 사회적 후생에 기여하는 공익적 성격은 많은 나라에서 정부가 협동조합에 대해 우호적 정책을 실시하는 것의 이론적 근거가 된다. 대표적 사례가 협동조합에 대해 독점금지법 적용 예외를 부여한 1922년 미국의 캐퍼볼스테드법(Capper-Volstead Act)이 해당된다.

너스(Nourse)는 사피로의 시장지배력 이론을 비판하면서 협동조합이 제한적인 시장점유율을 갖는 유통사업을 통해서도 경쟁척도 역할을 수행하여 유통채널을 지배하는 민간기업의 독점행위를 견제할 수 있다고 주장하였다. 이러한 협동조합의 견제와 균형 기능(check and balance function)은 민간 부문의 사업활동에 대한 평가 지표를 제공하며 그들이 보다 경쟁적으로 행동하도록 강제하는 역할을 수행한다. 이러한 점에서 너스는 사피로가 주창한 방식의 시장지배적인 품목조합의 설립에 반대하는 입장을 취하였다. 반면에 그는 소규모 지역 협동조합의 설립을 주장했으며, 이들 협동조합이 구매 또는 판매연합회를 통하여 규모의 경제를 실현할 수 있다고 보았다.

너스는 협동조합의 역할에 힘입어 시장이 보다 경쟁적 구조로 변화하였을 때 협동조합은 민간업체와의 차이가 없어지며 제 역할을 달성하고 사라질 수 있다고 주장하였다. 그러나 실제로 그처럼 완전하게 경쟁적인 시장은 지속적으로 유지되기 어렵다. 현실 시장에는 불확실성, 외부효과, 정보 문제 등 시장실패 요인이 존재하여 시장가격만으로 이상적인 경쟁적 균형이 유지되기 어렵다. 또한 시장경쟁의 달성으로 협동조합이 사라질 경우에는 민간기업에 또다시 초과이윤 확보의 기회를 주게 된다. 따라서 경쟁적 시장에서도 협동조합은 견제 역할을 통해 잠재적 시장실패를 방지하는 역할을 수행한다는 점에서도 존속의 이유가 있는 것이다.

협동조합은 경쟁척도 역할을 통해 농업인 조합원은 물론 소비자 후생에도 기여하는 공익적 역할을 수행한다. 이러한 경제적 이익은 민간업체가 실현하던 독점 이윤 또는 협동조합이 없을 때의 잠재적 독점이윤의 소멸에서 오는 것이다. 이 경우 협동조합의 경쟁기업은 때때로 협동조합에 적대적 태도를 보일 수 있으며, 이는 특히 지역시장에서 활동하는 경쟁기업이 상대적으로 영세한 업체일 경우 사회적 형평성이란 기준에서 협동조합이 사회적 비난의 대상이 될 수도 있다. 예컨대 농촌지역의 소규모 영농자재상이나 중간상인들이 여기에 해당할 수 있다.

너스 이론은 협동조합의 역할과 성과는 협동조합이 조합원에게 민간기업보다 유리한 수준의 가격으로 농산물을 판매하고 영농자재를 공급하는가를 기준으로 평가해서는 곤란하다는 점을 시사한다. 즉 협동조합에서 판매하는 농약 가격이 민간업체보다 어느 정도 낮은가를 기준으로 협동조합 사업의 성과를 판단해서는 안 된다는 점이다. 협동조합 사업이 조합원에게 주는 이익은 결국 협동조합과 경쟁함으로써 민간기업이 손해 보는 잠재적 초과이윤의 상실로부터 나오기 때문이다. 따라서 협동조합의 성과를 민간기업과의 가격 격차로 평가하는 것은 과학적이지 않으며, 협동조합이 없을 때 민간기업이 독점력을 발휘하여 획득할 수 있는 가격과 현실적 시장가격과의 차이로 파악하는 것이 합리적이라는 것이다. 즉 협동조합이 존재하기 때문에 민간기업이 독점력을 발휘하지 못하고, 이로 인해 가격을 낮출 수밖에 없는 것이 협동조합이 제공하는 실질적인 이익인 것이다. 여기에서 협동조합이 민간기업보다 가격이 얼마만큼 저렴한가는 중요하지 않다. 이와 같이 협동조합 사업의 성과는 간접적이며 구체적 계측에 어려움이 있다는 점을 제대로 인식하는 것도 중요하다.

✎ 학습문제 풀이

[1] 다음 중 경쟁척도 역할에 대한 설명으로 틀린 것은?

① 미국의 셔먼법은 경쟁척도 역할을 통한 공익적 성격으로 정부가 협동조합에 대해 우호적 정책을 실시했던 예임.

② 경쟁척도 역할은 시장경쟁을 촉진하여 시장 효율성을 높이는 역할을 의미하며, 이는 결국 농업인은 물론 소비자를 포함한 사회 전체의 후생을 증진시키는 공익적 역할을 함.

③ 너스는 협동조합이 제한적인 시장점유율을 갖는 유통사업을 통해서도 경쟁척도 역할을 수행하여, 유통채널을 지배하는 민간기업의 독점행위를 견제할 수 있다고 주장함.

④ 공익성의 원천은 협동조합 사업의 원가주의(business-at-cost) 원칙에서 나옴.

정답 1번

[2] 구매협동조합의 시장균형에 대한 설명 중 맞는 것은?

① 만약 구매협동조합이 순수입 전액을 조합원에게 이용고 배당으로 환원한다면, 이용고 배당은 가격에서 한계비용을 차감한 것과 같아진다.

② 조합원은 원가주의, 이용고 배당 등 협동조합 원칙에 대한 이해 정도에 따라 시장가격이나 순가격 중 어느 하나를 기준으로 구매 의사를 결정한다.

③ 만약 조합원이 이용고 배당에 대해 현재가치를 낮게 평가하거나 그 지급이 불확실할 것으로 생각한다면 시장가격보다 순가격을 중시하게 된다.

④ 최저 시장가격정책은 협동조합의 내부유보를 어렵게 하고, 배당 축소 등의 문제를 야기해서 경험적으로 볼 때 조합원들이 최저 시장가격을 선호하지 않는다.

정답 2번

[3] 구매 협동조합의 시장균형에 관한 설명으로 틀린 것을 고르시오.

① 조합원을 위한 최저 구매가격을 실현하는 것이 목적이다.

② 완전경쟁시장에서는 구매 협동조합이 존재할 이유가 없다.

③ 구매 협동조합은 경쟁 영리회사의 독과점을 견제하는 역할을 수행한다.

④ 구매 협동조합은 이윤극대화를 추구한다.

정답 4번

해설 구매 협동조합은 조합원을 위한 최선의 가격을 추구한다.

[4] 구매 협동조합의 사업목표에 관한 설명으로 올바른 것을 고르시오.

① 협동조합의 순수입 극대화

② 조합원 편익의 극대화

③ 협동조합의 수지 균형

④ 지도사업비의 극대화

정답 2번

해설 구매 협동조합은 조합원을 위한 최선의 가격을 추구한다.

[5] 구매 협동조합의 시장행동 기준에 관한 설명으로 올바른 것을 고르시오.

① 한계비용과 평균비용의 일치

② 한계비용과 한계수입의 일치

③ 평균비용과 평균수입의 일치

④ 한계수입이 영으로 되는 수준

정답 1번

해설 조합원에게 최선의 가격은 평균비용의 최하점에서 실현된다.

[6] 구매 협동조합의 시장성과에 관한 설명으로 틀린 것을 고르시오.

① 영리회사에 비해 사업물량이 적다.

② 영리회사에 비해 시장가격이 낮다.

③ 영리회사에 비해 적은 순수입을 얻는다.

④ 영리회사의 경쟁적 시장행동을 유도한다.

정답 1번

해설 영리회사에 비해 사업물량이 많다.

[7] 판매 협동조합의 사업목표에 관한 설명으로 올바른 것을 고르시오.

① 협동조합의 수지 균형

② 영리 주식회사와 동일

③ 협동조합의 순수입 극대화

④ 조합원 편익의 극대화

정답 4번

해설 협동조합의 목적은 조합원의 이용자 편익 극대화이다.

[8] 판매 협동조합의 시장행동 기준에 관한 설명으로 올바른 것을 고르시오.

① 한계순수입과 평균순수입의 일치

② 한계순수입과 한계투입물비용의 일치

③ 평균순수입과 공급곡선의 일치

④ 한계순수입이 영이 되는 수준

정답 1번

해설 평균순수입이 극대화되는 수준에서 조합원 수취가격이 극대화된다.

[9] 판매 협동조합의 시장성과에 관한 설명으로 틀린 것을 고르시오.

① 영리회사에 비해 시장가격이 낮다.

② 영리회사에 비해 사업물량이 많다.

③ 영리회사에 비해 순수입이 적다.

④ 영리회사의 경쟁적 행동을 유도한다.

정답 1번

해설 이윤극대화를 추구하지 않기 때문에 영리회사보다 시장가격이 높다.

[10] 판매 협동조합의 시장균형에 관한 설명으로 틀린 것을 고르시오.

① 조합원의 최고 판매가격 실현은 출하물량의 제한을 전제로 한다.

② 조합원의 최고 판매가격은 협동조합이 이윤극대화 추구로 실현된다.

③ 조합원의 편익은 협동조합 평균순수입의 극대화 수준에서 실현된다.

④ 협동조합의 시장균형은 영리회사와 다르게 결정된다.

정답 2번

해설 협동조합의 경쟁력은 영리회사보다 낮은 이윤을 추구하기 때문에 창출된다.

[11] 협동조합의 시장지배력 역할에 관한 설명으로 틀린 것을 고르시오.

① 경제학자 너스(Nourse)가 주장한 이론이다.

② 조합원은 장기 출하계약을 통해 시장지배력을 행사할 수 있다.

③ 협동조합의 목적은 조합원에게 유리한 거래조건의 확립이다.

④ 시장지배력 행사는 독점금지법에 의해 제한될 수 있다.

정답 1번

해설 캘리포니아 변호사 출신의 사피로(Sapiro)가 주장한 이론이다.

[12] 협동조합의 경쟁척도 역할에 관한 설명으로 틀린 것을 고르시오.

① 전국 단위로 품목별 협동조합을 설립하는 것이 중요한 과제이다.

② 협동조합의 목적은 영리회사와의 시장경쟁을 촉진하는 것이다.

③ 협동조합의 원가경영은 사회적 후생의 증가에 기여한다.

④ 소규모 지역 협동조합의 중요성을 강조한다.

정답 1번

해설 시장지배력 역할에 관한 설명이다.

★ OX 퀴즈

협동조합의 시장지배력 역할은 농협이 농산물 품목별로 시장지배력을 확보하여 시장 수요와 공급에 영향력을 행사함으로써 조합원에게 유리한 가격을 제공하는 역할이다. (○)

조합원의 참여 부족 문제와 협동조합의 봉사 부족 문제는 한국농협의 고유한 문제이다. (×)

1. 농협과 조합원[13]

4절의 목적은 3절의 이론적 논의를 토대로 한국농협의 정체성을 해명하는 일이다. 이는 협동조합 이론과 서구농협의 경험에 비추어 한국농협이 갖는 보편성과 특수성을 규명하는 작업이다.

먼저 협동조합의 세 가지 원칙, 즉 이용자가 소유하고, 통제하며, 수익을 갖는 원칙은 한국농업협동조합법[14]에 명시적으로 규정되어 있으

13 농업인이 몇 개의 협동조합에 가입할 수 있을까요. 바다와 산을 끼고 있는 동네의 경우, 농협 4개와 수협, 임협, 신협, 새마을금고 등 모두 합하면 8개가 된다. 여러 개의 협동조합에 가입하고 있는 것이 크게 문제가 되지는 않는다. 하지만 대부분의 경우 협동조합의 여러 사업에 적극적으로 참여하기보다는 대출이나 예금과 관련하여 좋은 이자율을 기대하거나 대출한도를 피하기 위해 가입하는 경우가 많았다. 하지만 이제 모든 금융기관의 전산망이 연결되면서 이런 이점은 사라지고 말았다. 다른 이유로는 출하하는 데 도움이 되거나, 각종 보조사업이나 환원사업을 염두에 두면서 유리한 협동조합을 이리저리 왔다 갔다 하는 경우가 있다. 조합원은 기본적으로 출자와 이용을 함께 한다는 점에서 일반기업의 고객과 다르다고 했지만, 이렇게 여러 협동조합 사이에서 조합원에게 이로운 점만 취하려는 것을 '무임승차 문제'라고 한다. 비용은 최대한 지불하지 않으면서 협동조합의 혜택만 보려고 한다는 뜻이다. 이렇게 여러 농협을 비교하면서 혜택을 보려는 조합원이 많은 이유는 근본적으로 '농협의 구조와 사업을 조합원이 바꿀 수 있다'라는 희망이 크지 않기 때문이다. 어차피 조합이 변하지 않는다면 '나라도 최선의 길을 찾아가자'라는 생각을 하는 것은 당연할 수 있다. 하지만 이렇게 농협 조합원이 고객처럼 행동하면 농협은 보이지 않는 비용을 지불하게 되어 경쟁력이 커지지 않게 된다. 장기적으로 전체 조합이 피해를 보게 되고, 결국 대기업에 이익을 빼앗기게 된다. 품목별로 하나의 농협을 선택해서 이용하는 것은 당연하지만 같은 품목을 둘러싸고 지역농협에 낼지, 품목농협에 낼지를 따지는 것은 올바르지 않다. 예금과 대출도 주력 농협에 모으는 것이 바람직하다. 진정한 조합원으로서 우리 농협을 더욱 좋게 변화시킬 수 있는 희망을 가진다면 굳이 복잡하게 같은 품목으로 여러 농협을 방황하실 필요가 없다. 조합원이 실질적으로 농협의 의사결정을 주도하는 민주적 운영은 이런 문제에서도 근본적인 해답이 된다.

14 협동조합協同組合(cooperative)은 경제적으로 약소한 처지에 있는 농업인이나 중 · 소상공업자, 일반 소비 대중들이 상부상조(相扶相助)의 정신으로 물자 등의 구매, 생산, 판매, 소비 등의

며 이러한 점에서 한국농협은 주식회사와 명확하게 구별되는 협동조합으로서의 정체성을 갖는다. 그 구체적 규정 내용을 보면, 개방형 조합원 제도, 조합원 1인1표제, 출자증권의 시장거래 금지 등 전형적인 전통모형 협동조합의 형태를 갖고 있다. 이러한 전통모형은 생산 지향적 시장구조와 조합원의 동질성이 유지되는 조건에서는 합리성을 갖는다. 실제로 1960년대와 1970년대, 농지개혁에 따른 자작농 구조와 식량증산이 추구되는 미작 중심의 영농 구조하에서는 전통모형 형태의 한국농협이 당시의 우리 현실에 적합한 협동조합 조직구조라고 할

일부 또는 전부를 협동으로 영위하는 조직단체다. 주된 목적은 대기업의 경제적 압박이나 중간상인의 농간을 배제하여 상대적인 약자인 조합원의 경제적 · 사회적 · 문화적 지위 향상을 도모하는 데 있다. 우리나라에 협동조합법이 제정 시행된 지 반세기가 흘렀다. 그동안 우리나라의 협동조합 제도에도 많은 변화가 있었으며 많은 협동조합들이 새로운 경제 질서를 맞이하여 이에 적응하기 위해 많은 어려움을 겪고 있다. 과거 로치데일 원칙을 중심으로 제정되었던 ICA 7대 원칙은 1937년의 ICA 협동조합 원칙으로 수정되고, 또다시 1966년에 대폭 수정되었다. 그 후 1995년의 ICA 총회에서는 「협동조합의 본질에 관한 ICA 선언」과 함께 ICA 신원칙을 채택하였다. 이와 같이 협동조합운동의 바이블이자 정신적 지주를 이루고 있는 ICA 원칙도 시대의 흐름에 따라서 바뀌고 있는 것이다. 주요 선진국을 비롯하여 대부분의 여러 나라에서는 ICA의 협동조합 원칙의 수정과 개정 취지에 따라서 협동조합법을 대폭 개정하거나 새로운 협동조합법을 제정하여 왔다. 또한, 세계 협동조합운동은 각국의 정치 · 경제 · 사회변동과 시대의 변천에 따라서 또한 협동조합의 생존을 위해서 자본주의 시장경제의 발달에 따른 자본의 논리를 도입해 왔다. 이러한 가운데 제29차 ICA 대회, 제31차 ICA 대회 및 제33차 ICA 대회에서는 계속하여 협동조합의 이념과 가치, 정체성, 사회적 기여 등 협동조합의 본질에 관한 논의가 계속하여 의제로 떠올랐다. 이것은 협동조합의 이념과 가치가 훼손되는 데에 대한 경종을 울리는 것이기도 하지만 다른 한편으로는 그 본질을 훼손하지 않는 범위 내에서 생존을 위한 변화를 받아들여야 함을 간접적으로 반증하는 것이라고도 할 수 있다. 우리나라의 협동조합법의 제정 당시에는 1937년의 ICA 원칙이 적용되던 당시였다. 그 후 우리나라의 협동조합법이 몇 차례의 개정이 있었지만 오늘날의 ICA의 협동조합 원칙이나 시대적 조류를 반영하고 있다고는 할 수 없다. 세계적인 협동조합운동의 흐름을 협동조합법에 반영하기 위해서는 현행 협동조합법에 대한 적극적인 검토를 할 필요가 있다. 하지만 수많은 협동조합법이 개별적으로 입법이 되어 있는 상황에서 개별법에 대한 손질만으로 과연 시대조류를 감안하여 통일적인 협동조합정책과 입법을 기대하기는 어렵다. 이 때문에 세계협동조합의 흐름에 맞춰 본질적으로 재검토하고 통일적이고 공통된 협동조합법의 입법이 필요한 때다.

수 있다.

한국농협의 성격은 기본적으로 농업구조의 변화와 연계하여 동태적으로 분석되어야 한다. 이는 조합원이 처한 경제적 조건의 변화는 농협의 역할[15]과 평가 기준의 기본 토대가 변화함을 의미하기 때문이다. 한국농업은 1980년대 이후 과거의 전통적 자급농업에서 근대적 상업농업으로 구조 변화를 겪게 된다. 특히 축산과 원예 분야의 성장은 국민소득의 증가와 농업생산성의 향상에 따라 급속하게 진행되었다. 또한 WTO 농업협정에 따른 농산물 시장개방은 농업 분야의 경쟁을 촉진하고 농업 내부의 구조조정을 요구하고 있다. 이러한 농업구조의 변화가 협동조합 분야에 미친 영향은 크게 두 가지로 정리될 수 있다.

첫째, 농협의 각종 사업은 시장지향적인 방향을 추구하게 된다. 이

---

15 농협은 최우선적으로 농업인조합원의 경제적 · 사회적 · 문화적 지위 향상을 위해 노력해야 한다. 하지만 농업 문제는 농산물 수입 개방, 높은 농지가격과 그에 따른 경영규모 확대가 지체되는 점, 급속한 경제발전에 따른 농 · 공 간 격차 확대 등 다양한 원인이 겹쳐서 발생한다. 농협의 힘이 무한하지 않기 때문에 농업인조합원들이 직면하는 모든 문제를 농협이 해결해 줄 수는 없다. 농협은 농업과 농촌에 기여한 바가 적지 않다. 1960년대 이후 농협은 농촌의 고리대 문제를 해결하고, 영세한 도시민이나 중소기업에 비해 훨씬 유리한 신용환경을 만들었다. 연 60%의 금리를 10%대로 떨어뜨렸다. 구매사업을 통해 수도작 농약과 비료를 적기에 공급함으로써 쌀 자급을 이뤘고 2000년 중반까지 RPC를 운영하며, 벼 판매의 어려움을 줄여주었다. 농산물의 공동판매조직을 육성하고, 양재물류센터 등 소비지 유통을 통해 농업인 개개인이 할 수 없는 판매사업을 할 수 있게 하였다. 수입 개방이 본격화되고 전반적인 농업 여건이 어려워지자 농협에 대한 요구는 더욱 높아졌다. 하지만 농협의 판매 역량이 이를 만족시켜 주지 못하자 농협에 대한 불신이 높아지고, 큰 농가 중심으로 농협을 이탈하면서 농협의 역량은 갈수록 줄어들고 있다. 농협이 조합원에게 '무엇을 얼마만큼 줄 것인가?' 따지는 것은 올바르지 않다. 주는 것이 아니라 함께 만들고 함께 나누는 것이다. 농협은 조합원이 주인이므로 조합원의 참여와 힘이 모여 농협사업을 활성화시키고 그 성과를 나눠 가지는 것이다. 농협의 역량을 강화시키기 위해서는 무엇보다 농업인조합원이 더 강하게 농협을 중심으로 뭉쳐야 한다. 적극적으로 사업에 참여하면서 좋은 대의원, 임원, 조합장을 산출하고, 좋은 직원을 잘 뽑아 제 역할을 할 수 있도록 해야 한다.

는 시장경쟁의 심화와 정부의 농업보호정책 감축에 따라 협동조합이 과거 생산 지향적 사업 방식을 더 이상 유지하기 어려워졌기 때문이다. 둘째, 조합원 구성의 이질성이 심화되고, 그 결과 협동조합에 대한 조합원의 요구가 매우 다양해지고 있다. 여기에서 조합원 구성의 이질화는 상업적 농업으로의 구조 전환에 따른 결과에서 비롯된 것이다.

이상과 같은 농산물 시장과 조합원 구조의 변화는 서구 농협의 경험에서 보듯 이 전통모형 협동조합에 있어서 여러 가지 구조적 문제를 초래하게 된다. 이러한 구조적 문제가 제대로 해결되지 못할 경우 협동조합은 조합원의 불만과 참여 부족 문제를 낳게 되고, 이는 다시 협동조합의 경영과 사업이 조합원에게 실익을 제공하지 못하는 악순환을 낳게 된다. 이하에서는 협동조합에 있어서 참여 부족 문제와 봉사 부족 문제에 대한 논쟁을 협동조합의 구조 문제라는 관점에서 설명하고자 한다.

조합원의 협동조합 참여 부족 문제는 투자자로서 출자 기피와 이용자로서 사업 이용 저조라는 두 가지 측면에서 찾아볼 수 있다. 전통모형 협동조합에서 조합원이 출자를 기피하는 이유는 제3장에서 논의할 기간 문제(horizon problem), 포트폴리오 문제(portfolio problem) 등으로 설명될 수 있다. 일반적으로 투자자의 이익보다 이용자 이익을 중시하는 협동조합에서 조합원은 출자를 매력적인 자산 선택으로 보기 어렵다. 특히 조합사업의 이용기간이 곧 끝나게 되는 노령조합원의 경우 새로운 출자에 소극적이며, 출자배당 확대 요구 등 투자자 이익에 치중하는 경향을 갖게 마련이다. 조합원의 출자금에 대한 위험회피 성향을 의미하는 포트폴리오 문제는 협동조합의 연구개발과 직원교육 등을 포함한 장기 고정투자를 선호하지 않는 태도에 대한 합리적 설명을 가능하게 한다.

조합원의 사업이용 저조는 무임승차 문제(free-rider problem)와 영향력비용 문제(influence cost problem)로 설명이 가능하다. 판매사업의 경우 조합과의 전속 거래에 관한 출하의무계약이 강제되지 않는 경우 조합원은 시장거래와 조합거래의 선택 방안 중에서 자신에게 유리한 방향으로 행동하는 것이 합리적인 선택이다. 특히 조합 가입이 자유로운 개방형 협동조합의 경우 시장경쟁의 촉진을 통한 협동조합의 이익은 사업에 참여하지 않은 조합원도 용이하게 공유할 수 있다는 문제가 존재한다. 다양한 사업을 하는 종합농협의 특성과 조합원의 이질화는 영향력 비용을 증대시키며, 이 경우 1인1표제의 통제방식은 농협이 다수를 차지하는 조합원의 농장경영과 관련되는 사업에만 치중하는 경향을 보이도록 만든다. 예컨대 미작 중심지역의 농협은 쌀 농가를 위한 사업에 중점을 두게 되고, 이는 다른 품목에 관심을 갖는 조합원의 사업 참여 부진을 초래할 수 있다.

한편 협동조합이 조합원에 대한 봉사가 부족하다는 비판도 역시 협동조합의 보편적 문제로서 설명이 가능하다. 협동조합이 시장경쟁에 대응하여 조합원의 농장경영에 이익을 주기 위해서는 유통 분야에의 고정투자가 필수적이다. 그러나 자기자본의 부족(기간 문제)과 조합원의 위험회피 성향은 농협이 부가가치 창출에 필요한 투자를 제약하는 요인이 된다. 이에 따라 협동조합은 자기자본 확보를 위해 배당을 제한하고 사업이익의 내부유보를 확대하게 되며, 이는 결국 조합원의 불만을 초래하는 요인이 될 수 있다. 이러한 자본제약은 결국 소수의 조합원을 위한 특정 분야의 고정투자를 어렵게 하며, 이는 소수 조합원의 불만으로도 이어지게 된다.

통제 문제(control problem)는 협동조합 경영자와 직원의 성과에 대한 객관적 지표가 없어 조합원의 불만을 설득하는 데 어려움을 겪게 하는 문제를 설명해 준다. 즉 협동조합에는 주식회사의 주식 가치와 같이 경영자가 경영성과를 조합원에게 객관적으로 제시할 수 있는 지표가 없다. 그 결과 경영자는 비조합원 고객을 대상으로 한 수익사업에 치중하고, 그 수익을 환원사업 형태로 조합원에게 배분하는 방법을 선택하게 된다. 즉 이 경우 협동조합은 독립적 수익센터(independent profit center)로서의 역할에 치중한다. '독립적 수익센터'란 협동조합이 조합원의 사업과 관련이 적은 사업을 통해 독립적으로 수익을 창출하고, 그 수익을 조합원에게 일반적인 환원사업 형식으로 분배하는 경우를 가리킨다. 특히 조합원 구성이 다양한 협동조합에서 특정 조합원 그룹만을 대상으로 한 사업을 추진하기가 곤란한 경우 이러한 현상이 자주 나타난다.

이러한 경향은 비조합원의 사업이용이 많은 경우에 더욱 심화되며, 이는 때때로 조합원의 사업 참여 저조라는 문제를 초래할 수 있다.

이처럼 조합원의 참여 부족 문제와 협동조합의 봉사 부족 문제는 한국농협의 고유한 문제가 아니라 전통모형 협동조합의 보편적 문제로 이해되어야 한다. 실제로 한국농협의 문제는 많은 부분이 서구 농협과 공통되는 것이며, 이는 전통모형 협동조합이 시장환경 변화과정에서 겪는 구조적 문제로 이해될 수 있다. 따라서 조합원과 임직원에 대한 협동조합 교육 확대로 이 문제를 해결하기에는 한계가 있으며, 협동조합 원칙을 현실적 요구에 맞게 수정하여 적용하는 제도적 개선 노력이 중요하다. 특히 동등성 원칙과 비례성 원칙을 합리적으로 재조정하는 과제가 중요하며, 다양한 조합원의 참여 확대를 위해 조합원에게 투자자 이익과 이용자 이익을 균형 있게 보장하는 방안도 필요하다.

전통모형 협동조합의 구조 문제를 개선하는 방안은 서구 농협에서 구체적인 시사점을 찾을 수 있다. 특히 자기자본 확보를 위해 외부출자를 확대하고 투자자 이익을 보장하는 방안, 시장세분화 전략에 대응하여 조합원을 유형별로 세분하여 그에 맞는 다양한 사업 방식과 이익배분 방식을 추구하는 시장지향적 사업전략과 아울러, 새로운 부가가치 사업 분야에의 참여를 위해 출자액에 비례한 사업이용권 부여와 출자증권의 시장거래를 도입한 신세대협동조합의 경영 방식 등을 참고할 수 있다.

2. 농협과 시장

협동조합이 조합원을 위해 추구하는 목적은 광범위하지만, 시장에서의 사업을 통해 달성할 수 있는 농협의 역할[16]은 한정적이다. 협동

---

16 각 조합원이 소속된 농협이 얼마나 역할을 잘하고 있는지 객관적으로 파악하는 것은 쉬운 일이 아니다. 예를 들어 조합에 찾아가 '왜 비룟값, 사룟값이 올랐느냐?'라고 따져도 국제곡물가와 원유가격이 올라서 어쩔 수 없다고 하면 딱히 다음 말을 잇기 어렵다. 또 '우리 농협이 올해 결산을 해보니 당기순이익이 4억이 났다'라고 해도, 다른 농협보다 직원들이 열심히 해서 그런 건지, 원래 다른 농협도 그 정도 수준인지 확인하기가 쉽지 않다. 대출 금리나 각종 농자재의 가격, 다양한 수수료 체계, 농산물 판매의 평균 가격 등도 쉽게 비교하기가 어렵다. 특히 농협에서 제공하는 여러 자료에는 이런 비교할 수 있는 정보가 없기 때문이다. 우선 올해 농협의 사업이 얼마나 잘되었는지를 보려면 농협에서 제공하는 경영공시자료들을 비교해 보면 된다. 재작년, 작년에는 얼마인데, 올해는 얼마인지 따져보는 것만 해도 농협이 어떻게 흘러가는지 쉽게 파악할 수 있을 것이다. 두 번째는 농협중앙회가 매년 전국의 모든 농협을 대상으로 실행

조합 시장사업의 역할은 크게 세 가지로 구분되며, 여기에는 경쟁척도(competitive yardstick) 역할, 시장선도자(pacemaker) 역할과 시장지배력(market power) 역할이 포함된다. 이를 한국농협에 적용해 보면 다음과 같다.

한국농업에서 농협은 시장경제가 낙후되어 있었던 시기에 영농자재시장, 농산물유통시장과 농촌금융시장의 경쟁을 촉진하여 독과점 구조의 폐해를 해소하는 경쟁척도(competitive yardstick) 역할을 수행하여 조합원 이익 증대와 농업생산성 제고에 기여하였다. 구체적으로 농협의 각종 사업은 원가주의(business-at-cost) 원칙에 입각하여 운영되기 때문에 시장에서 민간업자가 사업비용과 정상이윤을 초과하여 폭리를 취하는 행동을 견제하는 역할을 수행하였다. 또한 농산물의 표준화 규격화사업과 공판장 사업도 공정한 시장 질서의 확립을 통해 시장경쟁을 촉진시키는 역할에 해당된다. 이 결과 시장의 공정한 경쟁이 촉진되어 민간기업의 초과이윤을 추구하는 기회주의적 행동을 견제하여 조합원은 물론 소비자에게 이익을 제공하는 공익적 역할을 하고 있다.

그런데 농협의 경쟁척도 역할은 사업의 초기 단계에는 조합원이 실감할 수 있는 이익을 제공한다. 예컨대 상호금융사업의 도입은 농촌사채시장의 폐해를 해소하였고, 미곡종합처리장의 운영은 농촌미곡시장을 경쟁적 구조로 전환하는 데 기여하였다. 다만 이 경우 농협과 경쟁하는 민간기업의 불만이 발생할 수 있으며, 경쟁 촉진의 이익을 비조합

하는 '종합경영평가'이다. 다음에 예시된 항목들을 평가하여 매년 농협을 등급별로 나눠서 발표한다. 평가된 정보는 농협에 제공되므로 이 평가의 우리 조합의 점수와 해당 유형 농협의 평균 점수, 최우수 농협의 점수 등을 비교하면 쉽게 우리 농협의 위치를 평가할 수 있을 것이다.

원도 공유하게 되어 농협사업의 공익성을 강조하는 인식이 일반화되는 점에서 다른 문제를 야기할 수 있다.

농협의 사업을 통해 시장구조가 경쟁적으로 되어 시장실패가 소멸된 이후에도 농협은 여전히 이러한 시장사업을 유지하여 민간업체의 잠재적 폭리 행동에 대한 시장견제 역할을 수행하고 있다. 그러나 이 단계에서는 조합원들이 그 효과를 제대로 실감하기 어렵다는 데 문제가 있다. 예컨대 상호금융사업의 확대로 농촌사채시장이 위축되고 사채금리도 크게 낮아졌지만, 시간이 흐르면 조합원들은 이러한 이익을 실감하지 못하게 된다. 이 과정을 우리나라의 예를 통해 좀 더 상세히 설명하면 다음과 같다. 과거 1960년대 우리 농업인들을 가장 괴롭힌 것은 악덕 고리채 문제였다. 농협의 상호금융은 고리채 문제를 해결하고 농업인이 제도 금융을 이용할 수 있도록 하는 데 결정적인 역할을 하였다. 농협이 1969년 처음으로 상호금융사업에 진출한 이후 1971년 69.0%에 달하던 농촌지역의 사채의존도가 1979년에는 37.2%로 크게 줄어들었으며, 사채금리도 같은 기간 54.0%에서 46.8%로 하락하였다. 즉 협동조합은 농촌 사채업자의 독점적 지위를 견제하는 경쟁척도(competitive yardstick) 기능을 통해 농업인의 이익에 기여하였다. 이와 같이 협동조합이 독점시장에 진출하면 독점기업의 독점적 행위가 교정된다. 즉 농협이 상호금융 사업에 진출한 이상 농촌의 사채업자들은 더 이상 과거와 같은 고금리로는 고객을 유치할 수 없기 때문에 금리를 인하하고자 한다. 이 경우 농협의 상호금융 금리는 농촌 금융시장을 경쟁적으로 만드는 척도(yardstick) 기능을 한다. 이러한 과정이 반복되다 보면 농협의 경쟁기업들도 농협 수준으로 금리를 인하하고자 한다.

그 결과 시간이 지나면 농협과 경쟁업자 사이에 가격 차이가 줄어들거나 거의 없어지게 된다. 이렇게 되면 조합원들은 농협과 타 금융기관과의 차별성을 인식하지 못하게 된다. 그리고 이러한 현상은 협동조합이 조합원에게 차별화된 서비스를 제공하지 못한다는 비판으로 이어지게 된다. 특히 이러한 문제는 과거 고리채의 폐해를 경험해 보지 않은 후계농업인들 사이에서 더 크게 나타나게 된다. 즉 협동조합에 의해 시장이 효율적으로 진화하였지만, 시간이 흐르면서 타 경쟁업체와의 차이가 없다는 이유로 조합원들은 협동조합의 이익을 실감하지 못하게 된다. 이러한 사정은 영농자재시장에서 더 심각하게 나타나고 있다. 예를 들어 산지 자재유통업체들은 일부 품목에 한정된 할인판매를 통해 농협에 대항하는 시장점유율 확보를 추구하고 있다. 이에 따라 조합원들은 농협사업의 시장견제 역할 때문에 자재가격이 인하되어 왔다는 이익을 제대로 인식하지 못하고 농협이 특정 품목을 더 높은 가격으로 판매하는 것에 대해 불만으로 이어지는 경우가 흔히 있다. 이에 따라 이 단계에서 조합원의 기대는 협동조합이 민간업체보다 더 효율적으로 사업을 운영하여 시장가격 자체를 유리하게 하는 데 있다. 그러나 협동조합이 모든 품목에서 항상 민간업체보다 유리한 가격을 제시할 수는 없다. 특히 협동조합이 민간업체에 비해 사업규모와 경영 효율성 측면에서 열세인 경우도 있으며, 이 경우 조합원의 이러한 기대를 충족시키는 데 한계가 있다.

농협이 조합원에게 민간업체보다 더 유리한 가격을 제공하는 역할은 농협이 보다 낮은 비용으로 사업을 수행할 경우에만 가능하며, 이는 시장선도자(pacemaker) 역할에 해당된다. '시장선도자 역할'이란 농협이 민간업체보다 더 유리한 가격과 서비스 조건을 제시하여 시장을 효율적인 구조로 선도해 나가는 기능을 말한다. 협동조합의 시장선도자 역할은 일반적으로 민간업체보다 효율적인 기술을 도입하거나 또는 규모의 경제를 실현할 수 있는 경우에 실현 가능하다. 한국농협은 경쟁척도 역할 수행으로 시장이 경쟁구조로 전환된 이후 새로운 기술의 도입과 사업 효율성 제고를 통해 시장선도자 역할을 수행하고 있다. 대표적 사례가 미곡종합처리장과 산지유통센터의 운영이다. 농협의 미곡종합처리장 운영은 품질개선과 비용절감 등 쌀 유통의 혁명을 가져왔고, 전통적인 산지도정공장에 비해 기술적 효율성의 우위를 실현하여 조합원에게 이익을 제공하였다. 산지유통센터는 청과물 유통에 있어서 품질규격화와 가공처리를 위한 신기술 도입과 대형투자를 통해 산지수집상을 압도하는 효율성 제고를 실현한 시장선도의 사례이다. 소비지에서의 하나로마트 사업은 대형할인점 시장의 확대에 대응하여 민간대형유통업체의 산지에 대한 독과점 행동을 견제하는 경쟁척도 역할과 아울러 24시간 운영, 리콜제도 도입 등 새로운 유통기법을 통해 시장 선도자 역할도 수행하고 있다. 다만 이 경우 농협은 자본 부족으로 인해 정부 지원에 의존하기 때문에 협동조합 사업이라기보다는 정책사업의 성격이 높다는 데 한계가 있다. 상호금융사업의 경우 경쟁척도 역할을 달성하였지만 이제는 은행금융보다 대출금리가 높다는 점에서 조합원은 사업 효율화를 통한 금리인하를 요구하고 있는데, 이는 결국 농협의 시장선도자 역할에 대한 기대라고 할 수 있다.

협동조합의 시장지배력(market power) 역할은 농협이 농산물 품목별로 시장지배력을 확보하여 시장 수요와 공급에 영향력을 행사하여 조합원에게 유리한 가격을 제공하는 역할이다. 그러나 현실적으로 협동조합이 전국적인 수급 조절을 통해 시장가격을 통제하기 위해서는 조합원과 참여 조합의 공동행동을 조직하고 유지하는 데 엄청난 거래비용이 소요된다는 점에서 현실적 한계가 뚜렷하다. 또한 농산물 수입 개방이 진전되고 있어 그 효과가 제한적이다. 다만 지역적 또는 계절적 독점성을 갖는 일부 품목의 경우에 한정하여 농협의 시장지배력 역할이 일정한 성과를 거둘 수 있을 뿐이다. 그러나 일반적 농산물의 경우 수급 조절 문제와 유통개선 문제의 구분이 필요하며, 농협의 기본 역할은 유통 문제의 개선에 있으며, 수급 조절을 통한 가격 문제의 해결은 협동조합 사업만으로는 거의 불가능한 과제이다.

서구 농협의 경험을 보면 1920년대 미국에서 사피로가 주창한 품목협동조합 중심의 시장지배력 이론은 실제로 대부분의 협동조합에서 실패로 돌아갔다. 아브라함슨(Abrahamsen, 1980)은 미국농협의 성과와 한계를 평가하면서 협동조합은 조합원 농장의 생산에 관한 의사결정[17]

---

17 농협의 의사결정은 어떻게 이루어질까. 협동조합은 참여와 민주주의를 기본으로 한다. 국제협동조합연맹은 '협동조합에서의 민주주의는 권리와 책임을 동시에 요구한다. 조합원은 총회와 같은 회의에 참석하여 정책 수립과 의사결정에 참여하며, 결정된 사항에 대해서는 책임이 따르게 된다. 이러한 의미에서 조합의 최종적인 통제는 민주적인 방식을 통해 조합원이 수행하여야 한다는 것이다'라고 설명하고 있다. 협동조합은 자본이나 사업량이 중심이 되는 조직이 아니라 '인간'이 중심이 되는 조직이다. 따라서 일반적으로 조합원은 동등한 의사결정권을 갖는다. 협동조합의 최고의 의사결정 기관은 모든 조합원이 모인 '조합원 총회'다. 하지만 1천여 명 이상의 조합원이 직접 모이기 어렵기 때문에 조합원 중 일부를 대의원으로 뽑아 대의원 총회를 하게 된다. 대의원 총회는 연중 2~3회 소집되는데 이 중 2월에 실시되는 결산총회가 정기 대의원 총회이며, 12월의 예산총회와 7월 정도에 임시 대의원 총회가 열린다. 대의원 총회는 조합의 예산과 결산 및 사업계획을 결정하는 최고의결기관이다. 대의원 총회의 결정 사항을 더 구체적으로 행하는 것이 이사회다. 이사회는 매월 1회 정도 열리고, 조합의 규정과 사업계획의 세부 결정 등을 담당하며, 대의원 총회에 올릴 안건을 사전에 심의하는 기능을 한다. 총

을 통제할 수 없으며, 장기적으로는 정부의 농업정책에 의해서만 생산조절이 가능하다는 점을 들어 사피로의 접근방식이 실효성이 없음을 지적하였다. 이후 미국의 경우 정부의 유통명령제 도입 이후 생산자와 유통업자에 대한 법률적 강제력을 바탕으로 협동조합이 수급조절사업에 참여하고 있으며, 일본의 경우에도 정부 채소가격안정제도의 보조금 지원을 전제로 협동조합 중심의 수급조절사업이 실시되고 있다.

한국농협의 채소수급안정사업은 정부 프로그램의 지원하에서 최근 그 성과를 거두고 있으며 과실 분야까지 확대되고 있다. 이 사업은 산지 민간유통업자에 대한 견제 역할로 시장경쟁을 촉진하는 점에서는 어느 정도 성과를 얻고 있지만, 협동조합의 시장지배력 확보를 통한 가격안정 효과를 기대하기 어렵다. 이는 품목별 수급 조절 사업에 있어서 생산자와 유통업자의 무임승차 문제와 아울러 시장개방에 따라 수입농산물 가격이 시장의 상한가격으로 되는 문제에 기인한다.

시장 환경 변화에 대응하여 미국과 유럽의 농협은 자기자본 확대, 조합원에 대한 엄격한 출하 조건과 계약이행 의무 강화, 민간기업과의 제휴 협력 등 시장지향적 사업전략을 추구하고 있으며, 이는 전통적 협동조합 원칙의 현실적 수정을 전제로 하는 것이다. 이는 한국농협이 시장에서의 사업경쟁력 확보를 위한 전략을 수립하는 데에 현실적 시사

회와 이사회의 결정을 집행하는 것은 조합장과 직원으로 구성된 집행부의 일이다. 조합장은 이 집행부의 최고책임자이며, 대의원 총회와 이사회의 회의를 진행하는 의장의 역할을 맡게 된다. 최근에는 집행부를 책임지는 상임이사 제도가 도입되고, 조합원 자산이 2,500억 원 이상이면 조합장은 의무적으로 비상임조합장이 되어 조합원의 대표로서만 일하고 집행부를 책임지지는 않게 되었다.

점을 제공하고 있다. 특히 조합원에게 새로운 부가가치를 제공하는 일부 선진 농협들의 사례는 서구 농협과 유사한 시장지향적 사업전략이 한국농협에도 어느 정도 적용 가능하다는 시사점을 주고 있다.

한국농협이 서구 농협과 다른 특성은 다양한 사업을 수행하는 종합농협이라는 점이다. 실제로 서구 농협의 잣대에서 본다면, 한국농협의 경우에는 판매농협은 물론 구매농협, 신용협동조합, 소비자 협동조합, 보험 협동조합, 서비스 협동조합 등을 모두 겸영하고 있는 셈이다. 종합농협은 한국적 소농구조에 적합한 형태로서 합리성을 가지며, 한국농업의 성장과정에 효과적으로 기여하였다. 그러나 개별 사업별 성격 차이에서 비롯된 사업전략의 차이를 어떻게 조화시켜 나갈 것인가 하는 과제에 직면해 있다. 예컨대 소비재와 자재구매사업은 조합원에 대한 서비스 제공 목적이 강하며, 이에 따라 조합원의 민주적 참여와 동등성 원칙이 강조된다. 이에 반해 판매사업과 신용사업은 상대적으로 수익성을 중시하는 시장지향적 목적에 가까운 편이며, 이에 따라 사업 효율성의 강조와 비례성 원칙의 적용이 중요하다. 이와 같이 구매농협과 판매농협 간에는 서로 다른 사업전략 논리가 적용된다. 이러한 사업 분야별 차이는 시장경쟁의 격화에 따라 더욱 뚜렷하게 되며, 이것을 어떻게 조화시켜 나갈 것인가 하는 것이 한국농협이 직면한 앞으로의 과제이다.

3. 농협과 정부

일반적으로 다른 분야보다 농업 분야의 협동조합은 정부와 밀접한 관계를 유지하는 경우가 많으며, 선진국보다는 개도국의 협동조합이 정부의 영향을 많이 받게 된다. 이러한 점에서 한국농협의 정체성에 관한 논의에서 정부와의 관계는 중요한 요소가 된다. 실제로 한국농협은 설립 당시부터 오늘날까지 협동조합 입법과 농업정책 수행이라는 측면에서 정부와 매우 밀접한 관계를 유지하고 있다.

한국농협의 정체성 규정에 있어서 농업협동조합법은 결정적으로 중요한 요소이다. 역사적으로 보면 1961년의 농협법 제정은 종합농협의 설립 근거가 되었고, 1980년, 1988년과 1999년, 2009년의 농협법 개정[18]은 농협의 조직과 사업 전반에 걸쳐 광범위하고 결정적 변화를 초

---

18 농협법은 농협의 운영에 지대한 영향을 미친다. 농협의 정관이나 각종 규정은 농협법에 위배되면서 만들 수 없기 때문에 농협법의 핵심 변경 내용을 이해하는 것은 조합원이 농협의 주인 노릇을 하기 위해서 꼭 필요한 일이다. 최근 2009년 농협법 개정은 4월에 이뤄졌다. 일선조합과 관련된 내용만 정리하면 다음과 같다.

첫째, 지역농협의 업무구역이 시군 단위로 넓어졌다. 따라서 시군 관내 농협끼리 업무구역이 중복되어 조합원은 어떤 농협이라도 조합원으로 가입할 수 있게 되었다.

둘째, 약정조합원 제도가 마련되어 농협에서 약정조합원으로 가입하면 이용고 배당이나 수수료 등에서 혜택을 누릴 수 있다. 다만 출하약정 등을 성실히 수행해야 한다. 이상의 내용은 조합원의 권리와 의무를 확대한 것이다.

셋째, 유통사업 손실보전에 대한 지자체의 지원을 법제화하였다. 즉 농협의 유통사업 손실이 발생할 경우, 지자체에서 예산으로 지원해 줄 수 있도록 한 것이다.

넷째, 조합 상임이사의 자격조건을 완화하여 경제사업 전문가도 상임이사가 되도록 했으며, 조합공동사업 법인에 대한 중앙회 출자도 가능하도록 만들었다. 이상의 내용은 농협의 경제사업을 활성화시키기 위해 법 제도를 개선한 것이다. 다섯째, 대의원과 임원, 조합장의 출마자격 요건을 강화하였다. 조합뿐만 아니라 중앙회에도 500만 원 이상 6개월 연체가 되면 출마할 수 없게 되었고, 조합 사업이용실적이 일정 수준보다 낮으면 출마할 수 없게 되었다. 예를 들어 판매사업 참여 실적이 조합 평균의 40% 미만이면 출마할 수 없다.

여섯째, 농협 자산이 2,500억 원을 넘게 되면 조합장은 의무적으로 비상임조합장으로 전환되어야 한다. 농협경영의 전문성을 강화시키고 조합장 선거의 과열을 방지하기 위해 도입하였다.

이런 법 개정에 따라 이미 작년 12월 각 일선조합의 정관도 개정되었다. 특히 대의원 출마를 염두에 두시는 분들은 꼭 구체적으로 조합정관을 검토하시고, 조합에 요청하여 이용실적과 연체 상황을 점검하실 필요가 있다. 〈농업협동조합법 주요 개정사항〉 시군단위 조합선택권 확대,

래하였다. 특히 1988년의 농협법 개정은 조합원의 협동조합에 대한 민주적 통제를 강화한 점에서 한국농협의 발전과정에서 매우 중요한 위치를 갖는다. 조합원이 직접선거로 조합장을 선출하고, 조합장이 직선제로 중앙회장을 선출하는 방식은 세계적으로 유례가 없는 민주적 지배구조로 전환하는 계기가 된다. 이처럼 한국농협은 정부 입법에 의해 조직구조가 결정된다는 점에서 개도국 농협의 일반적 성격을 갖는다.

한국농협이 갖는 특징의 하나는 정부정책사업을 대행하는 역할이 상대적으로 중요하다는 점이다. 여기에는 양곡수매사업과 수급조절사업, 정책금융사업과 농업보험사업 등이 포함된다. 시장사업과 정책사업을 동시에 수행하고 있다는 특징은 또 다른 현실적 문제점을 낳고 있다. 이는 협동조합에 있어서 효율성과 공익성의 상충 문제가 될 수 있으며, 이해관계자들이 정부의 역할과 협동조합의 역할을 혼동하는 문제를 초래할 수 있다. 즉 협동조합은 시장경쟁에서 생존하기 위해 효율성을 강화해야 하는 현실적인 목표와, 공익을 대변해야 하는 이념적인 당위성 사이에서 갈등하는 모습을 자주 보이게 된다. 또한 조합원들이 협동조합에 정부의 역할까지 기대하는 경우 이러한 혼란은 더욱 심화된다.

농협의 정책사업 대행은 기본적으로 정부가 농업정책 수행에 따른 거래비용 절감이 가능한 경우 농협을 통한 정책사업 대행 방식을 선호

약정조합원 제도 도입, 품목조합의 광역시조합 조합원 가입, 유통사업손실보전제도 지원 법제화, 상임이사 자격요건 경제사업 전문가에게 완화, 상임이사 임기 2년(이전 4년), 자산 2,500억 원 이상 조합 비상임조합장 의무화, 사업이용실적 낮은 임원의 대의원/임원 출마 제한, 조합공동사업법인의 중앙회 출자 허용 등임.

한 데 따른 것으로 이해되며, 이는 많은 국가에서 볼 수 있는 일반적 현상이다. 농협의 정책사업에서 가장 대표적인 것은 주요 농산물의 수매사업과 주요 영농자재의 공급 사업이다. 농업정책금융은 초기에는 농가경제의 안정과 농업투자의 확대에 기여하였고, 최근에는 보다 시장지향적인 방식의 종합자금제도의 도입으로 농업자원의 효율적 배분에 기여하고 있다.

한편, 농협은 정책사업 대행으로 여타 시장사업의 수행에도 간접적 편익을 얻어 왔다. 먼저 농협의 공신력 제고 효과로서 신용사업은 시장의 신인도를 높게 평가받아 왔으며, 특히 공공 금고의 유치에 경쟁금융기관에 비해 유리한 평가를 받아 왔다. 또한 정책사업의 대행은 농협사업의 규모 확대에 따른 평균비용의 절감에도 기여하였다.

일반적으로 정부는 농산물 가격안정을 위한 정책의 실시에 있어서 협동조합과 긴밀한 협조관계를 갖고 있다. 서구 농협의 경우 유통명령제 등 정부의 제도적 장치를 토대로 협동조합이 수급조절사업에 참여하고 있으며, 한국농협은 정부의 자금지원을 토대로 자율적 수급안정사업을 수행하는 점에서 차이가 있다. 또한 농산물 수급안정과 관련하여 한국농협에서는 품목별 전국 연합회[19]의 중요성이 강조되고 있으나,

---

19 협동조합은 조합원이 주인이며 시장에서 기업과 사업적으로 경쟁하면서 조합원의 이익을 지켜야 한다. 100년 전에는 협동조합과 경쟁하는 기업도 기껏해야 직원이 100여 명 남짓이었다. 하지만 21세기 지금 협동조합은 세계를 무대로 수만 명의 직원이 뛰어다니는 초국적 기업들과 경쟁해야 한다. 수백 명의 조합원이 모여 만든 일선조합의 힘으로는 거대하게 커진 기업과 맞대결을 하기에 어려움이 있다. 그렇다고 협동조합을 너무 크게 만들면 조합원의 참여가 줄어드는 문제가 발생한다. 대기업과 경쟁하면서 일선조합의 참여는 그대로 유지하는 두 마리 토끼를 잡기 위해 협동조합은 '협동조합 간의 협동'이란 원칙을 개발했다. 국제협동조합연맹은 조합 간의 협동을 '협동조합이 한 지역 차원에서 크게 성장하기 위해서는 소규모 조합의 소유

서구의 경우 품목연합회 방식의 시장지배력 접근은 이미 쇠퇴하고 있는 실정이다.

WTO의 농업협정 등에 따른 농산물시장에서의 경쟁 격화는 협동조합의 유통 분야에 대한 대규모 투자를 요구하고 있다. 이에 대응하여 서구 농협은 자기자본 부족 문제의 해결을 위해 대규모 합병, 자회사 설립, 주식회사 전환 등의 방식으로 구조 전환을 꾀하고 있다. 반면 한국농협은 정부의 지원에 힘입어 미곡종합처리장, 산지와 소비지의 대형유통센터 설립 등 유통투자의 확대를 통해 시장지향적 사업을 전개하고 있다는 점에서 차이가 있다.

4. 농협과 중앙회

한국농협이 갖는 특수성의 하나는 농협중앙회[20]의 역할이다. 농협중

와 참여의 장점을 유지하면서 다른 조합과 제휴하여 대규모 조직의 이점을 획득해야 한다'라고 설명하고 있다. 동일한 목적과 사업을 하는 협동조합이 연합하여 일선조합으로 할 수 없는 일들을 함께 하는 것은 당연히 필요한 일이다. 예를 들어 농협 마크는 3조 원 정도의 상표가치를 가지고 있으며, 통합전산망의 구축과 정보의 공유, 소비지 유통시설의 설치 등은 일선조합이 개별적으로 수행하기에는 불가능하거나 매우 많은 비용이 지불되어야 한다. 하지만 연합회가 이런 성과를 만들면 모든 참여 농협이 함께 나누는 것이 가능하다. 우리나라 농협의 연합회는 '농협중앙회'가 모든 농협을 포괄하여 설립 운영되고 있으며, 품목농협 활성화를 위해 과수조합연합회와 양돈조합연합회가 품목연합회로 운영되고 있다. 2000년대부터는 구매와 판매사업을 중심으로 시군단위 '사업연합'이 출범하여 확대되고 있으며, 이를 육성하기 위해 '조합공동사업법인'으로 발전되고 있다.

20 농협중앙회가 연합회인지 상급기관인지 궁금해하는 것 자체가 우리나라 농협이 안고 있는 문제점의 하나다. 일선조합이 통제할 수 있는 연합회 구조는 주변의 여러 일선조합이 뭉쳐서 시군 단위나 도 단위로 연합회를 만들고, 이 연합회가 다시 전국적으로 모여 전국적인 연합회를 만드는 것이 일반적이다. 하지만 우리나라의 일선조합과 전국 단위 연합회(농협중앙회) 사이에는 시군 단위나 도 단위 연합회가 없다. 일선조합 대부분이 읍면 단위지역농협인 상황에서 1

앙회의 연합회 역할은 다른 나라의 농협에도 공통적으로 발견되는 보편적 성격이며, 여기에는 지도, 감사, 조사, 농정에 관한 활동들이 포함된다. 한편 농협중앙회는 서구 농협과 다른 독특한 측면을 많이 갖고 있으며, 이에 관한 논의가 다양하게 이루어지고 있다. 구체적으로 은행금융사업은 조합원과 직접적 관련이 적은 사업으로 지적되고 있고, 소비지 유통사업에 대해서도 비판적 시각이 존재한다. 또한 중앙회는 연합회적 역할만 수행하고 시장에서 직접 사업을 해서는 안 된다는 주장도 있다. 이러한 비판에 대해 협동조합 이론에 입각하여 중앙회 사업의 성격을 설명하기 위해 수직적 통합 가설과 독립적 수익센터 가설을 제시할 수 있다.

첫 번째 가설은 중앙회의 금융사업과 유통사업을 개별 농협 경영의 수직적 통합으로 볼 수 있다는 이론을 제시할 수 있다. 즉 중앙회는 회원조합을 조합원으로 하는 협동조합으로서의 역할을 수행하는 것으로

천여 개가 넘는 회원조합이 하나의 연합회만 만들고 있는 세계적으로 특이한 구조다. 이렇게 일선조합이 많은 구조에서는 올바른 연합회의 장점이 작동하기 어렵다. 개별 회원조합의 중앙회에 대한 의사결정 지분(10001분의 1)이 적어 적극적인 주인의식이 없게 된다. 또한 일선조합의 의견을 결집하기 어려워 중앙회를 견제하기보다는 중앙회의 결정과 규정을 받아들이기 쉬운 구조가 된다. 특히 우리나라 농협은 정부의 각종 지원사업을 대행하고 있는데, 이런 사업이 대부분 중앙회를 경유하기 때문에 정부지원을 위해서라도 일선조합은 중앙회와 좋은 관계를 유지해야 한다. 여기에 중앙회가 신용사업과 회원조합의 자원을 모아 수조 원에 달하는 각종 무이자경영자금의 배분도 도맡아 하다 보니 일선조합이 중앙회의 방침을 반발하고 지키지 않기가 어렵다. 이런 문제들로 인해 아래로부터 민주적으로 의사결정을 모아 나가는 것이 어렵게 된다. 일선조합도 조합원의 의견을 충분히 수렴하지 않으면서, 그 핑계를 '중앙회의 지침 때문'이라고 조합원들에게 둘러대다 보니 농협중앙회가 더욱 통제기관으로 인식되게 되었다. 이에 농협중앙회는 신용사업과 경제 사업을 분리하는 법 개정을 하였다. 어떤 방식으로든 조합원의 사업 참여와 민주적 일선조합 운영이 기본이 되어야 연합회도 민주적으로 운영될 수 있다.

간주되는 것이다. 먼저 농협의 상호금융사업은 시장 경쟁력 강화를 위해 중앙회의 은행금융사업을 수직적 통합 방식으로 이용한다고 볼 수 있다. 제2금융권에 속해 있어 주식, 채권, 외환 등 자본시장에서의 자금 운용에 제한을 받는 농협들이 제1금융권에 속하는 중앙회를 통해 이 문제를 적은 거래비용으로 해결할 수 있다. 전산시스템의 공유로 전국적 온라인 서비스를 제공하고 은행금융의 시장 공신력을 토대로 하는 예금자보호제도를 운영하는 등의 방식으로 개별 농협의 상호금융사업이 시장에서 얻는 이익도 중앙회가 은행금융을 통해 수행하는 수직적 통합 역할이라는 관점에서 설명할 수 있다.

중앙회의 소비지 유통사업은 수직적 통합의 또 다른 분야로 볼 수 있다. 중앙회의 소매유통사업 참여는 협동조합 본질에 어긋나며 산지 유통 개선에 역점을 두어야 한다는 주장도 존재한다. 그러나 전 세계적으로 농산물 유통시장은 대형업체를 중심으로 산지 유통과 소비지 유통의 통합이 이루어지고 있고 도매시장과 소매시장의 구분이 없어지는 추세를 보이는 등 유통경로 간 경쟁이 치열하게 전개되고 있다. 이러한 경쟁은 소비자 선호를 중시하고 이러한 정보를 산지에 효율적으로 전달하는 면에서 효율성의 증진을 의미한다. 한편 서구의 사례에서도 다국적기업 형태의 대형유통업체가 산지 유통은 물론 생산 농장까지 지배하는 구조가 뚜렷하게 전개되고 있다. 이들은 협동조합을 포함한 산지 유통업체에 대한 기회주의적 행동을 통해 시장지배력을 강화하고 있어 시장경쟁을 저해하는 비효율성이 문제가 되고 있다. 이러한 문제의식에서 보면 중앙회의 소비지 유통사업 참여는 소비자 선호를 포함한 시장정보의 효율적 흐름에 기여할 뿐만 아니라 소비지 대형업체와의 경쟁을 촉진하여 이들의 기회주의 행동으로부터 산지 농협의 산지 유통사업을 보호하는 역할을 수행하는 것으로 평가할 수 있다. 한편 중앙회의 영농자재산업 참여 역시 자재생산 기업의 독점적 지위를 견제하여 산지 농협과 조합원의 이익을 보호하는 역할을 수행한다. 좀 더 나아가 산지 농협의 구입물량을 전국적으로 통합하여 적극적으로 시장지배력을 행사함으로써 조합원의 이익에 기여하기도 한다. 여기에는 사료, 비료, 농약, 종자 제조업 분야에서 중앙회 또는 중앙회 자회사 형태의 사업이 포함된다.

이상과 같이 중앙회를 개별 독립경영체인 농협들의 협동조합 방식의 수직적 통합으로 간주할 경우 회원조합과 중앙회 간에는 주인-대리인(principal-agent)의 관계가 성립한다. 이에 따라 조합들이 자신들의 독립적 경영의 성과를 극대화하는 방향으로 중앙회 사업을 운영하고자 하며, 이를 위해 이사회를 통해 중앙회 사업을 통제하고자 한다. 이렇게 볼 경우 중앙회 사업은 회원 농협과 독립적인 경영이 아니며, 그 성과는 자체적 사업 손익을 기준으로 평가되지 않고 회원조합의 사업성과를 기준으로 평가된다. 실제로 "회원조합을 위한 중앙회" 또는 "회원조합은 중앙회의 중요한 고객"이라는 표현은 이러한 수직적 통합 관계를 나타내는 것으로 볼 수 있다.

그러면 회원조합의 입장에서 중앙회 사업을 통한 수직적 통합의 이익은 무엇인가? 이는 거래비용의 절감에서 찾을 수 있다. 거래비용이란 타 업체와의 거래에 따르는 제반 비용을 가리킨다. 여기에는 매번 적당한 거래업체를 선정하고 계약해야 하는 비용, 거래가 체결되도록 하는 데 드는 로비 비용, 안정적인 거래관계를 유지하는 비용, 안정적이고 확실한 대금지급을 확보하는 데 드는 비용 등이 포함된다. 회원조합은 중앙회와의 전속거래를 통해 타 업체와 거래하는 것에 비해 이러한 비용을 상당 부분 절감할 수 있다. 예컨대 개별 조합 차원의 상호금융 자금운용은 자본시장에서 일반투자회사와의 거래보다는 중앙회 은행금융과의 전속거래가 비용을 절감할 수 있다. 중앙회 은행금융과의 온라인 거래 방식도 다른 방식에 비해 거래비용 면에서 효율적이다. 유통시장에서도 소비지 대형업체와의 거래보다는 중앙회가 운영하는 소비지 유통채널의 이용이 거래비용 면에서 유리하다.

중앙회를 회원조합의 협동조합으로 간주할 경우 중앙회는 1조합1표주의를 비롯한 동등성 원칙이 강조되는 등 전통모형 협동조합의 특성을 갖고 있다. 이는 시장경쟁의 격화와 중앙회 사업 범위의 다양화, 회원조합 구성의 이질성 증가와 비회원의 사업이용 확대 등에 따라 전통모형의 구조 문제를 초래할 수 있다. 여기에는 투자자와 이용자 간의 갈등, 동등성 원칙과 비례성 원칙 간의 갈등, 대리인 문제 등이 포함된다. 구체적으로 지역조합과 품목조합 간의 문제, 선도 조합과 부실 조합 간의 문제, 도시 조합과 농촌 조합 간의 문제, 조합 규모에 따른 중앙회 부가의결권 논의 등의 문제들이 이러한 협동조합 문제로 설명될 수 있다.

중앙회가 갖는 협동조합의 구조적 문제는 시장경쟁의 격화로 더욱 심각하게 된다. 협동조합은 출자지분의 시장거래가 금지되기 때문에 자본시장의 평가를 받지 않는 것이 일반적이다. 그러나 시장경쟁의 심화는 협동조합의 성과가 간접적으로 시장에서 평가받게 되는 결과를 가져온다. 이는 사업을 보다 시장지향적으로 추진하고, 사업성과를 회계상의 수익으로 평가하는 경향을 초래한다. 반면 조합원(회원조합)은 투자자로서의 이익이 제한되기 때문에 시장의 평가에는 관심이 적고 이용자로서의 이익에만 치중하기 때문에 시장평가를 중시하는 중앙회 사업 방향에 불만이 제기될 수 있다. 즉 시장의 엄격한 경쟁기준은 협동조합에 있어서 이용자 중심의 사업 원칙과 대립되며, 이에 따른 문제는 점차 심각하게 된다.

한편 중앙회 사업의 성격을 수직적 통합 가설만으로는 충분하게 설명하지 못하는 측면이 많다. 이러한 점에서 독립적 수익 센터 가설은 중앙회 역할을 설명하는 또 다른 이론으로 적용할 수 있다. 앞서 살펴본 바와 같이 협동조합이 다양한 사업을 실시하고 조합원 농장경영도 다양하게 분화되는 경우 그리고 특히 비조합원의 사업이용이 확대되는 경우에는 협동조합은 개별 조합원의 경영과 상대적으로 독립적인 사업을 실시하고 그 수익을 조합원에게 일반적 환원사업 방식으로 배분하는 역할을 수행하게 된다. 한국 농협중앙회의 경우 은행 금융사업은 도시지역 주민을 주요 고객으로 하고 있다는 점에서 조합원 또는 회원조합의 경영과 직접적 관련성이 적다고 할 수 있다. 이러한 사업에서 발생하는 수익은 은행금융의 유지 발전에 요구되는 기반투자와 자본적립에도 쓰이지만 일정 부분은 회원조합에 대한 출자배당과 아울러 지도사업비 형식으로 농협들에 대한 일반적 환원사업 형식으로 지출된다. 이러한 점에 비추어 볼 때 중앙회 은행 금융사업은 회원조합 상호금융사업의 수직적 통합 역할과 아울러 독립적 수익 센터로서의 역할을 수행하는 것으로 볼 수 있다. 그리고 수익 센터에서 지원되는 자금은 회원조합의 경쟁력을 높이는 데 크게 기여하게 된다.

5. 협동조합 이론의 현실적 적용

과거 협동조합 이론은 이데올로기에 근거한 규범적 이론(normative theory)이 주종을 차지하여 왔다. 이에 따라 이론이 협동조합의 현실적 문제를 과학적으로 설명하는 데 한계가 있고, 그 결과 협동조합의 발전 방향 제시에도 한계가 뚜렷하였다. 특히 협동조합의 역사적 단계성과 국가적 특수성에 대해 충분한 고려가 없이 고전적 협동조합을 보편적 · 이상적 모형으로 간주하는 경향으로 인해 한국농협의 현실적 문제에 대한 논리적 해명과 합리적 방향 제시에 미흡하였다. 예컨대 역사적으로 소비자 협동조합의 이론적 근거가 된 국제협동조합연맹의 협동조합 원칙을 21세기 한국농협에 기계적으로 적용함에 따라 현실과의 괴리가 발생하였다.

한국농협의 발전 방향 제시를 위해서는 과학적 보편성에 근거한 실증이론(positive theory)에 입각하여 한국농협의 문제를 과학적으로 해명하는 작업이 우선되어야 한다. 농업인 조합원을 합리적 경제 주체로 간주하여 협동조합 참여 부족은 물론 기회주의적 행동까지도 자신의 이익을 극대화하는 합리적인 행동으로 이해하는 것이 중요하다. 협동을 인간의 본성으로 간주하거나, 협동조합운동 참여를 교육을 통해 강조하는 것은 문제의 과학적 해법이 될 수 없다. 예를 들어 농업인이 협동조합에 대한 출자에 적극적이지 않은 것은 주어진 협동조합의 자본 제도하에서 그들의 합리적 선택의 결과이다. 즉 협동조합의 제도적 특징에서 비롯된 기간 문제와 포트폴리오 문제, 무임승차자 문제 등이 조합원의 출자 확대를 저해하고 있는 것이다. 이러한 문제를 단순히 조합원의 의식이나 의지의 부족으로 치부해서는 올바른 해답을 구할 수 없다. 현실에 대한 과학적이고 합리적인 인식이 선행될 때 비로소 올바른 해법과 혁신전략을 추구할 수 있다. 협동조합 임직원의 행동에 관련된 문제도 이와 같은 과학적 논리에 의해 설명하고 문제의 해법을 찾는 것이 중요하다.

지금까지 살펴본 다양한 협동조합 이론은 온전히 완성 단계에 이른 것은 아니다. 전통모형은 현실과 많은 괴리가 있고 비례모형은 최신 전략이라는 인식은 모형의 현실적용 과정에서 커다란 오류를 일으킬 수 있다. 예를 들어 전통모형의 협동조합 제도는 여전히 한국농협의 상호금융사업이나 자재구매사업에 적합한 측면이 크다. 이러한 사업들은 많은 고객을 유치하는 것이 사업전략으로서 중요하므로 로치데일 방식이 여전히 유효하기 때문이다. 따라서 1인1표제와 낮은 가입비, 동등성 원칙의 강조 등이 유효한 사업전략으로서 설득력을 갖는다. 만일 이러한 사업에 조합원 가입을 제한하는 폐쇄형 조합원주의를 채택하는 신세대모형을 적용하는 것은 맞지 않다. 그러나 한국농협에서도 판매사업 분야에서는 비례주의 모형이 확대되는 경향을 보이고 있다. 사업연합과 공동사업법인 등의 등장이 주된 예이다. 이러한 사업모델이 등장하는 이유는 판매사업이 경쟁력을 갖기 위해서는 일정 수준 이상의 물량과 품질이 확보되어야 하며, 이를 위해 일정 수준에 도달한 농업인만으로 사업을 운영해야 하는 현실적 필요성이 제기되고 있기 때문이다.

따라서 향후 한국농협의 발전을 도모하기 위해서는 사업별 특성을 면밀히 분석하고 이에 적합한 사업전략과 조직구조를 갖추어 나가는 노력이 이루어져야 한다. 협동조합 제도는 1844년 로치데일 협동조합에 뿌리를 두고 있으나, 현재까지 수많은 교정과 개선이 이루어져 왔다. 유럽의 주식회사형 협동조합과 미국의 신세대협동조합이 대표적인 사례이다. 이 밖에도 생산자와 소비자를 동시에 조합원으로 가입시키는 형태와 투자자도 조합원으로 가입시키는 모델도 나타나고 있다. 이와 같이 다양한 형태의 협동조합 개혁이 나타나는 이유는 로치데일이 존재한 150여 년 전 상황과 현재의 여건에 많은 차이가 있기 때문이며, 로치데일 모델이 궁극적으로는 소비자 협동조합에 적합한 방식으로 태생하였기 때문이기도 하다. 따라서 사업별 특성을 과학적으로 분석하고 이에 적합한 한국형 협동조합 모델을 구축하는 것이 중요하다.

또한 협동조합 제도가 갖고 있는 제도적 한계를 인식하는 방식에서도 과학적이고 합리적 태도를 유지하는 것이 필요하다. 협동조합의 구조 문제를 지적한 것은 협동조합의 제도적 특징과 이로부터 파생되는 조합원 및 임직원들의 행동양식을 과학적으로 이해하기 위해서다. 그리고 이러한 이해는 협동조합 개혁을 추구할 때 개혁 방안을 모색하는 밑거름이 될 것이라는 점에서 의의가 있다. 문제를 올바로 인식할 때만이 올바른 해답을 구할 수 있기 때문이다.

그러나 협동조합의 구조 문제를 지적하는 것이 좋고 나쁨을 판단하는 것으로 비화해서는 안 된다. 한 가지 예로 지배구조 문제만을 놓고 볼 때도 협동조합과 주식회사 중 어느 제도가 바람직한지에 대한 선호 판단은 무의미하기 때문이다. 앞에서는 협동조합의 민주적 통제에서 비롯된 문제점들을 살펴보았다. 주식회사의 경우에는 이러한 문제점이 크게 나타나지 않지만, 지배대주주의 독점적 지배권 행사가 문제 되고 있다. 우리나라에서 1997년 IMF 경제위기가 발생하게 된 주요 원인을 기업 지배대주주의 독단적 경영권 행사에서 찾는 의견이 지배적이다. 당시 일부 대주주가 충분한 사업성 검토를 거치지 않고 신규사업 진출 등과 같은 전략적 의사를 독단적으로 결정하는 경우가 많았고, 이것이 기업 부실의 원인으로 작용한 것이다. 또한 최근에는 외국계 투기자본의 행태에 대한 견제 필요성으로부터 주주 자본주의에 대한 사회적 비판도 제기되고 있다. 기업의 장기적인 발전을 위한 투자 확대보다는 과도한 배당 확대 등을 통해 소수 지배대주주의 이익만을 우선시하는 기업 지배구조의 문제점이 도마 위에 오르고 있는 것이다. 그 결과 기업 지배구조의 문제점을 지적하고 개선하고자 하는 노력도 사회적으로 크게 확산되고 있다.

결론적으로 협동조합의 제도적 특징과 문제점을 과학적으로 인식하는 것은 매우 중요하다. 이는 더 나은 협동조합 개혁을 달성하기 위해 반드시 필요하기 때문이다. 그러나 이러한 과학적 분석이 협동조합과 주식회사를 평면에 놓고 우열을 가리는 문제로 전이되어서는 위험하다. 상대의 장점을 벤치마킹할 수 있지만, 서로의 특수성을 종합적으로 고려해야 하기 때문이다. 이러한 관점에서 한국의 농업 · 농촌 상황, 경제 여건에 맞는 한국형 협동조합 모델에 대한 연구는 지속되어야 할 것이다.

협동조합 연구를 위한 보다 체계적인 접근을 위해서는 세 가지 차원, 즉 협동조합과 조합원과의 관계, 협동조합과 시장경제와의 관계, 협동조합과 정부정책과의 관계를 이해하는 것이 중요하다. 이를 도표로 나타내면 아래 〈그림 2-13〉과 같다. 여기서 협동조합은 조합원과 시장과의 관계, 조합원과 정부와의 관계에서 조합원의 이익 증진을 위해 다양한 역할을 수행하는 조직으로 이해할 수 있다. 즉 조합원은 협동조합을 통해 시장과 거래하고, 협동조합을 통해 정부와 연계된다. 예를 들어 조합원은 개인적으로 시장을 이용하여 농산물을 출하하고 농자재를 구입하는 대신 협동조합을 통해 공동으로 이러한 업무를 해결한다. 또한 협동조합을 통해 정치적 역량을 높인 후 정부에 대한 농정활동을 전개한다. 따라서 협동조합은 조합원과 시장 · 정부를 연계시키는 매개체 역할을 한다.

협동조합을 둘러싸고 벌어지는 현상들은 대부분 조합원, 시장, 정부와의 관계에서 비롯된 것들이다. 따라서 협동조합과 이들과의 관계를 이해하는 것이 협동조합을 과학적으로 이해하고 합리적인 혁신전략을 도출하는 기본이 될 것이다. 이를 좀 더 구체적으로 살펴보면 다음과 같다. 조합원은 협동조합을 민주적으로 통제한다. 따라서 협동조합은 조합원의 민주적 요구에 부응해야 한다. 예를 들어 조합원은 협동조합이 출하농산물을 좀 더 비싼 값에 매입하여 주고, 영농자재와 대출자금은 좀 더 낮은 값에 공급하여 주기를 원한다. 이에 비해 시장에서는 협동조합이 좀 더 효율적이고 경쟁적으로 사업을 수행하기를 강요하고 있다. 특히 시장개방 확대와 경쟁기업의 대형화로 시장경쟁이 치열해짐에 따라 이러한 요구는 더욱 거세지고 있다. 따라서 협동조합과 시장의 관계에서는 효율성과 수익성이 중시된다. 한편, 정부는 협동조합이 공익적 역할을 더 많이 수행하기를 요구하게 된다. 쌀값 하락 시 시장가격 안정을 위해 협동조합이 나서서 쌀을 매입하여 주기를 바라는 것이 대표적인 예이다. 따라서 협동조합과 정부와의 관계에서는 공익성이 중시된다.

현실에서는 이와 같은 민주성과 효율성, 공익성이 자주 충돌한다. 협동조합은 조합원의 민주적인 요구와 시장의 효율성 요구, 정부의 공익성 요구를 동시에 충족시켜야 하는 어려움에 직면하고 있는 것이다. 주식회사가 수익성과 효율성만을 추구하고, 또한 그러한 기준만으로 평가를 받는 것과는 커다란 차이가 있다. 오늘날 한국농협이 직면하고 있는 많은 난제들도 대부분 이러한 협동조합으로서의 근본적인 문제로부터 비롯되고 있는 것이라 할 수 있다. 따라서 한국농협의 올바른 모습을 정립하기 위해서는 이러한 패러다임에 대한 이해를 높이고, 이것들을 조화롭게 만들어 나갈 수 있는 지혜를 강구해야 할 것이다.

학습문제 풀이

[1] 농업구조의 변화가 한국농협의 정체성에 미친 영향으로 볼 수 없는 것을 고르시오.

① 농협 사업이 시장지향성을 추구하였다.

② 조합원 구성의 이질화가 심화되었다.

③ 전통모형 협동조합의 현실적 장점이 부각되었다.

④ 조합원의 사업 참여 인센티브가 제한되고 있다.

정답 3

해설 전통모형의 현실적 한계가 나타나고 있다.

[2] 한국농협의 구조 문제에 관한 설명으로 틀린 것을 고르시오.

① 투자기간 문제로 인해 노령 조합원은 추가적 출자에 소극적이다.

② 영향력 비용 이론은 조합원의 사업이용 저조를 설명할 수 있다.

③ 무임승차 문제는 협동조합 이념 교육으로 해결할 수 있다.

④ 조합원의 참여 부족은 전통모형 협동조합의 보편적 문제이다.

정답 3번

해설 구조 문제에 따른 합리적 인센티브의 결여가 원인이다.

[3] 한국농협이 추구한 경쟁척도 역할의 사례로 적합하지 않은 것을 고르시오.

① 상호금융사업의 농촌 고리채 문제 해소

② 연쇄점 사업의 농촌 소매상 폭리 문제 해소

③ 미곡종합처리장 사업의 농촌 쌀시장 경쟁 촉진

④ 정책자금 공급 대행으로 농촌 사금융의 해소

정답 4번

해설 정책사업 대행은 협동조합 본연의 역할이 아니다.

[4] 한국농협이 시장지배력 역할을 수행하기 어려운 이유가 아닌 것을 고르시오.

① 농민과 조합의 전국적 공동행동의 조직화에는 비용이 많이 소요된다.

② 농산물 수입개방으로 시장지배력 행사의 현실적 효과가 제한된다.

③ 지역적 · 계절적 독점성을 갖는 일부 품목에서는 실행이 가능하다.

④ 종합농협 사업체제로 시장지배력 행사가 어렵다.

정답 4번

해설 종합농협 사업체제는 이유가 되지 않는다.

[5] 한국농협이 시장 선도자 역할을 수행하는 사업 분야로 적합한 것을 고르시오.

① 공판장 사업

② 미곡종합처리장

③ 상호금융사업

④ 수급안정사업

정답 2번

해설 농촌 도정공장에 비해 높은 기술적 효율성을 실현하고 있다.

[6] 정부와의 관계에서 한국농협의 특수성에 관한 설명으로 틀린 것을 고르시오.

① 1988년 농협법 개정은 민주적 지배구조를 제도화하였다.

② 정부 정책사업을 대행하는 역할이 강조되었다.

③ 경제사업 투자는 주로 정부 지원에 의존하고 있다.

④ 시장사업과 정책사업의 겸영은 협동조합 정체성 확립에 기여한다.

정답 4번

해설 조합원에게 정체성의 혼란을 초래할 수 있다.

[7] 다음 중 한국농협의 정체성에 대한 설명으로 옳은 것은?

① 한국농협은 설립 당시부터 오늘날까지 협동조합 입법과 농업정책 수행이라는 측면에서 정부와는 대립적인 관계를 유지하고 있음.

② 한국농협의 경쟁척도로서의 역할은 시장이 경쟁구조로 전환된 이후 새로운 기술의 도입과 사업 효율성 제고를 통해 수행하고 있음.

③ 농업협동조합의 세 가지 원칙, 즉 이용자가 소유하고, 통제하며, 수익을 갖는 원칙은 한국 농협법에 명시적으로 규정되어 있으며 이러한 점에서 한국농협은 주식회사와 명확하게 구별되는 협동조합의 정체성을 가짐.

④ 한국의 농협중앙회는 서구의 농협중앙회와 다르게 연합회 역할 외에 직접 사업을 하지 않음.

정답 3번

[8] 한국농협의 정체성에 관한 설명으로 틀린 것을 고르시오.

① 1960년대에는 전통모형 협동조합이 적합한 구조였던 것으로 평가된다.

② 농민 조합원의 참여 부족은 협동조합의 구조 문제로 설명할 수 있다.

③ 종합농협 사업체제는 협동조합의 보편적 모델이다.

④ 협동조합의 경쟁척도 역할에 성과를 보이고 있다.

정답 3번

해설 한국농협의 특수성에 해당한다.

[9] 농협중앙회의 정체성에 관한 설명으로 틀린 것을 고르시오.

① 중앙회 사업의 회원조합 사업의 수직통합으로 볼 수 있다.

② 회원조합과 중앙회 간에는 주인 - 대리인 관계가 성립한다.

③ 회원조합은 중앙회 사업의 전속거래로 거래비용을 절감할 수 있다.

④ 중앙회의 자회사는 회원조합의 수직통합으로 볼 수 없다.

정답 4번

해설 중앙회 자회사는 회원조합의 수직통합 사업체로 간주된다.

[10] 다음 한국의 농협중앙회 사업 성격 설명을 위한 가설 중 그 성격이 다른 것은?

① 회원조합의 입장에서의 중앙회 사업을 통한 수직적 통합의 이익은 거래비용의 절감에서 찾을 수 있음.

② 경쟁척도 역할은 시장경쟁을 촉진하여 시장 효율성을 높이는 역할을 의미하며, 이는 결국 농업인은 물론 소비자를 포함한 사회 전체의 후생을 증진시키는 공익적 역할을 함.

③ 중앙회 금융사업과 유통사업을 개별 농협경영의 수직적 통합으로 볼 수 있음.

④ 비조합원의 사업이용이 확대되는 경우 협동조합은 개별 조합원의 경영과 상대적으로 독립적인 사업을 실시하고 그 수익을 조합원에게 배분함.

정답 4번

[11] 협동조합 연구의 패러다임에 속하지 않는 것을 고르시오.

① 협동조합과 조합원과의 민주성 문제

② 협동조합과 시장경제의 효율성 문제

③ 협동조합과 정부정책의 공익성 문제

④ 협동조합과 언론기관의 홍보성 문제

정답 4번

해설 직접적 관련이 없다.

[12] 협동조합 이론을 한국농협에 적용하는 과제에 관한 설명으로 틀린 것을 고르시오.

① 규범적 이론보다 실증적 이론이 강조된다.

② 역사적 단계성과 국가적 특수성이 중요하다.

③ 종합농협 체제의 특성이 반영되어야 한다.

④ 제도 개편보다는 이념교육이 중요하다.

정답 4번

해설 구조 문제는 개인의 문제가 아니라 제도에서 비롯된다.

[13] 한국농협의 발전 방향 제시를 위해 협동조합 이론을 농협의 현실에 적용하려 할 때 취하는 방법으로 가장 적절하지 않은 것은?

① 현실에 대한 과학적이고 합리적으로 인식한다.

② 현실과의 괴리로 인해 구조적 문제가 발생하는 전통모형보다 최신 전략인 비례모형을 따른다.

③ 사업별 특성을 면밀히 분석하고 이에 적합한 사업전략과 조직구조를 찾는 노력을 한다.

④ 농업인 조합원을 합리적 경제 주체로 간주하여 협동조합 참여 부족은 물론 기회주의적 행동까지도 자신의 이익을 극대화하는 합리적인 행동으로 이해한다.

정답 2번

★ OX 퀴즈

한국 협동조합의 특징 중 하나는 정책사업은 시장사업에 비해 비중이 적다는 것이다. (×)

회원조합의 입장에서 중앙회 사업을 통한 수직적 통합의 이익은 거래비용의 절감이다. (○)

제3장

협동조합의 조직과 운영

| 제1절 협동조합 조직의 구성요소

1. 개관

조직적 측면에서 협동조합의 구성요소로는 그 권리의무주체로서 조합원과 준조합원, 협동조합의 의사결정 기관으로서 조합원 총회 또는 총회에 갈음하여 협동조합의 의사를 결정하는 대의원회, 협동조합의 업무집행기관으로서 이사회(회의체로서 업무집행기관) 또는 경영자(자연인으로서 업무집행기관이자 대표기관), 감사기관으로서 감사위원회(회의체) 또는 감사(자연인)를 들 수 있다.

2. 권리의무주체로서 조합원

가. 조합원의 성격

조합원이 없는 협동조합은 존재할 수 없으며 조합원은 협동조합을 구성하는 가장 중요한 요소가 된다. 주식회사의 주주는 일반적으로 자본의 일부를 출자하는 데 그칠 뿐 운영에는 참여할 기회가 없으며, 또한 자기가 투자한 기업을 이용해야 할 의무도 없다. 이와는 달리 협동조합의 조합원은 협동조합의 주체로서 협동조합의 소유자인 동시에 이용자이며, 운영자가 된다. 이는 협동조합이 주식회사와 확연히 구분되는 중요한 특성이다.

조합원은 독자적으로 자기의 경제활동을 유지한 채 협동조합에 가입한다. 협동조합 역시 조합원이 개별적으로 경제활동을 하는 것보다 공동으로 하는 것이 유리한 부문에서 사업활동을 수행한다. 이렇게 조합원은 개별 경제활동 중 자금조달, 생산자재구매, 농산물판매 등 자본주의 경제에서 경제적 · 사회적 불이익을 당하기 쉬운 분야에서 협동조합을 통해 그 불이익을 방어하고 이를 극복해 나가는 것이다.

나. 조합원의 권리[1]와 의무[2]

조합원은 협동조합의 구성원으로서 협동조합에 대해 권리와 의무

---

1 조합원의 권리는 공익권(共益權), 자익권(自益權)으로 나눌 수 있다. 공익권이란 '공동이익과 조합 발전을 위해 조합운영에 참여하는 권리'를 말하며, 자익권은 '조합의 개개인이 협동조합의 운영을 통해 받아야 할 이익에 관한 권리'를 말한다. 공익권은 1) 총회에 참석하여 의견을 제시하고, 의결에 참여할 수 있는 '총회의결권', 2) 협동조합의 조합원을 대표할 임원을 선출하거나 임원으로 출마할 수 있는 선거권과 피선거권, 3) 조합운영에 문제가 발생할 경우 비상조치를 보장하는 '소수조합원권'으로 나뉜다. 운영정보 열람권과 관련하여 ① 정관, ② 총회의사록, ③ 조합원(대의원) 명부는 사무소에 비치해야 하고, ④ 분기별 사업보고서 및 결산보고서는 홈페이지에 공시하고, 대의원에게 보내줘야 하며, ⑤ 앞의 자료 및 이사회 회의록을 조합원의 요청이 있으면 자유롭게 볼 수 있고, 필요하다면 실비를 주고 복사할 수 있도록 농협법에서 보장하고 있다(농협법 〈이하 법〉 65조). 소수조합원권은 다수결을 원칙으로 하되 소수자에 대한 권리도 보호하는 민주주의 원리에 바탕을 두고 보장되는 권리이다. 소수조합원권은 법으로 보장하고 있는 것은 12가지가 있는데 중요한 것으로 총회소집청구권(법 36조, 107조), 회계장부 등 서류열람 및 사본교부 청구권(법 65조), 임원해임요구권(법 55조, 상법 382조) 등을 들 수 있다. 소수조합원권은 일정한 수 이상의 조합원이 동의하면 발동되는 것인데, 발동 조건은 상황에 따라 다르다. 자익권이란, '조합원 개개인이 협동조합의 운영을 통해 받아야 할 이익에 관한 권리'인데, 일상적인 자익권은 1) 협동조합이 하는 사업의 방식과 지침에 동의하는 조합원은 다른 이유로 조합원의 사업 참여와 시설이용을 제한받지 않는다는 '사업 · 시설이용권'과, 2) 조합경영이 흑자를 낼 때 그 배당을 받을 수 있는 '잉여금배당 청구권'이 있다. 비일상적 자익권은 1) 조합원이 탈퇴할 때 출자금과 사업 준비금을 돌려받을 수 있는 '지분상환청구권'이 있다.

2 일반 기업의 고객에게는 '손님은 왕'이란 말처럼 권리가 있다. 물론 그 권리는 돈으로 사는 것이지만 말이다. 하지만 조합원은 권리뿐만 아니라 의무도 가지고 있다. 얼핏 반대되는 말인 것 같은 권리와 의무를 연결시켜 주는 고리는 바로 조합원이 주인이라는 사실이다. 협동조합은 조합원이 출자와 이용과 운영의 모든 측면에서 주인이기 때문에 주인으로서 권리와 의무를 지니게 된다. 주인 노릇을 하는 것이 '의무'이며, 주인 대접을 받는 것이 '권리'라고 할 수 있다. 마치 나라의 주인인 국민이 헌법에서 보장하는 '교육의 권리'를 갖지만 '교육의 의무'도 함께 가지고 있

를 갖는다. 조합원의 권리는 조합과의 사법관계에 따른 사권(私權)이며, 권리행사의 목적을 기준으로 공익권(共益權)과 자익권(自益權)으로 크게 나눌 수 있다. 공익권은 조합원이 자신들의 공동이익과 조합 발전을 도모하기 위해 조합 운영에 참여하는 권리를 말하는데, 여기에는 ① 총회에서의 의결권, ② 임원의 선거권 · 피선거권, ③ 총회소집 청구권, ④ 임원해임 요구권, ⑤ 서류열람 및 사본교부 청구권, ⑥ 검사 청구권 등이 있다. 반면 자익권은 조합원이 조합으로부터 받을 개인적 이익을 내용으로 하는 권리로서, ① 사업 및 시설 이용권, ② 잉여금 배당 청구권, ③ 지분환급 청구권, ④ 잔여재산 분배 청구권 등이 있다.

반면에 조합원은 조합에 대해 다음과 같은 의무를 가진다. 여기에는 ① 출자금 납입 의무, ② 경비 부담 의무, ③ 과태금 납부 의무, ④ 손실액 부담 의무, ⑤ 사업 및 시설이용 의무 등이 있다.

는 것과 같은 이치다. 협동조합의 사업을 이용하는 것은 권리이자 의무이며, 사업이 잘되어 번 돈을 나눠 가지는 것은 권리이지만, 사업이 안되어 손해를 보게 되면 그것을 감당해야 하는 것도 조합원의 의무다. 이처럼 조합원의 권리와 의무는 동전의 양면이라 하겠다. 조합원의 의무는 1) 조합 운영을 위한 기본적인 의무인 '기본의무'와, 2) 운영하는 가운데 문제가 발생할 때 책임을 지는 '부가의무'로 나눌 수 있다. 기본의무는 1) 조합사업에 필수적인 자본을 조달하는 '출자금 납입 의무'와, 2) 운영 시 필요한 경비를 사업에 참여하는 조합원이 제공하는 '경비부담 의무'가 있다. 구매수수료, 판매수수료가 이에 해당한다. 또한 3) 조합사업 · 시설을 이용하는 것도 의무에 속한다. 조합원은 반드시 조합의 사업을 이용해야 한다. 종종 협동조합 최고의 모범사례로 소개되는 덴마크의 데니시크라운 양돈협동조합은 정관에 '조합원이 생산한 돼지는 모돈과 자돈의 일부를 제외하고 전부 조합으로 출하한다'라고 강한 의무를 부가하고 있다. 부가의무는 1) 조합원이 조합사업을 이용하지 않거나, 불성실하게 이용하여 조합과 다른 조합원에게 손해를 끼칠 때 사전에 정한 과태료(벌금)를 납부해야 하는 '과태금 납부 의무'와, 2) 잉여금배당 청구권과 맞상대가 되는 조합경영이 적자를 보면 그 적자를 조합원이 나눠서 해결하는 '손실액 부담 의무'가 있다.

다. 조합원의 참여

협동조합에 있어 조합원의 참여는 매우 중요한 의미를 지니고 있다. 이는 단순히 협동조합에 가입하고, 총회나 각종 회의에 참가하는 것만을 뜻하는 것이 아니라 가입과 동시에 조합운영에 적극적으로 참여하고 각종 사업과 시설 및 서비스를 적극 이용해야 한다는 것을 의미한다. 그럼에도 불구하고 현실적으로 수면(睡眠) 조합원이 있다는 것은 조합원의 참여의 의무가 제대로 지켜지지 못하고 있다는 증거이다.

또한 조합원 가운데는 운영에만 참가하고 사업은 이용하지 않는다든지, 총회에는 출석해도 토의에는 참여하지 않는다든지, 대출은 받아도 생산물은 계통 출하하지 않는 이른바 기회주의적인 조합원도 있다. 조합원과 조합 간에 이와 같은 관계가 고착화될 경우, 조합원은 상인과의 거래가 조금만 유리하면 협동조합을 외면하고 상인과 거래를 하다가도 상황이 불리해지면 협동조합이 보호우산의 역할을 담당해 주기를 요구하고 기대하게 되는 등 결국에는 협동조합의 소유자라기보다는 고객의 입장에서 행동하는 현상이 나타나게 된다.

그러므로 협동조합은 이러한 조합원을 활성 조합원으로 유도하기 위한 제도적 뒷받침과 노력을 기울여야 한다. 이를 위해서는 강제적 수단이나 방법을 사용해서는 안 되며, 다른 기업보다 더 나은 경제적 편익을 제공하는 등의 노력을 기울여야 한다. 이것이 이른바 조합원 관계(Membership Relation)의 유지 · 증진이다. 조합원 경제와 조합의 사업 및 경영에 관련된 각종 정보를 정확하고 신속하게 제공해 주어야 한다는 것도 조합원 참여를 유도하기 위한 필수 요건이다.

조합원의 '내 조합' 의식의 함양 및 강화는 협동조합 경영이 지니고 있는 취약성을 어느 정도 완화할 수 있으며, 또 일반 사기업과의 경쟁에서 협동조합의 자위력과 대항력을 발휘할 수 있는 기반이 된다. 협동조합을 인적 단체라고 하는 까닭은 자본에 우선하여 인간을 존중한다는 일면도 있지만, 시장에서 거래 상대방에 대한 불리함을 인적 조직의 힘으로 극복한다는 데에도 그 이유가 있다.

3. 의사결정기관으로서 총회 또는 대의원회

조합원은 총회를 통해 자신의 이해를 경영에 반영할 수 있다. 나아가 협동조합의 경영이 조합원을 위해 수행되었는지 평가하고, 조합장과 이사회를 비롯한 협동조합 경영진에 대한 운영 책임을 물을 수 있다.

총회는 상설기관이 아니라 총회 회기 중에만 기능이 부여되는 일시적 · 반복적 기관이며, 최고의결기관으로 필수기관이다. 따라서 총회는 정관에 의해서도 이를 폐지할 수 없으며, 법령에 반하지 않는 한 모든 사항을 의결할 수 있다. 총회에서 하는 일은 각국의 협동조합이 비슷하다. 총회의 의결 사항은 정관변경, 해산 · 합병 또는 분할, 임원의 선출 · 해임, 사업계획의 수립, 수지예산의 편성, 결산승인 등이 있다.

그런데 조합원 수가 많고 구역이 광범위할 경우에 전체 조합원이 총회에 참여함에 따르는 번잡과 비능률을 피하고 효율적인 의사결정을 위하여 총회에 대신하는 총대회 또는 대의원회를 두기도 한다. 이때 총대회 또는 대의원회는 총회를 통해 직접투표로 의결해야만 하는 사항을 제외하고 총회에 갈음하여 농협의 의사를 결정할 수 있으며, 총회에 갈음하는 대의원회의 행위는 총회와 동일한 법적 효력이 있다.

협동조합의 규모 확대로 대부분의 협동조합이 총회 대신 대의원회를 운영하면서 일부 조합원들만이 직접 민주적 조직 운영에 참여할 수 있게 되었다. 이에 따라 최근 협동조합은 직접 조합 운영에 참여하지 못하는 대다수 조합원의 참여의식을 높이기 위해 다양한 방안을 도입 · 운영하고 있다. 조합원 간담회, 지역단위 모임, 연구 모임 등의 각종 모임을 주선하기도 하고 야간토론, 교양 및 여가활동의 장 등을 마련하기도 한다. 이 밖에도 조합원잡지, 조합회보, 요약 사업보고서 등을 통해 정기적으로 조합 운영의 정보를 제공하여 조합사업에 관심을 갖도록 유도하고 있다.

4. 업무집행기관으로서 이사회

협동조합의 집행기관으로는 이사회가 있다. 이사회는 조합의 업무집행에 관한 의사를 결정하는 회의체 성격의 기관으로서 조합장이나 상임이사와 같은 경영자의 업무집행에 앞서 심도 있는 토의를 행함으로써 업무 처리에 신중을 기하고 경영자의 독단과 전횡을 방지하여 민주적으로 조합을 운영하기 위해 설치된다. 이와 같이 이사회는 총회가 의결한 사항을 집행하기 위한 사항을 의결하는 기관일 뿐만 아니라 협동조합의 중요한 경영방침의 결정 또는 집행부의 업무 운영에 대한 견제 및 감시 기능을 동시에 수행한다. 이사회는 업무집행을 감시하기 위하여 조합의 중요 업무에 대하여 조합장 또는 관계직원에게 보고를 요구할 수도 있다.

이사는 통상 조합원 중에서 선임되며 협동조합과 이사와의 관계는 민법상 위임계약에 관한 규정을 따른다. 이사는 위임계약에 의한 수임자로서 위임의 본래 취지에 따라 선량한 관리자로서의 주의 의무를 갖고 위임사무를 수행해야 함은 물론 법령, 정관, 규정, 규약 등을 준수하여 조합을 위하여 충실히 그 직무를 수행해야 한다. 일반적으로 이사는 협동조합의 운영 방향에 관한 정책결정(policy decision)을 수행하며, 경영자는 이러한 방향에 따라 경영에 대한 의사결정(management decision)을 한다. 이사회는 조합원으로부터 권한을 위임받은 기관이므로 이사 개인의 관심 사항이나 그들이 대표하는 사람들의 이익을 대변해서는 안 된다.

이사회의 활동 계획은 정기적으로 계획되어야 한다. 이사회의 연간 정기 활동 계획이 없을 경우에는 이사회 운영이 의장이나 최고경영자에 의해 일방적으로 끌려다니게 됨으로써 이사회는 사전검토 등의 적극적인 활동보다는 수동적인 활동에 치우치게 되며, 발생된 문제 해결에만 급급하게 될 것이다. 정기 이사회의 의제로는 ① 회원자격-가입신청-등록, ② 예산집행 결과 및 성과, ③ 재정 및 현금보유 현황 등이며, 이사회의 정기 활동 계획으로는 ① 협동조합의 목표 및 조합원 혜택 재검토, ② 전략적 계획 수정, ③ 연간예산 수립, ④ 내부정책 재검토, ⑤ 최고경영자의 업적 검토, ⑥ 이사회 활동 결과 재검토, ⑦ 사업현장 방문 및 평가, ⑧ 인적자원 개발 검토 등이 포함된다.

이사회는 서로 다른 조합원 집단이나 이해관계자 집단을 대표하는 개인들의 집합체가 아니다. 이사회는 전체 조합원의 최대이익을 위해 행동할 의무가 있으며, 동시에 협동조합에 관련된 다른 이해관계자에 대해서도 적절히 고려해야 한다. 따라서 이사회도 협동조합의 기관 중 하나로서 책임과 권한이 주어진다(표 3-1 참조).

〈표 3-1〉 이사회의 권한과 책임

권한	책임
① 협동조합 규정개정과 관련한 권고 ② 잉여금배당, 출자 등 조합원의 승인이 필요한 사항 권고 ③ 조합원 가입, 교육 등 조합원 관련 정책 결정 ④ 감사에 의해 요청된 사항 실행 ⑤ 장기전략 및 계획의 검토와 승인 ⑥ 합병,3 이전 등 타 협동조합과 관련 사항 제안 ⑦ 연간 예산 운영의 수립과 통제 ⑧ 자본적 지출에 대한 주요 항목 승인 ⑨ 신규사업 진입 및 기존사업 처분 ⑩ 주요 집행임원의 선출과 해임 ⑪ 운영 통제체계의 승인과 감시 ⑫ 구입, 대여, 처분 등 모든 재산과 토지 거래에 관한 사항 의결 등	① 협동조합의 전략적 목표 설정 ② 전략을 수행하기 위한 리더십의 발휘 ③ 사업 경영 전반에 대한 감독 ④ 이사로서 조합원들에 대한 경영 현황 보고 등

3 농협경영을 위해 합병을 해야 한다는데, 조합원에게 이익인가, 손해인가? 현재의 읍면단위 농협만으로는 조합원들이 원하는 수준만큼 판매사업이나 구매사업이 발전하기는 어렵다는 점에는 대다수의 합의가 있다. 따라서 인근 농협들을 합병하여 농협의 규모를 키움으로써 신용사업의 효율성과 안정성을 높이고, 경제 사업에 대한 투자를 확대, 강화시키는 취지에서 합병론이 대두되었다. 합병의 필요성에 따라 협동조합구조개선법이 제정되고, 정부와 농협중앙회 차원에서는 다양한 지원책을 제시하며 지속적으로 합병을 유도하고 있다. 합병을 한다고 무조건 조합원에게 이익이 되거나 손해가 되지는 않는다. 국내는 물론 다른 나라의 합병 사례를 보면, 성공한 합병도 있는 반면 실패한 합병도 있다. 예상할 수는 있는 문제점을 보면, 조합원들의 조합 참여가 충분하지 않은 상황에서 합병을 하게 되면 조합원들의 조합에 대한 만족도가 낮아질 수 있다. 조합원의 수가 많아지는 만큼 조합원의 이해와 요구가 더 넓게 벌어져 비효율적으로 운영될 수 있다. 조합원에게 도움 되는 합병을 만들기 위해서는 합병의 과정과 목표를 달성할 수 있는 계획이 제대로 세워져야 한다. 합병하는 조합의 비전과 구체적인 실행계획을 수립하여 합병을 할 필요가 있다. 합병은 경영부실이 쌓이기 전에 충분한 시간을 가지고 준비해야 한다.

이사회가 조합원들로 구성되어 조합원의 이해를 대변하는 대표적인 기관이기는 하지만, 이사들 역시 일반 조합원 중에서 선출되기 때문에 농장 경영을 뛰어넘는 큰 사업조직의 경영에 대한 경험이 거의 없다는 한계가 있다. 따라서 협동조합은 이사들이 의사결정 및 경영감독에 대한 정보를 정기적으로 확보할 수 있는 조직체계를 갖추어야 하며, 신임 이사들을 중심으로 이사 역할에 필요한 교육이나 사전지식을 제공할 수 있어야 한다.

또한 이사회가 대농이나 지역 유지 등 특정 그룹의 조합원으로 구성될 경우 전체 조합원의 입장이 왜곡될 우려가 있으므로 이사회는 소위 다양한 조합원 그룹 또는 다양한 출신들로 구성되어야 한다. 이러한 대안으로 품목별 · 그룹별 이사할당제, 사외이사제 등이 거론되고 있다.

한편 협동조합의 업무내용과 기능이 복잡해지고 전문화됨에 따라 협동조합은 외부의 전문경영인을 이사회 구성원으로 임용하는 경향이 늘어나고 있다. 전문경영인은 대개 유급 상근이사로 임용되는데, 이러한 전문경영인은 비조합원이기 때문에 외부인에 의한 조합 운영의 지배를 우려하여 이사 정수 중 일정 인원 또는 일정 비율 이내에서 제한적으로 운용하는 것이 일반적이다.

우리나라의 경우 농협에는 자산 등 지역농협의 사업규모가 대통령령이 정하는 기준 이상에 해당하는 경우에는 조합장이 아닌 이사 중 1인 이상을 상임이사로 두도록 하였다. 상임이사는 대표권이 없으며, 업무집행권만 인정된다. 중앙회에는 이사회 운영의 전문성과 효율성을 도모하기 위하여 이사회 산하에 소이사회를 두고 있다. 일본은 5인 이상인 이사 정수 중 3분의 1을 비조합원인 전문경영인 출신 이사로 임용할 수 있도록 하고 있다. 또한 영국, 독일, 스웨덴 등 유럽의 경우에는 직원들에 의해 선출된 직원대표 이사가 근로자 참여법 또는 자체적인 합의에 따라 경영에 참가하기도 한다. 독일의 도르트문트 카젤 협동조합의 경우 50% 범위 내에서 직원대표 이사를 두고 있다.

5. 업무집행기관이자 대표기관으로서 경영자

경영이란 조직이 추구하는 목표를 달성하기 위해 인적 · 물적 자원을 효과적으로 배분하는 과정이며, 이러한 기능을 중추적으로 담당하는 자를 경영자라 한다. 일반적으로 협동조합의 경영자는 조합의 경영을 총괄하고 조합을 대표하는 조합장 등 최고경영자를 가리킨다(중앙회는 업무 내용에 따라 각각 대표권을 갖는 회장과 대표이사와 전무이사를 가리킨다). 협동조합의 경영자는 조합원으로 구성된 이사회나 총회 등에서 선임되며, 총회나 이사회에서 결정된 사항을 실행할 책임과 회의에 참여하여 의견을 진술할 의무 등이 있다. 또한 총회나 이사회의 결정 사항을 실행하는 데 필요한 세부적인 의사결정 권한도 가지고 있다.

이용자가 소유자인 조직 특성으로 인해 협동조합 경영자는 주식회사 경영자와 달리 그 역할이 광범위하고, 의사결정 과정에서 고려해야 할 요소도 많다. 주식회사의 경영자는 주주 이익 극대화를 위해 주가 상승과 배당 확대를 실현함으로써 기업 가치를 제고하면 되지만, 협동조합 경영자는 기업가치 상승과 함께 조합원 개별농장의 가치도 상승시켜야 하는 과제를 안고 있다.

또한 주식회사는 경영성과가 주식가격에 반영됨으로써 기업가치 상승이 주주들에게 자본이득을 안겨 주지만, 협동조합은 출자증권의 미상장 등 거래 제한으로 인해 출자가치가 고정되어 있기 때문에 조합의 기업가치 상승을 통해 조합원에게 돌아가는 이득이 극히 제한적이다. 더욱이 조합원들은 대부분 소액출자자이기 때문에 조합 전체의 경영성과보다는 개별 농장의 이익이라는 관점에서 조합경영을 통제하려는 경향을 보인다. 또한 경영자 입장에서도 자신의 경영성과가 주식가격과 같은 객관적 평가기준에 의해 정당하게 평가받지 못함에 따라, 경영성과를 증대시키더라도 조합원의 이익을 충분히 고려하지 않았을 경우 오히려 비판을 받기도 한다. 이와 같이 협동조합 경영자는 조합의 경영 수익과 조합원 개별농장의 이익이라는 두 가지 과제를 동시에 고려하여 경영 의사결정을 해야 하는 어려움에 처해 있다.

일반적으로 경영자는 조직 및 경영관리에 관한 충분한 지식과 현실판단 및 미래 예측 능력, 그리고 합리적인 결단력 등을 보유하여야 한다. 이에 덧붙여 협동조합 경영자에게는 이질적인 조합원 집단의 다양한 요구를 조정, 관리하는 리더십이 요구된다. 따라서 협동조합 경영자는 조합원의 의사를 반영하는 협동조합 경영의 특수성을 감안한 다음과 같은 의사결정 기술, 대인관계 기술, 목표설정 기술 등의 경영기법을 갖추고 있어야 한다.

첫째, 협동조합 경영자는 주식가치의 극대화에 집중하는 주식회사와 달리 협동조합의 경영 개선뿐만 아니라 조합원의 이익과 그 실행 가능성, 지역사회의 발전 등을 동시에 고려하는 의사결정을 하여야 한다.

둘째, 협동조합 경영은 이용자가 소유자인 협동조합의 특성상 주식회사 경영에 비해 광범위한 대인관계가 필요하다. 이로 인해 협동조합에는 주식회사와는 다른 의사소통 문제가 발생한다. 따라서 협동조합의 경영자는 조합원의 요구(needs)를 파악하기 위해 개별 조합원과도 자주 접촉하고 대화해야만 한다. 또한 1인1표의 민주적 통제구조로 인해 협동조합 경영에서는 의사소통 기술뿐만 아니라 정치적인 역량도 매우 중요하다. 경영자들은 이질적 조합원 집단 간에 발생하는 갈등을 해결하기 위해 정치적 역량을 적절히 발휘하여야 한다.

셋째, 명확한 단기, 중기, 장기의 목표설정은 협동조합의 효율적인 운영과 건실한 경영체 유지를 위해 중요한 경영기법이다.

또한 협동조합 경영자는 ① 이사회와 조합원들에 대한 올바른 경영정보 전달, ② 재고, 기계장치, 건물, 종업원 등 협동조합 자원의 효율적인 관리, ③ 건전한 기록 유지 및 회계 관행의 유지 등에 있어서 경영실수를 범하지 않도록 특히 유의하여야 한다.

경영자는 조직과 사업 운영에 있어서 매우 중요한 위치를 차지하고 있기 때문에, 유능한 경영자의 확보는 조합원 개별경제의 향상은 물론 협동조합의 발전을 위해서 매우 중요한 과제이다. 유능한 경영자를 확보하기 위해서는 경영성과에 대한 합리적인 보상체계가 필요한데, 조합원들은 경영자에 대한 높은 보상 수준에 대해서 주식회사의 주주들보다 훨씬 더 비판적이다. 조합원들은 비용 인상이나 이용고 배당금의 감소를 막기 위해 협동조합 경영자들이 낮은 보상을 받아들이기를 기대한다. 이에 따라 협동조합은 경쟁업체 수준에 상응하는 보상을 제공하고 유능한 경영자를 확보하는 데 있어, 높은 보상에 민감하고 비판적인 조합원들을 감안해야 하는 어려움에 처하게 된다.

협동조합의 성공을 위해서는 경영자의 역할이 매우 중요하다. 경영에 관한 권한과 책임을 가진 경영자가 얼마나 리더십을 발휘하여 효과적인 경영을 했는가에 따라 협동조합 경영의 성과가 달라지기 때문이다. 따라서 협동조합은 적격한 경영자를 선임하고, 경영성과에 대한 평가기준과 보상체계를 마련해야 한다. 하지만 경영자의 선임은 이사회에서 이루어지고, 이사회 구성원은 조합원에 의해 선출되므로 협동조합 경영의 궁극적인 책임은 결국 조합원에게 있다.

6. 감사기관

이사회는 협동조합의 자산을 보호해야 하는 주요 책임을 가지고 있으며, 실제로 이사들은 조합원을 대표하는 수임자로서 신뢰받을 수 있는 행동을 해야 한다. 이러한 이사회의 역할을 뒷받침하기 위해 경영현황에 대한 정확한 정보제공이 필요하다. 또한 조합장, 이사, 경영자, 직원 등 협동조합 경영에 참여하는 사람들은 누구나 유혹을 받을 수 있기 때문에 업무상의 과실이나 비리 등에 대한 점검이 필요하며, 조직간의 적절한 견제와 통제가 필요하다. 이러한 이유로 협동조합은 감사기관을 두게 된다.

감사기관은 협동조합의 내부통제 제도로서 재산 상황과 업무집행 상황을 감사하게 되는 필치기관이며 상설기관으로 총회에서 선출한다. 감사는 감사권 이외에 집행기관을 견제하는 기능을 가진다.

협동조합에 대한 통제와 감독기능은 내부감사 제도뿐만 아니라 감사의 독립성을 유지하기 위해 외부감사 제도를 통해 이루어지는 경우도 있다. 오스트리아와 독일의 협동조합의 경우에는 법률 또는 정관에 의거해 매년 외부감사를 받도록 되어 있다. 외부감사기관에는 조합원 총회에서 위임한 외부 전문감사기관이나 협동조합연합회 등이 있다. 일부 협동조합에서는 조합원 중에서 특별감사관을 지명하여 감사의 활동을 감독하고 조합의 사업활동과 의사결정이 조합원의 이익 증진에 기여하고 있는지를 평가하기도 한다.

우리나라 농협의 경우 회원농협에는 내부감사를 두고 있으며, 중앙회에는 종전의 감사에 갈음하여 2004년 말 농협법 개정을 통해 중앙회 재산과 업무집행 상황을 감사하기 위하여 이사회 내에 감사위원회를 두고 있다. 감사위원회는 회의체로서 종전의 1인 감사가 가진 오류를 최소화할 수 있다는 장점이 있어서, 선진화된 경영지배구조로서 은행법과 상법에서도 도입하고 있다. 감사위원회는 이사회의 하부조직이고, 법적 성격도 소이사회와 동일하나 권한에 차이가 있을 뿐이다. 한편 중앙회에는 회원조합의 감사를 목적으로 설치된 조합감사위원회도 있는데, 이는 중앙회의 감사를 목적으로 한 감사위원회와는 그 성격이나 설치 목적이 다르므로 구별해야 한다. 또한 중앙회는 감사위원회 제도의 한계(상시감사가 어렵고, 전문경영인의 전횡에 대한 견제가 어려움)를 보완하고 내부통제를 위하여 준법감시인(Compliance officer)을 별도로 두고 있다.

학습문제 풀이

[1] 조합원의 권리와 의무에 관한 설명으로 틀린 것을 고르시오.

① 조합원의 권리는 공익권과 자익권으로 구분된다.

② 조합원의 의무에는 출자금 납입, 경비 부담, 손실액 부담 등이 포함된다.

③ 조합원의 자익권은 잉여금배당 청구권, 서류열람 청구권 등을 포함한다.

④ 조합원의 공익권은 총회의결권, 임원선출권, 임원해임요구권 등을 포함한다.

정답 3번

해설 서류열람 청구권은 공익권에 해당된다.

[2] 권리의무주체로서의 조합원에 대한 설명 중 틀린 것은?

① 조합원은 독자적으로 자기의 경제활동을 유지한 채 가입한다.

② 조합원은 경제적 · 사회적 불이익을 당하기 쉬운 분야에서 협동조합과 함께 극복한다.

③ 조합원의 권리는 협동조합과 민법관계에 다른 민권이다.

④ 협동조합은 수면 조합원을 활성 조합원으로 유도하기 위한 노력이 필요하다.

정답 3번

[3] 조합원의 참여에 관한 설명으로 틀린 것을 고르시오.

① 협동조합 운영 참가가 중요하다.

② 협동조합 사업 이용이 강조된다.

③ 수면 조합원 확대를 강조한다.

④ 사업과 경영 정보를 제공한다.

정답 3번

해설 수면 조합원(sleeping member)은 사업 이용이 없는 조합원이다.

[4] 협동조합의 총회에 대한 설명으로 적합하지 않은 것을 고르시오.

① 협동조합의 최고의결기관이다.

② 정관에 의해 폐지할 수 있다.

③ 정관 변경과 해산 또는 합병을 의결할 수 있다.

④ 대규모 협동조합은 대의원회가 총회를 갈음할 수 있다.

정답 2번

해설 총회는 필수기관이다.

[5] 의사결정기관으로서 총회 또는 대의원회에 대한 설명으로 옳은 것은?

① 총회는 상시기관으로 최고의결기관이며, 필수기관이다.

② 조합원은 총회를 통해 자신의 이해를 경영에 반영할 수 있다.

③ 대의원회는 총회의 하위기관으로 모든 사항의 의결 권한은 총회에 있다.

④ 총회는 협동조합 경영진에 대한 운영책임을 물을 수 없다.

정답 2번

[6] 업무집행기관으로서 이사회의 특징이 아닌 것은?

① 이사는 통상 조합원 중에서 선임되며, 협동조합과 민법상 위임계약에 따른다.

② 이사는 협동조합의 운영 방향에 관한 정책결정을 수행한다.

③ 신임 이사를 중심으로 이사 역할에 필요한 교육이나 사전지식을 제공해 주어야 한다.

④ 이사회의 활동 계획은 임시적으로 계획되어야 한다.

정답 4번

[7] 협동조합의 이사회에 관한 설명으로 적절하지 않은 것을 고르시오.

① 회의체 성격의 집행기관이다.

② 이사는 통상 조합원 중에서 선출된다.

③ 이사회는 경영자에 대한 감시 기능을 수행한다.

④ 이사는 자신을 선출한 조합원의 이익을 대변한다.

정답 4번

해설 이사는 전체 조합원의 이익을 대변한다.

[8] 업무집행기관이자 대표기관으로서 경영자에 대한 특징이 아닌 것은?

① 협동조합 경영자는 기업가치 상승과 함께 조합원의 가치도 상승시켜야 한다.

② 경영자에게는 의사결정 기술, 대인관계 기술, 다양한 경영기법을 갖추고 있어야 한다.

③ 유능한 경영자면 조합원의 의사와 상관없이 높은 보상을 주어도 상관없다.

④ 협동조합 경영자는 조합원으로 구성된 이사회나 총회 등에서 선임된다.

정답 3번

[9] 집행기관에 대한 견제와 통제를 위한 감사기관에 대한 설명으로 옳은 것은?

① 협동조합의 내부통제 제도로서 재산 상황과 업무집행 상황을 감사하기 위한 필치기관이다.

② 협동조합에 대한 통제와 감독 기능은 내부감사 제도로서만 이루어진다.

③ 우리나라 농협의 경우 대의원회 내에 감사위원회를 두고 있다.

④ 오스트리아와 독일의 협동조합에서는 조합감사위원회를 두고 있다.

정답 1번

[10] 협동조합의 경영자에 관한 설명으로 틀린 것을 고르시오.

① 협동조합의 기업 가치와 함께 조합원 경영의 가치 제고를 추구한다.

② 조합원과의 의사소통 역할이 중요하다.

③ 경영 성과에 대한 객관적 평가가 용이하다.

④ 이사회와 조합원에 대한 경영정보 제공 역할이 강조된다.

정답 3번

해설 경영 성과에 대한 객관적 평가가 어렵다.

[11] 협동조합의 감사기관에 관한 설명으로 틀린 것을 고르시오.

① 이사회와는 엄격하게 구분된다.

② 외부감사 제도를 운영할 수도 있다.

③ 일반적으로 총회에서 선출된다.

④ 협동조합의 내부통제 제도이다.

정답 1번

해설 이사회 내부에 감사위원회를 운영하는 경우도 있다.

[12] 협동조합 조직의 구성요소가 아닌 것을 고르시오.

① 조합원과 고객 ② 감사기관

③ 이사회 ④ 경영자

정답 1번

해설 고객은 협동조합 조직이 아니다.

[13] 협동조합 조합원의 정체성에 해당하지 않는 것을 고르시오.

① 소유자 ② 운영자

③ 이용자 ④ 경영자

정답 4번

해설 경영자는 조합원이 아닌 전문가이다.

[14] 협동조합 조직 운영에 대한 설명으로 틀린 것을 고르시오.

① 이사회와 경영자는 주인-대리인 관계에 해당한다.

② 조합원과 대의원은 주인-대리인 관계에 해당한다.

③ 조합원과 이사회는 주인-대리인 관계에 해당한다.

④ 조합원과 총회는 주인-대리인 관계에 해당한다.

정답 4번

해설 총회는 전체 조합원이 참여하는 최고의결기관이다.

[15] 영리 주식회사에 대비한 협동조합 조직 운영의 특성이 아닌 것을 고르시오.

① 조합원의 경영 참여가 강조된다.

② 이사회의 의사결정 범위가 넓다.

③ 조합원의 소유권 행사가 확대된다.

④ 경영자의 의사결정 권한이 제한된다.

정답 3번

해설 조합원의 소유권은 상대적으로 제한된다.

★ OX 퀴즈

협동조합의 조합원과 주식회사의 주주는 일반적으로 소유자인 동시에 이용자이며, 운영자의 역할을 한다. (×)

이사회는 조합의 업무 진행에 관한 의사를 결정하는 회의체 성격의 국방부직할부대 및 기관으로서 경영자의 독단과 전횡을 방지하여 민주적으로 조합을 운영하기 위해 설치된다. (○)

| 제2절 협동조합의 재무

1. 개관

협동조합은 조합원이 필요로 하는 사업과 활동을 수행하기 위해 자본을 조달해야 한다. 로치데일 공정개척자조합과 같은 초기 소비자 협동조합들은 일용품을 구입하여 저렴한 가격으로 조합원에게 판매하는 단순 중개 업무에 주로 종사하였기 때문에 자본조달의 필요성이 그다지 크지 않았다. 그러나 농업협동조합과 같이 설비투자가 필요한 생산자협동조합의 경우에는 부지와 시설구입 등을 위해 자본을 조달해야 할 필요성이 상당히 크다.

최근에는 시장이 글로벌화됨에 따라 협동조합이 다국적기업 등과 경쟁해야 하는 어려움에 처해 있다. 농업협동조합은 정보의 수집분배, 기술혁신, 비용절감 등을 위한 투자를 확대해야 하며, 이에 따라 자본에 대한 요구도 더욱 증가하고 있다. 특히 위험에 대비한 자본인 자기자본은 사업체의 신용도를 측정하는 지표가 되는데, 우리나라의 농협과 같이 금융 사업을 겸영하는 협동조합의 경우에는 BIS 자기자본비율을 맞추어야 하므로 자본조달의 중요성이 더욱 크다.

협동조합은 이와 같이 계속기업으로 존재하고 시장에서 살아남기 위해 자본을 확충해야 할 필요성이 높아지고 있지만, 경영 여건과 관련 법제의 제약으로 인해 자본조달에 어려움을 겪고 있는 경우가 많다. 이에 따라 최근에는 일부 협동조합을 중심으로 자본증대 요구를 충족시키고자 새로운 자본조달 제도를 도입하고 있다.

2. 협동조합 자본의 구성

가. 자기자본

자기자본은 총자산에서 타인에게 빌린 부채를 제외한 자본을 말한다. 협동조합은 사업을 유지하고 경영 악화에 대비하는 한편, 조합의 신용 유지 등을 위해 자기자본을 필요로 한다. 자기자본은 협동조합이 사업에 실패할 경우 출자자가 출자액의 일부 또는 전부를 잃어버릴 위험(Risk)을 감수해야 하는 위험자본(Risk Capital)이다. 자기자본은 위험자본으로서 타인자본을 보호하는 역할을 하기 때문에 자기자본이 클수록 타인자본(부채)을 차입하는 데 유리하며, 투자자나 대출자는 자기자본의 적립 정도를 파악하여 협동조합에 대한 투자안전성을 평가하게 된다.

협동조합의 자기자본은 일반적으로 조합원의 출자(분할 자본)와 공동자본(비분할 자본)으로 구성된다. 조합원의 출자는 주로 조합원 가입비, 보통주, 조합원증서, 조합원에 대한 이용고 배당의 내부유보 등을 통해서 이루어지고, 공동자본은 주로 이익잉여금의 내부유보(적립금)를 통해서 이루어진다.

나. 타인자본(부채)

타인자본은 협동조합이 사업을 확대하고자 할 때, 조합원으로부터 모든 자금을 조달할 수 없기 때문에 외부로부터 차입한 자금을 말한다. 타인자본은 자기자본과 달리 협동조합에 대한 소유권이 부여되지 않고 상환기간이 고정되어 있는 일시적인 자본이며, 고정이자를 지불하게 된다.

협동조합의 재정은 경제 환경에 따라 수시로 변하고 조합원의 경제 여건과 밀접하게 연계되어 있기 때문에, 부채 조달의 필요성은 환경과 경영자의 판단에 따라 달라진다. 그러나 사업 순이익이나 이자율의 변동이 심한 경우 부채의 비중이 높다면 조합의 경영이 매우 위험해지므로 적정한 수준의 부채를 유지하는 것이 중요하다. 이는 협동조합이 배당이나 자본의 내부유보를 고려하여 이자 지급 능력 범위 내에서 부채를 차입해야 함을 의미한다.

협동조합은 주로 협동조합은행, 상업은행, 보험회사, 정부기관, 리스회사 등으로부터 차입을 하며, 채권을 발행하기도 한다. 특히 협동조합은행과 같은 특별한 대부기관이 있다는 점에서 다른 경쟁기업보다 자금을 조달하는 데 유리한 입장에 있다. 또한 조합원, 정부, 타 협동조합으로부터도 차입할 수 있다.

한편, 우리나라 농협과 같이 협동조합이 신용사업을 직접 담당하는 경우 조합원으로부터의 직접적인 차입 대신 예수금의 형태로 자금을 확보하게 되는데, 이러한 측면에서 예수금도 협동조합이 상환해야 할 부채에 포함된다.

3. 협동조합의 전통적 자본조달 방식

가. 자기자본의 조달

1) 조합원의 직접출자

조합원의 출자금은 협동조합이 사업과 활동을 수행해 나가는 데 있어 가장 기본이 되는 자금이다. 출자금은 조합원 자격을 획득하는 조건이 될 뿐만 아니라 조합의 대외적 신용도를 나타내는 지표가 된다. 협동조합의 출자금이 주식회사의 자본금과 그 성격이 다른 것은 투기 및 고율배당에 목적을 둔 것이 아니라 조합원의 욕구를 실현하기 위해 조합원 스스로가 갹출한 것이라는 점이다. 협동조합의 출자금은 다음과 같은 몇 가지 특성을 지니고 있다.

첫째, 출자금은 1좌당 금액을 최소한의 금액으로 한다. 협동조합은 경제적 약자들로 구성되므로 조합원의 자격취득 요건이 되는 출자금의 1좌당 금액은 누구나 쉽게 부담할 수 있는 수준으로 한다. 이마저도 부담하기 어려운 조합원을 위해 분할 납입을 허용하는 협동조합도 있다. 출자 1좌당 금액을 정하는 기준은 그때그때의 경제적 상황을 감안하여 결정되지만 가입자유가 보장되는 수준에서 결정되어야 한다. 로치데일 공정개척자조합의 발기인들은 출자 1좌당 금액을 갹출하는 데 무려 1년이나 걸렸다고 한다. 우리나라 농협의 경우 1961년 설립 당시에는 조합원당 출자 1좌의 금액이 4,000환이었으며 납입 방법도 여러 차례 나누어 불입하도록 하였다. 그 후 경제 사정의 변화에 따라 출자 1좌당 금액은 1970년에 1,000원, 그리고 1995년에는 5,000원으로 변경되었다.

둘째, 조합원의 출자 최고한도를 제한한다. 협동조합은 일정한 자격을 갖춘 사람은 누구나 조합원이 될 수 있도록 문호를 개방하는 것을 원칙으로 하기 때문에 조합의 출자 총좌수를 제한하지는 않으나 조합원 1인당 출자금의 최고 한도는 제한한다. 이는 특정 개인의 자본지배력을 막기 위한 것이다. 즉, 특정인이 다액 출자로 조합을 직 · 간접적으로 지배하는 것을 방지하기 위한 것이다. 자본결합체의 대표적 사례인 주식회사의 경우 주주 1인의 출자금액에 제한을 두지 않고 있어 자본력이 있는 소수의 사람에 의해 지배되는 것과는 상이한 점이다. 우리나라 농협은 설립 당시에는 조합원당 출자가 100좌를 초과할 수 없도록 되어 있었으나, 사업규모가 커짐에 따라 1998년 9월에는 10,000좌로 확대하여 조합원 1인당 5,000만 원까지 출자할 수 있게 되었다.

셋째, 출자금에 대한 이자배당을 제한한다. 협동조합은 조합 자체의 수익보다 조합원의 경제적 이익 증대를 목표로 하고 있는바, 이러한 목표에 충실하게 원가주의 원칙에 따라 사업을 한다면 잉여금은 발생하지 않을 것이다. 그러나 사업의 추진과정에서 원가계산상의 어려움이나 시가판매 등의 이유로 잉여금이 발생하게 되는데, 이 잉여금은 이용자인 조합원에게 귀속되는 것이 원칙이다. 그러나 출자금에 대한 보수를 전혀 지급하지 않는다면 출자금의 조달이나 조달된 출자금의 유지가 어려울 것이기 때문에 일반기업의 배당금과는 다른 출자금에 대한 이자 성격으로 보수를 지급한다. 그런데 자본금에 대한 이자지급 수준은 시장이자율 또는 그보다 낮은 이자율을 적용하는 것이 일반적이다. 그 이유는 협동조합이 기업과 경쟁하기 위해서는 자본 확대가 필요한 데, 조합원들로부터 출자금을 늘리는 데에 한계가 있으므로 이자배당 후 남은 잉여금을 내부유보 함으로써 경영기반을 구축하려는 것이다.

2) 배당금의 내부유보(Retained Patronage Refunds)

배당금의 내부유보는 협동조합이 순이익의 일부를 조합원별로 할당은 하되 지급하지 않고 협동조합이 보유하는 것으로, 조합원에게는 해당 금액만큼의 출자증권이 제공된다. 이것은 조합원이 협동조합의 배당금을 가지고 출자하는 새로운 방법으로 조합원의 부담이 적으면서 자금조달이 용이하기 때문에 많이 활용되고 있는 제도이다.

이러한 방법은 구매농협, 서비스농협에서 많이 활용되고 있으며, 협동조합의 사업을 이용하고 있는 비조합원의 경우 배당의 대가로 받는 출자증권이 쌓이게 되면 현금출자 없이도 조합원이 될 수 있는 장점이 있다.

그러나 조합원이 이러한 내부유보를 협동조합에 대한 투자보다는 협동조합이 자신에게 진 빚으로 생각하기 쉽기 때문에 협동조합 경영이 악화되어 유보금을 반환할 수 없을 경우 큰 문제가 발생할 수 있다. 따라서 내부유보를 실행하기 위해서는 먼저 내부유보금은 위험자본으로서 이익을 받을 수도 있고 소실될 수도 있음을 조합원에게 이해시켜야 한다.

우리나라 조합의 경우 순이익 중 일부를 이용고 배당을 하지 않고 총회에서 금액을 정하여 출자금으로 전환하고 있으며, 일정 기간이 지나면 이사회의 결정으로 조합원에게 지분을 상환하는 회전출자 제도와 연계하여 활용하고 있다.

3) 공동자본(unallocated equity)

공동자본은 비분할자본이라고도 하며, 협동조합의 순이익이 조합원에게 지분별로 배당되지 않고 협동조합에 내부 유보되는 것을 말한다. 이는 조합원의 사업 이용과 무관한 이자나 지대수익으로부터 얻어진 이익으로 조합원에게 배당하기 어려운 성격의 수익이다. 이러한 이익은 주로 자산의 장부가격과 시장가격의 차이, 비조합원과의 사업 등에서 발생한다.

우리나라에서는 적립금이라는 용어를 사용하고 있는데, 협동조합의 경영이 악화되거나 불가항력적인 사유로 인해서 조합에 손실이 발생할 경우에 대비하여 그 손실보전의 준비금을 마련하고, 조합의 건전한 발전을 도모하기 위해 재정적 기초를 튼튼히 하는 한편, 대외적 신용도를 확보하기 위하여 매 회계연도에 이익잉여금의 일부를 적립하는 것을 말한다. 적립금의 종류에는 법정적립금, 자본적립금, 법정이월금 및 임의적립금 등이 있다.

협동조합이 공동자본을 적립하게 되면, (가) 조합원에 대한 출자상환 여부를 유연하게 결정할 수 있어 장기적인 자본계획 수립이 가능하고, (나) 일상적인 자본축적이 곤란한 비상시를 대비하여 자본준비금으로 활용할 수 있으며, (다) 경영손실에 대비한 자원으로도 활용할 수 있다는 장점이 있다.

반면, 이러한 공동자본의 운영은 협동조합 운영에서 몇 가지 문제점을 안고 있다.

첫째, 순수익을 공동자본으로 축적하면 원가주의 원칙에 위배될 뿐만 아니라, 공동자본에 대한 개별 조합원의 소유권이 불명확해지게 된다. 이로 인해 조합과 조합원의 연대가 약화될 수 있고, 조합원이 협동조합 자본에 대한 정확한 개념을 갖기 어려워지며, 협동조합에 대한 조합원의 소유권 상실로 이어질 수 있다.

둘째, 협동조합에 대한 지원 등을 받기 위해 조합원의 지분이 일정 비중을 차지해야 하는 요구를 받을 때 공동자본의 비중이 너무 커서 애로를 겪을 수 있다. 예를 들어 미국의 경우 농업인이 협동조합의 조합원이란 명분으로 정부의 농업인 지원 프로그램인 상품 대부(commodity loan)를 받으려면 대상 협동조합은 조합원 지분이 전체의 50%를 초과해야 한다.

셋째, 공동자본이 커질 경우, 경영진은 조합원의 통제로부터 멀어져 조합원의 이익과 동떨어진 의사결정이나 단기 업적 중심으로 협동조합을 경영할 우려가 있다. 배당과 경영이익 측면에서 경영진의 조합원에 대한 책임감이 약화되며, 지분을 적게 가지고 있는 조합원은 협동조합의 경영에서 관심이 멀어짐에 따라 경영자를 적극적으로 통제하지 않을 가능성이 있다.

넷째, 공동자본이 커질 경우, 몇몇 조합원들은 신규 조합원의 참여로 공동재산의 소유권이 줄어드는 것을 우려하여 청산을 주장하거나 신규 조합원의 가입을 반대할 우려가 있다.

다섯째, 공동자본은 협동조합이 설립된 이후 계속해서 형성된 것이므로 협동조합이 청산하는 경우 공동자본을 동등하게 배분하기란 거의 불가능하다.

결국 순이익 중 얼마를 공동자본으로 적립할 것인가가 중요해지는데, 이는 주장하는 사람에 따라 다르다. 라이파이젠은 출자금에 대해서 저율의 이자를 지불하고 남는 순이익은 모두 공동자본으로 적립하고, 심지어 조합원이 탈퇴하거나 조합이 해산할 때에도 이를 조합원에게 분배하지 않고 타 조합의 설립자금 또는 기타 공공사업에 사용할 것을 주장하였다. 부세는 매 회계연도 순이익의 20%를 적립하여 순수한 조합재산으로 하되 조합원의 탈퇴와 조합의 해산 시에도 이를 분배하지 않고 타 조합 또는 공공단체에 귀속시킬 것을 주장하였다.

나. 타인자본의 조달

1) 예수금

협동조합에서 예수금은 조합원으로부터 받는 예금을 말한다. 협동조합은 자금 여유가 있는 조합원으로부터 받은 예금을 재원으로 자금이 부족한 조합원에게 대출하는데, 이러한 점에서 협동조합의 예수금을 '상호금융'이라 한다. 예수금으로 조성된 자금은 자금을 필요로 하는 조합원에게 대출하는 것이 주된 목적이지만, 조성된 예수금의 일부를 협동조합의 사업자금으로 사용할 수도 있다. 예수금의 타 사업 부문으로의 전용은 신용사업의 안정성 확보를 위해 제한적으로 허용되는 것이 일반적이다. 우리나라 농협의 경우 신용사업으로 조달한 자금의 타 사업 부문으로의 자금 운용은 예수금의 100분의 20에 해당하는 금액을 초과할 수 없도록 되어 있다.

오늘날 세계의 여러 협동조합들은 늘어나는 자금 수요에 대응하여 좀 더 많은 자금을 조합원에게 지원하고, 또한 이를 협동조합의 사업자금으로 활용하기 위해 조합원 이외에 비조합원의 여유자금도 예수금으로 받아들이고 있다.

2) 차입금

차입금은 조합 사업에 필요한 자금이 부족할 때에 대출이나 채권발행 등의 형태로 외부에서 빌리는 부채성 자금이다. 자본주의적 자유경쟁이 심화되고 있는 가운데 협동조합이 이러한 경쟁에 대응해 나가면서 자신을 유지해 나가려면 더욱더 많은 자금을 필요로 한다.

그러나 협동조합은 주식회사와 같은 기업에 비해 외부로부터의 차입에 제약이 많은 편이다. 이는 협동조합이 외부자본에 의해 지배되는 것을 방지함과 아울러 차입금의 증가에 따른 조합경영의 부실을 방지함으로써 협동조합이 자율성을 유지하면서 건전한 발전을 도모하도록 하기 위한 것이다. 이를 위해 협동조합은 통상 차입대상 및 차입금액을 제한하는 것이 일반적이다.

이와 같이 외부차입이 제한적으로 허용되고 있는 협동조합으로서는 자금의 차입을 주로 협동조합 간 협동에 의하여 해결하고 있다. 즉 연합조직 내에 중앙금고를 설치하여 자금 여유가 있는 조합은 중앙금고에 예치하고 자금이 부족한 조합은 중앙금고로부터 차입하는 계통금융 체제를 갖추고 있다. 우리나라의 경우 중앙회가 협동조합은행 기능을 담당하면서 조합에 부족한 자금을 대부해 주거나, 조합이 보유한 과도한 예수금의 자금운용을 대행해 주고 있다.

4. 전통적인 자본조달 방식의 특징과 한계

가. 전통적인 자본조달 방식의 특징

협동조합의 자본은 기본적으로 조합원이나 준조합원이 제공하는 가입금과 출자금, 사업이익의 내부유보 등을 통해 조달된다. 이러한 자본은 조합원이 요구하는 사업 유지, 경영안정, 협동조합의 신용 유지 등을 위해 필요하다. 협동조합의 자본조달 제도는 단순히 경영 이익을 중심으로 한 자금의 조달 및 배분에 국한되는 것이 아니라, 조합원이 이용자이고 소유자이며 통제자인 협동조합의 특성을 감안하여 운영되고 있다. 이는 협동조합이 소수의 조합원을 위해 운영되지 않도록 다수 조합원으로부터 균형 있게 자금을 조달하고, 조합원에 대한 이익배분은 공평하게 이루어져야 함을 의미한다.

협동조합은 이용자가 소유하고 통제하는 사업체로서, 투자자가 소유하고 통제하는 주식회사와는 다른 독특한 자본조달 제도를 초기부터 가지고 있다. 전통적인 협동조합의 자본조달 제도는 로치데일 공정개척자조합의 정신을 계승한 ICA의 협동조합 원칙에 잘 나타나 있다. 소비자 협동조합인 로치데일 공정개척자조합의 정신에 따라 전통적인 협동조합은 조합원의 이용을 중심으로 한 소유-통제구조를 가지고 있으며, 자본조달 제도 또한 이러한 구조를 반영하고 있다. 협동조합의 자본조달 제도 특징을 살펴보면 다음과 같다.

〈표 3-2〉 협동조합과 주식회사의 자본금 제도 비교

구분		협동조합	주식회사
소유권	자격	이용자-조합원	불특정 다수
형태		집단적 소유	개별적 소유
이전		거래 양도가 제한됨 (2차 시장 없음)	거래 양도의 자유 (2차 시장 존재)
통제권	의결권	이용자-조합원	투자자(주주)
투표권		1인1표 원칙	주식 수에 비례
의사결정		이사회 주도	경영자 주도
수익권	이익배분	이용고 배당 중시	투자배당
출자상환		책임 있음(액면가)	책임 없음
투자배당		제한	제한 없음

첫째, 소유권의 측면에서 살펴보면, 협동조합은 투자보다는 이용을 중시하고 있다. 이용자인 조합원만이 출자를 하는 것을 원칙으로 하여 이용자-소유자(User-Owner) 관계를 유지한다. 조합원의 출자금이 협동조합 자본의 원천이며, 출자는 조합원 자격을 획득하는 조건이기도 하다. 이러한 협동조합 소유권의 특성은 가입의 자유, 최소의 출자금, 지분의 거래나 양도의 제한으로 이어진다.

둘째, 통제권의 측면에서 살펴보면, 민주성(동등성)을 중시한다. 자본력을 이용한 특정 개인의 협동조합 지배를 방지하기 위해 조합원 1인당 출자 한도를 제한하기도 하며, 출자액의 많고 적음에 상관없이 의결권에서 1인1표를 원칙으로 한다. 또한 협동조합은 출자증권의 거래와 양도를 제한하고 있다. 출자증권에 대한 거래와 양도를 제한하는 것은 만일 출자의 거래와 양도를 허용할 경우 소수의 조합원이 지분을 매집할 수 있고, 이에 따라 조합이 소수에 의해 좌우될 여지가 있기 때문이다. 결과적으로 협동조합에는 주식시장과 같이 출자지분을 거래할 자본시장이 발달되어 있지 않다.

셋째, 수익권의 측면에서 살펴보면, 협동조합은 이용고 배당을 중시한다. 협동조합은 투기적 자본수익을 억제하기 위해 출자배당을 제한하고 이용고 배당을 장려한다. 조합원의 출자를 촉진하기 위해 출자배당을 실시하지만, 이때에도 배당의 최고한도를 정하는 등 제한적으로 실시하고 있다(우리나라는 10%, 미국은 8%로 출자배당률을 제한하고 있다). 따라서 조합원에게 자본이익보다는 사업이용에 의한 이익을 제공하며, 잉여금이 발생할 경우 출자배당보다는 이용고 배당을 통해 조합원에게 환원하고 있다. 또한 협동조합은 주식회사와 달리 조합원에게 출자금을 상환할 책임이 있다. 협동조합은 출자금을 소유자인 조합원에게 체계적으로 상환해 주며, 조합원의 은퇴나 탈퇴 시에 액면가(Par-Value)로 상환해 준다. 협동조합의 자본금 제도를 주식회사와 비교해 보면 앞의 표와 같다.

나. 전통적인 자본조달 방식의 한계

1) 자본조달 원천의 제한

주식회사는 주식시장을 통해 일반투자자로부터 자본을 자유롭게 조달하고 있는 반면, 협동조합은 이용자인 조합원이 조합의 재정을 부담해야 한다는 원칙을 가지고 있다. 따라서 비조합원을 통한 자본조달이 극히 제한되어 있다. 협동조합은 조합원의 가입을 확대하거나 조합원당 출자액을 늘려 자본금을 확충해야 하지만, 조합원은 투자에 비례한 의사결정권과 자본이득이 보장되지 않기 때문에 다른 조합원보다 더 많이 투자하려는 동기를 갖지 못하고 있다. 결국 협동조합의 경영자는 출자배당을 확대하여 자본을 조달해야 하는 압력을 받게 된다.

조합원의 출자 능력에는 한계가 있으므로 외부에서 새로운 자본조달의 원천을 찾아야 하는 상황에 직면하기도 한다. 그러나 외부 투자자들은 협동조합을 잘 이해하지 못하며, 일반은행도 조합원으로부터 자본을 조달하지 못하는 협동조합에 대해서는 대부를 꺼리는 실정이다. 외부에 투자를 개방한다 하더라도 조합원의 경영권 방어를 위해 자본의 50% 이상을 유치할 수 없도록 제한하고 있으며, 외부 투자자 역시 충분한 의사결정권을 행사할 수 없기 때문에 투자를 주저하게 된다. 결국 전통적인 협동조합은 일반은행이나 공공기관으로부터 자금을 조달할 수밖에 없으며, 일반투자자로부터의 자금조달은 쉽지 않다고 볼 수 있다.

2) 이익의 내부유보 한계

협동조합도 경쟁이 심화되는 경제 환경에 대응하기 위해 자본을 축적하지 않을 수 없으며, 자본시장을 통한 자본조달이 원활하지 않았기 때문에 이익의 일정 부분을 적립금으로 유보하여 공동재산을 확대해 왔다. 그러나 최근에는 이러한 이익의 내부유보도 많은 어려움에 직면해 있다. 조합원은 미래의 이익을 위한 공동재산의 확대보다는 당장 이익을 현금으로 배당해 주길 바라고, 경영진은 조합원의 이탈을 우려하여 배당을 줄이지 못하고 있기 때문이다.

공동재산으로 적립하지 않더라도 조합원에게 개별적으로 제공된 배당금을 내부 유보하는 방안이 있는데, 이 경우 조합원의 현금흐름에 영향을 주게 되기 때문에 그러한 의사결정이 쉽지 않다. 협동조합의 경영진은 사업을 유지하기 위해서 유보이익이 필요하다고 주장하는 반면, 조합원은 현금배당을 더욱 선호한다.

3) 무임승차자 문제(Free Rider Problem)

협동조합은 조합원이 공동으로 소유하기 때문에 재산권이 명확히 분할되지 않아 무임승차자 문제가 발생한다. 이러한 상황은 조합원의 가입이 자유로운 협동조합에서 자주 발생하게 되는데, 이용자들이 자원을 이용한 만큼 충분한 비용을 지불하거나 이익 창출에 기여한 만큼 충분한 대가를 받도록 하는 재산권 제도가 갖추어져 있지 않기 때문에 발생한다. 무임승차자 문제는 내부 무임승차자 문제와 외부 무임승차자 문제로 나누어 볼 수 있다.

내부 무임승차자 문제는 신규 조합원들이 기존 조합원들과 마찬가지로 똑같은 이용고 배당이나 재산에 대한 잔여청구권을 획득하게 되는 문제이다. 신규 조합원이 가입금이나 최소의 출자금만 내고 조합에 가입하게 되면, 기존 조합원이 과거에 출자와 유보이익 등을 통해 조성한 공동재산(Common Property)에 대한 이익청구권을 동시에 획득하게 된다. 이는 기존 조합원의 투자이익이 신규 조합원의 가입으로 인해 상대적으로 감소하게 되는 결과를 초래한다. 이에 따라 기존 조합원은 공동재산에 대한 투자를 회피하게 되는데 이를 공동재산 문제(Common Property Problem)라고 한다.

외부 무임승차자 문제는 투자자인 조합원과 투자를 하지 않은 비조합원이 협동조합의 자원을 공동으로 이용하거나 혜택을 누리게 되는 문제이다. 협동조합의 역할로 인해 농산물 가격이 상승하거나 농자재 가격이 하락할 때, 비조합원도 동일한 가격조건의 이익을 누리게 된다. 이와 같이 협동조합에 투자를 하지 않은 비조합원도 조합원과 마찬가지의 혜택을 얻게 되기 때문에 기존 조합원이 협동조합에 투자하고자 하는 유인이 감소하게 된다.

4) 투자의 기간 문제(Horizon Problem)

투자의 기간 문제는 특정자산이 창출하는 이익에 대한 청구권의 행사기간이 자산의 수명보다 짧을 때 발생한다. 예를 들어 협동조합이 조합원으로부터 자금을 조달하여 신규로 유통시설을 설치하면 조합의 미래 투자수익이 증가하게 된다. 그러나 조합원은 유통시설 설치에 따른 혜택을 자신이 영농에 종사하는 시기에만 향유할 수 있다. 조합원이 영농에서 탈퇴 · 은퇴하게 되면 더 이상 혜택을 누리지 못하게 되고 그 투자수익은 미래의 조합원에게 양도되는 결과가 초래된다. 따라서 영농에서 탈퇴 · 은퇴할 시기가 얼마 남지 않아 투자수익을 충분히 향유하지 못할 것으로 판단한 조합원들은 협동조합에 대한 투자를 꺼리게 된다.

이러한 문제가 발생하는 이유는 협동조합에서는 출자지분을 거래할 수 있는 2차 시장(Secondary Market)이 존재하지 않아 지분의 거래가 제한적이기 때문이다. 만일 주식시장과 같이 협동조합의 출자지분을 거래할 수 있는 2차 시장이 존재한다면 조합의 유통시설 확대는 조합의 자산 가치를 증가시키게 될 것이고 따라서 출자지분의 가격도 상승할 것이다. 이러한 경우에는 은퇴가 얼마 남지 않은 조합원이라 하더라도 출자지분의 가격상승을 기대하며 협동조합에 투자하고자 할 것이다. 그리고 영농에서 은퇴하여 더 이상 협동조합의 유통시설을 이용하지 못하게 되면 출자지분을 매각하여 자본투자에 따른 이익을 환수할 수 있다. 그러나 협동조합 부문에는 2차 시장이 존재하지 않아 출자지분의 가치상승이나 자유로운 지분거래가 불가능하기 때문에, 조합원은 오직 영농에 종사할 때에만 투자이익을 향유할 수 있다. 이는 은퇴가 얼마 남지 않은 조합원의 조합에 대한 출자 유인을 저하시킨다.

기간 문제는 조합원이 조합에 대한 장기투자보다는 이익이 단시일 내에 발생하는 단기투자를 선호하도록 만들며, 특히 기술개발과 광고, 무형자산 등 이익이 장기간에 걸쳐 발생하는 사업에 대한 투자를 계획할 때 더욱 심각한 문제를 초래한다. 결과적으로 협동조합의 경영자는 미래에 대한 투자나 내부유보보다는 현재 조합원에 대한 배당을 확대해야 하는 압박을 받게 된다.

5) 포트폴리오 문제(Portfolio Problem)

일반적으로 투자자는 투자 대상을 다양하게 분산시킴으로써 위험을 회피하고자 한다. 그리고 투자한 자산의 수익성과 위험 정도가 변하면 이에 대응하여 투자 대상을 변화시킨다. 예를 들어 A 주식을 보유하고 있는 투자자는 A 주식의 위험이 증가하거나 투자수익이 줄어들 것으로 예상될 경우, A 주식을 팔고 B 주식을 구입하거나 또는 아예 채권투자와 같은 방법으로 투자 대상을 변경할 것이다.

그러나 협동조합에서는 출자지분을 거래할 2차 시장이 존재하지 않기 때문에 조합의 해산이나 조합원 탈퇴 등 특별한 경우를 제외하고는 조합원들이 수시로 출자지분을 매각하거나 양도할 수 없다. 따라서 협동조합의 사업실적이 저조하여 출자지분의 가치가 하락할 것으로 예상되는 경우에도 출자지분을 현금화하거나 다른 투자 대상으로 변경할 수 있는 기회가 제한된다. 이와 같이 자산의 포트폴리오를 수시로 조정하기가 곤란하여 투자위험을 회피하기가 어렵기 때문에, 조합원들은 협동조합에 대한 출자에 소극적일 수 있는데, 이와 같은 문제를 포트폴리오 문제라고 한다. 이러한 포트폴리오 문제는 조합이 조합원으로부터 출자를 이끌어 내는 데 제한요인으로 작용한다.

투자 대상을 손쉽게 바꾸지 못하는 포트폴리오 문제는 협동조합 내부에서도 발생한다. 협동조합 역시 환경변화에 따라 더 좋은 투자기회를 얻거나 위험을 회피하기 위해 사업투자 대상을 변경하는 것이 필요하다. 그러나 협동조합의 사업은 조합원의 영농활동과 밀접한 관계를 맺고 있기 때문에 사업투자 대상을 변경할 경우 기존 사업으로부터 수혜를 받고 있는 조합원의 반대에 직면하게 된다. 또한 어떤 조합원들은 좀 더 적극적으로 협동조합이 자신에게 유리한 방향으로 사업투자 대상을 조정하도록 조합에 압력을 행사할 수도 있다. 이에 따라 협동조합 내에서 위험이 높은 투자를 선호하는 조합원과 보수적인 입장을 취하는 조합원 간에 갈등이 야기되기도 한다. 그리고 이러한 갈등은 협동조합이 사업의 투자 대상을 변경하는 것을 어렵게 만든다. 또한 협동조합이 특정한 사업에 진출하고자 할 때 다수의 조합원으로부터 충분한 자본을 조달하지 못하는 결과를 초래한다.

5. 협동조합의 새로운 자본조달 제도

가. 전통모형 협동조합의 자본금 제도-조합원의 공정한 출자의무 제도

협동조합은 최소의 출자 요건만 갖추면 조합원 자격과 사업이용 권리가 주어져 조합원이 출자를 많이 해야 할 인센티브가 적었으며, 조합원 간 출자 불균형 문제가 발생하기도 하였다. 이에 따라 최근 서구의 많은 협동조합은 조합원에게 사업의 이용규모에 따라 공정하게 출자의무를 부과하는 제도를 도입하고 있다.

1) 기초자본출자제도(Base Capital Plan)

기초자본출자제도는 협동조합이 중장기 자본조달 계획에 따라 산정된 필요자본을 사업이용량에 비례하여 조합원별로 출자목표액으로 배정하고, 기존 출자액의 과소에 따라 추가 출자하거나 상환하는 제도를 말한다. 자세히 살펴보면, 먼저 협동조합은 중장기 자본계획을 기초로 미래의 투자기회, 조합원의 출자 의향 등을 고려하여 필요자본을 결정한다. 그리고 일정 기간(3~10년) 동안 조합원이 협동조합을 이용한 평균적인 물량을 측정한 후 이에 비례하여 조합원별 출자목표액을 설정한다. 이에 따라 조합원별 기준출자액에 미달한 조합원은 추가로 출자해야 하며, 초과 출자한 조합원은 출자금을 상환 받게 된다.

이 제도는 조합원의 이용에 출자를 연계시키고 있기 때문에 가장 공평한 방법이며, 경영진은 협동조합의 자본요구에 맞추어 조합원의 출자를 요구할 수 있는 장점이 있다. 반면, 신규 조합원의 경우 일시에 많은 금액의 의무출자액을 감당하기가 어렵고, 이사회가 조합원의 반발에 직면할 경우 출자 요구를 주저하게 되는 단점이 있다. 이 방법은 주로 미국의 협동조합에서 활용되고 있다.

2) 단위당 자본금적립제도(Per-Unit Capital Retains)

단위당 자본금적립제도는 협동조합이 조합원별 출자목표액을 정한 다음, 조합원이 협동조합의 사업을 이용할 때마다 물량이나 금액을 기준으로 일정 비율의 출자금을 납부하는 제도이다. 적립된 출자금이 목표액을 초과할 경우 일정 기간이 지난 출자지분에 대해 상환한다.

이 제도는 협동조합이 순이익을 창출했는지 여부와 관계없이 조합원이 사업을 이용할 때마다 사업량에 비례하여 무조건 일정 금액을 출자금으로 조성할 수 있어, 순이익의 내부유보보다 안정적으로 자기자본을 확보할 수 있기 때문에 많은 협동조합들이 선호하는 방식이다. 조합원들이 시장에 판매하는 농산물의 가격이나 물량의 변동에 따라 출자금의 납입액을 조정할 수도 있고, 협동조합의 발전단계, 규모 등에 관계없이 대부분의 협동조합에서 적용이 가능한 제도이다. 다만, 조합원의 출하의무가 명시되지 않은 판매농협의 경우, 조합원이 이러한 자본금 적립을 농산물의 수취가격 인하로 인식하여 조합 이용을 회피하는 현상이 발생할 수 있다는 단점이 있다. 즉 이 제도는 조합원의 전속 출하의무가 전제되었을 때 잘 정착될 수 있으며, 조합원이 다른 사업체를 이용할 수 있다면 장기적으로는 협동조합의 자본 감소를 초래할 수도 있다. 따라서 이사회는 출자의 적정규모를 결정하기 위하여 자본의 총요구량, 자본축적 기간, 상환비율, 조합원 이해 수준, 경영 여건 등을 고려해야 한다. 이 방법은 미국 캘리포니아와 플로리다의 청과물판매 협동조합, 호주, 캐나다, 프랑스, 네덜란드에서 주로 활용되고 있다.

3) 회전출자제도(Revolving Fund)

회전출자제도는 협동조합이 일정 기간 동안의 출자목표액을 정하고 이 목표액이 달성될 때까지 출자상환을 유보하는 제도이다. 조합이 출자목표액을 달성할 때까지 조합원은 사업이용 시마다 일정액을 조합에 출자해야 하며 이용고 배당 역시 출자지분으로 유보된다. 그리고 일정 기간이 지나 출자목표액을 초과하게 되면 그 초과분에 한해서 조합원의 지분을 출자한 순서에 따라 선입선출의 방식으로 조합원에게 상환하게 된다. 출자기간은 협동조합별로 18개월부터 30년까지 다양한데, 전문가들은 일반적으로 출자상환에 대한 필요와 출자를 고려하여 7년 이내로 정하는 것이 바람직하다고 본다. 일반적으로 회전기간 동안 출자금에 대한 이자나 배당을 지급하지 않으며, 협동조합에 예치되어 있는 동안 자본이 되어 잔여청구권의 우선순위가 자본과 부채의 중간에 위치한다. 우리나라의 회전출자제도는 배당액의 일부를 일정 기간 내부 유보한 후 반환하는 제도로 서구의 일반적인 방식과 다소 차이가 있다.

조합원의 입장에서 이 제도는 협동조합 사업이 성공할 경우에 한해 재무상의 이익을 얻을 수 있지만, 출자기간이 한정되어 있어 일정 기간이 지나면 출자금을 상환받기 때문에 이 제도를 직접 출자보다 선호한다. 조합의 입장에서도 경영이 좋지 않을 경우 회전기간을 연장하여 자본을 확보하고 경영 손실을 충당할 수 있다는 장점이 있다. 따라서 단기 또는 중장기적으로 사업자금을 조달하기 위한 방안으로 협동조합의 규모, 발전 단계에 관계없이 활용이 가능하다. 그러나 사업이익이 감소할 경우 조합원에 대한 상환 약정을 지키지 못할 우려가 있으며, 경영진이 경영 악화에 대비하거나 자금 충당을 위해 고의적으로 회전기간을 연장할 수 있다는 단점도 있다. 이 방법은 이해하기 쉽고 실행이 간단하여 미국, 호주의 협동조합에서 폭넓게 이용되고 있다.

나. 기업모형 협동조합의 자본금 제도-조합원 투자증권의 발행

최근 협동조합은 글로벌 경영환경에 직면하여 생산지향 전략에서 시장지향 전략으로 전환함에 따라 자본요구가 크게 증가하고 있다. 특히 낙농 · 축산 · 가공 분야의 협동조합의 경우, 소비자기호의 변화, 기술발전, 유통구조 변화, 글로벌화에 따라 부가가치 생산에 대한 투자를 확대하기 위해 대규모 투자가 필요하다.

그러나 협동조합의 전통적인 자본조달 방식(이용자 중심 자본금 제도)은 무임승차 문제, 기간 문제, 위험회피 문제 등으로 인해 조합원의 출자에 대한 보상이 약하여 많은 한계를 드러내고 있다. 이에 따라 조합원의 투자유인 부족과 협동조합의 추가자본 필요성 사이의 불일치 해소를 위해 기업모형 협동조합의 소유권 제도를 선택적으로 도입하고 있다. 이를 크게 살펴보면, 조합원-소유 원칙을 유지하는 협동조합적 해결책과 비조합원에게 소유권을 부여하는 비협동조합적 해결책으로 나눌 수 있다. 전자에는 조합원의 출자와 생산 · 출하를 연계하는 출하권의 도입, 시장원리에 의한 가격설정과 출자의 지분 거래 및 재평가 등의 방식이 있다. 후자에는 비조합원에 대한 주식발행, 자회사 등 별도의 투자회사 운영 등의 방식이 있다.

1) 참여증권(Participate Units)

참여증권은 네덜란드의 Campina Meklunie 협동조합에서 발행하고 있는 증권으로 모든 조합원들에게 가입비 명목으로 우유 출하량에 비례하여 투자증권을 구입하도록 의무화하고 있다. 이 증권은 미국의 신세대협동조합과 같이 출하의무 및 권리가 부여되는 출하권은 아니며, 의결권이 없고 지분거래가 불가능한 소유권이다. 지분에 대한 출자배당은 하지 않지만, 조합원의 탈퇴 · 은퇴 시 지분재평가를 통한 현재가치로 상환함으로써 투자이익을 배분하게 된다. 이사회는 매년 참여증권의 가치를 재평가하고 있다. 이 방법은 이용과 연계된 출자를 통해 조합원의 참여도를 높이고 협동조합에 대한 조합원의 소유권을 확대하는 장점이 있다. 조합원 투자를 확대하여 조합원의 충성도를 높이고, 조합원의 협동조합에 대한 소유권과 통제권을 강화한다. 또한 자본조달비용이 적게 들어 고성장 협동조합이나 신설 협동조합 등과 같이 자본요구가 클 때 도입할 수 있는 제도이다. 반면, 조합원 탈퇴 시 상환에 따른 재정상 어려움이 발생할 수 있고 신규 조합원 가입 시 장애요인으로 작용할 수 있는 단점도 있다.

2) 상환우선주(Redeemable Preference Share)

상환우선주는 외부 투자가 이루어지고 있는 대규모 협동조합에서 조합원 지분을 확대하여 경영권을 방어하기 위하여 일반 출자지분에 대한 배당보다 우대하는 것을 조건으로 조합원에게 발행하는 우선주를 말한다. 협동조합의 자산 증가에 따라 조합원의 지분을 확대하기 위한 제도로서, 투자에 대한 조합원의 기회비용을 보상하기 위해 배당을 확대하고 정기적으로 보너스 지분(Bonus Share)을 발행한다. 이는 의결권이 없고 지분거래가 불가능하지만, 지분거래가 불가능하기 때문에 협동조합에 대한 조합원 지분을 일정 수준 이상으로 유지시키는 데 기여한다. 지분은 매년 총회에서 재평가를 통해 공정가(fair value)를 산정하며, 조합원의 은퇴 · 탈퇴 시에는 지분을 상환한다.

상환우선주는 정기적인 보너스 지분을 발행하고, 배당률이 높으며, 재평가에 의한 지분 상환 등으로 조합원의 투자유인을 제공함으로써, 조합원의 출자를 확대하는 동시에 조합원의 협동조합에 대한 소유와 통제를 강화하는 장점이 있다. 조합원 투자의 증가로 협동조합에 대한 조합원의 충성도가 증가하고, 조합원이 협동조합의 가치평가에 적극 참여하게 된다. 반면, 제도 운영에 따른 비용이 과다하여 대규모 성장형 협동조합에서나 활용할 수 있고 소규모 신설 협동조합에서는 그 적용하는 데 한계가 있다. 상환우선주에 많이 투자한 조합원이 의결권을 요구한다든지, 의결권이 주어지지 않기 때문에 대규모 투자를 유치하기 어렵다는 단점이 있다. 또한 제도가 복잡하여 이해하기가 쉽지 않고, 은퇴할 조합원이 많거나 투자를 위해 지나친 배당을 실시할 경우 경영 애로나 자금경색을 초래할 우려도 있다. 이 방법은 호주와 뉴질랜드 협동조합에서 도입하고 있다.

3) 협동조합 자본증권(CCU: Cooperative Capital Units)

협동조합 자본증권은 협동조합이 조합원에게 투자수익을 돌려주기 위해 고안한 제도로 조달 자본에 대하여 최소의 고정이자를 보장하고, 이에 더하여 사업성과에 따른 보너스 이자를 제공함으로써 자본과 부채를 결합시킨 자본조달 방식이다. 조합원과 외부 투자자가 동시에 투자할 수 있지만, 협동조합은 조합원의 동의를 통해서만 증권을 발행할 수 있으며, 외부 투자자는 조합원의 권리를 행사할 수 없다. 이 증권은 지분증권(Share Capital)이 아니기 때문에 의결권이 없으며, 채권의 성격이 강한 수익증권이다. 위험자본이기는 하지만 채권처럼 이자가 정해져 있고, 정해진 기간에 상환이 가능하며, 협동조합 자본증권의 소유자는 채권자와 같은 권리를 가진다.

이 방법은 대규모 조합이나 고성장 조합이 장기자본을 조달하기 위한 방안으로 비조합원의 여유자금을 협동조합으로 유치할 수 있다는 장점이 있다. 반면, 외부 투자자의 재산권이 조합원에 의해 제약되기 때문에 자본시장을 통해 자본을 조달하는 데 많은 애로가 있다는 것이 단점이다. 이 방법은 호주의 협동조합이 도입하고 있다.

〈표 3-3〉 조합원 투자증권의 비교

구 분	참여증권	상환우선주	협동조합자본증권
투자자	조합원	조합원	조합원, 외부 투자자
의결권	×	×	×
양도 · 지분거래	×	×	×
배당	×	○(보너스지분)	(고정+보너스)이자
지분재평가	○	○	×
상환	○	○	○(정해진 기간)

다. 외부 투자자의 지분 참여

협동조합이 대규모 투자를 추진할 경우 조합원의 자본조달 능력에 한계가 있기 때문에 외부 투자자로부터 자본을 조달할 필요가 발생한다. 외부 투자자로부터 자본을 조달하기 위해서는 투자자들에게 투자의 이점을 제공해야 하는데, 최근 협동조합은 이를 위해 지분거래 허용, 고정 배당, 이자 보상, 조합원으로의 참여 등 적극적인 투자유인을 제공하고 있다.

1) 우선주(Preferred Shares)

우선주는 조합원의 출자나 어떤 주식보다도 우선적으로 배당을 실시하는 조건으로 비조합원인 일반인에게 발행하는 증권이다. 이사회가 배당률을 결정하기 때문에 자본으로 분류되지만, 대부분의 경우 안정적인 투자를 유도하기 위해 고정배당을 실시하고 있다. 따라서 자본조달 비용이 많이 들어 대규모의 고성장 협동조합에서 채택할 수 있다.

우선주는 배당의 우선권이 주어지는 반면 의결권이 없다(프랑스에서는 총지분의 35%까지 의결권을 허용하고 있다). 상환은 되지 않지만(일부 협동조합에서는 투자유치를 위해 7년 이상의 장기상환을 보장하기도 한다), 2차 시장에서 지분거래는 가능하다. 이 방법은 조합원이 협동조합 통제권을 유지하면서 외부자본을 조달하고, 외부조달을 통해 협동조합의 자본가치를 간접적으로 평가할 수 있다는 장점이 있다. 반면, 의결권이 없기 때문에 시장에서 자본가치가 저평가되기 쉽고(호주에서는 협동조합의 우선주가 주식시장에서 발행가보다 15~35%의 가치하락이 발생하기도 했다), 조합원이 우선주에 대한 배당률을 인하하도록 압력을 행사할 우려가 있다. 또한 제도가 광범위하게 도입될 경우 조합원의 조합사업 이용 이익과 외부투자자의 투자 이익 간 충돌로 조합원의 충성도가 약화될 우려도 있다. 이 방법은 캐나다, 프랑스, 네덜란드의 협동조합은행이나 대규모협동조합에서 많이 활용되고 있다.

2) 무의결 일반주(Non-Voting Common Stock)

지분(일반주)을 조합원만이 소유할 수 있는 의결 보통주('A 지분')와 일반 투자자가 소유할 수 있는 무의결 일반주('B 지분')로 구분하여 증권을 발행하는 경우, 의결 일반주는 일반적인 조합원 출자와 같이 의결권이 있지만, 지분거래 및 지분 재평가가 불가능한 반면, 무의결 일반주는 의결권이 없지만, 주식거래소에 상장되어 조합원, 경영자, 직원, 외부 투자자 등이 자유롭게 거래할 수 있는 증권을 말한다.

조합원의 통제권을 유지하면서도 부가가치 사업에 대한 투자와 공격적인 사업전략을 추구하기 위하여 자본을 확대할 수 있는 방안으로, 캐나다에서 곡물판매와 영농자재공급을 사업으로 하는 Saskatchewan Wheat Pool 협동조합은 조합원 지분의 일부를 무의결 일반주('B 지분')로 전환하여 주식시장에 상장하였다. 주로 캐나다와 호주의 협동조합들이 활용하는 방식이다.

3) 투자자 참여증권(Investor Participation Shares)

투자자 참여증권은 외부 투자자들이 협동조합 지분에 투자함으로써 투자조합원이 되는 증권이다. 외부 투자자로부터 자본을 조달한다는 점에서는 우선주와 동일하나 의결권이 주어진다는 점에서 차이가 있다. 대부분의 협동조합에서는 조합원의 경영권 유지를 위해 외부 투자자의 소유 비중을 제한하고 있는데, 프랑스의 경우 법률로 그 비중을 35%로 제한하고 있다.

협동조합이 투자자 참여증권을 도입하면, 의결권이 있는 투자조합원을 모집하여 협동조합에 대한 투자를 적극적으로 유치할 수 있는 장점이 있으나, 비조합원들도 협동조합으로부터 사업성과에 따라 이익을 배분받기 때문에 조합원에 대한 보조를 줄이고 사업이익을 확대하라는 압력을 받을 우려가 있다. 이 방법은 주로 프랑스와 네덜란드에서 활용되고 있다.

〈표 3-4〉 외부 투자자의 지분참여 방안

구 분	우선주	무의결 일반주	투자자 참여증권
투자자	외부 투자자	조합원, 직원, 외부 투자자	외부 투자자 (투자조합원)
의결권	×	×	○
지분의 양도 거래	○	○(거래소)	○
배당	○(고정)	○	○
지분 재평가	○	○	–
상환	×, 장기상환	×	○

4) 후순위 채권(Subordinate Bonds)

후순위 채권은 협동조합이 투자자들에게 채권을 발행하고, 이 채권에 대해서는 고정이자는 지급하는 방식이다. 이는 기한부 채권이며, 만기 도래 전에 투자금을 인출할 경우 벌칙(penalty)을 부과한다.

이 방식은 신용도가 높은 대규모, 고성장 협동조합이 채택할 수 있는 장기적인 자금조달 방식이며, 채권자와 채무자 간 동의에 의해 이자율을 다양하게 책정할 수 있으며, 투자에 대한 소유권과 통제권은 현재의 이용자에게 있다는 점에서 장점이 있다. 반면, 이자율이 경쟁적이고 이자는 배당과 달리 수익과 무관하게 투자자에게 고정적으로 지급해야 하는 부채 성격의 자금으로서, 자본조달비용이 크며 일정 기간이 지나면 반환해야 하는 기간 문제가 있다는 점은 단점으로 지적할 수 있다. 이 방식은 네덜란드, 호주, 독일 등의 협동조합에서 주로 활용하고 있다.

라. 외부와의 공동투자

앞에서와 같이 협동조합은 다양한 증권을 발행하여 자본을 확충하기도 하지만 여기에서는 무의결권, 거래시장 제한, 조합원과의 수익배분 갈등 등의 문제로 많은 제약이 발생할 수 있다. 이에 따라 자본집약적이고 투자위험이 큰 가공사업, 신제품개발, 국제적인 사업확충 등에 대한 요구가 큰 대규모 협동조합은 외부와의 공동투자를 통해 협동조합의 자본확충 요구를 보완하고 있다. 공동투자를 유도하기 위해 협동조합은 외부 투자자가 투자유인을 가질 수 있는 형태로 조직을 재편하거나, 별도의 자회사를 주식회사 형태로 설립하기도 한다.

서구에서는 협동조합이 기업인수, 사업분리, 합작투자(Joint Venture) 등을 통하여 주식회사 형태의 자회사를 운영하는 경우가 증가하고 있다. 예를 들어 덴마크 협동조합인 MD Foods와 Danish Crown은 자회사인 MD Foods International과 Tulip International의 설립을 위해 기관투자자들과 합작하였다. 독일에서는 진보적인 입법 조치가 이루어져 연합회 단계의 협동조합이 외부 투자자와 공동으로 자회사를 설립 · 운영하는 경우가 많다.

학습문제 풀이

[1] 조합원이 사업을 이용할 때마다 물량이나 금액을 기준으로 일정액을 납부하는 출자 방법은?

① 단위당 자본금적립제도

② 외부출자

③ 내부유보

④ 공동자본

정답 1번

[2] 협동조합의 새로운 자본조달제도 중에서 다음의 특징을 포함하는 제도는 무엇인가?

* 조합이 일정 기간 동안의 출자목표액을 정하고 이 목표액이 달성될 때까지 출자상환을 유보하는 제도이다. * 일정 기간이 지나 출자목표액을 초과하게 되면 그 초과분에 한해서 조합원이 지분을 출자한 순서에 따라 선입선출의 방식으로 조합원에게 상환한다. * 이해하기 쉽고 실행이 간단하여 미국, 호주의 협동조합에서 폭넓게 이용되고 있다.

① 단위당 자본금적립제도 ② 회전출자제도

③ 기초자본출자제도 ④ 상환가능 우선주

정답 2번

[3] 전통적인 자본조달의 제약요인에 대한 설명 중 맞는 것은?

① 투자대상을 손쉽게 바꾸지 못하는 포트폴리오 문제는 협동조합 내부에서도 발생한다.

② 투자의 기간 문제는 조합원이 조합에 대한 단기투자보다는 이익이 장기간 후에 발생하는 장기투자를 선호하도록 만든다.

③ 내부 무임승차자 문제는 투자자인 조합원과 투자를 하지 않은 비조합원이 협동조합의 자원을 공동으로 이용하거나 혜택을 누리게 되는 문제이다.

④ 폐쇄형 조합원 제도에서는 농업인의 무임승차 문제로 인해 시장지배력의 발휘가 곤란하다.

정답 1번

[4] 조합원의 출자에 관한 설명으로 틀린 것을 고르시오.

① 조합원 자격을 획득하는 조건이다.

② 조합원의 최고 출자 한도를 제한한다.

③ 출자금에 대한 고율 배당을 추구한다.

④ 협동조합의 위험자본이다.

정답 3번

해설 출자배당은 제한된다.

[5] 협동조합의 전통적 자본조달 방식이 아닌 것을 고르시오.

① 조합원 출자

② 배당금의 내부유보

③ 공동 자본금

④ 우선주

정답 4번

해설 우선주는 기업적 방식이다.

[6] 협동조합의 공동자본에 대한 설명으로 적합하지 않은 것을 고르시오.

① 협동조합의 기업적 자본조달 수단이다.

② 조합원의 개별 지분화가 되지 않은 비분할 자본이다.

③ 공동자본이 큰 경우 경영자의 권한이 강화된다.

④ 원가주의 원칙에 위배될 수 있다.

정답 1번

해설 전통적 수단이다.

[7] 주식회사에 대비한 협동조합의 자본금 제도의 특성이 아닌 것을 고르시오.

① 소유권은 이용자에 한정된다.

② 투자 배당이 제한된다.

③ 지분의 거래 양도가 자유롭다.

④ 집단적 소유권이 일반적이다.

정답 3번

해설 지분의 거래가 제한된다.

[8] 협동조합의 전통적 자본조달 방식의 한계에 해당되지 않는 것을 고르시오.

① 이익의 내부유보의 한계

② 지분 거래의 자유

③ 공동재산의 문제 발생

④ 자본조달 원천의 제한

정답 2번

해설 조합원의 지분 거래는 제한된다.

[9] 조합원의 출자 기피 문제에 대한 원인에 해당하지 않는 것을 고르시오.

① 무임승차자 문제　② 출자배당의 제한

③ 기초자본 출자 제도　④ 투자 기간의 문제

정답 3번

해설 이용규모에 비례하는 출자 제도이다.

[10] 협동조합의 새로운 자본조달 제도에 해당하지 않는 것을 고르시오.

① 단위당 자본금적립제도

② 가입출자 제도

③ 기초자본 출자 제도

④ 회전출자 제도

정답 2번

해설 전통적 제도이다.

[11] 기초자본출자제도에 대한 설명으로 틀린 것을 고르시오.

① 개별 조합원의 이용규모와 출자규모를 연계하는 방식이다.

② 기존 출자액의 과소에 따라 추가출자 또는 출자환급이 실행된다.

③ 신규 조합원에게 유리한 제도이다.

④ 이용규모에 따라 조합원별 출자 목표가 배정된다.

정답 3번

해설 신규 조합원에게 출자 부담이 많은 제도이다.

[12] 단위당 자본금적립제도에 대한 설명으로 틀린 것을 고르시오.

① 이용고 배당의 지급을 일정 기간 유보하는 제도이다.

② 매년 이용량의 일정 비율에 해당하는 금액을 출자하는 제도이다.

③ 조합원의 전속출하계약을 전제로 실행이 가능하다.

④ 협동조합의 안정적 자본확충 방식이다.

정답 1번

해설 회전출자제도이다.

[13] 기업모형 협동조합의 자본금 제도가 아닌 것을 고르시오.

① 조합원 투자증권

② 상환 우선주

③ 협동조합 자본증권

④ 우선주

정답 4번

해설 일반적으로 조합원이 아닌 외부 투자자에게 발행된다.

★ * OX 퀴즈

부세는 "조합의 매 회계연도의 순이익 20%를 적립하여 조합 순수재산으로 하되, 조합이 해산할 때에도 조합원에게 분배하지 않아야 한다"라고 주장하였다. (○)

이용고 배당은 협동조합이 원가주의를 실현하는 대표적인 수단으로서 이용고 배당에 쓰이는 수익은 협동조합의 과세대상 소득에서 제외된다. (○)

| 제3절 협동조합의 수익(손실)의 분담 및 조직 유형

1. 협동조합의 수익(손실)의 분담

1-1. 개관

협동조합 사업의 결과 발생한 수익과 손실은 조합원이 분담하는 것이 원칙이다. 협동조합은 영리를 목적으로 사업을 하는 영리법인이 아니므로 그 수익과 손실이 발생할 여지가 없으나, 실제로 결산을 해보면 다소의 수익 또는 손실이 발생한다. 수익(잉여금)이나 손실은 회계연도 말에 결산을 통해 처리하게 된다.

1-2. 수익의 분배

가. 이용고 배당(patronage refunds)

이용고 배당은 조합원의 사업 이용으로부터 발성한 순이익(net income)을 사업의 이용량이나 이용금액의 비율로 조합원에게 분배하는 것을 말하며, 협동조합이 원가주의 원칙을 실현하는 대표적인 수단이다.

조합원별로 이용고 배당을 하기 위해 이사회에서 배당의 범위와 기준을 결정한다. 하나의 상품을 취급하는 협동조합은 하나의 상품에 배당의 범위를 정하면 된다. 반면, 다양한 조합원에게 다양한 서비스를 제공하는 협동조합은 원가주의 원칙을 정확히 반영하기 위해서 사업 단위나 취급 상품별로 손익을 계산해야 하는 어려움이 있다. 예를 들면 조합원을 위해 농산물을 판매하고 영농자재도 구입하는 협동조합의 경우 두 가지 서비스를 분리하여 이용고 배당을 실시하게 된다. 그러나 많은 상품과 서비스를 취급할 경우 각 거래마다 원가주의에 입각하여 계산을 하는 일은 매우 복잡하여 적용이 쉽지 않다. 이에 따라 많은 협동조합은 서비스나 상품별로 구분하지 않고 총이용을 기준으로 배당을 실시하고 있다.

기본적으로 원가주의 입장에서 보면, 조합원에 대한 이용고 배당은 조합원이 각 거래 시점에 얻었어야 할 이익을 협동조합이 사후에 되돌려 주는 것이므로 이용고 배당에 쓰이는 수익은 협동조합의 과세대상 소득에서 제외된다. 또한 조합원의 경우에도 대부분의 국가에서 일정 한도까지 이용고 배당에 대한 소득세를 면제하고 있다.

미국의 경우 협동조합이 배당에 대해 소득세를 면제받으려면, ① 배당액의 20% 이상을 현금으로 지급해야 하고, ② 조합원의 사업이용에 의한 소득이어야 하며, ③ 협동조합에 이용고 배당에 대한 규정이 있어야 하고, ④ 특정 기간 내에 이용고 배당에 대한 통지가 있어야 한다.

나. 출자배당(dividends on equity)

많은 협동조합들이 사업 순이익을 이용고 배당뿐만 아니라 출자에 비례하여 출자자에게 배당하고 있는데, 이를 출자배당이라 한다. 협동조합의 출자배당은 배당의 상한선이 정해져 있다는 점을 제외하면, 주식회사가 주주에게 하는 배당과 큰 차이가 없다. 이러한 상한선은 우리나라 농협의 경우 10%, 미국농협의 경우 8%로 정해져 있다. 출자배당도 이용고 배당과 같이 현금으로 직접 지불하거나, 출자 증서 형태로 지급한다. 한편, 출자배당에는 상한선이 정해져 있는 데다, 대부분의 협동조합에서는 자본 확보를 위해 현금으로 지급하는 방법을 선호하지 않기 때문에 실제로 출자배당은 많은 협동조합의 수익배분에서 큰 비중을 차지하지 않고 있다.

출자배당을 강조하는 사람들이 있는데 이들의 주장을 크게 세 가지로 나누어 볼 수 있다. 첫째, 비조합원 대상의 사업에서 얻어지는 수익은 출자배당을 해야 한다. 비조합원 사업의 수익은 조합원의 사업이용에 의해서 얻어지는 것이 아니라 주식회사와 같이 조합원의 투자에 의해서 얻어진 것이다. 따라서 이러한 수익은 이용고가 아니라 출자에 기초하여 배당되어야 한다. 둘째, 일부 조합원들은 출자배당에 대해 많은 관심을 가지고 있다. 이들은 협동조합이 출자배당을 하지 않는다면, 협동조합에 출자할 가치가 없다고 말한다. 셋째, 일부 국가에서는 협동조합이 조합원에게 지분을 상환하기 전에 명시된 배당을 수행하도록 요구하고 있다. 이런 경우 이자를 포함하는 우선주에 대한 배당은 협동조합이 가장 먼저 이행해야 할 의무이다.

반면, 출자배당은 몇 가지 문제를 안고 있다. 만약 이사회가 조합원들의 요구 때문에 배당을 의무로 여긴다면, 배당은 이자를 포함하는 고정비용으로 된다. 이럴 경우 협동조합의 경영은 조합원의 이익을 위한 사업보다는 수익에 전념하게 되며, 배당으로 인하여 경영이 악화되는 현상이 발생하기도 한다. 한편 출자배당이 조합원의 사업 이용에 의한 수익으로 이루어진다면, 협동조합 사업의 원가주의 원칙을 손상시키게 된다.

이러한 이유로 출자배당을 제한하는 협동조합이 많은데, 협동조합

출자금에 대한 배당 제한이 협동조합의 자금조성에 미치는 영향에 대해서는 논란이 많다. 독일, 호주 등의 협동조합은 이를 자본조달의 저해 요인으로 보고 완화하려는 추세를 보이고 있으나, 일본의 협동조합은 배당 제한 완화 시 자본에 의해 협동조합의 본질이 훼손될 것을 우려하여 이를 부정적으로 보고 있다.

3) 비용의 분담

손실에 대하여는 조합원이 분담하는 것이 원칙이다. 따라서 손실이 발생할 경우 결산총회 또는 대의원회의 의결에 따라 제 적립금으로 보전하고 그래도 부족한 부분이 있으면 차기로 이월한다.

2. 협동조합의 조직 유형

2-1. 기능에 따른 농업협동조합의 유형

가. 구매농협

구매농협은 조합원인 소생산자들이 그들의 생산 활동에서 필요로 하는 물자를 공동으로 구입함으로써 생산원가를 좀 더 낮추기 위해 조직하는 농협이다. 농업인 등 소생산자들이 개별적으로 필요한 물자를 구입하게 되면 도매상, 소매상 등의 유통조직이 개입되고 이들이 취하는 중간이윤으로 말미암아 구입가격은 비싸지게 마련이다. 또한 제품의 생산자들은 카르텔 · 트러스트 등의 자체 통제기구를 통해 상호 간의 가격경쟁을 회피하면서 시장지배력을 강화하고 있다. 여기서 소생산자들이 거래교섭력을 강화하여 생산자 또는 판매자의 시장지배력에 대항하기 위해서는 협동조합이라는 단체적 힘을 통해 대량구매의 이점을 도모하는 것이 필요하게 된다.

구매농협도 소비협동조합과 같이 초기에는 보통 조합원이 필요로 하는 생산자재를 도매상으로부터 싼값으로 구입하나 후에는 직접 생산자로부터 구입하여 중간상인의 이윤을 배제하고 나아가서는 조합이 직접 그 물자를 생산하는 방향까지 발전하게 된다.

구매농협은 조합원의 희망에 의하여 조합이 공동구입을 하는 임의적 구매농협과 조합원은 농협을 통해서만 구입할 수 있는 강제적 구매농협으로 분류할 수 있다. 그리고 농협이 ① 먼저 물자를 구입하여 조합원에게 공급하는 농협, ② 조합원의 위탁을 받아 구입하는 농협, ③ 물품의 수수는 하지 않고 단순히 중개만 하는 농협, ④ 조합원이 필요로 하는 농자재를 직접 생산하는 농협 등으로 분류할 수 있다. 구매농협은 이와 같이 여러 가지 형태로 분류되지만, 구매농협의 사업 성격에 미루어 볼 때 농협과 조합원과의 거래관계에 있어서 전속거래가 이루어져야 농협의 발전을 기할 수 있다.

농협의 발전과정을 역사적으로 보면 초창기에는 대부분 구매농협이 먼저 설립되었다. 이는 그만큼 공동판매보다는 공동구매가 더 용이하고 또한 생산에서는 일차적으로 구매의 협동이 요청되었기 때문이다.

나. 판매농협

판매농협은 조합원이 생산한 생산물을 수집하여 공동으로 판매함으로써 조합원에게 유리한 판매가 이루어지도록 돕는 것을 주목적으로 하는 농협이다. 본래 소생산자들이 개별적으로 생산한 생산물의 양은 소량인 데다가 그들은 시장정보에 대한 지식이 부족하며 자금력도 적기 때문에 생산물의 유통과정에서 항상 불리한 위치에 놓이게 된다. 이러한 불리한 점을 극복하고 대량거래의 이익, 시장교섭력의 강화를 통한 유리한 수취가격의 실현, 금융상의 편익 등을 도모하기 위하여 조직되는 것이 판매농협이다.

판매농협은 조합원의 생산물을 판매하는 방법에 따라 여러 가지 종류로 나누어진다. 먼저 조합원의 개별적 판매를 인정하는가의 여부에 따라 ① 임의적 공동판매 또는 부분적 공동판매를 하는 농협과, ② 이른바 강제적 공동판매 또는 전면적 공동판매를 하는 농협 등으로 분류한다. 다음에는 농협이 조합원의 생산물을 판매하는 내용에 따라 ① 농협이 생산물을 매취하여 판매하는 농협, ② 조합원의 위탁을 받아 판매하는 농협, ③ 생산물의 수수(授受) 없이 단순히 중개만을 하는 농협, ④ 농산물의 부가가치를 높이기 위해 농산물을 가공하여 판매하는 농협 등으로 분류할 수 있다. 하지만, 대부분의 농협들은 위의 기능들을 중복적으로 수행하고 있다. 또한 위탁판매에는 조합원이 가격 · 판매시기 등에 대하여 일정한 조건을 붙이는 것(조건부 판매)과 가격 등 일체를 농협에 일임(무조건 판매)하는 것이 있다.

판매농협은 구매농협과 비교해 볼 때 일반적으로 그 발전이 뒤떨어졌다. 그 이유는 구매농협은 농자재 판매자 간 경쟁을 통해 교섭력을 확보하기 쉬우나, 판매농협은 같은 농산물의 물리적 특성상 판매 시기나 시장이 한정되어 있고, 농업인 간 또는 농협 간 경쟁으로 거래교섭력을 갖기가 어렵기 때문이다.

다. 서비스농협

서비스농협은 조합원이 공동으로 자금, 물자, 노동력 등을 제공하여 생산시설이나 이용설비를 갖추어 이용함으로써 생산비용을 절감하기 위해 조직하는 농협이다. 이때 설치 또는 구비하는 시설은 개인의 경제적 능력으로는 설비할 수 없는 것이거나 개인의 힘으로 구비할 수 있다 하더라도 개별 사용보다는 공동으로 이용하는 것이 경제적 효율을 더 높일 수 있는 시설 등이다.

생산자 서비스농협이 이용시설로서 갖는 설비에는 토지 · 건물 · 기계기구 · 차량 등과 같은 물적 설비 이외에 기술자 · 의사 등의 인적 설비도 있고, 종축 · 우마(牛馬)와 같은 동물적 설비도 있다.

농업에서는 특히 서비스농협이 발전하였는데, 농협이 농기계, 저장시설 등을 보유하고 이를 조합원이 공동으로 이용하는 형태가 많았으며, 이런 농협들은 서구 선진국에서 널리 설립되었다.

라. 신용농협

신용농협은 조합원들이 각자의 여유자금을 농협에 맡기고, 또한 자금을 필요로 하는 사람은 농협으로부터 대출을 받음으로써 조합원 서로 간의 자금 과부족을 스스로의 힘으로 해결하기 위해 조직하는 농협이다. 한편 신용농협이 없는 지역의 농업인들은 농업인, 영세업자, 일반 서민 등을 조합원으로 하는 일반 신용조합을 이용하거나, 판매 · 구매농협이 신용사업을 겸영하기도 한다.

농업인 등 경제적 약자들은 일반 금융기관으로부터 자금을 빌리고자 해도 쉽지 않을 뿐 아니라, 금융기관이 요구하는 담보물을 가지고 있지 못하기 때문에 금융기관으로부터 자금을 융통 받을 수가 없다. 결국 그들은 필요한 자금의 융통을 고리대금업자에게 의존하지 않을 수 없는데 고리대자본은 그 폐해가 너무 크다. 신용농협은 농업인들이 이러한 어려움을 극복하고 소요자금을 손쉽게 융통하기 위하여 조직된 농협이다.

신용조합은 19세기 중반에 독일에서 처음으로 설립되었는데, 라이파이젠은 1862년에 농업인을 위한 대부금고조합을 설립하였으며, 이것이 유명한 농촌신용조합의 기원이다.

마. 종합농협[4]

협동조합은 조합원의 경제활동 중 한 가지 또는 여러 가지 기능을

---

4 종합농협은 우리나라 농협과 같이 금융, 구매, 판매, 사업 등 여러 가지 사업을 한 조합에서 다 하는 농협을 말한다. 전문협동조합은 이와 반대로 한 가지 사업만 하는 협동조합을 말한다. 프랑스의 농기계이용협동조합, 신용협동조합, 소비자 협동조합 등이 그렇다. 특히 우리나라는 한 품목의 농가들만 모여 협동조합을 만든 품목 협동조합보다는 한 읍면의 지역 전체 농민이 모여 만든 지역농협을 선택하고 있어 품목도 다양하다. 따라서 정확히 말하면 '지역종합농협'이라 할 수 있다. 1960년대 초반 우리나라는 1) 농가들의 재배품목; 벼/보리/밭작물로 비슷했으며, 2) 대다수 농가의 재배면적이 1ha에 미치지 못하는 수준이었고, 3) 원예나 축산농산물을 팔 수 있는 시장도 발전되지 않았고, 4) 일본의 종합농협이 성공적으로 운영되고 있다는 여러 가지 이유로 다품목 복합사업의 '지역종합농협'을 선택했다. 우리나라의 품목농협의 역사도 매우 깊다. 인삼조합은 일제 강점기부터 있었으며, 도시 중심으로 공판장을 운영하는 원예협동조합도 초창기부터 만들어졌다. 처음에는 이들 품목농협은 경제사업만 했지만, 신용사업을 하는 것이 경영 안정에 도움이 된다며 1989년 신용사업을 할 수 있게 되어 종합농협이 되었다. 유럽에서도 협동조합의 발전 속에서 여러 사업이 연결된다. 처음 협동조합운동을 시작한 영국은 주로 구매협

위임받아 조합원을 대신하여 이를 수행함으로써 조합원의 경제활동을 지원하고 조합원에게 각종 편익과 서비스를 제공하는 것을 목적으로 한다. 따라서 농협은 농업인의 다양한 경제활동과 관련하여 사업기능을 어느 정도 포괄하느냐에 따라 크게 두 가지 유형, 즉 한 가지 사업기능을 전문적으로 수행하는 전문농협과 여러 가지 사업기능을 동시에 수행하는 종합농협으로 대별된다. 즉, 위에서 설명한 판매농협, 구매농협, 서비스농협, 신용농협을 전문농협이라 하며, 이러한 사업을 몇 가지 겸영하는 농협을 종합농협이라 한다.

한 나라의 농협이 전문농협의 형태를 취하느냐 아니면 종합농협의 형태를 채택하느냐 하는 것은 기본적으로 그 나라의 농업구조와 농업인의 사회 · 경제적 위상에 따라 결정된다. 구미 선진자본주의 국가의 농협은 초창기부터 품목별 · 기능별로 농산물 판매 및 가공을 중심으로 한 전문농협 형태로 발전해 왔으며, 우리나라를 비롯한 일본과 대만의 농협은 종합농협 체제를 채택하였다.

구미 선진국은 협동조합운동 초기에 조합 구성원이 대규모 전업농 체제로서 기업적 농업을 경영하였으며, 이를 위해 동종 경영(동일 작목)을 중심으로 한 기능별 · 품목별 전문농협이 필요하였다. 그러나 한국 · 일본 · 대만 등은 농가의 영농규모가 1ha 내외의 소농 · 복합영농

동조합, 프랑스는 판매협동조합을 만들었지만, 뒤늦게 시작한 독일은 신용협동조합과 구매협동조합이 연결된 '라이파이젠협동조합'이 크게 번성했다. 종합농협은 장점도 있는 반면 단점도 있다. 하지만 1960년대 초 당시 종합농협체계를 선택한 것은 우리나라의 여건을 볼 때 타당했다. 1990년대에 접어들면서 품목농협, 판매사업 강화를 위한 농협체계 개편 논의가 있다. 이런 문제도 우리가 발을 딛고 있는 이 땅의 여건에 맞도록 현실을 더 깊이 고려하면서 해답을 찾아야 한다.

체제로서 농업경영의 전업화가 이루어지지 않았고, 협동조합이 조합원의 영농 및 생활과 관련된 모든 분야를 종합적으로 지원함과 동시에 농촌개발을 주도해야 하였기 때문에 종합농협 체제로 발전하였다. 구미 선진국의 전문농협은 대부분 농업인의 자구노력을 바탕으로 자주적으로 설립되었으며, 농협과 조합원 간의 강한 결속력을 바탕으로 시장교섭력을 증대시켜 왔다.

한편 종합농협은 우리나라와 같은 영세소농 구조하에서 ① 농가의 조합 이용이 편리하고, ② 농가의 경제력을 한 조합에 집중시킬 수 있으며, ③ 농가에 대한 사업지원의 효율성을 높일 수 있고, ④ 농협의 각 사업 간의 유기적 연계가 가능하다는 장점을 지니고 있다.

반면 종합농협은 ① 경영 노력을 한 곳으로 집중시키기가 어려워 전문인력의 양성이 곤란하고, ② 농가에 대한 전문적인 서비스를 제공하기 어려우며, ③ 사업이 보수적으로 추진되는 경향이 있고, ④ 채산이 맞지 않는 사업을 소홀히 하기 쉽다는 단점이 있다.

현재 농협을 둘러싼 환경을 보면 국제화 · 개방화 · 자율화의 진전에 따라 각종 사업의 추진과정에서 기업과의 경쟁이 심화되고 있다. 그리고 지역에 따라 품목의 특화가 진행되면서 농업인의 욕구가 한층 다양해지고 있다. 이러한 환경 속에서 농협은 기존의 역할만으로는 경쟁에서 살아남기 어려울 뿐만 아니라, 농업인의 욕구를 충족시켜 주기 어렵다는 문제가 제기되고 있다. 이를 극복하기 위해 농협은 사업 부문 간 상호 보완성을 강화하여 비용을 절감하는 동시에 각 사업 부문별로 전문성[5]을 높여 협동조합의 노동생산성과 시장교섭력을 제고시켜 나가

---

5 1800년대 유럽에서 시작된 초기의 작은 협동조합에는 직원이 없었다. 협동조합의 임원들이 협

는 것이 시급한 과제라 할 수 있다. 따라서 세계 각국의 농협들은 경영 환경 변화에 대응하기 위해 생산에서 가공, 판매까지 사업을 수직적으로 통합하거나 규모 확대를 위해 합병을 추진하고 있으며, 일부 전문농협은 사업을 다각화하여 종합농협으로 전환하고 있다.

2-2. 연합조직과 자회사

가. 연합회(Federation)

1) 연합회의 필요성

협동조합은 조합원들이 상호 협력을 통해 가계와 영농의 향상 · 발전을 도모하기 위해 설립한 조직이다. 자본주의의 발달 초기에는 개별 협동조합의 단독적인 힘만으로도 이러한 목적을 어느 정도 달성할 수

동조합의 사업을 번갈아 가며 일을 봤다. 하지만 협동조합이 커지면서 그중의 몇 명이 상임을 맡으며 직원이 생기게 된 것이다. 따라서 협동조합 직원은 첫 태생이 '협동조합운동가'였다. 조합 직원은 조합원에게 더 많은 혜택을 주기 위해 노력하는 운동가로서 일하겠다는 의지가 가장 중요한 직원의 덕목이다. 하지만 조합원들의 수준이 높아지면서 조합원들을 지도하고 더 많은 혜택을 주기 위해 직원들의 수준과 전문성도 높아져야 한다. 협동조합운동가 정신을 갖추고 필요한 전문성을 쌓아 나가는 것이 직원의 기본적인 자세가 되어야 한다. 농협 직원의 전문성이 떨어지는 이유는 주로 지역농협에서 발생한다. 각 사업 분야별로 전문적인 능력을 갖춘 직원을 채용하기보다는 일반직을 한꺼번에 채용하는 채용의 문제와 성격이 다른 여러 사업을 돌아가며 맡는 '순환보직'의 문제점이 발생하기 때문이다. 순환보직이란 2년 단위로 부서를 바꿔 이동하게 하여 1) 한 부서에 오래 있을 때 발생할 수 있는 부정부패를 방지하고, 2) 간부 직원으로 승진하기 위해 모든 업무를 일정 정도 알게 한다는 취지로 도입되었다. 신용사업을 하는 농협에서 부정부패를 방지하기 위해 순환보직을 하는 것은 이해할 수 있지만, 똑같은 기준을 경제사업 직원에게 도입하면 전문성을 키우기 어렵게 되어 버린다. 농협 직원의 전문성을 높이기 위해서는 농협 직원이 100명 정도 되게 농협의 기본규모가 커져야 한다. 3~4개 농협이 합병하면 이런 규모가 된다. 이런 조건에서 각 사업별로 전문성을 갖춘 직원을 채용하고, 상무 직책까지 그 사업 내부에서 진급되도록 해야 한다. 이를 '직군별 채용, 직군별 승급 제도'라고 한다.

있었다. 그러나 자본주의 경제가 고도로 발전해 감에 따라 개별 협동조합의 힘만으로는 규모화 · 전문화를 필요로 하는 사업을 운영하기가 어렵게 되었다. 아울러 농정, 교육, 홍보 등에서도 힘을 결집할 필요가 생겼다. 따라서 협동조합은 개별조합의 힘을 결합하여, 경제적 효율성을 달성하고 공동의 이익을 실현하기 위해 조합을 구성원으로 하는 대규모 조직인 연합회, 즉 협동조합의 협동조합이 필요한 것이다.

2) 기능

가) 경제적 기능

이는 신용사업을 비롯한 구매, 판매, 이용, 가공, 공제사업 등 분야별 경제활동을 결집하여 전국 단위로 연합회를 만들고, 이를 중심으로 광역단위의 사업활동을 수행하는 것을 말한다. 연합회가 이러한 기능을 수행하는 이유는 ① 지역 간의 자금 과부족 조절, ② 대량거래의 이익 획득, ③ 근대적 경영기술의 도입, ④ 독점자본에의 대항 내지 견제 등을 통해 조합원의 경제활동을 돕고, 그들의 경제적 이익을 극대화시키려는 데 있다. 연합회의 경제적 기능은 크게 두 가지로 나눌 수 있는데, 전국적인 연합회를 기준으로 살펴보기로 한다.

첫째는 전국 단위 연합회가 중앙금고를 설치하여 자금의 지역 간 수급조절 기능을 수행하는 것이다. 자금수급 조절기능은 ① 소속 조합의 여유자금을 예치금의 형태로 흡수하여 자금이 부족한 조합에 공급함으로써 전국적인 차원에서 자금의 수급을 조절하는 기능, ② 일반금융계와 접촉함으로써 농협금융계와 일반금융계를 연결시키는 기능, ③

각종 정책자금을 계통 조합 및 조합원에게 중개하는 기능 등을 들 수 있다.

둘째는 전국 단위 연합회가 전국 단위의 경제사업을 수행하는 것이다. 이 기능은 구매, 판매, 이용, 가공 등의 경제사업을 결집하여 연합회를 만들고 전국 단위로 사업을 수행하는 것을 말한다. 이는 각 조합의 소규모 경제사업을 대구역 내지 전국 단위로 규모화함으로써 경제활동의 유리한 점을 확보하기 위한 것이다. 특히 협동조합이 광역 단위의 시장지배력을 확보하거나, 무역거래 또는 대규모의 생산시설을 갖추고자 할 경우 연합회가 더욱 필요하게 된다.

이 같은 연합회의 경제적 기능은 미국, 영국, 스웨덴, 독일, 일본 등 선진 국가에서는 사업 기능별로 조직되고 있는 것이 일반적이나, 우리나라 농협은 그 모든 기능이 한 연합조직에서 포괄적으로 수행되고 있다. 즉 우리나라 농협의 연합조직인 중앙회는 조합과 마찬가지로 여러 가지 사업을 수행하는 종합농협 형태의 연합조직체인 것이다.

나) 비경제적 기능

연합조직의 비경제적 기능은 내적 기능과 외적 기능의 두 가지가 있다. 내적 기능으로는 ① 교육 · 홍보, ② 조사 · 연구, ③ 지도사업, ④ 감사 등을 들 수 있다. 그리고 외적 기능으로는 ① 농정활동, ② 지방 단위 및 전국 단위의 유관기관과의 협력사업 내지 관계 개선을 위한 활동, ③ 국제협동조합 간 협력 체제를 유지 등이 있다. 이러한 기능은 여러 농협이 공통의 이해를 가지고 있을 뿐만 아니라, 대표성이 있으며 비용도 절감할 수 있기 때문에 개별 단위농협보다는 연합회가 수행하는 것이 효과적이다.

3) 연합회의 유형

가) 지도형 연합회

지도형 연합회는 연합회의 기능 중에서 비경제적 기능만을 수행한다. 이런 유형의 연합회는 국가에 따라 다소 차이는 있지만, 일반적으로 각 사업 부문별 연합회보다 상위에 위치하여 전국 단일의 최고지도기관으로 존립하면서 그 나라의 모든 협동조합을 대표하는 경우가 많다. 이러한 연합조직의 기능 중 특히 중요한 기능은 정부와 유기적 연결을 맺으면서 입법, 정책수립 과정에 조합원의 의사를 반영함으로써 협동조합 및 조합원에게 불이익이 돌아오지 않도록 농정활동을 전개하는 일이다.

이러한 형태의 연합조직으로는 미국의 농협전국협의회(CLUSA), 스웨덴의 농업자연맹(LRF), 일본의 전국농협중앙회(全中) 등을 들 수 있다.

나) 사업형 연합회

이는 연합회의 기능 중에서 주로 경제적 기능을 수행하는 연합회로서 사업기능별 또는 업종(품목)별로 전문화되어 있다. 신용, 구매, 판매, 이용, 가공 등의 사업기능을 중심으로 결합한 연합회가 전자에 속하며, 낙농, 우유, 식육, 원예, 양잠, 화훼 등과 같이 업종을 중심으로 결합한 연합회가 후자에 속한다.

이러한 형태의 연합회는 개별 농협의 경제활동 능력을 전국 단위로 결집하여 대량거래의 유리함을 추구하면서 경제적 효율과 능률을 극대화하는 데 그 목적을 두고 있다. 또 때로는 독점자본과 대항하기 위해 경제적 합리성을 철저히 추구하면서 필요한 경우에는 직접 생산공장을 운영하는 경우도 많다.

선진제국 특히 미국, 스웨덴, 독일, 프랑스, 일본 등의 나라에서는 이러한 유형의 연합회가 크게 발전하였다.

다) 종합형 연합회

이 형태의 연합회는 지도형 연합회와 사업형 연합회의 기능을 하나의 연합회 속에서 종합적으로 수행한다. 종합형 연합회는 조합원의 모든 경제활동을 지원할 수 있다는 장점이 있는 반면, 전문화의 추구가 어렵다는 단점이 있다. 우리나라 농협중앙회가 바로 종합형 연합회의 기능을 갖고 있다.

연합회의 형태 중 어느 것이 바람직한가는 간단히 판단할 수 없다. 그것은 농협의 발생 배경과 그 나라의 경제 · 사회적 구조와 환경, 회원조합의 사업형태, 조합원 경제 등 제반 사항을 고려하여 판단하여야 한다. 영국, 미국, 덴마크 등 선진국의 농협은 일찍이 상업농 체제하에서 품목별 · 사업별로 전문화되어 발달하면서 연합회도 사업과 지도 기능이 분리된 이원(二元)적 연합조직 체제를 갖추었다. 아울러 이런 나라들은 대부분 농업인의 이해관계를 조정하고 통합할 전국적인 농업인 조직이 존재하고 있다. 반면 우리나라의 농협이 종합형 연합회를 갖추고 있는 이유는 첫째, 농협이 당초 정부 주도로 조직되어 농업 · 농촌개발 정책의 추진과정에서 농업자금의 공급, 영농지도, 농산물판매 등 종합적인 기능을 수행하였기 때문에 이를 지원하는 연합회도 마찬가지로 종합형 연합회로 형성 · 발전되었다. 둘째, 가계와 경영이 미분리된 농가경제를 향상시키기 위해 조합이 다사업 겸영과 비경제적 기능을 동시에 수행하고 있는 상황에서 연합회도 조합에 대해 사업 및 지도 지원을 종합적으로 수행하는 것이 효율적이었기 때문이다. 셋째, 종합형 연합회가 아닌 지도형 또는 사업형 연합회의 분리(이원적 연합회체제)의 경우 지도형 연합회의 운영경비는 조합이 부담하는 분담금에 의해 충당되는데, 규모가 영세한 조합의 대부분은 부담 능력이 미약한 실정이다. 따라서 연합회가 조합에 대한 지도 기능을 수행하기 위해서는 자체사업을 통해 운영비를 조달해야 하고, 이를 위해서는 종합형 연합회가 유지되어야 하기 때문이다.

나. 연합사업체(MACs: Marketing Agency-in-Common)

일반적으로 사업형 연합회는 가공사업이나 광역 단위 시장활동 등 소규모 농협이 독자적으로 수행하기 어려운 사업을 수행하기 위해 조합이 자본을 공동 투자하여 별도의 대규모 농협을 설립한 것이다. 이러한 연합회는 조합들이 협력하여 전문적이고 규모화된 새로운 판매 · 가공사업을 통해 새로운 시장에 진출하여 사기업과의 경쟁에 효율적으로 대처하기 위한 수단이다.

한편, 몇 개의 농협이 동종의 사업을 독자적으로 운영함에 따라 시장을 나누고 경쟁하는 사례가 있다. 이런 경우 이들은 합의를 통해 경쟁을 줄이고 시장에서의 효율성을 얻기 위해 공동의 사업을 모색하게 되며, 이를 통제할 기구로 연합사업체(MACs)를 조직한다. 결국 몇 개의 농협이 일부 공통의 사업에 대해 자원과 역량을 공동으로 활용하여 판매 및 구매의 효율성을 배가시키기 위한 조직이다.

연합사업체도 일종의 연합회 조직이지만, 일반 연합회와는 달리 규모가 작으며, 이미 독자적인 판매사업을 수행하고 있는 대규모 판매농협들이 공동으로 수행하면 유리한 일부 사업을 대행시키기 위한 협의체 수준의 판매조직이다. 연합사업체는 새로운 시장에 진출하기 위한 조직이 아니라, 이미 진출하고 있는 시장에서 조합 간 협력으로 사업의 효율성을 극대화하기 위해서 조직된다. 이는 다른 농협의 자원을 공동으로 이용할 수 있거나, 고정비용을 줄일 수 있을 때 활용된다. 또한 특정 농협에서 개발한 판매프로그램을 다른 농협으로 확대하고자 할 때나 인지도가 높은 브랜드를 공동으로 이용하고자 할 때도 조직되고 있다. 이는 미국의 판매농협에서 광범위하게 활용되고 있는 방식이다.

우리나라의 경우 최근에 사업의 규모화 · 효율화를 추구하기 위해 조합 간 사업연합이 진행되고 있는데, 구매사업연합, 판매사업연합 등이 비슷한 사례라고 볼 수 있다. 한편 이는 협동조합 간 합작투자(Joint Venture)의 일종이라고 볼 수도 있다. 사업연합에 의한 연합마케팅은 판매사업에 대한 조합원의 요구에 적극 대응하기 위하여 대규모 합병조합의 '규모의 경제' 장점과 소규모 지역농협의 '조합원 밀착' 장점을 동시에 발휘할 수 있는 협동조합의 새로운 사업체제이다. 연합마케팅 사업의 목적은 소규모 농협이 연합을 통해 물량을 규모화하고 참여 농협과 연합조직이 생산과 판매에 대해 역할 분담을 함으로써 거래교섭력을 강화하는 데 있다. 따라서 연합마케팅은 참여 주체 간에 명확한 판매협약, 또는 계약관계를 근간으로 하며, 더 나아가서는 품목을 중심으로 연합사업을 통해 협동조합 간 협동을 직접 실현하여 협동조합의 이념을 구현하고자 하는 것이다.

다. 자회사(subsidiary)

최근 서구 협동조합들은 전통모형의 단점을 해결하고 자본조달 확대, 협동조합의 지역 한계성 탈피 및 사업 전문화 · 효율화 · 세계화를 위해 기업인수, 사업분리, 합작투자 등의 방식으로 자회사 설립이 증가하는 추세이다. 자회사는 시장의 변화에 효율적으로 대응할 수 있으며 의사결정의 효율화와 책임경영을 추진할 수 있는 조직구조이며 주로 전문성과 기동성이 요구되며, 자본집약적이고 투자위험이 큰 가공사업, 신제품 개발, 연구, 국제적 사업 등에서 이루어지고 있다. 그리고 협동조합은 투자자본을 외부로부터 도입하여 규모를 확대하고자 할 때 자회사 방식을 택하는 경우가 많다.

자회사는 재무관리, 경영책임이 협동조합과 분리되어 있기 때문에 사업이 실패하여도 협동조합에 직접적인 책임이 전가되지 않는다. 따라서 투자위험이 큰 사업을 추진할 때나 신규사업 진출, 전략적 제휴 확대 등 협동조합 전체의 존립에 대한 위협을 줄이고 리스크를 관리하기 위해 자회사 방식을 택하기도 한다. 특히, 자회사는 민주적 통제 원칙과 상충 문제를 해소하여 소비자의 선호 변화에 대응하기 위한 고품질 농산물 공급, 시설투자에 필요한 외부자본 조달 확대 등 시장지향적 전략 추구에 유리하다.

반면, 그리너리 협동조합의 자회사 설립 당시의 사례에서 보듯이 시장지향적인 자회사 경영진과 생산자 입장을 대변하는 조합 임원진 간의 의견조율 기능의 부재로 갈등이 발생할 우려가 있으므로 농업 부문에 경험이 있는 경영전문가를 CEO로 위촉하고 조합과 자회사 간의 의사결정 체계를 유기적으로 연계시켜 조합원과의 원활한 의사소통을 도모하고 기업형 경영과 협동조합 정체성 간의 균형과 조화를 유지하는 것이 필요하다.

자회사의 자본을 확보하는 방식은 크게 두 가지로 나눌 수 있다. 하나는 전체 자본을 조합원이 투자하여 협동조합 방식으로 운영하되 투자수익을 투자조합원에게 배당하는 방식이며, 이 경우 지분은 조합원 간에 거래가 가능하다. 다른 하나는 주식을 발행하거나, 기관투자가의 투자로 외부로부터 자본을 조달하게 되는데, 이 경우 지분의 50% 이상은 조합원이나 협동조합이 소유하게 된다.

아울러 자회사의 경영자는 협동조합이 임명하고, 이사회의 과반수는 협동조합 관계자가 차지하기 때문에 협동조합이 자회사를 통제하게 된다. 그러나 지분의 거래가 가능한 경우 협동조합이 주의를 기울이지 않는다면, 자회사의 경영권이 타 기관에 넘어갈 우려가 있음에 유의해야 한다.

협동조합 자회사가 일반 기업의 자회사와 다른 몇 가지 특성을 살펴보면 첫째, 협동조합의 기본이념 및 정책 수행의 창구 역할을 한다는 점이다. 협동조합이 자회사를 운영하는 것은 투자이익을 추구하는 것이 아니라 협동조합의 목적을 좀 더 효율적으로 달성하기 위해 본질적 기능을 유지하면서 조직 및 경영형태를 일반 기업형태로 운영하는 것이다. 둘째, 협동조합 자회사는 조합원에 대해 경영책임을 져야 한다. 협동조합 자회사는 조합원에게 최대의 경제적 실익을 제공함으로써 조합원의 경영성과가 높아지도록 노력하여야 한다. 셋째, 협동조합의 한계성 극복이다. 협동조합 자회사는 급변하는 경영환경에 적응하기 위해 신속하고 합리적인 의사결정, 효율적 경영관리, 자본조달 문제의 해결 등을 통해 협동조합의 한계성을 극복해야 한다. 자회사의 대표적인 유형으로는 유럽의 협동조합기업과 일본의 협동회사를 예로 들 수 있다.

라. 합병(merger)

합병이란 2개 이상의 농협이 법률적 · 경제적으로 독립성을 잃고 계약에 의하여 법정 절차에 따라 하나의 농협으로 통합하는 행위를 말한다. 이는 하나의 조합이 다른 농협들을 인수 · 통합(Merger & Acquisition) 하거나, 2개 이상의 농협들이 새로운 농협을 신설 · 통합(Consolidation) 하는 것을 의미한다.

최근 자본주의 경제가 발전하면서 기업집중이 심화되고, 경쟁이 치열해지면서 농협의 경영환경이 악화되고 있다. 이러한 변화에 대응하기 위해 세계의 농협들은 합병을 주요한 대응 전략으로 채택하고 있다. 예를 들어 미국의 경우 1989년부터 10년간 777개의 농협이 합병하였으며, 일본의 경우 1991년 3,394개이던 지역농협이 2001년 1,024개로 합병하였으며 합병추진계획에 의해 농협 수를 500여 개로 축소할 계획이다. 한국농협의 경우에도 매년 꾸준히 합병이 추진되어 왔다.

농협들이 합병하는 주된 이유는 규모의 경제와 범위의 경제에 의한 효율성을 얻고자 한 것이다. 규모의 경제란 농협이 사업규모를 확대함에 따라 평균 생산비용을 절감함으로써 이익을 얻는 것을 말한다. 범위의 경제란 서로 연관되어 있는 사업을 통합함으로써 비용을 절감하고 시너지효과를 높이기 위한 것이다. 또한 농협은 합병을 통한 규모화의 이점을 활용하여 조합원에게 새로운 서비스를 제공할 수 있게 된다.

한편에서는 농협이 합병을 하면, 조합원 간 유대가 약화되고, 농협과 조합원 간 거리감이 생겨 농협 운영이 경영제일주의와 관료주의를 초래하여 조합원에 대한 서비스가 약화된다고 주장한다. 그러나 Onno-Frank 등은 협동조합이 규모화될 경우 조합원의 영향력이 감소한다는 주장에 대해 이는 아직 입증되지 않은 가설에 불과하다고 한다. 오히려 최근에는 대규모 농협이 소규모 농협에 비해 조합원에게 더 큰 만족을 줄 수 있다는 주장도 제기되고 있다. 그 이유는 대규모 농협일수록 더욱 개선된 경영체제를 갖출 수 있으며, 그에 따라 조합원의 요구도 더 잘 수렴할 수 있다고 보기 때문이다. 또한 합병농협은 경제적 성과를 올린 만큼 이용자인 조합원에게 더 나은 거래조건 등을 제공할 수 있으며, 동시에 소유자인 조합원에게 더 많은 이익을 줄 수 있다고 한다.

합병의 많은 이점에도 불구하고 일부 농협에서는 합병 후에도 뚜렷한 성과가 나타나지 않고 있다. 이는 농협들이 단순히 합병만 하면 규모의 효과를 얻을 수 있다는 막연한 기대에 의해서 합병을 추진했기 때문이다. 따라서 합병 후에 대한 사업계획이 철저하지 못하고, 규모에 걸맞은 사업 및 조직재편이 이루어지지 않는다면, 합병의 효과 또한 기대하기 힘들다. 이로 인해 일본농협은 합병의 성과를 향상시키기 위해 합병농협에 대한 경영컨설팅을 실시하고 있다.

그래서 James는 이러한 문제점을 최소화하기 위해서 ① 전국 단위에서 얼마나 큰 단위로 합병해야 하는가, 이 경우 조합원들의 대표성과 농협에 대한 지배는 유지할 수 있는가, ② 조합원에게 더 좋은 서비스를 제공할 수 있는가, 또한 합병되는 농협 간의 조직문화가 조화를 이룰 수 있고 새로운 이사회가 전체 조합원의 대표성을 가질 수 있는가, ③ 합병이 산업이나 참여자에게 얼마나 효율적인가, 합병이 농협과 조합원의 여건을 향상시킬 수 있는가, ④ 동종 또는 관련 산업에서 대규모 합병농협이 영세한 다른 농협과 그 조합원에게 어떠한 영향을 미치는지 등을 고려해야 한다고 지적하고 있다.

학습문제 풀이

[1] 협동조합의 출자배당에 대한 설명 중 틀린 것은?

① 출자배당의 제한 등으로 협동조합의 수익배분에서 큰 비중을 차지하지 않고 있다.

② 출자배당의 상한선을 우리나라 농협은 8%, 미국농협은 10%로 정하고 있다.

③ 출자배당이 조합원의 사업이용에 의한 수익으로 이루어질 경우 실비주의 원칙을 손상하게 된다.

④ 세계 여러 나라의 협동조합의 관례로 볼 때 출자배당은 시장이자율보다 낮다.

정답 2번

[2] 협동조합의 손익배분 방식에 관한 설명으로 틀린 것을 고르시오.

① 운영과정에서 회계처리, 시장 요인 등에 의해 손익이 발생할 수 있다.

② 손익 배분 방식은 조합원의 공동행동 기반에 영향을 미칠 수 있다.

③ 이익 배분은 출자금에 비례하여 실행한다.

④ 원가경영 원칙에 따르면 이익과 손실이 발생하지 않는다.

정답 3번

해설 출자배당은 제한된다.

[3] 협동조합의 이익 배분에 영향을 미치는 요인이 아닌 것을 고르시오.

① 감가상각비 배분

② 개방 조합원 제도

③ 이용고 배당

④ 고정자산 매각손실의 배분

정답 2번

해설 전혀 관련이 없다.

[4] 협동조합의 일반적인 총순이익 배분 방식에 대한 설명으로 적합하지 않은 것을 고르시오.

① 비분할 자본 적립

② 현금 이용고 배당

③ 이용고 배당의 내부유보

④ 감가상각비

정답 4번

해설 순이익은 감가상각 이후에 발생한다.

[5] 협동조합의 이용고 배당에 관한 설명으로 적합하지 않은 것을 고르시오.

① 원가주의 원칙의 실행 수단이다.

② 배당 범위와 기준은 일반적으로 이사회가 결정한다.

③ 대부분의 국가에서 일정 한도까지 이용고 배당에 대한 소득세는 면제된다.

④ 이용고 배당은 사전적 가격조정이다.

정답 4번

해설 사후적 가격조정이다.

[6] 미국 협동조합에서 이용고 배당의 소득세 면제 조건에 해당되지 않는 것을 고르시오.

① 배당액의 50% 이상을 현금으로 지급할 것

② 조합원의 사업 이용에 따른 소득일 것

③ 협동조합에 이용고 배당에 관한 규정이 있을 것

④ 특정 기간 내에 이용고 배당에 대한 통지가 있을 것

정답 1번

해설 현금 배당이 20% 이상일 것

[7] 협동조합의 출자배당에 관한 설명으로 적절하지 않은 것을 고르시오.

① 미국농협은 출자배당의 상한을 8%로 정하고 있다.

② 출자배당의 재원은 사업 순이익이다.

③ 출자배당의 확대는 원가주의 원칙에 합치한다.

④ 현금이나 출자증권 형태로 지급된다.

정답 3번

해설 원가주의 원칙에 어긋난다.

[8] 협동조합의 손실 배분 방식에 관한 설명으로 틀린 것을 고르시오.

① 조합원의 출자 동기를 훼손할 수 있다.

② 조합원의 공동행동 기반에 영향을 미칠 수 있다.

③ 연합회의 손실은 회원조합의 경영에도 악영향을 미칠 수 있다.

④ 원가주의 원칙과 무관하다.

정답 4번

해설 손실 배분에는 원가주의 원칙이 적용된다.

[9] 협동조합의 손실 배분 방식에 관한 설명으로 틀린 것을 고르시오.

① 조합원의 출자 동기를 훼손할 수 있다.

② 조합원의 공동행동 기반에 영향을 미칠 수 있다.

③ 연합회의 손실은 회원조합의 경영에도 악영향을 미칠 수 있다.

④ 원가주의 원칙과 무관하다.

정답 4번

해설 손실배분에는 원가주의 원칙이 적용된다.

[10] 협동조합의 손실 배분 방식에 포함되지 않는 것을 고르시오.

① 연합회나 정부에 지원을 요청하는 방법

② 내부유보 손실로 이월하는 방법

③ 전년도 이용고 배당을 감소시키는 방법

④ 손실을 공동자본에 부과하는 방법

정답 1번

해설 협동조합 원칙에 어긋난다.

[11] 협동조합의 손실 배분에 관련된 설명으로 적절하지 않은 것을 고르시오.

① 공동자본 감소 방식이 가장 일반적이다.

② 전년도 이용고 배당의 감소 방식은 협동조합 원칙에 어긋난다.

③ 현재 조합원이 손실을 부담하는 방식은 무임승차 문제를 초래할 수 있다.

④ 손실을 내부유보로 이월하는 방식은 미래 조합원에게 부담을 전가시킨다.

정답 2번

해설 협동조합 원칙에 합치한다.

[12] 협동조합의 손실 배분에 관한 설명으로 적절한 것을 고르시오.

① 현재 이용자가 비례적으로 손실을 분담하는 방식이 합리적이다.

② 과거 이용자가 손실을 부담하는 방식이 합리적이다.

③ 출자자가 손실을 부담하는 방식이 합리적이다.

④ 미래 이용자가 손실을 부담하는 방식이 합리적이다.

정답 1번

해설 이용 수혜자가 손실을 부담하는 것이 합리적이다.

[13] 기능별로 분류한 농협의 형태가 아닌 것은?

① 판매농협　　② 생산농협

③ 서비스농협　　④ 종합농협

정답　2번

[14] 협동조합 연합회의 비경제적 기능 중 내적 기능이 아닌 것은?

① 농정활동　　② 교육, 홍보

③ 지도사업　　④ 조사, 연구

정답　1번

[15] 협동조합의 자회사에 대한 설명 중 틀린 것은?

① 자회사를 설립하는 주된 이유는 규모의 경제와 범위의 경제를 추구하기 위해서다.

② 자회사는 전체 자본을 조합원이 투자하거나 외부로부터 자본을 조달한다.

③ 자회사의 대표적인 유형으로는 유럽의 협동조합기업과 일본의 협동회사 등이 있다.

④ 자회사는 사업에 실패하여도 협동조합에 직접적인 책임이 전가되지 않는다.

정답　1번

[16] 사업기능에 따른 농협의 유형에 해당하지 않는 것을 고르시오.

① 판매농협　　② 구매농협

③ 신용농협　　④ 지도농협

정답　4번

해설　지도사업은 시장사업의 보조적 기능이다.

[17] 1990년대 미국농협의 재구조화 유형에 포함되지 않는 것을 고르시오.

① 확장(신설, 매입) ② 축소(매각, 폐쇄)

③ 통합(인수, 합병) ④ 종합농협 사업체제로 전환

정답 4번

해설 전혀 관련이 없다.

[18] 종합농협의 단점에 해당하지 않는 것을 고르시오.

① 전문 인력 양성이 곤란하다.

② 사업 간의 유기적 연계가 가능하다.

③ 사업이 보수적으로 추진되는 경향이 있다.

④ 채산이 맞지 않는 사업을 소홀히 하기 쉽다.

정답 2번

해설 장점이다.

[19] 시장 영역에 따른 농협의 유형에 해당하지 않는 것을 고르시오.

① 지역 단위 농협 ② 광역 단위 농협

③ 다국적 농협 ④ 서비스 농협

정답 4번

해설 사업기능에 따른 유형이다.

[20] 소유권 구조에 따른 농협의 유형에 해당하지 않는 것을 고르시오.

① 다국적 농협 ② 연합사업체형

③ 지주회사형 ④ 연합회형

정답 1번

해설 시장 영역에 따른 유형이다.

[21] 협동조합 연합회의 유형에 포함되지 않는 것을 고르시오.

① 사업형 연합회 ② 지도형 연합회

③ 신세대협동조합 ④ 종합형 연합회

정답 3번

해설 연합회가 아니다.

[22] 소유권이 조합원에 제한되는 협동조합 유형을 고르시오.

① 신세대협동조합

② 사업체 공동투자 협동조합

③ 투자자 지분 참여 협동조합

④ 투자자 소유기업

정답 1번

해설 소유 자격은 조합원으로 제한된다.

[23] 협동조합의 자회사에 관한 설명으로 적절하지 않은 것을 고르시오.

① 전통모형 협동조합의 단점을 해소하기 위한 방식이다.

② 투자위험이 낮은 사업 분야에서 주로 운영된다.

③ 외부 투자를 유치하는 데 유리하다.

④ 시장지향적 사업전략의 추진에 유리하다.

정답 2번

해설 투자위험이 높은 사업 분야에서 운영된다.

[24] 협동조합의 합병이 갖는 단점에 포함되지 않는 것을 고르시오.

① 조합원 간의 유대가 약화된다.

② 경영주의와 관료주의가 초래된다.

③ 규모의 경제를 실현하기 어렵다.

④ 조합원의 합의 형성이 어렵다.

정답 3번

해설 합병의 장점은 규모의 경제를 실현하는 것이다.

[25] 신세대협동조합에 관한 설명으로 적절하지 않은 것을 고르시오.

① 개방 조합원 제도가 강조된다.

② 출하권리와 출자의무가 연계된다.

③ 조합원의 동질성 확보가 용이하다.

④ 조합원 출자 지분의 거래가 허용된다.

정답 1번

해설 조합원 자격이 제한된다.

★ OX 퀴즈

농협이 합병하는 주된 이유는 규모의 경제와 범위의 경제에 의한 효율성을 얻기 위한 것이며, 규모의 경제란 서로 연관되어 있는 사업을 통합함으로써 비용을 절감하고, 시너지효과를 높이는 것이다. (×)

출자배당은 출자에 비례하여 출자자에게 배당하는 것으로서 협동조합의 출자배당은 주식회사와 차이가 없다. (×)

제4장

한국의 농협운동

한국의 농협운동을 살펴볼 때, 농협의 조직과 운영을 특징짓는 주요 사건을 전후하여 그 시대를 구분하는 것이 중요하다. 조선시대와 일제하의 민간 자율적인 협동조합의 움직임과 관 주도의 협동조합운동을 각각 나누어 먼저 살펴본 후, 1961년의 농업은행과 (구)농협을 통합하여 종합농협체제로 재편한 농협법 제정, 1988년의 농업협동조합의 민주화를 내용으로 한 농협법 제정, 1999년 농 · 축 · 인삼협 중앙회의 통합을 내용으로 한 농협법 제정 등을 중심으로 시대를 구분하여 살펴본다.

| 제1절 근대적 협동조합운동

1. 개관

우리나라에서 근대적 협동조합의 시초는 대한제국 시절 정부에 의해 1907년 3월에 설립된 지방금융조합이라 할 수 있다. 금융조합 설립 이전에도 두레, 계, 향약과 같은 전통적인 협동조직과 농사조합, 토지조합, 농업조합 등 각종 지방농사단체가 있었다. 그러나 이들은 협동조합과는 성격이 다른 조직이었다.

우선 두레, 계, 향약 등의 전통적인 협동조직은 상부상조의 원칙하에 결합된 인적 조직이라는 점에서 협동조합과 유사한 성질을 가지나 그 조직의 목적이 단순히 상부상조에 머물고, 경제적인 공동이익을 추구한 것이 아니라 상호 친목 또는 부락사회의 공동발전 등을 주요 사업으로 하였다는 점에서 근대적인 협동조합과는 구분된다. 이로 인해 두레, 계, 향약 등은 자본주의로의 진행과정에서 근대적인 협동조합운동으로 진화되지 못하였다.

그리고 군산농업조합(1905년), 강경토지조합(1905년), 부산농업조합(1905년), 대구농회(1906년) 등의 지방농사단체는 일본인 이주민들이 조직한 단체였다. 이들 농사단체는 농사에 관한 강습 및 품평회 개최, 신규자에 대한 제반 편의 제공, 농경지의 구입 및 대여, 농업용 자재의 구입 및 농산물의 공동판매 등을 실시하기도 하였다. 하지만 주목적은 일본인 동업[1]자 간의 연락기관 또는 관청의 대행기관으로서 토지대장의 관리 및 열람이나 농사에 관한 조사연구 및 관청에 대한 자문과 건의 등을 하는 데 있었기 때문에 일반적인 협동조합과는 거리가 먼 단체였다.

한일합방 이후 1910년 7월에 '조선물산동업조합령(朝鮮物産同業組合

1 '동업'이란 두 사람 이상이 함께 사업을 하는 것을 말한다. 보통 시장 상인들이 함께 하는 사업을 가리키지만, 훨씬 더 큰 동업도 있다. 삼성이나 현대 같은 주식회사도 많은 주주가 모여 동업을 하는 것이고, 지금은 나뉘었지만 LG와 GS처럼 동업경영을 통해 대그룹을 만든 경우도 있다. 동업하면 망한다는 말이 떠도는 가장 큰 이유는 동업을 할 때 제대로 규칙을 정하지 않아 사업이 잘되지 않거나, 잘되더라도 수익을 분배할 때 관계가 틀어지기 때문이다. 잘나가는 동업은 언제나 충분하게 규칙을 합의하여 확정한다. 기업의 사규나 상법 등이 그런 것이다. 협동조합도 동일한 수준의 규칙을 만들고 협의하고 있다. 다만 협동조합은 일반 기업과 달리 조합원이 출자자이면서 이용자인 특징을 감안하여 훨씬 민주적인 규칙을 정하고 있다. 예를 들어 출자금과 상관없는 1인1표의 민주적 의사결정, 이용하는 만큼 수익을 배분받는 '이용고 배당' 등이 그것이다. 이런 규칙은 매우 중요하여 농협의 정관은 물론 농협법으로도 정해 두었다. 이렇게 정한 정관과 규칙을 당사자들이 충분히 이해하고 숙지해야 한다. 그래야 불필요한 갈등을 막을 수 있다. 농협의 조합원도 이런 의미에서 정관과 규정에 대해 공부할 필요가 있다. 잘 모르면 그만큼 농협에 대한 애정도 적을 수밖에 없다. 농협도 조합원과 대의원, 임원에게 충분한 교육을 제공해야 한다. 협동조합 교육을 장려하고 조합원들이 궁금해하는 사항부터 충분히 이해할 수 있도록 교육을 진행해야 한다. 교육이 없으면 협동조합을 제대로 알지 못하고, 사랑하고 자랑스러워할 수 없다. 협동조합이 자랑스럽지 않으면 조합원들은 '동업'과 '협동조합'을 구분하지 못하며, '협동조합사업'과 '장사꾼의 장사'를 구분하지 않고 당장에 조그마한 이익을 주는 쪽을 따라가고 만다. 조합원들의 교육은 협동조합의 시작이자, 마지막이다.

令)이 제정되고 면작(綿作)조합, 양잠조합, 축산조합, 지주회(地主會) 등 각종 산업단체가 설립되었다. 그러나 이들 산업단체도 일본인들이 결성한 조직으로 근대적 의미의 협동조합이라고는 볼 수 없다.

금융조합은 비록 일본인 재정고문의 건의에 따라 한국정부에 의해서 하향식으로 설립된 것이기는 하나 그 조직이나 운영은 대체로 독일의 라이파이젠 협동조합의 원리에 따른 신용조합의 성격을 지니고 있었다. 금융조합은 농업인의 금융 사정 완화를 목적으로 하였고, 구역 내의 농업인으로 조직되었으며, 농사자금의 대부, 생산자재의 구입, 농산물의 위탁판매 등을 실시하였다. 설립 초기에는 조합원의 출자의무와 의결권 등은 없었으나 1914년부터는 종래의 가입금제도가 폐지되고 출자금제도가 채택되었으며, 조합원에 대하여 총회의 구성권 및 의결권이 부여되어 협동조합 원리가 가미되었다.

금융조합은 그 후 비약적인 발전을 보여 사업량이 크게 증대되었을 뿐만 아니라 1918년에는 도시금융조합과 도연합회가 설치되었고, 1933년에는 전국 조직인 조선금융조합연합회가 조직되었다. 이와 같은 조직의 확대와 사업량의 급증으로 금융조합이 가장 큰 농촌 조직으로 발전하였다. 그러나 금융조합은 관권에 의한 통제가 강하여 협동조합적 성격이 제약받았다. 조합업무를 총괄하는 이사가 관선제로 되었고 화폐정리사업, 납세독려, 농사지도 등의 관청업무까지 대행하였으며, 제2차 세계대전 발발 이후에는 전비조달을 위한 국채인수기관의 역할까지 하였다.

한편 금융조합이 어느 정도 발전하기 시작한 1926년 1월에 '조선농회령'이 제정되고 기존의 각종 산업단체를 정리 흡수하여 계통농회가 조직되었다. 계통농회는 부 · 군 · 도(府郡島)농회, 도(道)농회, 조선농회의 3단계로 조직되었으며 구역 내에 거주하는 농업인으로 구성되었는데 농업에 관한 지도, 장려 및 여론조사, 논의의 조정과 중재, 행정관청에의 건의 등이 주요 사업이었다. 그러나 농회는 경제적 업무를 주목적으로 하지 않는 동업자단체에 불과하고 협동조합적 성격은 미약하였다. 더구나 회장 및 부회장은 조선총독이나 도지사가 임명하였고, 의사결정 기관도 각각 행정기관의 장이 임명한 위원으로 구성되어 있었다. 따라서 농회는 농업정책의 하청기관 성격을 띠고, 후기에는 점차 경제사업 업무에 치중하게 되면서 산업조합과의 경합이 나타나게 되었다.

산업조합은 1926년 1월에 제정된 '조선산업조합령'에 의하여 조직되었다. 금융조합이 신용사업을 중심으로 하는 라이파이젠식 협동조합이었던 데 반해 산업조합은 신용사업을 제외한 판매, 구매, 이용사업 등 세 가지 겸영의 기능만을 가졌다. '조선산업조합령'은 '일본산업조합령'을 모방한 것으로서 정부의 통제가 심하였으나 순수한 협동조합의 조직 원리에 따른 것이었다. 그 조직에 있어서 조합원의 유한책임제를 채택하는 한편, 의결기관으로서 총회를 두며, 조합장과 이사 및 감사는 총회에서 선출하고 도지사의 인가를 받게 되어 있었다. 그리고 조합원의 가입 탈퇴는 임의로 되어 있었고, 1인1표의 원칙에 따라 의결권이 행사되었다. 산업조합은 조합원이 생산한 농산물의 공동판매, 농업용 자재의 공동구입, 농업용 설비의 공동이용 등이 주요 업무였다.

산업조합은 무엇보다도 한국인만으로 구성되었다는 데 가장 큰 특징이 있었으며, 그 후 조합원 수나 사업량이 크게 증대되었다. 그러나 산업조합의 업무 확대에 따라 금융조합과의 마찰로 인한 자금조달의 어려움으로 경영 부진에 따른 손실이 늘어났으며, 중일전쟁으로 전시 통제가 강화되자 존립 근거가 약화되어 1940년 산업조합의 해산이 결정되어 결국 1942년에 산업조합은 완전 해체되었다.

2. 민간 주도의 협동조합운동

일제하 우리나라 협동조합운동은 크게 두 갈래 흐름이 있었다. 하나는 금융조합이나 산업조합 및 농회와 같은 관제조직이었고, 다른 하나는 일본 유학생과 천도교 및 기독교계가 중심이 되어 전개하였던 자생적 민간 협동조합운동이었다. 민간 협동조합운동은 관제 조합에 대항하면서 농업인이 자주적으로 전개한 전형적인 근대 협동조합운동의 출발이었다. 또한 일제의 제국주의 아래에서 경제적 약자들이 스스로 최소한의 경제적 자조를 이루고자 하였던 경제운동의 하나였다.

민간 협동조합운동의 대표적인 것으로는 동경 유학생 중심의 협동조합운동사, 천도교 중심의 조선농민사, 그리고 기독교청년회(YMCA) 중심의 농촌협동조합 등을 들 수 있다. 그러나 이들 협동조합은 자생적 협동조합이 조직되는 것을 두려워한 총독부의 탄압 때문에 꽃을 피우지 못하고 소멸되었다.

가. 협동조합운동사(協同組合運動史)

일본에 유학하던 학생들은 한국 경제가 어려움에 빠지자 협동조합운동에 의해 이를 구제함과 동시에 자신들의 운동 기반을 확보하고자 1926년 6월에 협동조합운동사(協同組合運動社)를 결성하고 기관지 '조선경제'를 발간하였다. 그리고 같은 해 여름에 간부 여러 사람이 귀국하여 경상북도에서 협동조합에 관한 순회강연을 가졌으며, 그다음 해인 1927년 1월에 경북 상주군 함창면에 함창협동조합을 처음으로 설립하였고, 이어 상주, 김천, 군위, 안동 지방으로 협동조합운동이 확산되었다. 1928년에는 동경에 있던 협동조합운동사의 본부를 서울로 옮기고 본격적인 활동을 전개한 결과 충남, 경남 지역에도 협동조합이 설립되어 1930년대에는 조합 수가 100여 개에 이르렀다.

협동조합운동사는 지도이념으로 중간이윤의 철폐, 고리대의 추방, 경제적 단결, 자주적 훈련 등을 표방한 일종의 소비조합으로서 민중생활의 궁핍을 타개하고 농촌을 진흥시키려는 데 그 목적을 두었다. 그러나 협동조합운동사의 중심인물이 대부분 민족주의자이고 사회주의 사상을 가졌기 때문에 일제의 많은 탄압을 받았고 일부 조합은 강제 해산되었으며, 나머지 조합들도 자금 부족과 운영 미숙 등으로 인해 1933년에는 거의 소멸되고 말았다.

나. 조선농민사(朝鮮農民社)

조선농민사(朝鮮農民社)는 1925년 10월 천도교계가 중심이 되어 농업인의 지위 향상과 복리증진을 표방하고 설립되었다. 조선농민사는 '조선농민'이라는 월간지를 발간하여 농업인 계몽에 힘쓰는 한편, 농업인 생활에 필요한 생활물자의 구매알선과 생산물의 판매알선 등 농업인 생활과 직결되는 각종 사업을 전개하였다. 그 결과 농업인의 신뢰와 호응을 얻어 많은 발전을 보게 되었다.

1928년 3월 조선농민사는 조직체계를 중앙에 조선농민사, 군에 군농민사, 면에 면농민사, 이 · 동(里洞)에는 이 · 동농민사를 두도록 정비하고, 각급 농민사에 사원대회 또는 대표대회를 의결기관으로 그리고 이사회를 집행기관으로 두었다. 이 조직은 계속 발전하여 1931년에는 종래의 생활물자 구매와 농산물판매 알선사업을 별도의 조직인 농민공생조합으로 조직화하여 구판사업의 합리적 체계를 확립하였다.

농민공생조합은 중앙에 농민공생조합중앙회를 두고 지방에는 농민공생조합을 설치 · 운용하였는데 1932년 6월에는 전국 181개 조합, 3만 8천 명의 조합원을 보유하게 되었다. 농민공생조합은 함남과 평북지방에서 특히 활발하게 활동하였고 평양과 함흥에 농민공생조합중앙회의 지부를 두었다. 그리고 평양에 설치한 농민고무공장은 하나의 기업으로 성장하여 공영농장과 함께 협동조합이 생산활동에 참여하는 모델을 제시해 주었다.

조선농민사는 경제사업과 더불어 농업인계몽사업도 추진하였는데 월간지 '조선농민'과 신문인 '농민세상'의 발행, 농업인교육교재 '농민독본'발간, 야간학교 운영 등 다양한 활동을 전개하였다. 그러나 조선농민사의 이러한 운동은 일제의 억압으로 좌절되고 말았다.

다. 기독교계의 농촌협동조합

기독교계 협동조합운동은 서울 YMCA가 1923년부터 시작한 농촌사업의 일환으로 전개되었다. 이 사업은 기본강령을 농업인들의 경제적 향상, 사회적 단결, 정신적 소생의 도모에 두었다. 1926년에 YMCA

는 농촌운동을 전담할 농촌부를 설치하고 서울 부근에 8개의 농촌협동조합을 조직하였다. 이에 호응하여 지방 YMCA도 농촌에 협동조합을 조직하는 등 부락 단위의 협동조합운동이 전국에 보급되어 전성기에는 조합 수가 720개에 달하였다.

그러나 1930년대 초에 총독부는 한국농촌의 불황을 타개한다는 명분으로 농촌진흥운동을 전개하면서 부락 단위로 부락진흥회를 만들었는데, 그 과정에서 민간협동조합은 강제로 해산되거나 부락진흥회에 통합되었다. 이로써 기독교계가 운영하던 협동조합 역시 총독부의 폐쇄명령에 의해 소멸되었다.

3. 관 주도의 협동조합운동

가. 금융조합

금융조합은 1906년에 이미 설립되었던 농공은행(農工銀行)이 농촌개발 등에서 제 기능을 발휘하지 못함에 따라 1907년 5월 30일 '지방금융조합규칙'이 공포되고, 그해 6월 28일 전남 광주지방금융조합이 설립되면서 시작되었다. 지방금융조합은 외형적으로는 라이파이젠의 농촌신용조합을 표방하고 있었지만 실제로는 일제식민정책의 수행을 위해 설립된 관제조합으로 그 운영에 있어서도 총독부의 철저한 감독을 받았다.

지방금융조합은 정부의 지원과 구역의 세분에 따라 그 조직이 급격히 확대되어 1913년에는 조합 수가 209개, 조합원 수가 8만 1,000명에 이르렀다. 이렇게 조직을 확대할 수 있었던 것은 지방금융조합이 당초에는 농공은행의 보조기관으로 설치되었으나, 그 후 정부의 지원과 감독이 농공은행과는 관계없이 좀 더 직접적이고 긴밀하게 이루어졌기 때문이다. 그뿐만 아니라 지방금융조합은 화폐정리사업, 납세에 관한 선전, 농사의 지도 · 장려 등 정부사업까지도 대행함으로써 빠른 속도로 성장할 수 있었으나 일반 농업인들에게는 정부기관과 같은 것으로 인식되는 계기가 되었다.

총독부는 한일합방 이후 식민지 한국의 정세가 점차 안정을 보임에 따라 지방금융조합에 대한 감독을 일부 완화하여 민간운영체제로 바꾸고자 하였다. 이에 따라 1914년 새로이 지방금융조합령을 제정하였는데 주요 내용은 가입금제의 폐지와 출자금제의 도입, 조합원의 의결권 등 제 권리 인정, 조합원의 예금취급 허용 등이다. 그러나 이 법령에서는 실제 금융조합의 일상 업무를 집행하는 이사의 임명권을 총독에게 줌으로써 관치의 굴레에서 벗어날 수는 없었다.

제1차 세계대전은 식민지 조선경제가 성장하는 계기가 되었다. 조선의 금융산업은 1910년부터 1918년까지 불과 9년 동안에 예금이 4배, 대출금이 6배로 성장하였다. 그러나 금융기관의 이러한 성장과 더불어 조직 · 운영 면에서 많은 문제점이 나타나자 총독부는 농공은행을 해체하여 조선식산은행을 설립함과 동시에 지방금융조합에 대해서도 개편을 단행하였다. 당시 지방금융조합은 조합원이 농업인으로 한정되어 있어 점차 늘어나는 도시 중소상공업자의 금융수요를 충족하지 못하고 발전에도 많은 지장이 있었다. 이러한 문제점을 해소하고자 총독부는 1918년 6월 지방금융조합령을 금융조합령으로 개정하였고,

이에 따라 금융조합은 농촌신용뿐만 아니라 중소상공인과 서민의 신용업무까지 겸영하는 전국 규모의 금융조직으로 확대되었다.

우선 지방금융조합이라는 명칭을 금융조합으로 변경하고 도시지역에도 금융조합을 설립할 수 있도록 하였다. 그리고 조합원의 자격을 농업을 경영하는 자 외에 지역 내에 주소를 가진 자로 확대하였고, 대출금을 종래의 농업상 필요한 자금에서 경제상 필요한 자금으로 확대하였다. 이와 함께 도(道)금융조합연합회도 신설하였다.

금융조합령의 개정으로 금융조합은 그나마 남아 있던 협동조합적 기능이 더욱 축소되고 그 대신 전국 규모의 금융기관으로 변모하였다. 예를 들면 1926년에는 구 · 판매사업을 겸영하는 금융조합은 거의 없어졌으나, 도시조합은 1918년의 12개에서 1939년에는 64개로 크게 늘어났다.

금융조합의 급속한 사업 확대와 재무구조의 안정화 추세에 따라 금융조합 측은 조선식산은행을 모계은행으로 하여 거래하는 데 따르는 문제점, 그리고 조선식산은행과 금융조합이 자금거래 면에서 거의 실적이 없는 점 등을 들어 자체의 전국 단위 연합조직 설치를 계속 요구하여 왔다.

이에 따라 1933년 8월 조선총독부는 조선금융조합연합회령을 공포하고 기존의 재단법인 금융조합협회(1928. 1. 설립) 및 도연합회를 해산, 이를 모체로 조선금융조합연합회를 설립하였다. 이에 따라 조선금융조합연합회는 723개의 금융조합, 63개의 산업조합을 회원으로 하여 7,800여 명의 직원으로 구성된 거대한 조직체로 탄생하게 되었다.

일제시대에 가장 중심적인 농민단체였던 금융조합은 해방 이후 예금인출로 자금 사정이 악화되었고, 1946년 이후에는 각종 정부대행사업을 담당하였다. 1946년 4월에 미군정(청)의 요청에 의해 생활필수품의 구매 · 보관 · 배급 등의 업무를 대행하였고, 1949년 7월에는 종래 대한농회에서 취급하던 비료조작업무를 대행하였다. 이어 1949년 10월에는 대한식량공사에서 담당하던 정부양곡조작업무를 이관 받았다.

그러나 금융조합의 중심 업무를 이루던 정부대행사업의 취급이 불과 수년 만에 정부로 이관되거나 폐지되어 금융조합의 업무는 급격히 위축되었으며, 그 결과 경영이 극도로 악화되었다. 결국 금융조합과 금융조합연합회의 재산과 업무는 1956년 주식회사 농업은행이 설립되면서 그대로 인수되었다. 주식회사 농업은행장이 금융조합연합회장과 업무 및 재산 인수도 기본협정서 및 각서를 작성하고 각 금융조합의 조합장 및 전무와 사무인계인수에 관한 기본협정을 체결함으로써 농업은행이 금융조합을 인수한 것이다. 금융조합령과 조선금융조합연합회령은 1957년 2월 농업은행법과 농업협동조합법의 제정과 더불어 폐지되었다.

나. 산업조합

산업조합은 금융조합보다 20여 년 뒤늦은 1926년에 설립되었다. 산업조합의 발안은 1912년에 되었으나 금융조합과의 업무경합으로 인하여 많은 논란이 있었다. 1915년부터 총독부 식산국에서 농업인의 교환경제 합리화를 위해 신용, 판매, 구매, 이용 등 4가지 사업을 겸영하는 산업조합을 만들고 금융조합은 폐지하자는 주장이 나왔다. 그러나 이러한 주장은 재무국과 금융조합 측의 반대로 무산되고 말았는데, 이후 1925년에 재무국이 금융조합을 순수한 금융기관으로 바꾸기 위한 의도를 관철하고자 산업조합의 설립을 묵인하게 되었다. 이에 따라 1926년 1월 신용사업을 제외한 판매, 구매, 이용사업만을 담당하도록 하는 '조선산업조합령'이 공포되었다. 조선산업조합령의 주요 내용은 다음과 같았다.

① 조합의 구역에는 제한을 두지 않으며 조합원의 책임은 유한책임제로 하였다.

② 업무의 범위는 조합원의 생산물의 가공 및 판매, 조합원에게 필요한 물자의 가공 및 구매, 필요한 설비의 이용 등으로 하였다.

③ 조합원의 출자좌수에는 제한을 두지 않으며, 출자 1좌당 금액은 50圓 이내로 하였다.

④ 조합장, 이사, 감사 등의 임원은 총회에서 선임하되 도지사의 인가를 받아야 하고 결의기관으로서 총회 외에 평의원회를 두며, 총회의 의결에서는 1인1표제를 채택하였다.

⑤ 조합원의 가입은 평의원회의 의결에 의하고 탈퇴는 임의로 하였다.

⑥ 산업조합의 설립과 해산, 예산과 규정의 제정 등은 도지사의 인가를 받아야 했다.

⑦ 전국연합조직은 인정하지 않았고, 도연합회의 설치만을 허용하였다.

산업조합은 금융조합과는 달리 정부의 간섭이 적었고 조합원에 의한 조합관리 원칙이 비교적 많이 허용되었다. 그러나 산업조합의 설립을 허용한 배경에는 당시 민간에 왕성하였던 협동조합운동을 제도권으로 흡수하기 위한 것으로서 민간 협동조합운동은 이를 계기로 둔화되었다.

산업조합은 초기 특산품(한지, 직물 등) 생산 장려에 중점을 두어 특산품조합으로 설립되어 대부분이 설립 초기부터 적자를 기록하였고, 계속적인 경영 악화로 적자조합의 정리 문제가 야기되었다. 산업조합의 경영 부진은 정부에 의해 임명된 관선이사들의 경영 미숙에도 원인이 있었지만, 당초 취지와는 달리 금융조합연합회에의 가입이 거부되어 자금 융통이 어려웠다는 점도 그 원인이 되었다.

초기 특산품 위주의 산업조합이 부진하자 일반 농산품을 취급하는 산업조합으로의 방향 전환이 이루어져 1933년 이후 산업조합의 설립은 다시 활발해졌으며, 기존 특산품 취급 산업조합도 대부분 일반 농산품 취급 산업조합으로 전환하였다. 이로 인해 산업조합의 설립이 크게 늘어나고 사업량도 신장되었지만 판매선도금, 구매미수금 등의 업무가 사실상 금융조합의 신용사업과 경합하게 되었다. 산업조합의 경영 부진은 계속되었는데, 그 원인에는 국가보조금 지원이 없는 상태에서 금융조합과의 마찰로 금융조합연합회가 산업조합에 대한 융자를 기피하여 산업조합은 동양척식회사나 식산은행으로부터 자금을 차입하는 등 자금조달에 어려움이 있었기 때문이었다.

게다가 1935년 3월 '식산계령이 공포되고 식산계가 설립되자 식산계가 금융조합의 회원으로 가입하였다. 식산계는 부락 내에 거주하는 자로 구성된 일종의 소조합(小組合)으로 '식산계령'이 공포되면서 금융조합은 1개 금융조합당 평균 4~5개 부락을 선정하여 식산계를 설치하였다. 이후 식산계의 수와 그에 가입한 조합원 수가 계속 늘어나 1944

년에는 각각 484개소 281만 명이 되었다. 그러나 식산계는 원래 의도와는 달리 금융조합의 대행기관 역할밖에 하지 못했으며 전쟁 시에는 양곡의 공출과 일용품의 배급사무를 매개하는 기능 정도를 담당하는 데 그쳤다.

이렇듯 구 · 판매사업 부문에서 산업조합과 금융조합의 업무경합 문제가 심각해져 농촌3단체(산업조합, 금융조합, 농회)의 기구개혁안이 1940년 1월에 발표되기도 하였으나 전쟁 발발로 백지화되고 우선 경영부진 조합의 정리가 진행되었다. 그리고 마침내 1941년 산업조합의 손실금 전액(150만 圓)을 국고에서 보조해 주는 조건으로 산업조합을 해산하는 방침이 결정되어 1942년 말까지 모든 산업조합이 해산되었다. '산업조합령'은 1957년 2월 '농업협동조합법'의 제정과 더불어 폐지되었다.

다. 계통농회

농회는 농업인을 구성원으로 하는 농민단체로서 조합원을 위한 구판사업 등을 취급하여 금융조합이나 산업조합과 유사한 점이 많았으나 협동조합적 성격은 없었고 행정기관의 보조기관 역할을 하였다. 1900년대 초 일본인 중심으로 설립된 농사조합, 축산조합, 양잠조합, 지주회 등의 각종 임의단체가 범람하여 단체 상호 간 업무상 마찰이 생기고, 한 농업인에 대하여 여러 단체로부터 단체비가 부과되는 등 폐단이 발생하자 정부는 이를 시정하기 위해 1920년 훈시(訓示)를 통해 각 지역에 농회를 임의단체로 설치하여 각종 산업단체를 통합 · 정리하였다. 그러나 농회 역시 부과금 징수에만 몰두하고 자체의 임무를 다하지 못하자, 정부는 1926년 1월 조선농회령을 공포하고 행정기관의 보조기관으로 농회를 정비하였다. 농회의 조직은 행정구역에 준하여 부 · 군 · 도(府郡島)농회, 도(道)농회, 조선농회의 3단계로 하고 회원은 구역 내의 농업인 또는 농지 소유자로 하였다. 농회의 사업은 농업의 지도 장려, 농업인의 복리증진, 기타 농업 관련 사항의 행정기관 건의 등으로 정하였다.

계통농회는 당초 공공단체로 출발하여 농사의 지도장려 업무에 주력하였으나 점차 행정기관의 하청기관이 되어 비료구매, 미곡판매, 양곡창고사업 등에 치중하여 구 · 판매사업 단체로 변모하였다. 이 밖에 일본에서 한국으로 유치한 공장에 대해 원료농산물을 안정적으로 공급해 주는 역할도 하였는데 면화, 잠견, 대마 등의 생산 독려와 수집 · 공출업무 등이 그것이었다.

중일(中日)전쟁 이후 전시에는 농회가 행정기관을 등에 업고 미곡, 소, 놋그릇 등의 공출 독려기관으로 전락하여 농업인과는 완전히 동떨어진 농업인의 수탈기구가 되었다.

일제시대에 일본인 중심의 행정 하부기관으로 운영되어 온 농회는 해방 후 미군(해군 중령)이 농회 회장으로 임명되어 생활필수품 배급과 미국산 비료수입 등의 사업을 대행하여 사업이 일시적으로 활성화되기도 하였다. 그러나 1948년 정부수립 이후 농촌단체의 기구개편이 착수되자 금융조합과 농회는 서로 새로이 발족할 농업협동조합의 모체가 되고자 노력하였으나 한미합동경제위원회의 결정에 따라 농회의 의견이 묵살되고 1949년에 비료 · 고공품 · 기타 일체의 업무를 금융조합에 넘겨주었다. 이어 1951년 농회는 대통령의 명령에 의해 해산되고 그 재산 및 업무 일체는 청산위원회가 인수하였으며, 1957년에 발족한 농업협동조합(구 농협)에서 다시 인수하였다. '조선농회령'은 1957년 2월 '농업협동조합법'의 제정과 더불어 폐지되었다.

학습문제 풀이

[1] 협동조합운동사가 표방한 지도이념과 가장 거리가 먼 것은?

① 농업인의 복리증진 ② 고리대의 추방

③ 자주적 훈련 ④ 중간이윤의 철폐

정답 1번

[2] 일제하의 관제협동조합이 아닌 것은?

① 금융조합 ② 농촌실행협동조합

③ 식산계 ④ 산업조합

정답 2번

[3] 다음 중 민간 주도의 협동조합운동이 아닌 것은?

① 협동조합운동사

② 조선농민사

③ 기독교계의 농촌협동조합

④ 금융조합

정답 4번

[4] 한국에서 근대적 협동조합의 시초에 해당하는 것을 고르시오.

① 1905년 군산농업조합

② 1905년 강경토지조합

③ 1906년 대구농회

④ 1907년 지방금융조합

정답 4번

해설 신용협동조합의 성격을 표방하였다.

[5] 민간 주도의 협동조합운동에 포함되지 않는 것을 고르시오.

① 조선농민사　　② 금융조합

③ 통합(인수, 합병)　　④ 기독교계의 농촌협동조합

정답 2번

해설 관 주도의 협동조합이었다.

[6] 금융조합에 관한 설명으로 적절하지 않은 것을 고르시오.

① 1907년 전남 광주지방금융조합이 최초로 설립되었다.

② 일제 식민정책의 수행을 위한 관제 조합이었다.

③ 1918년 지방금융조합에서 금융조합으로 명칭이 변경되었다.

④ 해방 이후에 조선금융조합연합회가 설립되었다.

정답 4번

해설 1933년에 설립되었다.

[7] 산업조합에 관한 설명으로 적절하지 않은 것을 고르시오.

① 1926년에 최초로 설립되었다.

② 신용사업을 겸영하였다.

③ 금융조합과 사업 경합을 경험하였다.

④ 민간 협동조합운동을 흡수하기 위한 목적으로 설립되었다.

정답 2번

해설 구매, 판매, 이용사업에 한정되었다.

[8] 농회에 관한 설명으로 적절하지 않은 것을 고르시오.

① 라이파이젠 협동조합 원칙을 채택하였다.

② 구매사업, 판매사업, 창고사업을 영위하였다.

③ 1926년 조선농회령이 제정되었다.

④ 총독부의 행정보조기관 역할을 수행하였다.

정답 1번

해설 협동조합의 성격이 없었다.

[9] 1955년 존슨(Johnson)안의 내용으로 적절한 것을 고르시오.

① 신용사업과 경제사업의 겸영을 제안하였다.

② 조선농회의 폐지를 주장하였다.

③ 농업은행의 설립을 반대하였다.

④ 전국 연합회의 설립을 반대하였다.

정답 1번

해설 다목적 농협으로 농업조합 설립을 제시하였다.

[10] 농업은행에 관한 설명으로 적절하지 않은 것을 고르시오.

① 1956년 5월 은행법에 의한 주식회사로 설립되었다.

② 1958년 4월 특별법에 의한 농업은행으로 개편되었다.

③ 금융조합과 연합회의 재산과 업무를 인수하였다.

④ 정부가 출자하였다.

정답 4번

해설 정부 출자는 전혀 없었다.

[11] (구)농협에 관한 설명으로 적절하지 않은 것을 고르시오.

① 최초의 농업협동조합법은 1957년 2월에 제정되었다.

② 정부가 일부 출자하였다.

③ 일반농협, 원예협동조합, 축산협동조합, 특수농협의 4가지 종류가 있었다.

④ 시군농협은 신용사업을 영위하지 않았다.

정답 2번

해설 정부 출자는 전혀 없었다.

[12] 1961년 종합농협의 설립 배경에 해당되지 않는 것을 고르시오.

① 1961년 6월 국가재건최고회의가 (구)농협과 농업은행의 통합을 의결하였다.

② 통합을 거친 종합농협은 1961년 8월 15일에 출범하였다.

③ 농업은행의 일부 도시점포는 중소기업은행으로 이관되었다.

④ 정부가 일부 출자하였다.

정답 4번

해설 정부 출자는 전혀 없었다.

[13] 1961년 종합농협 발족 이전의 농협운동에 관한 설명으로 적절하지 않은 것을 고르시오.

① 자생적 민간 협동조합운동은 실패하였다.

② 최초의 농협법은 1961년에 제정되었다.

③ 농업은행과 (구)농협은 유기적 사업 협력에 실패하였다.

④ 협동조합에 대한 정부의 출자는 전혀 없었다.

정답 2번

해설 1957년에 제정되었다.

★ OX 퀴즈

일제 강점기 산업조합은 신용사업과 경제사업을 겸영할 수 있었다. (×)

금융조합은 해방 이후 각종 정부대행 사업을 담당하였다. (○)

1. 농촌실행협동조합

해방 후 농림부는 농협법의 제정이 늦어지자 농업인 스스로 자조적 협동조직을 만들도록 추진하였다. 이를 위해 농림부는 1952년부터 전국의 읍면 단위에서 한 사람씩의 지도요원을 선발하여 농협이론 및 영농기술에 관한 교육을 실시한 후 이들이 자기 고장으로 돌아가 자연발생적인 협동조합운동을 전개하도록 하였다. 이렇게 해서 설립된 것이 농촌실행협동조합이었다.

농촌실행협동조합은 공동구판장의 설치와 운영, 일부 농산물의 일용품과의 물물교환 등을 실시하였다. 농촌실행협동조합은 1955년을 전후하여 이동조합(里洞組合)이 13만 628개, 시군조합(市郡組合)이 146개에 이를 정도로 세력이 커졌으나 1957년 농협법이 제정되면서 이들 조합은 합법적인 협동조합으로 인정받지 못하고 모두 해산되고 말았다.

2. 농업은행과 구 농협

해방 후 협동조합의 조직화를 위한 논의 과정에서 그 설립이 자생적이어야 하는가 아니면 협동조합법의 입법을 전제로 한 법적 조직이어야 하는가가 주요한 쟁점이 되어 왔다. 이러한 논쟁은 결국 우리나라의 정치 · 사회적 여건에 따라 협동조합법안의 제정을 주장하는 쪽으로 대세가 결정되었는데, 당시 우후죽순 격으로 속출하였던 농협법안을 살펴보면 다음과 같다.

1948년 8월 정부수립 후 수년간에 걸쳐 농림부, 기획처, 재무부 등이 경쟁적으로 농업협동조합의 입법화를 추진하였으나, 그때마다 부처 간의 의견 대립만 발생할 뿐 입법화에는 성공하지 못하였다.

이에 따라 1955년에는 국회 내에 '농업협동조합법' 기초위원회를 구성하여 여기서 작성된 법안을 가지고 농림위·재경위 연석회의에서 법안 기초에 착수하였다. 그러나 여기에서도 농림위는 중앙금고제를 포함하는 '농업협동조합법안'을, 재경위는 농업협동조합과는 별도의 '농업은행법안'을 주장함으로써 합의를 보지 못한 채 농림위와 재경위가 각각 작성한 2개의 법안이 법사위에 회부되었다.

한편 1955년 8월에 주한경제조정관실(OEC)의 초청으로 미국의 농업금융 전문가인 존슨(E. C. Johnson) 박사가 내한하여 1개월 간의 조사를 마친 후 '한국농업신용의 발전을 위한 건의'라는 제목의 보고서를 작성·제출하였다. 그 주요 내용은 다음과 같았다.

① 금융조합을 농업조합으로 개편한다.

② 금융조합의 중앙 및 도 연합회는 농업은행으로 개편한다.

③ 농업조합은 도 단위로 도연합회를 조직하고 도연합회에 의해 농업조합연합회를 설립한다.

④ 농업조합은 신용·구매·판매·이용사업을 겸영하는 다목적 농협으로 한다.

⑤ 농업은행은 농업조합을 통하여 농업자금을 공급한다.

이상의 건의 내용에 대해 또다시 논란이 거듭되다가 우리나라의 농촌경제 여건에 비추어 볼 때 농업은행과 농업조합의 유기적 연결이 힘들 것이라는 의견이 지배적이어서 결국 존슨(안)은 채택되지 못하였다.

그 후 1956년 2월 협동조합 전문가이며 일본의 농협법 입안에도 참여했던 미국의 쿠퍼(J. Cooper)가 내한, 존슨(안)을 재검토하여 '한국의 협동조합금융법에 관한 건의안'을 제출하였다. 쿠퍼의 건의안은 농업조합, 농업신용조합, 농업은행으로 조직의 골격을 짜는 것으로 되어 있는데, 기존의 금융조합 조직을 활용한다는 점에 있어서는 존슨(안)과 유사하였으나 다음과 같은 점에서 차이가 있었다.

① 금융조합은 신용조합으로 개편하고 금융조합연합회는 농업은행으로 개편한다.

② 농업조합은 부락조합, 농업조합과 특수조합, 시군농업연합회, 중앙회의 4단계로 새로 조직한다.

③ 부락조합, 농업조합, 특수조합은 신용업무를 포함한 종합농협으로 하고, 시군 연합회와 중앙회는 신용업무를 제외한 사업만을 행한다.

④ 신용조합은 농업조합, 특수조합 및 부락조합에 대하여 농업자금을 공급한다.

⑤ 농업은행은 원칙적으로 신용조합에 대하여 대출한다.

이 쿠퍼(안)이 제출되면서 농협법의 입법 활동은 다시 활발해지기 시작했다. 먼저 농림부에서는 쿠퍼(안)을 토대로 '농업협동조합법안'을 기초하였고, 재무부 또한 쿠퍼(안)을 기초로 '농업은행법안'과 '신용조합법안'을 별도로 작성하였다. 그러나 이들 3개 법안은 국무회의에서 합의점을 찾지 못해 심의가 지연되었다. 그러다가 1956년 3월 이승만 대통령이 농업자금의 공급을 원활하게 한다는 명목 아래 국회의 동의가 없더라도 설립이 가능한 농업은행을 조속한 시일 내에 발족시키라는 지시를 하자 농업은행의 설립 문제는 급진전되어 새로운 양상을 띠게 되었다. 이에 따라 1956년 5월 그동안 심의되어 온 정부안과는 별도로 국회의 심의를 거치지 않고 '한국은행법' 및 일반 '은행법'에 의한 주식회사 농업은행이 설립되기에 이르렀다.

가. 농업은행 설립

정부는 1956년 3월 '은행법'에 의거, 주식회사 농업은행을 설립할 것을 결정하고 '농업은행설립요강'을 제정하여 1956년 5월 1일을 기해 금융조합과 동 연합회를 모체로 하는 주식회사 농업은행을 설립하였다. 주식회사 농업은행은 본점 1개소, 도지부 및 군지점 162개소, 출장소 551개소로 운영되었으며 금융조합과 금융조합연합회의 재산과 업무를 그대로 인수하였다. 주식회사 농업은행은 그 업무가 농업금융에 국한된 것을 제외하면 일반은행과 별 차이가 없었다.

그런데 주식회사 농업은행은 특별법에 의하지 아니한 일반은행이었기 때문에 설립 초기부터 많은 문제점을 안고 있었다. 즉 자기자본의 부족을 비롯해서 '은행법'과 '한국은행법'의 제약으로 기한 1년 이상의 중장기자금의 차입과 대출에 제약을 받았다. 또한 주식회사 조직이었기 때문에 이윤 확보와 경영안정화의 원칙상 농업인을 위한 대출금리의 인하, 무담보 신용대출, 융자조건의 완화 등과 같은 시책을 수행할 수 없었다.

이에 따라 1957년에 다시 국회 등에서 농업은행 문제가 제기되었다. 그런데 국회에서 농협의 신용사업 취급은 시기상조이므로 별도의 농업금융기관이 설립되어야 한다는 재경위 안이 채택되어 '농업협동조합법'과는 별도로 '농업은행법'이 1957년 2월 2일에 국회를 통과하게 된 것이다. 그러나 '농업은행법'은 통과 후에도 몇 가지 시행상의 문제점으로 인해 실시가 보류되어 오다가 문제 조항을 수정한 '농업은행법' 개정안이 다시 국회를 통과한 후 1958년 4월 1일을 기해 정식으로 발족하게 되었다. 이때 수정된 내용은 출자자에서 정부를 삭제하였고, 시군지점에 융자위원회(지점장, 군수, 시군조합장, 조합에서 선출한 4인 등 총 7명으로 구성) 설치 조항을 삭제했다. 이에 따라 오랫동안 논의되어 오던 농협의 신용사업은 이를 분리 · 운영하는 것으로 귀결되었다.

특별법에 의한 농업은행은 주식회사 농업은행을 모체로 하여 발족하였고, 총회와 운영위원회를 설치하였다. 총회는 정관의 변경, 일부 운영위원의 선출, 감사의 선임, 결산승인, 기타 중요 사항의 건의 등을 의결 사항으로 하였다. 운영위원회는 은행의 업무 · 운영 · 관리에 관한 기본방침을 수립하고 이를 지시 · 감독하는 최고의결기관으로서 재무부장관, 농림부장관, 한국은행총재, 농업은행총재, 농업협동조합중앙회장, 그리고 총회에서 선출된 4인의 위원으로 구성되었다. 또한 농업은행은 법에 의하여 총재, 부총재, 5인 이내의 이사, 감사 1인을 두었다. 총재는 운영위원회의 추천에 의하여 대통령이 임명하고, 부총재와 이사는 운영위원회의 의결을 얻어 총재가 임명하였으며, 감사는 총회에서 선출하되 초대감사는 총회에서 감사를 선출할 때까지 운영위원회에서 선출하도록 하였다.

특별법에 의한 농업은행의 업무는 농업금융을 중심으로 한 포괄적인 신용업무를 대상으로 하였고, 농업자금의 차입은 농업은행만이 할 수 있도록 하였다. 이처럼 농업은행은 정책금융기관의 성격을 가지면서도 경영은 기업적인 독립채산 원칙에 의하도록 하여 정부의 출자나 정부로부터의 손실보전제도 등이 전혀 고려되지 않는 등 여러 가지 문제점을 내포하고 있었다.

나. 농업협동조합(구 농협) 설립

주식회사 농업은행의 설립으로 '농업협동조합법' 제정 문제는 잠시 정체상태에 빠졌다가 1956년 말부터 국회에서 다시 논의되기 시작했다. 국회 농림위에서는 신용사업을 겸영하도록 하는 '농업협동조합법안'을 국회에 상정하였다. 그러나 재경위에서 이를 수정하여 이동조합은 신용업무 중 여신업무만 취급하는 종합농협으로 하되 시군농협과 기타 원예 · 축산계 특수조합은 경제사업만을 행하도록 하는 '농업협동조합법안'을 다시 상정하여 다음 해인 1957년 2월 1일 마침내 국회를 통과하였다. '농업협동조합법'의 주요 내용은 다음과 같았다.

① 농협조직은 이동농협, 시군농협, 축산 · 원예 · 특수농협, 농협중앙회의 3단계 체제로 구성하였다.

② 농협의 종류는 일반농협, 원예협동조합, 축산협동조합, 특수농협의 4종류로 하였다.

③ 설립요건에서 특수농협과 중앙회는 인가주의를 채택하고, 기타 조합은 준칙주의에 의한 등록제를 택하였다.

④ 사업에서 이동조합은 신용사업 중 여신업무만을 포함하는 종합농협으로 하되, 시군농협은 신용사업 이외의 경제사업만 행하도록 하

고, 중앙회는 회원을 위한 경제사업과 지도 · 교육사업[2]을 행하도록 하였다.

한편 2월 2일에는 재경위에서 제안한 '농업은행법'도 국회에서 통과되었다. 이로써 광복 후 10여 년간 담당부처 간의 의견 불일치로 논의만을 거듭하던 협동조합법안 문제는 신용업무를 전담하는 농업은행과 경제사업을 담당하는 농업협동조합의 이원적인 조직으로 그 체계를 확립하게 되었다.

농림부에서도 이미 공포한 농협법 정관례를 개정하여 농협사업 중에서 신용사업에 관한 조항을 삭제함으로써 신용사업의 겸영을 배제하였다. 이후 1958년 5월 7일 농협중앙회가 창립되고, 동년 10월 20일

---

2 교육지원사업이 중심이어야 한다는데 왜 그럴까. 농협이 조합원의 경제적 · 사회적 욕구의 충족이라는 본연의 목적을 달성하자면 신용과 경제, 교육지도사업이 상호 유기적으로 연관되어야 한다. 이 때문에 ICA(국제협동조합연맹)뿐만 아니라 우리나라 협동조합법 제60조에도 조합원에 대한 교육을 실시하여야 한다고 규정하고 있다. 특히 우리나라와 같은 지역종합농협 체제하에서는 전문조합과는 다르게 조합원의 동질성이 떨어지고 때로는 조합원 상호 간의 이해관계가 충돌하는 현상이 나타날 수 있기 때문에 이런 문제를 효과적으로 해결하기 위해서는 협동조합의 운영 원칙과 방법에 대한 교육을 지속적으로 실시하여야 한다. 교육 사업은 '농협의 목적과 사업에 대해 충분히 이해하도록 함으로써 조합원 스스로 협동의 필요성을 자각하고 민주적으로 조합을 운영할 수 있는 능력을 배양하는 사업'이다. 영농지도사업은 '농가의 영농활동과 생활 활동에 대한 방향을 제시하고 조합원들이 주체적으로 행동하게끔 유도하는 협동적 실천 활동'이다. 농협의 모든 사업은 교육지원사업과 튼튼하게 연계가 되어야 그 효과가 높아진다. 예를 들어 판매 사업을 잘하려면 농가의 영농기술 수준이 높아져야 한다. 이는 영농지도 사업 영역이다. 판매사업을 잘하려면 조합원이 농협을 더 많이 신뢰해야 한다. 이는 교육사업 영역이다. 또 교육을 꾸준히 실시하여 농가의 영농계획이 잘 수립되어야 구매사업도 체계적으로 추진할 수 있다. 고삼농협은 1994년 조합원 전수조사를 통해 모든 조합원의 현황을 파악하고, 그에 따라 농협의 장기발전계획을 수립하였다. 이후 4년마다 조합원 현황을 조사하여 조합원과 농협의 상생 방안을 만들어 왔다. 신규 조합원에 대한 협동조합교육, 농촌형 사회적 기업을 설립하여 지역사회의 일자리 만들기를 전국 최초로 진행하는 등 다양한 교육원사업의 모범 사례를 만들고 있다.

을 기해 업무가 개시됨으로써 우리나라 최초의 농협이 발족하게 되었다.

농협이 발족됨으로써 종전의 농업단체 업무 중 식산계는 이동조합이, 금융조합과 시군농회의 일반 업무와 재산은 시군조합이, 금융조합연합회와 대한농회, 서울시 및 도농회는 농협중앙회가 각각 인수 청산하였다. 이처럼 농협은 점차 그 조직을 확대해 나갔으나 중추적인 업무가 되어야 할 신용사업이 배제되었기 때문에 자금력이 취약하여 사업활동의 기반을 마련할 수 없었으며, 더욱이 농업은행과의 유기적인 협조가 이루어지지 않아 사업의 정상적인 수행이 어려웠다.

1960년 말 농협의 조직 상황을 보면 전국적으로 1만 8,706개의 이동조합, 168개의 시 · 군조합, 그리고 80개의 원예조합, 152개의 축산조합, 27개의 특수조합이 각각 등기를 마쳤다.

3. 종합농협 설립 배경

통합 이전 농촌조직이 농업은행과 농업협동조합(구 농협)으로 이원화되어, 농업인을 위한 경제사업은 농업협동조합에서, 신용사업은 농업은행에서 분담하였다. 다 같이 농업생산력의 증진과 농업인의 경제적 · 사회적 지위 향상을 도모함으로써 국민경제의 균형 있는 발전을 기한다는 설립목적 아래 출범한 양 기구는 실제 운영 면에서 많은 문제점을 드러내게 되었다. 농업인과 농협 및 중앙회, 농업단체에 대한 융자업무를 담당키로 한 농업은행은 농업신용제도를 확립하여 농협의 발전에 기여케 한다는 당초의 설립목적과는 달리 대부분의 자금을 농업인에게 직접 융자하고 농협에 대해서는 경영 여건 불비 등 수용 태세의 미비를 이유로 적극적인 자금지원을 꺼렸다.

한편 경제사업만을 담당한 농업협동조합은 전국에 걸쳐 방대한 조직망을 갖추고 출발하였으나 조직 기반이 취약하였고 정치적인 영향마저 받고 있어서 그 역할을 다하지 못하였다. 더구나 신용사업의 제약으로 자체 자금조달능력이 부족한데도 정부나 농업은행으로부터 자금지원을 제대로 받지 못하게 되자 사업 활동이 극히 부진할 수밖에 없었으며 이에 따라 경영 면에서도 고전을 면치 못하였다.

이처럼 양 기관이 똑같이 농업인의 경제적 · 사회적 지위를 향상시킨다는 공동목적 아래 출범하였으면서도 실제 운영과정에서는 서로 유기적인 협조가 이루어지지 않았던 것은 신용사업과 경제사업에 대한 정책당국의 이해와 판단이 부족했기 때문이었다. 즉 농업인을 대상으로 한 경제사업과 신용사업이 본질적으로 불가분의 관계에 있었음에도 불구하고 실제로는 담당기관이 분리되었고 또한 그 운영상의 특징에 있어서도 현격한 차이가 있었기 때문에 상호 유기적인 연계가 이루어지지 못하였던 것이다. 결국 농업신용제도의 확립을 통해 농업협동조합의 발전과 농촌경제의 진흥을 도모한다는 당초 정부의 의도는 소기의 성과를 거두지 못하게 되었다. 이에 따라 농업은행과 농협의 이원화 문제는 재검토되어야 한다는 논의가 강력히 대두되기 시작하였다.

1960년 4 · 19혁명이 일어나고 민주당 정권이 들어서자 농업협동조합(구 농협)과 농업은행을 통합 · 개편하는 문제가 공식적으로 논의되기 시작하였다. 1960년 6월에 농림시책자문위원회에서는 '농업협동조합법'과 '농업은행법'의 개정 문제를 검토하기 위한 소위원회를 구성하기로 결정하였다. 이후 1961년 1월에는 민주당 정책위원회에서 농업은행을 개편하여 농업협동조합 중앙금고를 설치한다는 방침을 세우고 농림부에서 개편작업에 착수하였다. 그러나 이 작업은 농업은행과 재무부의 강력한 반대에 부딪혀 진전을 보지 못하였다.

그러다가 5·16군사정변이 일어나자 농업협동조합(구 농협)과 농업은행의 통합 문제는 급속한 진전을 보게 되었다. 중농정책을 표방한 군사정부는 1961년 5월 31일에 발표한 혁명정부 기본경제정책에서 협동조합을 재편성하여 농촌경제를 향상시킨다는 방침을 천명하였다. 이어 1961년 6월 16일에 국가재건최고회의는 농업협동조합(구 농협)과 농업은행 두 기구의 통합을 의결하고, 6월 16일에는 의장 명의로 농림부장관에게 통합처리 방안을 지시함에 따라 통합처리위원회가 구성되었다. 통합처리위원회는 농림부장관을 위원장으로 하고 재무부차관을 부위원장으로 하여 구 농협, 농업은행, 한국은행 및 학계 등에서 위촉된 12명으로 구성되었다. 통합처리위원회는 8차례의 회의를 거듭한 후 새로운 농업협동조합법안을 작성하여 7월 3일 국가재건최고회의에 제출하였으며, 1961년 7월 29일에 기존의 '농업협동조합법'과 '농업은행법'이 폐기되고 새로운 '농업협동조합법'이 법률 제670호로 공포되었다.

새로운 '농업협동조합법'이 공포됨에 따라 농업협동조합 · 농업은행 통합준비위원회가 설립되었고, 1961년 8월 4일에 초대 농협중앙회장과 2인의 감사, 5인의 운영위원이 임명되었다. 8월 7일에는 농협중앙회 제1차 운영위원회를 개최하여 부회장 2인, 이사 5인을 임명하고 중앙회 정관을 원안대로 가결하는 한편, 직제와 간부직원의 임명을 승인하였다. 그리고 8월 11일에는 '농협중앙회정관'에 대한 농림부장관의 승인을 얻었고 조직을 정비하여 중앙회에 총무부, 조사부, 계리부, 관리부, 지도부, 감사부, 구매부, 판매부, 금융부, 영업부의 10개 부와 문서과를 비롯한 20개 과를 두는 외에 8개소의 도지부를 설치하였다. 또한 140개소의 군조합, 383개소의 군조합 지소, 101개소의 특수조합, 2만 1,042개소의 이동조합에 대한 조직을 완료함으로써 3단계 계통조직을 갖추고 8월 15일에 새로운 출발을 하였다.

한편 종합농협이 발족하면서 중소기업금융 전담기구로 중소기업은행이 농업은행에서 분리되어 설립되었다. 중소기업은행의 분리는 1957년 2월 2일 국회의 '농업은행법' 통과 시에 전국 10개 도시에 산재하고 있는 농업은행의 도시점포는 '농업은행법'이 실시된 후 1년 이내에 도시의 중소기업자를 위한 은행으로 분리 · 설립할 것이라고 부대 의결한 데 따른 것이었다. 1961년 7월 1일에 '중소기업은행법'이 공포되어 중소기업은행이 설립되었는데, 농업은행 점포 중 도시지역의 점포(31개)가 중소기업은행으로 이관되었다.

한편 '농업협동조합법'에 의하면 조합임원의 선임에 있어서는 이동조합의 경우 조합장은 이사회에서 호선하고, 이사 및 감사는 총회에서 조합원 중에서 선출하도록 하였다. 그리고 군조합의 경우 조합장 및 감사는 총회에서 이동조합의 조합원 중에서 선임하고, 이사는 총회에서 이동조합의 조합장이 모여 읍면별로 1인을 호선하되 15인 이내로 하였다. 특수조합의 경우에는 조합장, 이사, 감사를 총회에서 조합원 중에서 선출하도록 하였다. 중앙회의 경우 회장은 운영위원회의 추천에 의하여 농림부장관이 재무부장관과 합의하여 제청하면 대통령이 임명하고, 부회장과 이사는 운영위원회의 승인을 얻어 회장이 임명하며, 감사는 총회에서 선출하도록 하였다.

그런데 1962년 2월 12일 '농업협동조합 임원 임면에 관한 임시조치법'이 제정되었다. 제정 이유와 골자는 농협의 건전한 육성을 기하기 위하여 조합장을 중앙회장이 농림부장관의 승인을 얻어 임명토록 한다는 것이었다. 그리고 이동조합장의 임명에 있어서는 중앙회장이 그 권한을 도지부장에게 위임할 수 있다는 것이었다. 이 법은 1972년 12월과 1980년 12월 2차례에 걸쳐 개정된 이후 1988년 12월에 폐지되었다.

학습문제 풀이

[1] 1961년 이후 이동조합의 육성에 관한 설명으로 적절하지 않은 것을 고르시오.

① (구)농협의 이동조합을 인수 개편하였다.

② 700여 명의 개척원을 채용하여 시군조합에 배치하였다.

③ 1965년부터 자립조합에 대해 시군조합의 농사자금 및 비료공급 업무를 이관하였다.

④ 자기자금 확충을 위해 정부가 출자하였다.

정답 4번

해설 농민 출자금으로 자기자금을 조성하였다.

[2] 농협운동의 기반 조성에 관한 설명으로 적절하지 않은 것을 고르시오.

① 1966년 농협대학을 설립하였다.

② 1961년 9월 농협 마크를 제정하였다.

③ 1976년 농협신문을 농민신문으로 이름을 변경하였다.

④ 1961년 8월 농협교육원을 설치하였다.

정답 4번

해설 1963년에 설치하였다.

[3] 2단계 조직개편에 관한 설명으로 적절하지 않은 것을 고르시오.

① 1980년 농협법 개정으로 이루어졌다.

② 시군조합은 중앙회로 통합되어 법인격이 소멸되었다.

③ 축협중앙회가 농협중앙회에서 분리되었다.

④ 농민이 선출한 조합장의 자율적 합의에 의해 추진되었다.

정답 4번

해설 정부 주도로 추진되었다.

[4] 이동조합의 합병 운동에 관한 설명으로 적절하지 않은 것을 고르시오.

① 이동조합들이 읍면 단위로 통합하여 단위조합으로 변경되었다.
② 합병조합을 중심으로 1969년부터 상호금융사업을 도입하였다.
③ 합병조합을 중심으로 1970년부터 생활물자사업을 실시하였다.
④ 농협합병촉진법에 의해 추진되었다.

정답 4번

해설 별도의 법률 제정이 없었다.

[5] 민주 농협의 출범에 관한 설명으로 적절하지 않은 것을 고르시오.

① 1988년 농협법 개정에 의해 추진되었다.
② 조합장과 중앙회장의 직선제 선출제도가 도입되었다.
③ 종전에는 대통령이 중앙회장을 임명하였다.
④ 사업계획과 수지예산에 대한 농림부장관의 사전 승인제는 유지되었다.

정답 4번

해설 사전 승인제는 폐지되고 사후 보고만 하도록 개편되었다.

[6] 1994년 농협법 개정에 관한 설명으로 적절하지 않은 것을 고르시오.

① 농어촌발전위원회의 협동조합개혁안을 토대로 추진되었다.
② 중앙회장의 자격은 농민 조합원으로 제한되었다.
③ 중앙회 신용사업과 경제사업의 법인분리가 법제화되었다.
④ 복수 조합원 제도가 도입되었다.

정답 3번

해설 독립사업부제가 도입되었다.

[7] 통합 농협의 출범에 관한 설명으로 적절하지 않은 것을 고르시오.

① 농협, 축협 및 인삼협 중앙회가 하나의 법인으로 통합되었다.

② 외환위기에 따른 부실조합의 구조개선이 추진되었다.

③ 중앙회 통합 문제에 대해 헌법재판소는 합헌 결정을 내렸다.

④ 1999년 농협법 개정에 의해 추진되었다.

정답 4번

해설 1999년에 종전의 농협법이 폐지되고 새로운 농협법이 제정되었다.

[8] 농협중앙회 사업구조개편에 관한 설명으로 적절하지 않은 것을 고르시오.

① 2011년 농협법 개정으로 추진되었다.

② 중앙회의 신용사업은 별도법인으로 분리되었다.

③ 농협경제지주회사는 영리를 목적으로 하는 법인으로 설립되었다.

④ 명칭 사용료 제도가 신설되었다.

정답 3번

해설 법인의 목적이 농민과 조합의 이익 증대라는 점을 농협법에 명시하였다.

[9] 한국농협의 특수성에 해당되지 않는 것을 고르시오.

① 하향식으로 조직되어 상향식으로 발전하였다.

② 조합원의 영농과 생활 전반에 걸친 복합사업 기능을 수행하였다.

③ 정부의 출자로 설립되었다.

④ 정부의 정책사업을 대행하였다.

정답 4번

해설 정부 출자는 전혀 없었다.

[10] 협동조합 기본법에 관한 설명으로 적절하지 않은 것을 고르시오.

① 기존의 협동조합 특별법은 유지되었다.

② 협동조합기본법은 2012년에 제정되었다.

③ 협동조합 설립을 위한 조합원 정수는 50명 이상으로 정하였다.

④ 협동조합에 대한 정부 출자제도는 도입되지 않았다.

정답 3번

해설 5명 이상이 조합원으로 참여하면 설립이 가능하다.

[11] 한국농협이 종합농협체제를 택한 이유와 거리가 먼 것은?

① 하향식 조직

② 영농의 전문화 부족

③ 영농규모의 영세성

④ 가계와 영농의 미분리

정답 1번

[12] 해방 이후 협동조합의 조직화를 위한 입법 활동의 내용으로 틀린 것은?

① 1955년 농림위의 '농업협동조합법안'과 재경위의 '농업은행법안'은 합의를 보지 못하고 법사위에 회부되었다.

② 1955년 8월 농업은행과 농업조합을 유기적으로 연결할 수 있는 존슨(안)이 제출되었다.

③ 1956년 2월 제출된 쿠퍼(안)은 존슨(안)을 재검토하여 농업조합, 농업신용조합, 농업은행으로 조직의 새로운 구성을 제시하였다.

④ 1956년 5월 '한국은행법' 및 '일반은행법'에 의한 주식회사 농업은행이 설립되었다.

정답 2번

[13] 특별법에 의한 농업은행의 내부 구성원 임명에 대한 내용으로 틀린 것은?

① 총재는 운영위원회에서 추천하고 대통령이 임명한다.

② 감사는 총회에서 선출하되 초대감사는 총회에서 감사를 선출할 때까지 운영위원회에서 선출한다.

③ 부총재는 운영위원회의 의결을 얻어 총재가 임명한다.

④ 이사는 운영위원회의 의결을 얻어 대통령이 임명한다.

정답 4번

[14] 1957년 2월 1일 국회를 통과한 '농업협동조합법'의 주요 내용으로 맞는 것은?

① 사업에서 중앙회는 회원을 위한 경제사업만을 행하도록 하였다.

② 설립요건에서 특수농협과 중앙회, 기타조합은 인가주의를 채택하였다.

③ 농협의 종류는 일반농협, 원예협동조합, 축산협동조합, 특수농협의 4종류로 하였다.

④ 농협조직은 이동농협, 시군농협, 특수농협, 농협중앙회의 4단계 체제로 구성하였다.

정답 3번

★ OX 퀴즈

1956년 5월 1일을 기해 금융조합과 동 연합회를 모체로 하는 주식회사 농업은행을 설립하였다. (○)

해방 후 농림부는 농협법의 제정이 늦어지자 농업인 스스로 자조적 협동조직을 만들도록 추진하였다. (○)

1. 종합농협의 설립과 성장

가. 종합농협의 설립과 계통조직의 정비

1) 이동조합 육성

구 농협과 농업은행이 통합되어 새로 발족한 종합농협은 마을 단위의 이동(里洞)조합, 이동조합의 시군 단위 연합조직인 시군조합, 전국

3 한국농협은 외국의 협동조합에 비해 두드러지는 몇 가지 독자적인 특성을 갖고 있다. 무엇보다 가장 큰 특징은 대다수 회원조합이 영세소농을 기반으로 하여 조직되었고 경제 · 신용 · 지도사업을 함께 하는 종합농협 형태를 취하고 있다는 점이다. 서구의 농협은 이해관계를 같이하는 농민을 중심으로 업종별로 조직되어 금융 · 보험구매 · 판매 · 가공 등 기능별로 전문화되어 있다. 하지만 우리의 경우 품목별로 전업농가를 중심으로 한 품목조합이 일부 조직되어 있긴 하지만, 품목별 · 업종별 구분 없이 관할 구역 내 전 농업인을 대상으로 한 종합농협이 주류를 이루고 있다. 이러한 한국농협의 특수성은 농업생산 및 농촌사회의 구조적 특성에서 비롯된 것이다. 서구농협의 경우 생산 규모가 호당 평균 유럽은 20ha, 미국은 200ha에 달하고, 축산 · 원예 · 과수 · 특작 등으로 전문화되어 있다. 더 나아가 축산은 육유 · 낙농 · 양돈 · 양계 등으로, 원예 역시 품목별로 나뉘어 있어 농업인들 간에도 이해와 요구를 달리하기 때문에 협동조합도 품목 또는 기능 중심으로 발전하게 된 것이다. 이에 비해 한국의 농업생산 구조는 경지 규모가 1.3ha 안팎으로 적고, 복합영농을 하는 소농 구조로 이루어진 데다 가계와 경영의 분리도 명확하지 않다. 이에 따라 한국농협은 일정 지역 내의 전 농민을 대상으로 종합적인 서비스를 하는 종합농협으로 발전해 오게 된 것이다. 또 다른 특징은 중앙회도 종합농협 체제를 갖추고 있다는 점이다. 해방 직후 농협은 농업은행과 경제 사업을 하는 (구)농협이 별도로 있었으나 (구)농협이 자본금 부족 등으로 사업이 활성화되지 않자 1961년 양 기관을 통합해 지금의 종합농협을 설립하게 된 것이다. 한국과 비슷한 소농 구조를 갖고 있는 일본과 대만의 농협을 보면 회원조합 단계에서는 종합농협 체제를 갖추고 있으나 연합회 단계에서는 기능별 · 품목별로 분리되어 있다. 그러나 우리의 경우는 중앙회도 종합농협 체제로 발전을 거듭해 왔으며 이러한 특성은 2000년 농축인삼협의 통합에 의해 더욱 강화되었다. 농협중앙회가 회원농협의 상호금융 연합회로서의 기능을 수행하는 동시에 직접 사업을 한다는 점도 특징이다. 외국의 경우 연합회는 주로 회원조합을 통해 조달된 자금을 운용하거나 지도업무를 주 임무로 하는 데 비해 한국농협중앙회는 금융사업의 경우 소비자를 대상으로 직접 금융까지 담당하고 있다.

단위의 연합조직으로서 중앙회 등 3단계 계통조직 체계를 갖추었다. 새로운 농협법에 의해 설립된 이동조합은 구 농협의 이동조합을 그대로 인수 · 개편한 것으로서 조합원 규모가 조합당 평균 100명 정도로 매우 적은 데다 협동조합에 대한 조합원의 인식이 매우 낮았기 때문에 거의 제 기능을 발휘하지 못하였다. 따라서 당시에는 조합원을 대상으로 한 사업의 대부분을 시군조합이 직접 담당하였는데, 농협은 시군조합을 중심으로 사업을 확대해 나가는 한편 이동조합을 육성하기 위해 많은 노력을 기울였다.

이를 위해 1961년에는 농촌지도원제를 도입하고 이동조합 경영지도와 영농 · 생활지도 활동을 전개하였다. 그리고 이동조합과 시군조합 간의 유대를 강화하고 이동조합의 지도사업을 내실화하기 위해 700여 명의 개척원을 채용하여 시군조합에 배치하였다. 또한 이동조합의 수를 3분의 1 정도 줄여 조합당 평균 조합원 수를 200명 이상으로 확대한다는 것을 목표로 1964년부터 1967년까지 이동조합 합병 4개년 계획을 추진하는 한편, 이동조합 자기자금 조성 10개년 계획(1964~73년)을 수립하여 자기자금을 확충토록 하였다. 이와 함께 1965년부터는 자립조합을 대상으로 시군조합에서 취급하던 농사자금 및 비료공급 업무를 이동조합에 이관하기 시작하였다.

그 결과 1963년에 2만 1,239개에 달했던 이동조합이 1968년에는 1만 6,089개로 감소했으며, 조합당 평균조합원 수가 103명에서 139명으로 늘어났다. 이동조합의 사업규모도 현저히 증가했는데 경제사업 실적이 1963년의 조합당 평균 8만 원 수준에서 1968년에는 271만 원으로 늘어났다.

2) 시군조합의 기반 정비

구 농협과 농업은행 통합 이전의 시 · 군 · 구 조합은 시 · 군 및 특별시의 구를 업무 구역으로 하였으나 종합농협 발족 이후 시군조합은 서울특별시, 군 및 군에 인접된 시를 포함한 군 단위로 업무 구역을 정하였다. 이에 따라 통합 전 168개였던 시 · 군 · 구 조합이 종합농협 발족과 더불어 139개의 시군조합으로 정비되었다. 종합농협 발족 초기에는 시군조합에서 조합원 관련 업무를 직접 취급하였을 뿐만 아니라 주요 정책사업을 담당했기 때문에 시군조합은 농업은행의 조직 기반과 합쳐져 비교적 빠른 기간에 사업 기반을 구축할 수 있었다.

당시 시군조합의 사업 내용을 보면, 판매사업은 초창기에는 잠견 · 고구마 · 유채 · 맥주맥 · 옥수수 등 가공원료 농산물과 고공품 등의 정책사업 품목이 주종을 이루었으나 1960년대 중반부터는 공판사업을 중심으로 판매사업을 추진하였다. 구매사업에 있어서는 정부위촉사업으로 취급한 비료가 80% 이상의 비중을 차지하였고, 1962년부터 농약 공급이 농협으로 일원화됨에 따라 시군조합을 통해 농약을 공급하였다. 농기구의 경우 정책사업 품목을 포함한 주요 농기구는 중앙회의 매취사업으로, 기타 농기구는 시군조합의 수탁사업으로 취급하였다.

신용사업에 있어서 종합농협 발족 초기에는 예수금 규모가 적어 외부차입금에 크게 의존하였으나, 1964년부터 군금고 및 교육금고 업무를 농협이 전담하게 되고 또한 1965년에 저축증강 5개년 계획을 추진함에 따라 예수금이 점차 신장되었다. 자금조달 규모가 확대됨에 따라 대출금도 늘어났는데 특히 1968년부터는 2차보상에 의해 농협 예수금을 중장기 농업개발자금으로 지원할 수 있는 제도가 마련되었다. 이 밖에 공제사업의 경우 초기에는 농업은행에서 취급하던 가축공제와 화재공제 등 손해공제만을 취급하였으나, 1965년에 생활안정공제와 어린이희망공제 등 생명공제를 개발, 도입하였고 1966년에는 공제업무를 특별회계로 독립시켰다.

3) 농협운동의 기반 조성

농협은 농업인 계몽을 위한 교육활동을 체계적으로 전개하기 위하여 1963년 3월에 농협중앙회 교육원을 설치하였으며, 1966년 2월에는 당시 건국대학교에서 운영하던 농협초급대학을 농협중앙회가 인수하여 '농협대학'을 설립하였다. 이와 함께 농협은 농업인 조합원에게 영농 및 일상생활에 필요한 정보를 제공해 주기 위해 1961년부터 농민신문을 발간하였다. 농민신문은 처음에는 '농협소식'이라는 명칭으로 발행하였으나 1964년 8월 15일을 기해 '농협신문'으로 이름을 바꾸었고 1976년부터는 '농민신문'으로 제호를 변경하였다. 그리고 1961년 10월부터는 월간지 '새농민'을 발간하여 농업인 문화 창달에 기여하였다.

이 밖에 농협은 1961년 9월 11일에 포괄적인 농협의 이미지를 시각적으로 표현한 농협의 대표적 상징인 '농협 마크'를 제정하였으며, 같은 해 9월 29일에는 직원 및 조합원 간의 화합과 협동의식을 높이기 위해 '농협의 노래'를 제정하였다.

나. 단위조합의 합병과 사업기반의 확립

1961년 종합농협이 발족한 이래 1960년대 말까지 농협은 이동조합의 합병 및 자기자금조성운동을 추진하는 한편 새농민운동을 전개하는 등 단위조합의 조직 기반을 정비하는 데 총력을 기울였다. 그러나 당시 추진되었던 합병운동은 조합원 200호를 기준으로 소규모로 추진되었기 때문에 대부분의 조합은 사업량의 확보나 자기자금 조성에 있어서 규모의 경제에 미달하였다. 그 결과 대부분의 사업이 시군조합을 중심으로 운영되었으며 조합원과 농협의 밀착화가 제대로 이루어지지 못해 농협운동은 새로운 방향 모색이 불가피하였다.

이에 따라 농협은 1970년부터 1973년까지 모든 이동조합을 읍면단위 조합으로 통합할 계획을 세우고 1969년부터 합병운동을 대대적으로 추진하였다. 그 결과 1968년에 1만 6,089개였던 조합이 1973년에는 1,545개로 감소하였으며, 조합당 평균 조합원 수도 1968년의 139명에서 1973년에는 1,300명 수준으로 대폭 늘어났다. 그리고 이때부터 이동조합 대신 단위조합이라는 명칭이 공식적으로 사용되기 시작하였다.

이와 함께 합병된 조합을 중심으로 단위조합의 기간사업으로써 1969년에 상호금융제도를 도입하고, 1970년부터는 생활물자사업을 실시하기 시작했다. 농협은 상호금융을 통해 농촌의 유휴자금을 저축으로 흡수하여 이를 조합원에게 영농 및 가계자금으로 공급해 줌으로써 농가를 고리채에서 벗어나게 하고 농촌의 사채금리를 떨어뜨리는 데 크게 기여하였다. 또한 생활물자사업 실시에 따라 설치된 농협 연쇄점은 농촌주민에게 양질의 생활용품을 저렴한 가격으로 공급해 줌으로써 조합원의 소비생활을 안정시키는 데 이바지하였다.

위에서 살펴본 단위조합의 면 단위 합병이 '외형적 조합 만들기'에 목적을 둔 것이라 한다면, 상호금융과 생활물자사업의 도입은 '사업체로서 조합 만들기'에 그 목적이 있었다고 평가할 수 있다. 이러한 신규사업 도입과 함께 시군조합에서 취급하던 영농자금 공급 업무와 정책구판사업 및 공제업무 등을 1974년까지 단위조합에 모두 이관하였는데 이를 계기로 단위조합은 비로소 기초적인 경영기반을 갖추게 되었으며, 단위조합-시군조합-중앙회를 연결하는 계통사업 추진체계가 확립되었다. 단위조합의 경영기반이 어느 정도 갖추어지고 사업규모가 커짐에 따라 단위조합의 경영관리를 강화하기 위해 1977년에는 상무제도를, 1979년에는 전무제도를 도입하였다.

다. 2단계 조직개편과 자립경영기반의 구축

단위조합의 경영기반이 구축되고 기능이 강화됨에 따라 단위조합의 시군 단위 연합체적 기능을 수행하던 시군조합의 위치가 상대적으로 약화되었으며, 단위조합과 시군조합 간의 기능이 중복되고 업무 경합이 발생하여 계통사업 추진상의 비능률이 나타나게 되었다. 이에 농협은 1977년 4월에 7명으로 구성된 평가교수단에게 농협운영제도 개선에 관한 연구용역을 의뢰하였다. 동 교수단은 11월에 제출한 농협제도 개선 연구보고서를 통해 농협의 계통조직을 3단계에서 중앙회와 단위조합을 직결하는 2단계로 개편하는 것이 바람직하다는 방안을 제시하였다. 그러나 이와 같은 개편 방안은 여러 가지 이유로 실시되지 못하고 다만 사업추진 면에서 그때까지 시군조합에 남아 있던 농업인 지원 업무를 단위조합에 이관하는 데 그쳤다.

그 후 1980년에 들어와 제5공화국이 출범하면서 우리나라는 사회 전반에 걸쳐 큰 변화를 겪게 되었으며, 농협 또한 예외가 될 수 없었다. 즉 농협의 계통조직을 2단계로 개편하고 농협이 담당해 온 축산지원업무를 새로 설립되는 축협중앙회에 이관하는 것 등을 골자로 한 농협법의 개정이 이루어져 1981년 1월부터 시행되었다.

개정된 농협법에 의해 시군조합의 법인격이 소멸되어 시군조합이 중앙회의 지사무소로 개편됨에 따라 1981년부터 농협의 계통조직은 단위조합-시군조합-중앙회의 3단계에서 단위조합이 직접 중앙회의 회원이 되는 단위조합-중앙회의 2단계로 축소되었으며, 도지부와 시군조합의 명칭도 각각 도지회와 시군지부로 바뀌었다. 그리고 축협중앙회의 설립과 함께 축산계 특수조합이 축협으로 분리되었으며, 그동안 농협이 운영해 온 축산물공판장, 배합사료공장, 시범목장 등이 축협으로 이관되었다.

한편 시군조합의 법인격이 없어짐에 따라 시군조합장과 특수조합장으로 구성되었던 중앙회의 대의원회가 없어지고 단위조합장과 특수조합장으로 구성된 총대회가 구성되었다. 또한 단위조합이 농협사업 추진의 중심체가 되도록 하기 위하여 시군조합이 보유하고 있던 농기구서비스센터, 농산물 판매시설 등 각종 사업시설을 단위조합으로 이관하였으며, 시군지부는 농업자금 조달을 위한 신용업무 중심의 운영체제로 전환되었다.

이와 같은 조직개편과 더불어 조합장 선임제도도 개선되었다. 농업협동조합 임원 임면에 관한 임시조치법이 개정되어 중앙회장이 조합장을 임명토록 되었으며 농림수산부장관의 승인 제도는 폐지되었다. 농협은 개정된 임시조치법의 테두리 내에서 조합원의 의사를 반영하기 위해 조합장 임면규칙을 개정하였는데, 그 내용은 조합원이 총대를 선출하고 총대들이 9명의 조합장 추천위원을 선출한 후, 이들이 연기명 투표에 의해 조합장 후보자를 복수 추천하면 중앙회장은 특별한 결격사유가 없는 한 최다득표자를 조합장으로 임명하는 것이었다. 그러나 이 제도는 선임 절차가 복잡할 뿐만 아니라 조합장 추천위원회에서 조합원의 의사가 굴절되기 쉽다는 문제점이 있었다. 따라서 1984년부터는 총대회에서 직접 투표를 통해 과반수의 최고 득표자를 주 후보자로 선출하고, 중앙회장은 특별한 결격사유가 없는 한 주 후보자를 조합장으로 임명하는 제도로 바뀌었다.

한편 농협은 2단계 조직개편과 함께 경영기반이 취약한 단위조합을 지원하기 위해 중앙회와 회원조합이 공동 출연하는 상호지원기금 제도를 1980년에 마련하였다. 그리고 1983년 12월에는 현재의 농협회관을 구입하여 농협의 위상을 높였으며, 1987년에는 농업박물관을 개관하여 도시민에게 농업 및 농업인 문화에 대한 이해를 증진시켰다.

농협은 조합원의 참여 의식을 고취시키고 작목반 · 부녀회 등 협동조직의 기능을 강화하는 한편, 조합원의 영농기술 습득 욕구를 충족시켜 주기 위해 과거 회원조합 임직원에 대한 교육을 주로 담당하던 경기연수원과 전북연수원을 1983년과 1984년에 각각 안성지도자교육원과 전주지도자교육원으로 개편하여 조합원에 대한 교육을 체계적으로 실시하기 시작하였다. 그리고 1984년 농협대학 내에 새농민기술대학을 개설하여 성장작목을 중심으로 전업농 교육을 실시하였다.

2. 민주농협의 출범과 발전

가. 조합장 및 중앙회장의 직선제 선출

1987년의 6 · 29선언 이후 정치 · 경제 · 사회 전반에 걸친 민주화 · 자율화의 열기 속에서 농협 운영에 있어서도 민주화를 요구하는 농업인 조합원의 기대와 욕구가 커졌다. 농협은 1987년 하반기부터 농업인 조합원, 계통임직원, 학계 전문가 등으로부터 의견을 폭넓게 수렴하고 토론회와 공청회 등을 개최하여 농협법 개정에 대한 합의를 형성하였다. 법 개정 과정에서 정부의 사업계획 승인권 존치 여부 등 일부 조항에 대해서는 논란이 적지 않았지만 농협의 의견이 대부분 반영된 가운데 1988년 말에 농협법이 개정되었다.

그 결과 농협임원 임면에 관한 임시조치법이 폐지되고 농업인 조합원이 그들의 대표자를 투표에 의해 조합장으로 직접 선출하게 되었다. 또한 종전에는 중앙회장을 농림수산부장관의 제청으로 대통령이 임명하였으나 농협법 개정에 따라 회원조합장이 직접 투표로 선거하게 되었다. 농협법의 개정으로 농협 사상 처음으로 농업인 조합원이 직접 조합장을 뽑게 됨에 따라 농협은 조합원의 높은 관심 속에 1989년 3월부터 1990년 3월까지 조합장 선거를 모두 마쳤으며, 뒤이어 1990년 4월 18일에는 회원조합장의 직접 투표에 의해 초대 직선 회장이 선출되어 민주농협이 출범하게 되었다.

중앙회장을 직선제로 선거하는 것과 함께 기타 중앙회 임원의 선거 방법도 민주적으로 개선되었다. 상임감사의 경우 종전에는 농림수산부 장관이 임명하였으나 회장 선거 방법과 같이 회원조합장이 직접 선거토록 하여 독립된 감사 기능을 발휘토록 하였다. 또한 부회장과 상임이사는 종전에는 농림수산부장관의 승인을 얻어 회장이 임명하였던 것을 대의원회의 동의를 얻어 회장이 임명하도록 하였고, 비상임 이사와 비상임 감사도 대의원회에서 회원조합장 중에서 선거하도록 하였다.

중앙회의 비상임 이사 제도는 개정 농협법에 따라 운영위원회 제도를 폐지하면서 새로이 도입되었는데, 종전의 운영위원회는 그 기능이 중앙회 이사회와 중복될 뿐만 아니라 감독기관인 농림수산부와 재무부의 공무원이 구성원으로 참여함으로써 농협 운영의 자율성을 제약한다는 비판이 있었다. 개정 농협법에서는 운영위원회의 기능을 이사회에 흡수시키고, 회원조합장인 비상임 이사가 중앙회 이사회의 구성원이 되도록 함으로써 농업인 조합원의 의사를 중앙회 운영에 반영할 수 있게 되었다.

나. 자율경영체제의 확립

1988년에 개정된 농협법에서는 그동안 농협의 자율성을 제약해 온 조항들이 크게 수정 · 완화되어 농협은 자율경영체제를 확립할 수 있게 되었다. 즉 사업계획 및 수지예산에 대한 주무부장관의 사전 승인제도가 폐지되고 사후 보고만 하도록 되었으며, 중앙회가 정부로부터 사업비를 보조 또는 융자받아 시행하는 정책사업의 사업계획서에 한해서만 주무부장관의 사전 승인을 받도록 하였다. 이와 함께 회원조합에 대한 지방행정기관의 감독권도 폐지되었다.

개정 농협법에서는 중앙회와 회원조합의 사업 범위도 크게 확대되었는데 주요 내용을 보면 농지 중개업무 취급, 농협소유 화물자동차의 유상 운송 허용, 전문조합의 신용사업 취급, 관련기업에 대한 외부 출자 허용, 중앙회의 여유자금 운용 방법 확대, 중앙회의 지급보증 · 어음할인 취급제한 완화 등이다.

농협법 개정과 더불어 농협은 중앙회의 회원조합에 대한 승인 · 규제 사항을 대폭 완화하여 회원조합 운영의 자율성을 제고시켰다. 아울러 단위조합의 육성 목표를 문화 · 복지사업을 활발히 전개할 수 있는 복지조합을 구현하는 데 두고 단위조합의 발전 형태를 종전의 지원조합-성장조합-봉사조합에서 성장조합-봉사조합-복지조합으로 변경하였다.

다. 농업인 본위 농협으로의 개혁

1993년 2월 문민정부 출범과 더불어 정부는 정치, 경제, 사회 등 전 분야에 걸쳐 광범위한 개혁을 추진하였다. 농업 분야에 있어서도 우루과이라운드 농산물협상이 타결되고 세계무역기구(WTO) 체제가 출범함에 따라 정부는 새로운 차원에서 농업정책을 수립하기 위해 1994년 2월 대통령 직속으로 농어촌발전위원회를 설치하고 농정개혁 방안을 마련하기로 하였다. 농어촌발전위원회는 농 · 수 · 축협 중앙회장을 비롯해 학계, 언론계, 비제도권 농민단체 대표 등 각계 인사 30명으로 구성되었다.

당시 사회 전반에 걸쳐 개혁 작업이 대대적으로 추진되는 과정에서 농협에 대한 외부의 시각은 '돈장사에만 치중하고 경제사업은 소홀히 한다', '직원을 위한 기관이다'라는 등 비판과 비난이 컸다. 그뿐만 아니라 그동안의 농업 · 농촌의 어려움이 마치 모두 농협 때문에 비롯된 것처럼 매도되는 분위기였다.

이와 같은 상황에서 농어촌발전위원회의 일부 위원들이 제시한 협동조합 개혁안은 중앙회장의 자격을 조합원으로 제한하고, 중앙회 이사회의 과반수를 조합장으로 구성하며, 전문조합의 설립 요건을 완화해 전문조합별 광역연합회의 설립을 자유화하자는 것이었다. 특히 농 · 수 · 축협 중앙회의 신용사업을 분리 · 통합해 별도의 특수은행을 설립해야 한다는 주장이 강력히 제기되었는데, 이는 마지막까지 논란의 대상이었다.

1994년 3월 23일부터는 제2대 직선 회장이 선출됨으로써 제2기 민주농협이 출범하였다. 새 회장 선출을 계기로 농협은 농어촌발전위원회의 위원들에게 농협의 입장을 설명하고 이해를 구하는 데 혼신의 노력을 기울였다. 그 결과 농 · 수 · 축협 중앙회의 신용사업을 분리, 별도의 은행을 설립하자는 당초의 농발위안은 독립사업부제를 도입하고 그 성과를 평가하여 다시 검토하기로 의견을 모았다. 그리고 농어촌발전위원회의 요구 가운데 협동조합 운영에 있어서 농업인의 대표성을 강화하는 문제는 수용하였으며, 전문조합 육성과 관련해서도 다소의 논란은 있었으나 지역별 · 업종별 연합회의 설립을 자유롭게 하였다.

농어촌발전위원회의 최종 보고를 토대로 1994년 말에 개정된 농협법과 1995년 6월 22일에 개정된 농협법 시행령에 따라 중앙회장의 자격이 조합원으로 제한되고 중앙회 이사 중 회원조합장의 비율이 종전의 2분의 1에서 3분의 2로 확대되었다. 그리고 단위조합은 지역조합으로, 특수조합은 전문조합으로 명칭이 변경되었으며, 복수조합원제가 도입되었다. 특히 전문조합의 경우 설립 요건이 완화되고, 신설되는 전문조합은 신용사업을 취급하지 못하도록 했으며, 전국 단위 이외의 연합회 설립이 가능하게 되었다. 이와 함께 중앙회의 신용사업과 경제사업을 회계 · 인사 · 예산 · 조직 등에서 엄격히 분리하여 운용토록 하였다.

농협은 제2기 민주농협 출범과 함께 농어촌발전위원회 등에서 제기된 농협에 대한 비판을 수용하여 개혁에 박차를 가했다. 이를 위해 농협 운영 방침을 "농민본위(農民本位), 항재농장(恒在農場), 실사구시(實事求是)"로 새로이 정하고, 임직원 정신개혁 운동으로서 농업인과 하나되고 고객과 하나 되며 계통 간에 하나 되기 위한 '하나로 거듭나기 운동'을 전개하였다.

3. 통합농협의 출범

가. 통합 추진 경과

'국민의 정부'는 출범과 함께 농 · 축협 등 협동조합개혁을 100대 국정과제의 하나로 선정하고 개혁 작업에 착수하였다. 1998년 4월 13일 농민단체 대표와 각계 전문가 20명으로 구성된 '협동조합개혁위원회'가 설치되었다. 동 위원회는 3개월에 걸친 토론 끝에 중앙회 통합 등 3개 안을 제시하고, 일선 조합에 대해서는 광역합병 및 책임경영제 강화 등 50여 개의 협동조합 구조조정 방안을 7월 31일 정부에 건의하였다.

농림부는 1998년 7월 28일 농 · 축 · 임 · 인삼협 4개 협동조합중앙회장에게 협동조합별 자체구조조정계획과 중앙회 통합을 포함한 공동개혁안을 9월 말까지 마련토록 요청하였다. 4개 협동조합중앙회장은 8월 5일 공동개혁위원회를 구성하고 개혁 방안에 대부분 합의하였으나, 중앙회 조직체제에 대한 단일안을 마련하지 못하고 9월 30일 각기 다른 의견을 제시하였다. 농림부에서는 4개 중앙회가 공동개혁안을 마련할 수 있도록 1999년 2월 말까지로 기한을 연장하였다. 4개 협동조합중앙회는 1999년 2월 23일까지 12차례의 회의를 개최하는 등 공동개혁안 마련을 위한 협의를 진행하였으나 2월 23일 공동개혁안 마련 결렬을 공식 선언하였다.

1999년 2월 말까지 4개 중앙회 자율의 단일개혁안 마련이 더 이상 기대할 수 없게 됨에 따라 농림부는 3월 8일 협동조합개혁위원회의 건의안과 각 협동조합이 제출한 개혁 방안을 중심으로 그동안 준비해 온 개혁시안을 발표하였다. 농림부는 개혁 방안에 대한 각계각층의 의견수렴과 6월 8일 국무회의의 심의 · 확정을 거쳐 6월 14일 농업협동조합법(안)을 국회에 제출하였다.

농업협동조합법(안)은 7월 9일 농림해양수산위원회에 상정되었으며, 7월 13일 상임위원회 주관으로 공청회가 개최되었다. 공청회에서 중앙회 통합의 필요성이 인정되어 8월 10일 상임위 법안심사소위로 회부되고, 8월 12일 상임위에서 소위의 만장일치로 수정안이 의결되었으며 8월 13일 국회 본회의를 통과하였다.

9월 7일 새로운 농업협동조합법이 공포된 이후 농 · 축 · 인삼협 대표, 학계, 농민단체, 언론인 등 중립적 인사와 전문가 등 총 15명으로 구성된 협동조합중앙회설립위원회가 발족되었다. 그리고 9월 20일 농·인삼협 직원, 농림부 직원 등 20명으로 설립사무국이 구성되어 통합실무작업이 추진되었다. 이와 더불어 11월 1일에는 협동조합 공동의 설립추진기구인 실무작업단을 구성하여 실무작업을 자체적으로 추진하였다. 설립위원회는 16차례의 회의를 개최하여, 심도 있는 논의를 통해 통합중앙회 설립에 필요한 사항을 협의·확정하였다. 그리하여 새 농협법 시행령이 2000년 3월 24일, 시행규칙은 3월 27일 각각 제정·공포되었고 새 중앙회의 정관과 임원선거규약 등은 4월 17일 창립총회에서 농·축·인삼협 조합장 1,383명 중 1,142명이 참석한 가운데 만장일치로 의결되었다. 그리고 5월 2일 임시총회에서 통합중앙회장 및 상임감사가 선출되었고, 5월 12일 대의원회에서 새 중앙회의 비상임이사(27명) 및 비상임감사(1명)가 선출되었다. 6월 2일 대의원회에서는 농업경제대표이사·신용대표이사 임명동의안이 처리되고, 축산경제대표이사도 축협경제조합장대표자 회의에서 추천되었다. 한편 5월 17일부터 회장당선자, 대표이사(3), 농·축·인삼협 조합장이사(3)로 구성된 통합중앙회 인수위원회를 구성하고, 통합중앙회 출범 실무작업을 추진할 인수단(300여 명)을 운영하였다.

축협 측이 제기한 통합농협에 관한 헌법소원 청구사건에 대해 6월 1일 헌법재판소가 재판관 전원일치 합헌결정을 내려 협동조합중앙회 통합을 두고 둘러싼 논쟁이 마무리되자, 축협 측은 헌법소원 합헌결정에 승복하고 통합중앙회 설립작업에 참여하였다. 6월 8일 설립위원회는 최종회의에서 새 중앙회의 조직편성 방향과 인사·보수제도 조정 방안 등을 심의 · 확정하여 인수위원회에 권고안을 통보하였다. 이러한 과정을 거쳐 2000년 7월 1일 마침내 농 · 축 · 인삼협 중앙회가 하나로 통합된 새로운 농협중앙회가 발족하였다.

나. 2단계 개혁 추진

2000년 7월 1일 통합농협 출범 이후 농협은 통합의 효과가 농업인과 회원조합에 돌아가도록 노력하였다. 먼저 중복되는 조직과 인력을 감축하고, 점포 및 일부 사업장을 조정 · 폐쇄하였다. 농협은 이러한 개혁작업을 좀 더 구체적이고 체계적으로 실천해 나가기 위해 통합농협 발족 100일을 맞아 농림부와 공동으로 2000년 9월 10일에 2단계 협동조합개혁 추진계획을 발표하였다.

2단계 협동조합개혁 추진계획에서는 중앙회의 효율적 운영을 위해 대표이사 중심의 책임경영체제를 구축하고, 조직 · 인력 재정비 등 구조조정을 지속적으로 추진하기로 하였다. 그리고 중앙회의 경제사업장은 경쟁력과 전문성을 높이고, 일선 조합 육성을 위해 자회사 · 분사 중심으로 통합 · 정비하거나 회원조합에 이관하기로 하였다. 또한 일선 조합의 체질을 강화하고 조합원에게 실익을 주는 유통 · 경제사업 중심으로 기능을 개편하며, 경영공시 등 경영의 투명성을 제고하고 주기적인 감사를 통해 부실조합을 정리해 나가기로 하였다.

다. 조합구조개선법 제정

중앙회 통합 후 부실 회원조합의 경영정상화가 시급한 과제로 대두되었다. 농협은 우선 농림부, 금융감독원과 합동으로 209개 부실조합에 대해 경영실태조사를 실시하였다. 조사결과 총부채가 총자산을 초과한 169개 조합을 경영지도 대상 조합으로 선정하였다. 이들 조합 중 자체적으로 정상화가 가능한 조합은 적기 시정조치에 의거 우선 합병을 추진하며, 정상화가 불가능한 조합 중 합병도 어려운 조합은 적기 시정조치에 의거 사업양도 및 계약이전을 실시하여 정리하기로 하였다.

이를 추진하기 위해 필요한 법적 근거가 2001년 9월 12일 '농업협동조합의 구조개선에 관한 법률'이 제정 · 공포됨으로써 마련되었다. 농업협동조합의 구조개선에 관한 법률은 2001년 6월 임시국회에서 여 · 야가 각각 법안을 제출하여 국회 주관의 공청회, 상임위 등을 거쳐 농림해양수산위원회를 통과하였고, 8월 28일 법사위의 심사를 거쳐 9월 1일 본회의에서 통과되었다. 농업협동조합의 구조개선에 관한 법률 제정의 가장 큰 의미는 조합 부실에 대한 사전예방 시스템을 구축했다는 것이다. 기존의 농업협동조합법이나 합병촉진법은 이미 발생한 부실에 대한 처리만을 규정하고 있어 부실을 예방하거나 부실조합에 대한 경영개선권고 등 적절한 조기시정조치를 할 수 없는 문제점이 있었다.

학습문제 풀이

[1] 민주농협의 출범과 발전에 대한 내용으로 틀린 것은?

① 운영위원회의 기능을 폐지하고 그 기능을 이사회에 흡수시켰다.

② 사업계획 및 수지예산에 대한 주무부장관의 사전 승인제도가 폐지되었다.

③ 중앙회의 회원조합에 대한 승인, 규제 사항을 대폭 완화하였다.

④ 단위조합의 발전 형태를 지원조합, 성장조합, 복지조합으로 변경하였다.

정답 4번

[2] 종합농협 발족과정에 대한 설명 중 맞는 것은?

① 우리나라 최초의 농협(구 농협)은 1948년 정부수립과 함께 설립되었다.

② 특별법에 의한 농업은행은 농업금융에 국한된 업무를 대상으로 하였으며, 농업자금의 차입은 농업은행만이 할 수 있었다.

③ 1961년 이동조합을 육성하고자 농촌지도원제를 도입하였다.

④ 농업은행은 대부분의 자금을 농협에 직접 융자하고 농업인에 대해서는 영세성 등을 이유로 적극적인 자금 지원을 꺼렸다.

정답 3번

[3] 민주농협의 출범을 가져온 1988년 개정 농협법에 관한 설명 중 틀린 것은?

① 농업인 조합원이 투표에 의해 조합장을 직접 선출하게 되었다.

② 중앙회장의 자격이 조합원으로 제한되었다.

③ 회원조합장이 중앙회의 비상임 이사가 되도록 함으로써 조합원의 의사를 중앙회 운영에 반영할 수 있게 되었다.

④ 사업계획 및 수지예산에 대한 주무부장관의 사전 승인제도가 폐지되고 사후 보고만 하도록 되었다.

정답 2번

★ OX 퀴즈

2000년 통합농협의 출범과 함께 단위조합과 특수조합의 명칭이 지역조합과 전문조합으로 변경되었으며, 복수조합원 제도가 도입되었다. (×)

1988년 농협법 개정에 의해 회원조합에 대한 지방행정기관의 감독권이 폐지되었다. (○)

| 제4절 한국농협의 특성

1. 개관

협동조합은 나라마다 나름대로의 조직과 운영 방식을 지니고 있다. 그중에는 협동조합의 전통적인 운영 원칙에 충실한 것도 있으며 한편으로는 기업과의 경쟁 속에서 주식회사의 경영 방식을 도입한 협동조합도 있다. 또한 정부에 의해 정책적으로 설립되어 정부사업을 주로 대행하는 것이 있는가 하면, 협동조합의 자주 · 자율성을 지키기 위해 정부의 지원을 받지 않는 협동조합도 있다. 이 밖에 농업협동조합이 주류를 이루는 나라가 있는가 하면, 소비자 협동조합이나 신용협동조합이 주류를 이루는 나라 등 협동조합의 발전과 운영 형태는 국가에 따라 각각 상이하다.

협동조합이 이와 같이 나라마다 다양한 모습을 지니고 있는 것은 협동조합이 뿌리를 박고 있는 토양이 제각기 다른 데서 연유한다고 볼 수 있다. 협동조합 성립의 기초가 되는 자본주의의 발전과정과 그 수준이 차이가 있고, 시민사회의 형성과정이나 정치구조 그리고 국민의 의식 수준이 상이할 뿐만 아니라 협동조합 운영의 경험에서도 차이가 있기 때문이다.

우리나라의 농협도 이러한 관점에서 볼 때 영세소농 구조를 중심으로 하는 농업의 특수성을 기초로 하여 독점자본과 농업인과의 관계, 정부의 농업 · 농협에 대한 정책 구조, 정치 · 경제 · 사회의 민주화 과정 등에 영향을 받아 오늘의 모습으로 형성되고 발전해 온 것이라 할 수 있다.

세계 각국의 협동조합이 제각기 다른 조직과 운영체제를 갖고 있기 때문에 우리나라 농협의 특성을 단정적으로 말하기는 매우 어렵다. 그럼에도 불구하고 농협의 특성에 대한 정리가 필요한 이유는 우리의 조직과 운영체제 등을 다른 나라와 비교해 봄으로써 우리나라 농협의 모습[4]을 이해 · 평가할 수 있기 때문이다.

이러한 관점에서 현재 우리나라 농협의 특성을 정리해 보면 다음과 같다. 그러나 이는 앞으로 농협의 발전과 변화에 따라 달라질 수 있으며, 또 다른 특성이 새롭게 부각될 수 있을 것이다.

---

4 농업인조합원에게 희망을 주는 농협의 모습이란, 농협법 1조 목적에는 '농업인의 자주적인 협동조직을 바탕으로 농업인의 경제적 · 사회적 · 문화적 지위를 향상시키고 농업의 경쟁력 강화를 통하여 농업인의 삶의 질을 높이며, 국민경제의 균형 있는 발전에 이바지함을 목적으로 한다'라고 명시되어 있다. 농업인조합원이 희망하는 농협은 조합원들이 이런 목적이 잘 달성된다고 만족하며, 농사를 지으며 살아가는 데 쪼들리지 않는 상태를 어느 누구보다 잘 만들어 주는 든든한 받침대가 되어 주는 농협일 것이다. 농업인조합원부터 먼저 주인 노릇을 하며, 조합원 개개인의 합리적인 의견이 조합운영에 잘 반영되고, 구매사업부터 판매사업까지 망설이지 않고 농협을 찾아 이용하고, 자금이 필요할 때 농협이 지도금융을 통해 가장 효율적으로 사업계획을 수립하고 제때 대출을 해주는 농협, 농산물수입개방으로 높은 값은 받지 못해도 생산비는 보전할 수 있는 가격이 안정적으로 유지되고, 만약 생산이 과다하여 가격이 떨어질 것 같으면 전국적인 농협의 네트워크로 출하물량을 조정하거나 폐기하여 가격을 안정화시키는 농협, 단순히 경제적인 이익뿐만 아니라 농촌관광이나 자녀교육 · 문화생활까지도 농협의 생활지도사업의 섬세한 마음 씀씀이와 지속 가능한 사업을 책임지는 농협, 대의원 총회가 축제의 장이 되고, 농협의 이 · 감사와 조합장이 농업인조합원의 이익을 위해 활기차게 의견을 나누는 이사회, 열정적이고 전문적인 농협 직원의 활동을 흐뭇한 마음으로 따라주는 조합원이 모인 농협, 농촌 지역사회의 든든한 버팀목이며, 지역주민에게도 신뢰받고 존경받는 농협을 만드는 일은 농업인조합원이 주도하여 농협의 임직원과 농촌 지역주민과 함께 만들어 가야 할 우리 모두의 과제다.

2. 한국 협동조합운동의 중심체

우리나라에서 협동조합이라 하면 대부분의 사람들이 농업협동조합을 생각할 정도로 농협은 우리나라 협동조합운동을 주도해 나가는 조직체이다. 농협이 우리나라의 대표적인 협동조합 조직이기 때문에 농협의 운영 방식이나 제도가 다른 협동조합의 운영에 커다란 영향을 주고 있다. 그뿐만 아니라 방대한 사업 규모와 조직력을 갖고 있기 때문에 지역경제와 관련 산업 부문에도 큰 영향력을 미치며, 정부가 농업정책을 추진할 때에도 농협의 협력과 지원을 받아 소기의 성과를 거두고 있다.

우리 사회가 농경사회에서 발전하여 고도 산업사회로 진입한 지금에 있어서도 협동조합운동이 농협 중심으로 이루어지고 있는 이유는 역사적인 배경과 정치·문화적인 측면 및 임직원의 노력 등에서 찾아볼 수 있다.

일본은 과거 우리나라를 강점하면서 경제체제를 일본경제를 보완하는 식민지 구조로 개편하였다. 일본은 특히 자국의 식량부족을 해결하기 위해 우리나라를 식량기지화 하였는데, 이때 농업수탈을 용이하게 하기 위해 여러 가지 기관을 만들었으며 그중 하나가 금융조합이었다. 일본은 금융조합의 기능을 극대화할 목적으로 민간의 자주적인 협동조합운동은 물론 산업조합 등 관영조합의 활동까지 규제하였기 때문에 민간의 협동조합운동은 제대로 뿌리를 내릴 수가 없었다.

광복 후에는 농협이 정부정책에 의해 기존의 금융조합은 물론 농회 등 각종 농업단체의 시설과 조직을 인수받았기 때문에 단기간 내에 협동조합 조직의 중심으로 자리 잡게 되었다. 또한 1960년대 이후에는 농협이 정부의 정책 사업을 대행하였기 때문에 다른 협동조합에 비해 상대적으로 많은 지원을 받아 빠른 속도로 성장할 수 있었다.

농협이 종합농협으로 출발한 것도 우리나라 협동조합운동의 중심체로 발전하는 데 커다란 힘이 되었다. 농협은 신용협동조합이나 소비자 협동조합운동의 불모지였던 농촌에서 1970년대 초부터 상호금융과 생활물자사업을 실시해 이들 협동조합의 기능을 수행함으로써 우리나라 협동조합운동의 구심체적 역할을 할 수 있었다.

이렇게 되기까지에는 농협 임직원들의 끊임없는 노력이 뒷받침되었다고 할 수 있다. 특히 종합농협 발족 초기의 이름뿐인 이동조합을 읍면 단위로 합병하고 신규 사업을 개발 도입하는 등 그동안 농협의 육성과 발전을 위해 기울였던 임직원의 헌신적인 노력은 결코 과소평가 되어서는 안 될 것이다.

3. 하향식으로 조직되어 상향식으로 발전

농협 설립 당시인 1950년대와 1960년대 초의 우리나라는 농협의 구성원인 농업인들이 협동조합의 필요성을 인식할 만큼 주체 의식을 가지고 있지 못하였다. 당시 농촌은 극도로 피폐되고 만성적인 식량부족으로 어려움을 겪고 있었기 때문에 대부분의 사람들은 농촌경제를 하루라도 빨리 회생시키기 위해서는 정부 주도 아래 협동조합 조직을 단기간에 만드는 것이 좋다고 생각하였다.

따라서 농협은 농협법이 먼저 제정된 후, 이에 의해 중앙회가 만들어지고 이동조합이 조직되어 중앙회를 정점으로 하는 하향식 조직이 이루어졌다. 이렇게 해서 설립된 농협은 기존의 농협은행 등 농업관련 기관의 시설을 그대로 인수하여 비교적 빠른 기간에 사업체계를 갖출 수 있었다. 또한 법률에 의해 설립된 조합이 아니면 농협이라는 명칭을 사용하지 못하게 하였기 때문에 농협이 농촌지역의 핵심적인 농업생산자 단체로서의 조직 기반을 구축하게 되었다.

한국농협이 지난 40여 년간에 걸쳐 발전해 온 과정과 경험에 비추어 보면 일찍부터 하향식으로라도 농협 육성을 시작한 것은 올바른 선택이었다고 할 수 있다. 왜냐하면 하향식 방법이 아닌 농업인들의 자발성만 기대해 농협을 설립했다면 현재보다 훨씬 유치 단계에 머물러 있었을 것이기 때문이다. 농협은 그동안 단위조합 합병을 통한 경영기반 구축, 중앙회 업무의 단위조합 이관, 자체사업의 개발, 조합원 교육을 통한 주인의식 고취 등을 통해 사업추진의 자율화와 조직 운영의 민주화를 위한 노력을 계속 경주해 왔다.

특히 1988년 말에는 회원조합장 및 중앙회장의 직선, 사업계획 및 수지 예산의 자율적인 수립, 지방행정기관의 단위조합에 대한 감독권 폐지 등을 골자로 하는 농협법의 개정이 이루어짐으로써 상향식 운영체계가 정착되고 민주 · 자율농협으로 발전할 수 있는 계기를 맞게 되었다.

4. 복합사업 기능

한국의 농협은 그 사업에 관한 법제에서 매우 독특한 특징을 가지고 있는데, 지도 · 경제 · 신용 · 공제 등 농업생산과 농촌생활의 모든 측면을 포괄한 복합사업 기능을 갖고 있다. 그뿐만 아니라 이러한 사업을 뒷받침하기 위한 자금조성 기능, 특히 도시영업이 허용된 상업은행의 기능까지 갖추고 있다.

당초 우리나라 농협이 종합농협 체제를 택하게 된 이유는, 우리나라 농가의 영농 규모가 1ha 미만의 소농체제여서 가계와 영농이 분리되어 있지 못하고 또 영농 자체도 전문화가 이루어지지 못해 영농과 생활의 모든 분야를 종합적으로 지원해야 할 필요가 있었기 때문이다. 이뿐만 아니라 종합농협 탄생 이전의 구 농협과 농업은행 간에 유기적인 협조가 결여되어 농업인의 피해가 컸으며, 같은 소농체제를 유지하던 일본이 종합농협 체제로 성공적인 발전을 하고 있었던 점 등을 들 수 있다.

당시 종합농협의 설립에 앞서 일부에서는 선진국의 협동조합에서 보는 전문농협이 우리의 현실에도 적합하다는 의견도 있었다. 그러나 영세소농이 주가 되는 우리나라에서는 결국 종합농협이 유리하다는 것은 우리의 지난 40년간의 경험을 통해 입증되었다고 할 수 있다.

그 근거로 ① 농업인이 조합에 와서 필요한 용무를 한 번에 모두 마칠 수 있다는 점, ② 조합이 종합적인 측면에서 농가경제를 파악할 수 있기 때문에 자금지원이 효과적으로 이루어질 수 있었던 점, ③ 신용사업과 경제사업이 유기적으로 연계되고 거기에 다시 지도사업이 결부됨으로써 각 사업이 상승적으로 신장될 수 있었던 점, ④ 경제사업이 적자가 나더라도 신용사업의 수익으로 이를 메울 수 있어 경제사업의 과감한 추진이 가능했던 점, ⑤ 막대한 지도사업비를 내부에서 조달할 수 있었던 점 등을 들 수 있다.

더구나 농협은 현재는 물론 앞으로도 지역농업 및 농촌개발의 주체로서 그 위치가 막중하다고 할 수 있는데, 이를 위해서는 역시 종합농협 형태라야 그 성과를 높일 수 있다고 판단된다.

한국농협의 이러한 체제와 기능은 세계협동조합운동에서 가장 성공적인 사례의 하나로 인정되고 있으며, 중국을 비롯한 동남아제국의 협동조합에서는 한국농협에서 배우자는 움직임이 널리 확산되고 있다.

5. 2단계 계통조직

농협은 1961년 종합농협 발족 이후 1980년까지는 단위조합-시군조합-중앙회의 3단계 조직체계를 갖추고 있었다. 그러나 1980년대에 접어들면서 농협을 둘러싼 환경이 급격한 변화를 겪게 되었다. 단위조합의 읍면 단위 합병, 상호금융 등 신규사업의 도입, 대농민 업무의 단위조합 이관 등으로 단위조합의 경영기반이 구축되고 사업이 확대됨에 따라 시군조합의 기능은 점차 약화되고 계통조직 간의 기능 중복 현상이 나타나기 시작하였다.

이와 함께 농촌지역에도 농협과 경쟁이 되는 각종 사업체가 다수 진출하기 시작했으며 교통 · 통신수단의 발달로 도시와 농촌 간의 시간적 · 공간적 거리가 크게 단축되었다. 이에 따라 농협은 계통조직 간의 운영의 효율성을 높이고 경쟁력을 강화하기 위해 1980년 말을 기하여 종전의 3단계 조직을 단위조합-중앙회의 2단계 조직으로 개편하였다. 이 같은 조직 개편으로 계통사업 추진과정에서 중간 비용을 절감할 수 있게 되었으며 단위조합 운영의 자율성도 제고되었다.

한편 우리나라 농협의 연합조직인 중앙회는 다른 나라의 경우와는 다른 기능을 갖고 있다. 서구에서는 대개 연합조직이 사업을 직접 수행하기보다는 지도 · 교육 · 조사 · 홍보 · 국제협력 · 농정활동 등에 치중하는 경우가 많다. 이에 비해 우리나라 농협은 연합회인 중앙회가 종합농협 체제로 되어 있을 뿐만 아니라 사업을 직접 수행하는 조직으로 되어 있다.

종합농협 발족 당시 중앙회는 구 농협과 농업은행의 조직과 시설을 그대로 인수했기 때문에 사업수행 능력이 있었으나 단위조합은 영세하였기 때문에 1970년대 초까지만 해도 대부분의 사업은 시군조합과 중앙회를 중심으로 이루어졌다. 또한 단위조합은 필요한 자금을 자체적으로 조달하기 어려웠기 때문에 중앙회가 그 부족 자금을 조달하여 공급해 주지 않을 수 없었으며, 정부로부터 공급받는 각종 정책자금을 효율적으로 관리하기 위해서도 중앙회의 역할이 크지 않을 수 없었다. 이 밖에 구매 · 판매사업의 경우에도 계통사업으로 추진하는 것이 유리한 점이 많았기 때문에 중앙회가 사업을 직접 수행해 왔다.

특히 우리나라의 경우 중앙회의 신용사업은 은행법에 의한 은행 업무를 직접 취급한다는 점에서 다른 나라와는 차이가 많다. 일본농협의 중앙단위 신용사업 연합회인 농림중앙금고나 독일의 협동조합 중앙은행의 경우 이들은 단지 회원조합이 예치한 여유자금의 운용 기능만을 수행할 뿐, 우리나라와 같이 중앙회가 자체적으로 도시에서 자금을 조달하여 농촌에 공급하는 기능은 수행치 않는다.

6. 정부 정책사업 대행

우리나라 농협의 설립 배경이 농업인의 자발적인 의사보다는 어려움에 빠진 농촌경제를 하루빨리 회생시켜야 한다는 정책 의지에 의한 것이었기 때문에 농협은 처음부터 정부와 긴밀한 관계를 맺을 수밖에 없었다. 이 때문에 농협은 농업자금과 영농자재의 공급뿐만 아니라 농산물가격 안정사업, 양곡수매, 농산물 생산지도 등 농업정책의 목표를 달성하기 위한 정책사업을 대행하여 왔다.

정책사업은 농협의 입장에서 보면 물량의 조달과 공급이 정부 책임하에 이루어지므로 사업이 안정적이며, 농협은 대행 수수료를 받고 그 수익을 조합원에게 환원해 줄 수 있는 효과가 있었다. 또한 정책사업의 취급으로 사업량의 확대를 통한 경영기반을 다질 수 있었으며, 이들이 농협의 자체사업으로 전환될 때에 활용할 수 있는 귀중한 경험을 쌓게 되었다.

정부의 입장에서 보면 농용자재의 생산과 배분, 농산물 유통과 가공, 농업자금의 공급 등을 이윤 추구를 목적으로 하는 민간기업에 맡길 경우 불공정거래가 발생하거나 독점력 행사로 농업인이 피해를 입을 가능성이 크다고 할 수 있다. 정부가 농협을 통하여 정책사업을 추진할 경우 생산자단체인 농협을 지원한다는 명분과 함께 정책추진의 효율성을 높일 수 있을 뿐만 아니라, 정부기관을 따로 설립할 필요도 없어 예산을 절감할 수 있는 효과가 있다.

농협이 정부 정책사업을 수행하는 과정에서 초기에는 자체사업은 과소하고 정책사업의 비중은 과다하다는 비판도 없지 않았으나 그동안 자체사업을 지속적으로 개발, 확충함으로써 이러한 비판은 해소되었다고 할 수 있다. 우리나라 농업과 농촌의 현실을 고려해 볼 때 정부와 농협은 종전보다 더욱 긴밀한 협조 체제를 유지하는 것이 필요하다. 국제화 · 개방화 등으로 무한경쟁의 시대에 들어선 농업 · 농촌을 살리기 위해 정부는 농협에 대한 재정적 · 제도적 지원을 계속 확대해 나가야 할 것이며, 농협은 농업인 조합원에게 실익이 되는 정책사업을 적극 지원하고 수행해 나가야 할 것이다.

학습문제 풀이

[1] 한국농협의 특성에 대한 설명 중 틀린 것은?

① 한국 협동조합운동의 중심체 역할을 수행하고 있다.

② 중앙회와 이동조합이 먼저 조직된 후 농협법이 제정되었다.

③ 종합농협 탄생 이전 구 농협과 농업은행 간 유기적인 협조가 결여되어 농업인의 피해가 컸다.

④ 농협은 정책사업의 취급으로 사업량의 확대를 통해 경영기반을 다질 수 있었다.

정답 2번

[2] 다음 한국농협의 발전과정 중 개혁 내용이 빠른 순서대로 나열된 것은?

ㄱ. 계통조직을 2단계로 개편 ㄴ. 조합장 및 중앙회장의 직선제 선출 ㄷ. 농 · 축 · 인삼협 중앙회 통합 ㄹ. 조합구조개선법 제정

① ㄱ-ㄴ-ㄷ-ㄹ　② ㄱ-ㄴ-ㄹ-ㄷ

③ ㄱ-ㄷ-ㄴ-ㄹ　④ ㄴ-ㄷ-ㄱ-ㄹ

정답 1번

[3] 농협의 정부 정책 사업이 아닌 것은?

① 농업자금과 영농자재의 공급

② 농산물가격 안정사업

③ 불공정거래 감시

④ 농산물 생산지도

정답 3번

★ OX 퀴즈

농협은 단위조합, 시군조합, 중앙회의 3단계 조직체계를 갖추고 있다. (×)

정부가 농협을 통하여 정책사업을 추진할 경우 정부기관을 따로 설립할 필요도 없어 예산을 절감할 수 있는 효과가 있다. (○)

제5장

세계의 농협운동

| 제1절 유럽농협의 최근 동향

유럽의 농협[1]은 현재 전환기를 맞고 있다. 공동농업정책(CAP)의 개혁과 WTO 협상 등으로 농업 및 농협에 대한 정부의 지원이 줄어들게 되었고, 농업환경은 더욱 경쟁적으로 변하였다. 농업 관련 산업에서 새로운 기술개발과 더불어 소비자의 소비 행태도 변화되고 있으며, 생산과 유통 부문에서 기업집중과 기업 간 합병이 진행되고 있다. 이러한 시장 여건의 변화에 적응하지 못한 농협들이 도산했으며, 많은 농협들이 합병, 자회사화, 주식회사로의 전환, 민간기업과의 합작투자 등 생

---

1 유럽농협은 품목별 전문농협이 특징이다. 사업 환경의 변화에는 농업정책의 변화, 기술 개발의 확대, 식품소비패턴의 변화, 농식품 산업의 변화, 기업의 혁신, 협동조합에 대한 요구 증대가 있다. 특히 협동조합에 대한 요구 증대는 협동조합이 정당성을 얻기 위해서는 이해관계자들과 넓게는 사회 전체에 적절히 봉사해야 한다. 협동조합의 마케팅 지원에 대한 조합원의 요구는 더욱 커지고 있고, 농협은 여론으로부터도 힘을 얻기 위해 정당성을 확보해야 한다. 정당성을 얻기 위하여서는 비판적 입장을 가진 사람과 일반 대중에게 진실을 알려 주어야 하고, 비난에 어느 정도 진실이 있다면, 비판을 수용하고 나아가서는 사업 관행이나 조직 및 재정구조, 정보체계 등을 개선해야 할 것이다. 지역이나 사회에 대한 서비스가 중요하게 인식되고 있고 조합원만을 위한 경제 단체로서의 역할에서 벗어나 다양한 이해관계자들을 위한 다면적 역할을 담당해 줄 것으로 기대하고 있다. 유통사업의 변화로는 가공사업 확대 전략, 시장지향성 증대, 지역시장 확보 전략, 혁신적인 브랜드 전략과 제품개발이 있다. 먼저 가공사업 확대 전략은 많은 협동조합이 조합원 소득증대를 위해 수직통합 전략을 추진해 왔다. 그러나 아직도 가공하지 않거나 단순가공 상태의 농산물을 판매하는 농협의 비중이 크다. 시장지향성 증대 사례로는 벨기에의 낙농 세인트마리는 이탈리아 시장을 겨냥하여 이탈리아식 조리법에 맞는 치즈를 생산하고 있다. 시장지향적의 의미는 조합원을 소홀히 하는 것이 아니며, 바람직한 시장지향적 사업은 조합원 자신에게도 이익이라는 점을 인식하고 있다. 지역시장의 확보 전략은 지역 내 소비자의 기호와 입맛에 맞는 향토 농산물에 초점을 두고 있기 때문에 대규모 농산물 공급자와의 경쟁이 덜한 편이다. 이러한 전략은 독일, 네덜란드, 스웨덴, 프랑스 등에서 채택하고 있다. 혁신적인 브랜드 전략과 제품개발은 가공 사업을 하고 있는 협동조합에서는 소매체인점의 자체 상표에 대항할 수 있는 협동조합 자체 상표개발이 필수적이다. 그리고 연합회 차원에서 브랜드 개발 사례로는 아일랜드 낙농연합회의 '케리골드'가 있고, 기타로는 스페인 와인협동조합의 '바코와 비넥스컬', 프랑스의 '요플레'가 있다.

존을 위한 새로운 사업전략을 모색하고 있다.

1. 사업 환경의 변화

가. 농업정책의 변화

농업에 대한 시각 변화는 일련의 정치적 환경 변화를 통해 알 수 있다. 공동농업정책(CAP)의 개혁, UR협정 체결, 그리고 WTO 체제하에서 진행될 장래의 협상은 유럽의 농산물 가격지지 축소와 농업보조금의 감축, 관세 및 비관세 장벽을 낮추고 경쟁을 촉진하고 있다. 이는 농업 외에 모든 경제 부문에 파급되고 있다. 따라서 정책적 관심도 생산자에서 소비자 또는 납세자로, 보호에서 경쟁으로, 일반 대중에서 개인으로 전환되고 있다. 농업정책은 이제 농업생산성 증대보다는 생태학적인 균형과 동물보호, 농촌지역의 종합적 발전 등에 더 많은 관심을 두는 쪽으로 전환되고 있다.

나. 기술개발의 확대

기술개발과 혁신은 창조적인 파괴를 통해 시장의 구조와 경쟁의 내용, 사업의 성과에 영향을 미치고 있다. 새로운 기회를 이용하기 위해 선진 기법이나 신제품의 도입 등을 통해 사업을 혁신하고 있다. 생명공학은 농업과 농업관련 산업 부문을 재편하는 데 결정적인 역할을 하고 있다. 또한 종자와 농약, 원료농산물, 식품가공 부문은 건강 문제와 편의성, 저비용, 품질에 대한 신뢰도 등 산업 및 소비자의 기호에 부합하는 기능성 제품개발에 더 많은 초점을 맞추게 될 것이다.

다. 식품소비 패턴의 변화

식품 부문에서는 다양성과 편의성, 안전성, 환경친화성, 동물보호 등 다양한 부문의 이해와 요구를 파악하고 이에 대응하는 것이 중요하다. 광우병과 구제역 파동 등은 식품안전성에 대한 소비자의 관심과 나아가 소비자의 신뢰가 무너질 때 식품산업에 미치는 치명적인 영향을 명백하게 입증해 주었다. 또한 특수 작물 내지 일부 축산품에 대한 주문수요 등 틈새시장에 주목할 필요성이 있다. 한편 소비자들은 지역을 지원하는 수단으로써 지역의 생산자들이 생산 · 판매하는 토착 제품을 선호하고 있다. 이러한 지역상품은 해당 국가는 물론 해외에서도 소비될 수 있다. 기술 특성에 따른 첨단 부가가치 활동도 촉진되고 있다. 농업인의 장인정신과 특수한 지역성, 개성 등에 따라 인증된 농산품은 농업인들에게 더 많은 가능성을 부여하고 있다.

라. 농식품산업의 변화

농업관련 산업 부문도 전반적으로 국제화와 네트워크, 집중화의 구조 변화가 진행되고 있다. 원료농산물 생산 부문은 규모의 경제와 효율성을 실현하기 위하여 전문화와 규모화 추세가 지속되고 있다.

식품제조 부문에서는 고정자산의 효율적 활용과 설비시설의 가동률 제고, 세계시장 진출을 위한 인수 · 합병(M&A)이 가속화되고 있다. 1980년대와 1990년대에 이루어진 인수 · 합병으로 식품 부문은 내부적으로 강화되었으며, 초국가적 기업도 설립되었다. 세계를 대상으로 사업 영역이 확대되면서 조달, 연구, 분배, 유통 등의 부문에서 잠재적인 규모의 경제와 범위의 경제가 이루어지고 있다. 더욱 주목할 점은 다국적기업의 조직혁신이다. 다국적기업들은 본부와 독립적으로 운영되고 있는 종전의 자회사 운영 방식에서 벗어나 규모의 경제를 획득하고, 무역장벽을 타파하면서, 비용 격차를 줄이기 위해 자회사 간 네트워크를 발전시키고 있다. 즉 다국적기업(multinational company) 형태에서 세계적 기업(global company) 형태로 조직을 혁신하고 있다.

소매사업 부문의 변화는 매우 도전적이다. 오늘날 소매상들은 전통적인 유통 관행을 초월하여 도매상과 같은 역할을 수행하고 있다. 이들은 해외로 사업을 확장하면서 구매과정에서 식품제조업자에게 영향을 미칠 수 있는 정도의 규모를 확보하게 되었다. 소매상의 자체상표 출시와 이에 따른 성공으로 식품회사는 소비자의 요구는 물론 소매상의 요구도 적극 수용해야 하는 입장이 되었다. 소비자의 구매 행태를 추적할 수 있는 정보기술의 발달로 특정 소비자의 수요에 맞춘 주문제작도 가능하게 되었다.

마. 기업 혁신

주변 여건이 끊임없이 변화함에 따라 협동조합은 새로운 환경변화에 적응해야 하며 광범위한 혁신 방안을 도입하고 조직구조를 재편할 필요가 있다. 이러한 필요에 따라 기업적인 혁신이 일어나고 있다. 시장에서 주도적인 지위를 확보하고 재정적으로도 성공하기 위해 지식과 정보의 역할이 증대되면서, 기업 내부의 혁신활동과 종합적인 품질관리, 인적자원, 유연한 구조 등 소위 무형자산에 대한 대규모 투자가 중요하게 되었다.

기업은 용역을 리스하거나 합작투자 또는 전략적 제휴 등을 통해 더 많은 자원을 획득하고 있다. 따라서 농업관련 기업들은 고정자산에 비해 더 많은 무형자산을 소유하게 되었다. 이러한 점에서 전통적인 기업의 개념이 빠르게 변화하고 있다. 기업은 더 이상 특정 사업목표를 위해 인적 · 재정적 · 물적 자원을 항시 보유하지 않더라도 틈새시장을 신속하게 넘나들 수 있는 존재가 되고 있다. 기업가들은 신제품이나 새로운 생산방법을 도입하고, 새로운 시장을 개척하거나 조직혁신을 통해 경제적 변화와 발전을 촉진하고 있다.

농업관련 산업 부문에서 기업가 정신은 소비자의 높은 품질요구와 계층분화, 정보화, 복잡한 규제 양식에 의해 영향을 받는다. 농식품의 체인망에서는 더욱 긴밀한 조정이 이루어져 식품회사와 생산자, 자재공급자 간에 새로운 연계가 이루어지고 있다. 조직 측면에서 합작투자나 인수, 계약, 전략적 제휴 등이 다양하게 나타나고 있다.

2. 농협의 조직변화

가. 지속적인 합병

유럽에서는 지난 수십 년간 농협 간 합병이 진행된 결과 대규모 지역농협이 나타났다. 핀란드와 독일에서는 연합회를 구성했던 조합들이 하나의 단위농협으로 합병하였다. 이러한 합병 추세는 현재 스웨덴과 덴마크 등 소규모 회원국에서 빠르게 진행되고 있는데, 일부에서는 특정 부문의 모든 협동조합을 하나의 협동조합으로 합병해야 한다는 주장도 제기되고 있다. 다른 나라의 협동조합과 합병하는 문제는 아직 본격적이지는 않지만 가끔 제기되고 있으며, 미래에는 그러한 합병이 더욱 현실화될 것으로 여겨진다.

합병은 대규모 자본을 필요로 하는 농협에서 빈번하게 이루어지고 있다. 대부분의 경우 농협은 사업 수지를 개선하기 위해 가공 부문을 통합하고 있다. 규모가 작은 농협에서는 개별적으로 충분한 사업 재원을 조달하기 어려우나 합병할 경우 이들 조합은 충분한 자본을 조달할 수 있게 된다.

협동조합이 규모화될 경우 조합원의 영향력이 감소한다는 주장도 있는데, 이는 아직 입증되지 않은 가설에 불과하다. 최근에는 대규모 협동조합이 소규모 협동조합에 비해 조합원에게 더 큰 만족을 줄 수 있다는 주장도 제기되고 있다. 그 이유는 대규모 농협일수록 더욱 개선된 경영체제를 갖출 수 있으며, 그에 따라 조합원의 요구도 더 잘 수렴할 수 있다고 보기 때문이다. 또한 대규모 합병농협은 경제적 성과를 올린 만큼 이용자인 조합원에게 더 나은 거래조건 등을 제공할 수 있으며, 동시에 소유자인 조합원에게 보다 높은 이익을 줄 수 있다. 한편 합병의 대안으로서의 연합회 조직은 그 사업 범위가 단순히 조합원과 연계된 활동 수준 이상으로 개선되지 않는다면, 조합원의 통제권 약화로 인한 많은 어려움을 겪게 될 것이다.

나. 농협의 기업 인수

협동조합은 기업을 인수함으로써 경쟁력을 강화할 수 있다. 동일 업종의 기업을 인수하여 규모의 경제를 달성할 수 있으며, 관련 업종의 기업을 인수하여 범위의 경제를 실현할 수도 있다.

전자와 같은 방식으로 규모의 경제를 달성한 사례로는 최근 스페인의 낙농협인 GLG가 국영기업인 레사(Lesa)를 인수하였으며, 네덜란드의 캄피나(Campina- Melkunie)협동조합이 벨기에의 코멜코(Comelco)와 독일의 수드밀크(Sudmilch)를 인수하였다. 또한 스웨덴에서는 곡물구매협동조합연합회가 바이불스(Weibulls)사를 인수하여 스발로프(Svalof)사와 합병하여 강력한 종자회사를 설립한 바 있다.

후자의 전략을 택해 범위의 경제를 실현한 사례로는 덴마크의 대니쉬 크라운(Danish Crown)협동조합이 대니비프(Danebeef)사를 매입하여 종전의 돼지도축업에서 소도축업까지 사업을 확대하였다. 이러한 협동조합의 기업인수 사례는 앞으로도 계속 증가할 전망이다.

다. 수직적 통합

모든 회원국에서 농협은 사업을 수직적으로 통합하는 추세가 늘어나고 있다. 부문별로는 유통협동조합에서 수직통합 경향이 두드러진 반면, 구매협동조합에서는 이러한 경향이 뚜렷하게 나타나지 않고 있다. 농산물 시장 특성상 가공사업의 첫 단계인 원료 농산물 수집과 1차 가공 단계에서는 이익률이 낮은 편이다. 따라서 농협은 가공사업의 맨 아래 단계인 원료농산물 수집 단계에서부터 제품 제조 단계에 이르기까지 모든 공정을 수직적으로 통합하여, 제품의 브랜드 이미지를 높이고 이익률도 높이고 있다.

수직통합의 대표적인 사례로 그리스의 담배협동조합인 세캅(Sekap) 협동조합을 들 수 있다. 협동조합은행과 협동조합연합회가 공동으로 소유하고 있는 이 농협은 조직구조 또한 혁신적인 것으로 평가받고 있다. 세캅(Sekap)과 같은 수직통합이 성사될 경우 협동조합은 수익성이 높은 국제시장에 진출할 수 있고 점차 세력이 확대되고 있는 소매체인점과의 관계에서도 우위를 점할 수 있다. 수직통합 전략의 장점이 명확한 반면, 이에 따른 약간의 위험성도 있다. 만일 자금 부담이 과중해진다면 농협에 대한 조합원의 통제권이 약화될 수 있다. 또 다른 위험요소는 만일 가공 부문에서 얻은 수익을 조합원에게 높은 가격으로 보상한다면, 조합원에게 시장 상황을 왜곡하여 전달하게 된다는 점이다. 더욱이 조합원이 선진화된 경영기법을 이해하지 못하게 되면, 이사회에서 사업을 제대로 수행하기 어려울 수도 있다. 이러한 위험요소에 대한 충분한 주의를 기울이지 않고 있다는 조짐이 나타나고 있다.

라. 새로운 협동조합 모델의 출현

지난 수년간 협동조합 특히 가공 부문에서 앞선 협동조합의 경우 조직구조 측면에서 급속한 변화를 겪었다. 일부 협동조합은 농업인 조합원을 주주로 하는 주식회사 형태로 전환되었다. 또한 일부 협동조합은 기관투자가나 민간투자가 또는 다른 협동조합이나 협동조합 연합회가 주주로서 투자한 주식회사 형태로 전환되기도 하였다.

협동조합이 주식회사로 전환한 대표적인 사례로는 아일랜드의 낙농 협동조합인 케리(Kerry)와 아보모어(Avomore), 워터포드(Waterford), 골든 베일(Golden Vale), 네덜란드에서는 육우가공농협인 듀메코(Dumeco), 오스트리아에서는 낙농협동조합인 놈(NÖM) 등을 들 수 있다.

〈표 5-1〉 유럽연합 농협의 조직 형태별 특징

조직 형태 조합원 제도	전통적인 조합 형태	주식회사 형태	자회사 형태	부분적 주식 매매 허용	주식 참여 형태
가입 · 탈퇴	자유	가변적	가변적	제한	자유
개인의 지분 인정	없음	있음	투자자에게만	있음	투자자에게만
자산 평가	없음	있음	있음	있음	투자자에게만
투표권 배분	평등 배분 (1인1표)	주식 수에 비례	조합원: 이용량 투자자: 주식 수	이용량과 주식 수에 비례	조합원: 이용량 투자자: 주식 수
의사결정권 주체	조합원	투자자	출자조합의 조합원	조합원	조합원
외부인의 자본 참여	없음	있음	있음	제한 또는 의결권 없음	있음
전문경영인 참여	없음	있음	있음	있음	선택적
조합원(회원)의 자기자본 기여	모든 조합원이 공평하게	주식 수에 비례	출자조합 내 조합원은 공평하게	이용량에 비례	공평하게
잉여분배 기준	이용량	주식 수	조합원: 이용량 투자자: 주식 수	이용량 또는 주 식 수 기준	조합원: 이용량 투자자: 주식 수

조직설립 측면에서의 새로운 혁신으로는 조합의 자본조달을 위해 거래 가능한 지분(tradable share)제도를 도입하고 있다. 이러한 주식은 보통주(ordinary share) 방식, 신규가입자에 대해서는 조합원 자격을 제한하는 방식, 비조합원이 자본만 참여하는 방식 등으로 나타난다. 이와

같이 최근 유럽의 농협에서는 전통적인 협동조합 조직 형태와 사업 방식(자본조달 방식)에서 벗어나 새롭고 혁신적인 방안을 창안하는 데 관심과 노력을 기울이고 있다.

협동조합의 조직재편은 주로 농협이 재정적인 위기에 처했을 때, 즉 전통적인 형태의 협동조합이 시장경쟁에서 충분히 생존할 수 없을 때 이루어진다. 현재 이러한 조직개편의 결과에 대해서는 긍정적인 것으로 평가되고 있다. 덴마크에서는 대규모 협동조합이 해외의 투자자본과 합작하여 초대형 협동조합 자회사인 엠디푸드 인터내셔널(MD Foods International)과 튤립 인터내셔널(Tulip International)을 설립하였다. 비록 이들 회사의 수익률이 좋지 않더라도 덴마크의 낙농가와 양돈 농가를 위해서 가치 있는 역할을 수행하고 있다. 새로운 협동조합의 조직 모델에 대한 평가는 그 모델이 도입되어 최악의 경우 협동조합이 완전히 해체되고 농업인에게 손해를 끼칠 수 있다는 점에서 신중하게 이루어져야 한다.

한편에서는 협동조합이 부가가치를 높여 조합원의 경제를 개선하기 위해 조직을 근본적으로 개편하는 경우도 있다. 이들 협동조합에서는 주식상장, 우선주 제도, 고정생산량제도 등을 도입하고 있다. 이러한 협동조합은 1990년대 북미 대륙에서 확산되었던 신세대협동조합(NGC: New Generation Cooperative)과도 같은 것인데, 유럽에서는 덴마크와 스웨덴의 전분협동조합인 아베베(Avebe)협동조합과 릭케비(Lyckeby Starkelesen)협동조합이 이러한 모델에 따라 조직을 재편하였다. 현재 이 모델은 여러 회원국에서 주목받고 있는데, 그중에서도 독일과 영국에서 최근 설립된 협동조합이 이 모델에 따라 설립되었다.

3. 조합원 제도의 변화

가. 사업 지향적인 관계

경쟁이 심화되고 시장의 중요성이 강조됨에 따라 농협과 조합원의 관계도 점차 사업 지향적 관계로 변화되고 있다. 오늘날 농협들은 원가주의 원칙(business-at-cost)에 집착하기보다는 수익을 중시하는 경영방식을 채택하는 경우가 흔히 있다. 만일 협동조합이 이러한 대세를 따르지 않을 경우, 대다수의 능률적인 농업인 조합원을 잃게 되어 결과적으로 전체 조합원에게도 손해가 될 수 있다. 따라서 이러한 경향은 앞으로 더욱 강화될 것으로 예상된다.

나. 엄격해지는 출하조건

유럽의 많은 농협에서 조합원은 엄격한 출하조건을 따르고 있다. 예를 들어 영국의 감자유통협동조합인 앵글리안(Anglian Produce Ltd.)은 조합원의 농산물 출하조건에 엄격한 기준을 적용하여 고품질의 원료 농산물을 매입하고 있다. 농산물의 출하조건에 대한 엄격한 통제는 균일한 품질의 농산물을 가공공장에 필요량만큼 공급해야 하는 협동조합에서 특히 중요하다. 네덜란드의 낙농농협에서는 조합원이 특수한 출하권을 매입하도록 하여 농산물 출하 문제를 해결하고 있다. 가공사업의 경우 모든 단계에서 완벽한 협조가 필요하기 때문에 농협과 조합원 간의 계약은 중요하다. 의무적인 출하제도는 가공 부문의 효율성을 유지하고, 시장수요에 대응하기 위해 필요하다. 이 제도는 농협 역사에서 오랫동안 지도 지침으로 삼아 왔으며, 아직도 여러 부문에 적용되고 있다. 스페인과 그리스 등 일부 국가에서는 의무적 전량 출하제도를 법률로 정하고 있다. 포르투갈과 덴마크에서는 100% 출하의무 제도를 협동조합의 정관에서 규정하고 있다. 반면, 스웨덴의 경우 경쟁법에 따라 농협의 출하의무 제도를 금지하고 있다.

다. 비조합원과의 거래 증가

경쟁이 치열한 부문에서는 협동조합과 비조합원 간의 거래가 늘고 있다. 비조합원과의 거래는 농협의 시설가동률을 높이고 규모화에 따른 평균생산비를 절감시키며, 계절적 변동 요인을 줄이는 등 경제적 이점이 있다. 스페인에서와 같이 비조합원을 대상으로 한 거래가 제한되는 경우도 있지만, 모든 회원국에서는 비조합원과의 거래가 늘어나고 있다. 특히 독일과 덴마크에서는 구매협동조합의 비조합원 이용률이 너무 높아 세무 당국뿐만 아니라 협동조합 내부에서도 문제점으로 지적되고 있다.

비조합원 대상 사업 중에는 업종이 서로 다른 부문에서 협동조합과 비조합원이 거래하는 경우가 있다. 이는 원료 농산물의 성격에서는 서로 연관성이 없지만, 가공 공정에서 서로 연관되는 협동조합과 비조합원 관계에서 주로 나타나는 거래유형이다. 이러한 비조합원과의 사업은 규모의 경제와 범위의 경제를 통해 평균생산비를 절감할 수 있고, 시너지 효과를 얻어 조합원에게 이익이 된다. 예를 들어 우유를 생산하는 낙농농협이 오렌지주스를 판매하는 경우, 해당 농협의 가공시설 및 유통망을 활용할 수 있기 때문에 우유 생산에 드는 취급비용을 절감할 수 있다.

그러나 비조합원을 대상으로 한 사업에는 주의가 필요하다. 비조합원에 대한 사업 범위가 너무 확대되면 조합원들은 협동조합에 대해 거리감을 느끼게 될 것이며, 협동조합은 재원 조달에서 어려움을 겪을 수 있다. 또한 비조합원과의 사업에서 얻은 수익을 조합원에게 높은 수취가격으로 보상할 경우 조합원에게 시장 상황을 왜곡하여 전달하고, 그 결과 조합원이 적정 수준 이상으로 생산량을 증가시킬 우려가 있다.

라. 농협에 대한 통제권

경쟁이 가속화됨에 따라 조합원은 농협의 투자, 가격, 유통정책 등의 의사결정에 참여할 수 있는 기회가 줄어들게 된다. 그 결과 조합원은 시장의 요구를 더 이상 수용할 수 없게 되고, 이로 인해 농협과 농가는 경제적으로 고통을 겪게 된다. 또한 조합원이 시장의 여건에 대하여 정확한 정보와 교육을 받지 못할 경우 농협 경영에 참여하는 데도 어려움이 있다. 조합원에 대한 교육과 정보전달 현황은 국가별 · 산업별로 상당한 차이가 나타나고 있다.

의사결정 과정에서 경제적 요인을 중요시하는 경우, 특히 대규모 협동조합에서는 경영진이 사업 운영에 더 많은 통제권을 행사하게 되는 경우가 많다. 그러나 이 경우에도 통제권의 원천은 여전히 이사회에 있다. 형식적인 측면에서 본다면 협동조합의 경영관리에 대한 통제권은 조합원이 갖는 것으로 되어 있기 때문이다. 그러나 실제로 농협 운영에 대한 통제권이 누구에게 있는지 판단하기는 매우 어렵다. 협동조합은 그동안 자체 구조조정을 통해 조직 형태를 주식회사 형태로 전환하였거나 외부 투자자를 주주로 받아들인 경우가 있다. EU 회원국의 협동조합에서는 경영진이 사업의 운영에만 집중하기 때문에 농협 통제에 관한 문제가 적은 편이다.

4. 자본조달의 변화

가. 공동자본에 대한 관심 증대

모든 국가의 대다수 협동조합에서 공동으로 소유되는 비분할 공동자본은 조합의 자기자본에서 중요한 비중을 차지하고 있다. 그러나 이러한 협동조합의 재원조달 방식은 국제적인 사업을 추진하거나 자본집약적인 가공 부문의 경우 문제가 될 수 있다. 시장변화에 대처하기 위해서는 협동조합의 사업확장 및 투자확대, 무형자산에 대한 투자가 필요하며, 여기에는 막대한 재원이 소요되므로 공동자본만으로는 한계가 있다. 따라서 많은 협동조합에서 외부로부터 재원을 조달하고 있는데, 이는 한편으로 협동조합의 경영권을 침해할 수 있는 위험요인이 되기도 한다.

또한 조합원의 지분제한은 조합원의 참여의식 저하로 나타날 수 있다. 농협의 공동자본이 효율적으로 사용될 때 농협의 수익에 도움이 된다. 그러나 만일 공동자본이 조합원의 수취가격을 지지하는 방식으로 사용될 경우 조합원의 생산 증가를 부추기게 된다. 이는 공급과잉과 판매가격 하락으로 나타나 결국 공동자본이 조합원에게 실익을 주지 못하게 된다. 네덜란드의 협동조합들은 이미 새로운 재원조달 방법을 도입하고 있는 반면, 스웨덴과 덴마크에서는 새로운 재원조달 방안에 대한 논의가 진행 중에 있다.

나. 새로운 재원조달 수단

최근 수년간 유럽연합의 법률가와 협동조합 진영에서는 조합의 새로운 재정수단을 개발하고 종래의 재정수단을 새롭게 적용하는 데 매우 적극적이었다. 그 이유는 종래의 재정수단만으로는 협동조합이 새로운 시장 여건에 대응하는 데 역부족이라는 점을 인식했기 때문이다. 네덜란드의 협동조합에서는 조합원 지분참여 증서(member participation certificate)제도와 협동조합 채권(bonds)제도를 도입하였으며, 스웨덴에서는 공동자본의 일부를 개인 지분으로 인정해 주도록 새로운 법률을 제정 중에 있다. 영국과 아일랜드, 독일 등의 회원국에서는 많은 협동조합이 주식회사 형태로 전환되었음에도 불구하고 여전히 농업인 조합원이 높은 지분을 유지하며 협동조합을 통제하고 있다.

다. 자회사의 중요성 증대

유럽 국가의 협동조합은 지난 수년간 기업 인수나 사업 분리[2] 등으

2 농협중앙회의 신용사업과 경제사업 분리의 이유는 무엇인가. 어릴 때 잘 맞던 옷도 자라서 몸이 커지면 다른 옷으로 갈아입어야 하며, 여름철에 입던 옷을 겨울에 입을 수는 없다. 농협중앙회의 신용사업과 경제사업의 분리(사업구조개선)는 이처럼 자연스러운 변화 발전의 과정에 잘 적응하기 위한 것이다. 농산물 수입 개방, 소비지 시장의 변화에 따라 70~80년대의 농협과 달리 수매만 잘하거나 도매시장에 농협 마크를 달고 물건을 출하하는 것만으로 농업인들의 소득

로 주식회사 형태의 자회사를 운영해 오고 있다. 그리스에서는 이러한 형태의 자회사 소유를 법률로 금지하고 있다. 그러나 나머지 회원국에서는 시장환경의 변화에 적응하기 위해서 자회사 소유 추세가 확산되고 있다. 예를 들어 핀란드의 임업협동조합은 외부 투자자와 공동출자한 자회사를 설립 · 운영하여 세계시장에서 시장점유율을 높이는 데 성공하였다. 독일에서는 협동조합에 대한 진보적인 입법 조치가 이루어져 연합회 단계의 협동조합에서 외부 출자자와 공동으로 자회사를 설립 · 운영하는 경우가 많다.

농협에서 주식회사 형태의 자회사를 보유하는 데는 많은 이점이 있다. 사업체를 잘 운영하면 협동조합은 재정적 · 경제적으로 개선될 수 있다. 또한 모기업인 협동조합은 특정 사업 분야에서 위험을 줄일 수 있으며, 외부 전문가를 자회사의 이사로 영입할 수도 있다. 그리고 농

을 높여 줄 수 없게 되었다. 시장의 변화와 소비자들의 눈높이에 맞추는 새로운 경제 사업이 농협을 통해 추진되어야 농협의 존재 의의가 있을 것이다. 하지만 경제-은행-상호금융-교육지원 사업을 한 조직에서 하는 복합사업 조직인 농협중앙회는 이런 변화에 적응하기에는 너무 크고 복잡하게 되어 버렸다. 신용사업 중심으로 운영되다 보니 경제사업과 교육지원사업이 상대적으로 등한시되었고, 조직 운영의 비효율도 나타났다. 농협중앙회는 스스로 △성격이 다른 사업 부문이 공존하여 성과평가가 엄정하거나 성과를 명확하게 계산하는 데 실패했고, △직군 구분 없이 인력을 통합적으로 운영하여 사업 부문별 전문가를 육성하는 것이 어려웠고, △연공서열, 온정주의, 권위주의 등 부정적인 조직문화가 만연했다고 평가하고 있다. 이런 문제들을 구조적으로 해결하고 농협 본연의 역할을 제대로 수행할 수 있기 위해서는 농협중앙회의 사업구조 개선을 통해 경제사업의 새로운 발전 동력을 만들어낼 필요가 있다. 더구나 최근 은행업계가 대형화와 수익다각화를 추진하고 있는 반면에 농협은행은 자본금 확충이 어려워 장기적으로 경쟁력이 약화되고, 수익 기반이 약화될 수 있다는 우려가 있다. 또한 국제회계기준이 변경되어 2014년부터는 협동조합의 출자금은 자본이 아닌 부채로 분류되는 등 제도 변화에 따른 BIS 기준 하락을 방지하고 원활한 은행업을 유지하기 위해서 농협중앙회도 사업분리를 찬성하고 있는 상황이다. 사업분리는 농업인조합원의 이익을 더 높이고, 농협의 발전을 위해 필요한 조치이며, 현재 대다수 이해관계자가 동의한 방향이다.

협은 조합원이 생산한 농산물과 밀접한 관계가 없거나 비전통적인 사업 분야를 핵심사업에서 분리할 수 있으며, 모기업인 협동조합에 대한 외부 투자자의 영향력도 자회사 수준으로 제한시킬 수 있다.

라. 비조합원 자본의 증가

지난 20~30년 전부터 회원국의 협동조합들은 필요한 재원의 일부를 비조합원으로부터 조달해 왔다. 그러나 외부자금의 유입은 협동조합의 정체성에 문제를 야기하기도 하였다. 외부의 자본참여자는 농협 운영에 대한 영향력과 통제권을 요구하였으며, 조합원이 자신들의 몫을 받는다고 생각하였다. 한편 아일랜드의 케리협동조합(Irish Kerry)과 농산물 도매조합(Irish Agricultural Wholesale Society)에서는 농업인 조합원이 많은 지분을 매각하여 조합원이 투표권의 과반수를 잃게 된 경우도 나타났다. 그러나 이러한 부작용에도 불구하고 극심한 경쟁 상황에 처한 협동조합이라면, 비조합원을 통한 자기자본 조달 방법을 고려하지 않을 수 없다.

지난 수년간 법률 개정으로 비조합원이 농협에 자본을 투자할 수 있게 되었다. 스페인에서는 후원조합원(supporting member)제도, 협력조합원(collaborating member)제도, 준조합원(associates)제도 등 새로운 조합원 제도가 도입되었다. 이탈리아에서는 재정후원조합원(financial backing member)제도를 운영하고 있으며, 프랑스에서는 비조합원이 자본금의 50%까지 출자할 수 있는 특수한 법적 형태를 지닌 협동조합도 있다. 또한 프랑스는 일반협동조합에서도 외부 투자자에게 참여주식과 투자증서, 채권 등을 매입할 수 있도록 허용하고 있다.

비조합원의 자본 참여는 주로 사업 부문에서 이루어지고 있는데, 그 추세가 최근 증가하고 있다. 비조합원의 자본 참여는 주로 자회사에 대한 자본 참여 형태로 나타나고 있다. 조합원의 자본 확대가 어려운 상황에서 외부자본의 유입은 협동조합이 시장에 대한 대응능력을 향상시키고, 협동조합의 존재를 부각시키는 데 기여할 수 있다. 또한 협동조합은 자회사를 통제할 수 있기 때문에 비조합원의 자본 참여에도 불구하고 조합에 대한 조합원의 영향력과 이익을 보호할 수 있다. 즉 자회사는 자신의 이익극대화를 위해 일하고, 협동조합은 자회사의 수익으로 얻은 잉여금을 조합원에게 배당할 수 있기 때문이다.

5. 유통사업의 변화

가. 가공사업 확대 전략

많은 협동조합이 조합원의 소득증대를 위해 수직통합 전략을 추진해 왔다. 또한 수익률을 높이기 위하여 최종소비자와 밀접한 시장을 찾아 나섰다. 사업 내용도 브랜드화 전략을 구사하고 부가가치 창출을 추구하고 첨단 기술을 활용하게 되었다.

그러나 아직도 가공하지 않거나 단순가공 상태의 농산물을 판매하는 농협의 비중이 크다. 물량 면에서도 이러한 형태의 농산물 판매 방식이 상당한 점유율을 차지하고 있으며, 특히 신선 농산물의 경우가 대표적이다. 벨기에 낙농업 부문의 소규모 협동조합들이 원료 농산품을 가공하지 않은 상태로 해외 가공업체에 판매하고 있는 경우를 볼 수 있다.

나. 시장지향성 증대

수십 년 동안 유럽의 농협은 생산 지향적이었음에도 불구하고 국내 시장에서 잘 적응해 왔다. 그러나 최근에는 유럽 전역을 대상으로 시장을 확대하려는 경향이 강하게 나타나고 있다. 대표적인 사례로 벨기에의 낙농농협인 세인트마리(St. Marie)는 이탈리아 시장을 겨냥하여 이탈리아식 조리법에 맞는 치즈를 생산하고 있다.

협동조합이 시장지향적으로 된다는 의미는 조합원을 소홀히 한다는 것은 아니다. 바람직한 시장지향적인 사업에 대해서는 조합원 자신에게도 이익이라는 점을 인식하고 있다. 따라서 협동조합의 시장지향적인 경향은 조합원이 시장에 대한 정보를 받고 어떻게 대처할 것인가에 대해 지도 받을 수 있는 정도와 관련되어 있다.

그러나 모든 협동조합이 시장지향적인 자세를 취하고 있는 것은 아니다. 아직도 조합원에게 시장 상황을 정확하게 전달하지 않는 협동조합이 일반적이다.

다. 지역시장 확보 전략

대규모 협동조합은 국제시장에서 경쟁력을 확보하고 부가가치 시장에서 다국적기업과 경쟁하고 있다. 아울러 많은 협동조합들이 지방과 지역 시장에서 자신들의 입지를 강화하는 전략을 채택하고 있다. 지역시장 전략에서는 지역 내 소비자의 기호와 입맛에 맞는 향토 농산물에 초점을 두고 있기 때문에 대규모 농산물 공급자와의 경쟁이 덜한 편이다.

이러한 전략은 독일, 네덜란드, 스웨덴, 프랑스 등에서 채택하고 있다. 이런 시장전략을 활용하는 협동조합에서는 농업인의 실명을 사용하는 등 지역과 연고를 분명히 하는 데 주의를 기울이고 있다.

라. 혁신적인 브랜드 전략과 제품개발

가공사업을 하고 있는 협동조합에서는 소매체인점의 자체상표에 대항할 수 있는 협동조합 자체의 상표개발이 필수적이다. 이에 따라 여러 협동조합들이 소비자의 기호에 맞는 브랜드 제품을 판매하고 있다. 이들 조합은 신제품개발과 아울러 상표개발을 위해서도 막대한 자금을 투입하였다. 또한 시장에서 강한 영향력을 발휘하기 위해 연합회 차원에서 브랜드를 개발하기도 한다. 예로 아일랜드낙농연합회(Irish Dairy Board)가 사용하고 있는 케리골드(Kerrygold)라는 브랜드를 들 수 있다.

지금까지 특별한 브랜드 없이 제품을 판매해 온 협동조합들이 시장에서 지위를 강화하기 위해 브랜드 개발을 추진 중에 있으며, 스페인의 와인협동조합인 바코(BACO)와 비넥스컬(Vinexcal)의 경우가 대표적이다. 요구르트 소비자에게 세계적으로 인지도가 높은 요플레(Yoplait)도 프랑스의 일부 협동조합이 사용하고 있는 브랜드이다.

6. 시장지향성 강화를 위한 협동조합 원칙의 수정

협동조합 원칙은 절대 불가변적 성격을 지니는 것이 아니며, 협동조합이 발생한 이후부터 끊임없이 수정 · 개선되어 왔다. 유럽의 농협들은 특히 시장지향성을 강화하기 위해 협동조합 원칙을 수정하는 데 매우 적극적이며, 각국 정부는 이를 입법에 반영시켜 제도적으로 뒷받침하고 있다. 특히 전통적 협동조합 원칙의 토대가 된 ICA(국제협동조합연맹) 원칙은 19세기 산업혁명기에 설립된 소비조합의 운영원리에서 비롯된 것으로, 오늘날 농업협동조합이 처한 현실과는 많은 괴리가 있다. 기업모형 협동조합에서는 이용자의 권리가 부분적으로 투자자에게 이양되고 전통적인 원칙이 유연하게 수정된 형태로 적용된다. 이는 시장지향적 전략 추구와 외부자본의 유치에 따라 불가피하게 전통 원칙을 수정해 나가는 과정으로 이해할 수 있다. 협동조합 원칙의 수정은 법개정을 통해 이루어지거나 조합원과의 합의를 통해 가능하며 협동조합이 처한 현실적 상황에 대한 조합원의 이해를 바탕으로 원칙을 수정해 나가는 것이 필요하다고 볼 수 있다. 유럽농협의 협동조합 원칙 수정 사례는 각 조합별 · 국가별로 다양하게 나타나고 있으며 이를 정리하면 〈표 5-2〉와 같다.

〈표 5-2〉 유럽농협의 협동조합 원칙 수정 사례

국 가	협동조합 원칙의 수정 내용
스페인	· 외부자본 조달을 위해 비조합원에게 주식발행 허용 · 협력(collaborating)조합원, 후원(supporting)조합원 제도를 도입하여 비농업인의 조합 참여 허용 · 조합원에게 최고 3표까지 복수 투표권 허용
프랑스	· 비농업인 출자자에게도 의결권을 허용한 투자조합원 제도를 도입하고, 이들의 투표권은 투자액에 비례시킴 (전체 투표권의 20% 이내)

국 가	협동조합 원칙의 수정 내용
이탈리아	· 조합원 출자 한도 인상, 출자금 재평가 제도 · 투자조합원 제도 · 고정이자를 지급하는 출자제도 등을 도입 · 사업 이용고에 따라 조합원에게 복수 투표권을 허용하고, 회원조합에 대해서는 5표 이내에서 비례의결권을 인정
벨기에	· 비농업인 출자자에게 투자조합원으로 가입하는 것을 허용하고, 이들에게 주요 투표권을 인정
독일	· 조합원당 3표 이내에서 복수 투표권을 인정
핀란드	· 비조합원에 대한 출자증권 판매 허용 · 조합의 목적과 사업 부문에 따라 조합원 가입 제한을 허용
덴마크	· 전국 단위 이사회 임원을 선출할 때 지역대의원의 투표권은 조합의 매출액에 따라 비례투표권을 인정
네덜란드	· 사업이용 실적에 비례하여 조합원 투표권을 4표까지 허용

7. 유럽협동조합법(SCE)의 제정

가. 배경

유럽연합(EU) 내에는 약 25만 개의 협동조합 사업체가 있으며, 조합원은 전체 인구의 약 3분의 1인 1억 6,300만 명이고, 약 540만 명을 고용하고 있다. 유럽연합 회원국 대부분에서 협동조합은 주요한 시장점유율을 차지하고 있다. 농업 부문에서 네덜란드 83%, 핀란드 79%, 이탈리아 55%, 프랑스 50%, 임업 부문에서 스웨덴 60%, 핀란드 31%, 은행산업 부문에서 프랑스 50%, 키프로스 37%, 핀란드 35%, 오스트리아 31%, 독일 21%, 소매 분야에서 소비자 협동조합이 핀란드 36%, 스웨덴 20%, 의약품 및 보건의료 분야에서 스페인 21%, 벨기에 18%를 각각 차지하고 있다. 특히, 이탈리아에서는 전체 경제의 약 15%를 협동조합이 대표하고 있다. 그 밖에 협동조합은 배관공, 미용사, 택시영업인 등과 같은 개인사업자를 위한 음식, 회계 및 법무 서비스 등을 제공하기도 하며, 최근에는 교육, 교통, 에너지 공급 등과 같은 분야에서도 협동조합이 참여하고 있다.

나. 유럽협동조합법(SCE)의 제정

2004년 유럽연합집행위원회는 협동조합의 진흥에 관한 의견서를 채택하였다. 이 의견서에서는 유럽 각국과 협동조합이 협동조합의 잠재적 가능성을 활용할 수 있도록 3가지 주요 주제를 다루고 있다: ① 유럽 전역에서 협동조합의 사업 가능성, 특성, 그리고 이해를 개선하여 협동조합의 보다 광범한 활용을 진흥할 것, ② 유럽 내에서 협동조합 관련 법규를 더욱 개선할 것, ③ 지역사회의 목표에 관한 협동조합의 위상과 공헌을 유지하고 강화할 것.

유럽협동조합법(SCE: the Statute for a European Co-operative Society)은 2003년 7월에 제정되어 2006년 8월부터 시행되고 있다. Societas Cooperativa Europea란 라틴어에서 나온 SCE로 약칭하는 유럽협동조합은 유럽공동체법이 인정하는 법인으로서 협동조합이 유럽경제지역(European Economic Area) 내의 2개 국가 이상에서 활동할 수 있는 법적 제도를 마련한 것이다.

다. 유럽협동조합(SCE)의 본질과 특성

다른 협동조합과 마찬가지로 유럽협동조합(SCE)도 독립성을 가지고 특정한 사업을 수행할 수 있는 법인이다. 통상적으로 SCE의 조합원은 고객 또는 공급자가 될 것이며 조합원이 직접적으로 SCE의 사업과 경영에 참여를 한다. SCE는 자본적 투자에 대한 보상이 아니라 조합원 요구 사항의 충족과 조합원의 경제적 · 사회적 활동의 발전을 기본 목표로 해야만 한다. 조합원의 수혜이익은 지분의 크기에 따라 결정되는 것이 아니라 협동조합과의 거래량에 비례하여야 한다. SCE는 선택적 · 법적 유형으로서 기존의 국가 또는 지방 정부 수준의 협동조합에 관한 법적 규제를 대체하는 것은 아니다.

유럽협동조합(SCE)의 3가지 유형이 있다: ① 신규설립은 5인 이상의 자연인, 2인 이상의 법인, 또는 5인 이상의 자연과 법인이 공동으로 하는 경우, ② 2개 이상의 기존 조합이 합병을 하는 경우, ③ 최소 2년 이상 다른 회원 국가에 사업장이나 자회사를 가지고 있던 기존의 협동조합이 전환을 하는 경우. 다만, ①과 ②의 경우 적어도 2명 이상의 자연인 또는 법인이 서로 다른 회원 국가에 속해 있어야만 한다. SCE의 최소 자본금은 3만 유로이며, 일부 경우에 협동조합을 이용하지 않고 의결권도 제한되는 투자조합원을 제한된 수준까지 인정할 수 있다. SCE는 주된 사무소가 있는 회원 국가에 등록을 해야만 하며, 폐업을 하거나 재등록을 하지 않고 다른 회원 국가로 등록된 사무소를 이전할 수 있다. 조세 목적으로는 SCE도 다른 다국적기업과 동일하게 취급되며, 계속적 사업장이 있는 회원 국가에 납세의무를 진다. SCE에서 의결권은 '1인1표'의 협동조합 원칙에 따르지만, 사업의 이용량을 반영한 비례투표가 특별한 경우 허용될 수 있다. 총회는 적어도 1년에 1회 개최하여야 하며, 의결은 출석 조합원의 단순 과반수로 이루어지지만, 정관 변경의 경우에는 2/3 이상의 찬성이 필요하다.

학습문제 풀이

[1] 유럽농협의 최근 동향에 영향을 주었던 주변 여건의 변화에 대한 설명으로 틀린 것은?

① 농업정책은 농업생산성 증대를 중시하고 정책적 관심도 경쟁에서 보호로 전환되었다.

② 농업을 둘러싼 시장환경이 더욱 경쟁적으로 변화하였고 소비자의 소비 형태도 변화되었다.

③ 농업 관련 산업에서 새로운 기술개발과 더불어 생산과 유통 부문에서 기업 간 합병이 진행되었다.

④ 공동농업정책의 개혁과 WTO 협상 등으로 농업 및 농협에 대한 정부의 지원이 줄어들게 되었다.

정답 1번

[2] 최근 유럽농협의 조직변화 내용이 아닌 것은?

① 새로운 협동조합모델 출현

② 지속적인 합병

③ 농협의 기업인수

④ 수평적 통합

정답 4번

[3] 최근 유럽의 비조합원 자본 증가에 관한 내용 중 틀린 것은?

① 스페인에서는 후원조합원 제도, 협력조합원 제도, 준조합원 제도 등 새로운 조합원 제도가 도입되었다.

② 프랑스에서는 비조합원이 자본금의 80%까지 출자할 수 있는 특수한 법적 형태를 지닌 협동조합도 있다.

③ 이탈리아에서는 재정후원 조합원 제도를 운영하고 있다.

④ 프랑스는 일반협동조합에서도 외부 투자자에게 참여주식과 투자증서, 채권

등을 매입할 수 있도록 허용하고 있다.

정답 2번

[4] 유럽농협의 최근 사업환경 변화에 해당하지 않는 것을 고르시오.

① 농업정책의 변화

② 기술개발의 확대

③ 식품소비 패턴의 변화

④ 지속적인 합병

정답 4번

해설 사업환경 변화에 대응한 농협의 조직변화 형태이다.

[5] 최근 유럽농협의 조직변화에 해당하지 않는 것을 고르시오.

① 농산물 수입 개방

② 수직적 통합의 추진

③ 농협의 기업 인수

④ 지속적인 농협 합병

정답 1번

해설 농업정책의 변화로 사업환경의 변화에 해당한다.

[6] 유럽농협에서 새로운 협동조합모델에 해당하지 않는 것을 고르시오.

① 신세대협동조합

② 광역 합병 농협

③ 주식회사로 전환

④ 자회사 설립

정답 2번

해설 전통적 모델에 해당한다.

[7] 유럽농협에서 조합원 제도의 변화에 관한 설명으로 적절하지 않은 것을 고르시오.

① 엄격해지는 출하조건

② 비조합원 거래의 증가

③ 시장지향적 관계의 강화

④ 농협의 합병 촉진

정답 4번

해설 조합원 관계의 변화와 관련이 없다.

[8] 유럽농협에서 자본조달 방식의 변화에 관한 설명으로 적절하지 않은 것을 고르시오.

① 공동자본에 대한 관심의 증대

② 새로운 재원 조달 수단의 도입

③ 자회사의 중요성 증대

④ 비조합원 자본의 축소

정답 4번

해설 조합원 자본이 증가하고 있다.

[9] 유럽농협에서 유통사업의 변화에 관한 설명으로 적절하지 않은 것을 고르시오.

① 지역시장 확보 전략 강조

② 혁신적 브랜드 전략의 추진

③ 생산지향적 전략의 추구

④ 가공사업의 확대 전략 추진

정답 3번

해설 시장지향성이 강조되고 있다.

[10] 유럽농협에서 협동조합 원칙의 수정 동향에 관한 설명으로 틀린 것을 고르시오.

① 사업 이용실적에 따른 조합원의 복수 투표제 허용

② 시장지향성 강화를 위한 원칙의 수정 추진

③ 비농민 대상의 투자 조합원 제도의 도입

④ 국제협동조합연맹 원칙의 강조

정답 4번

해설 19세기 소비자 협동조합의 원칙으로 21세기 농협 운영과는 현실적 괴리가 있다.

[11] 유럽협동조합법 제정에 관한 설명으로 적절하지 않은 것을 고르시오.

① 유럽협동조합법은 2003년에 제정되었다.

② 유럽경제지역 내의 2개 국가 이상에서 활동할 수 있는 법적 제도이다.

③ 개별 국가의 기존 협동조합법은 폐지되었다.

④ 유럽협동조합은 주된 사무소가 있는 회원 국가에 등록을 해야 한다.

정답 3번

해설 개별 국가의 기존 협동조합법은 유지되었다.

[12] 유럽농협의 최근 동향에 관한 설명으로 적절하지 않은 것을 고르시오.

① 협동조합의 주식회사 전환

② 협동조합의 민간기업 인수

③ 외부인의 자본 참여 허용

④ 정부 정책사업 대행의 확대

정답 4번

해설 관련성이 전혀 없다.

[13] 유럽농협의 민간기업 인수 사례에 포함되지 않는 것을 고르시오.

① 스페인 낙농협동조합 GLG

② 스웨덴 곡물구매협동조합연합회

③ 아일랜드 낙농협동조합 Kerry

④ 덴마크 양돈 협동조합 Danish Crown

정답 3번

해설 주식회사로 전환한 협동조합 사례이다.

★ OX 퀴즈

유럽 국가의 협동조합은 지난 수년간 기업인수나 사업분리 등으로 주식회사 형태의 자회사를 운영해 오고 있다. (○)

모든 회원국에서 농협은 사업을 수직적으로 통합하는 추세가 늘어나고 있다. (○)

| 제2절 미국의 농협운동

미국의 농협은 신용농협, 구매농협, 판매농협, 서비스농협으로 전문화되어 있다. 또한 지역별로 품목이 특화 · 집중되어 있고, 농가도 품목별로 대규모 경작을 하고 있어 품목별 전문농협이 발전해 왔다.

미국의 농협은 ① 정부의 농산물 가격지지 정책 철회, ② 식품시장에서 다국적기업으로의 기업집중 심화, ③ 대형유통업체의 소매업 진출에 따른 산지장악력 확대 등의 경영환경 변화로 많은 어려움에 직면해 있다. 특히 다국적기업과 경쟁하기 위해서는 부가가치 증대를 위한 투자, 규모의 경제 달성, 사업의 수평적 확대 등의 전략을 위해 장기간 이용할 수 있는 자본의 확보가 절실히 요구되고 있다. 하지만, 전통적인 협동조합의 사업 방식으로는 조합원 출자에 의한 자본 확대와 조합원의 적극적인 참여에 많은 어려움이 있어 자본의 외부조달을 위한 다양한 조직변화를 시도하고 있다.

여기서는 미국농협의 조직과 사업 현황을 간단히 살펴보고, 미국농협의 핵심이라 할 수 있는 판매농협이 품목을 중심으로 발전한 성장요인을 살펴본 후 21세기 미국농협의 대내외적 환경변화를 알아보고 새로운 조직모델을 구축하고자 하는 노력을 살펴보고자 한다.

1. 역사

가. 농협의 생성 단계

미국의 농협은 1600년대에 맹아가 싹트기 시작했으나, 1870년대 이후 농민단체들로부터의 적극적인 지원, 농무부(USDA), 주정부, 주립대학 등의 효율적인 지원, 그리고 참여조합원의 적극적인 호응을 얻어 급속하게 성장해 왔다. 특히, 1890년까지는 농민공제조합(Grange), 농민연합회(The Farmers' Alliance) 등과 같은 농민조직의 지원하에 목화, 곡류를 중심으로 한 다양한 구매농협, 판매농협이 출현하였으며, 약 1,000개의 농협이 낙농의 75%, 곡류의 10%, 청과물의 10% 이상을 취급하였다. 이후 1920년까지는 농협의 괄목할 만한 성장기로 12,000개의 판매농협과 2,260개의 구매농협이 조직되었으며, 전국에 걸쳐 다수의 지방농협(Local Cooperatives)이 출현하였다. 이 시기에 가축, 양모, 담배, 가금, 계란, 땅콩, 곡류, 낙농 등을 취급하기 위한 주(州) 단위의 대규모 농협 또는 연합조직이 형성되기도 하였다.

나. 품목별 판매농협의 성장 단계(1920~1933년)

1920년대 초반에 미국 농민들은 품목별 주요 생산지역에서 단일 품목을 취급하기 위해 주 또는 그 이상의 지역단위로 중앙집중적인 대규모 협동조합이나 연합회를 조직하였다. 이는 변호사인 사피로(Aran Sapiro)의 지도하에 단일 품목을 기초로 특정 품목의 공급량을 조절(orderly commodity marketing)하여 가격 결정에 대한 영향력을 행사하기 위한 것이었다.

품목별 광역판매농협이 설립됨에 따라 이를 뒷받침하기 위한 법률이 제정되기 시작하였다. 이 시기에 켄터키주의 빙햄(Bingham)법을 시작으로 각 주에서는 주 단위 협동조합법을 제정하였다. 또한 1922년에 통과된 캐퍼볼스테드법(Capper-Volstead Act)은 독점금지법의 적용을 받지 않기 위하여 농산물 판매 농협이 구비해야 할 조건을 명시하였고, 1926년의 협동조합유통법(Cooperative Marketing Act)은 미국 농무부 내 협동조합국을 개설하여 협동조합에 대한 정부 지원을 명시하였으며, 1929년의 농산물유통법(Agricultural Marketing Act) 제정과 농업연방위원회(Federal Farm Board)의 설립으로 5억 달러의 운전기금을 조성함으로써 농산물 가격안정과 협동조합에 대한 융자를 가능하게 하였다.

이를 기반으로 1925년까지 88만 명을 조합원으로 하는 74개의 연합회가 활동하였는데, 이들 연합회는 농업인의 무임승차자(free-rider) 문제, 협동조합 간 경쟁 등으로 시장지배력을 손쉽게 달성할 수 없었으며, 생산조절 정책도 실패로 돌아가게 되었다. 결국 생산조절을 위한 정부의 운전기금이 소실되었고, 이로 인해 1933년 농업연방위원회(Farm Board)가 폐지됨에 따라 전국 단위 연합회의 성장이 둔화되었다.

다. 농협사업의 다양화 단계(1933~1945년)

이 시기에 미국경제는 경제공황, 신농업개발, 제2차 세계대전 등 수많은 정치 · 경제적 변혁을 맞이하게 된다. 이러한 대변혁을 거치는 동안 농산물 수요는 꾸준히 증가하였고, 농업 생산자재의 부족 현상이 자주 발생하였으며, 기계화를 통한 농업생산력 증대와 상업농 진전이 두드러지게 나타났다. 이로 인해 협동조합의 기능이 다양화되면서 조합원 수와 사업량이 증가하였고, 경영 건전성에 대한 중요성이 강조되었다.

농협의 조직과 기능에서 두드러진 현상은 대규모 조합이 늘어나고 물량 유통에 직접적인 관여 없이 거래교섭력만 증대시키는 교섭 조합(Bargaining Association)이 증가하였으며, 판매와 구매를 겸영하는 종합농협이 출현하였다. 또한 농협의 재무구조가 크게 개선되었고, 농산물 가공이나 생산자재의 제조에 많은 관심을 두게 되었으며, 농협관련 조사연구활동 및 조합원 교육에 역점을 두게 되었다. 이와 함께 1933년 협동조합농업신용처(Cooperative Farm Credit Administration)의 설립은 농협의 운영자금 및 농가 신용의 확대에 획기적인 계기가 되었다.

라. 기능 확대 및 발전 단계(1945~현재)

제2차 세계대전이 끝나면서 미국의 농업은 획기적인 기술 진보가 있었으며, 일부 기업농의 진전과 수출의 증가 등 농업 여건의 변화로 농협의 조직과 기능에도 큰 변화와 발전을 보이고 있다. 이러한 특징으로는 경제적 통합과 합병에 의해 조직규모가 확대되는 한편, 기능이 점차 다양해지는 경향을 들 수 있다. 이렇게 조합의 활동 영역이 늘어남에 따라 한 개 농협이 취급하는 물량도 늘어나게 되었으며, 농산물 생산 후 소비자에 이르기까지의 각종 경제적 기능을 확대 수행하게 되었다. 또한 농협은 사업을 안정시키기 위해 생산, 자금, 가공, 유통 등에 관한 각종 사업을 수행함에 있어 조합원과 계약에 의한 사업 방식을 확대하게 되었다.

이러한 농협의 규모 확대와 더불어 1945년 이후 두드러진 특징은 농산물의 판로개척이나 가격교섭을 위해 농민이나 회원농협을 회원으로 하는 거래교섭농협(Bargaining Cooperative)이 늘어나고 있다는 점이다. 이는 특히 낙농농협에서 가장 활발하게 만들어지고 있으며, 주로 대규모 판매조합 간의 연합사업체(Marketing Agency-in-Common) 형태를 띠고 있다. 아울러 청과물 판매농협에서도 많은 교섭농협이 생성되었다. 한편, 시장환경 변화에 따라 일반 사기업에 대한 경쟁력을 강화하고, 협동조합의 농산물 수출을 확대하기 위해 자회사를 설립하여 경영 효율성을 향상시키고 있는 추세이다.

한편 정부는 농무부(USDA) 내에 농업협동조합국(Farmer Cooperative Service)을 설치하여 각종 조사연구를 통해 협동조합과 조합원에 대한 교육과 지원활동을 강화하고 있다. 이 밖에도 주립대학이나 각종 농촌지도기관에서는 협동조합의 역할에 관한 이해증진과 협동조합 임원이나 직원들의 경영능력 향상을 위해 협동조합에 대한 연구를 활발히 수행하고 있다.

2. 조직과 사업

가. 조직

미국의 농협은 규모화된 영농구조, 지역적인 주산지 형성, 농민의 시장에 대한 현실적 요구 등에 기반하여 성립되었기 때문에 사업기능에 따라 판매농협, 구매농협, 서비스농협 등으로 분화되어 있다. 1999년 현재, 미국의 농협 수는 3,466개이며, 이 중 판매농협이 1,749개, 구매농협이 1,313개, 서비스농협이 404개이다. 판매농협을 품목별로 보면, 곡류가 921개로 가장 많으며, 청과물 231개, 낙농 221개, 축산 180개, 기타 작물 196개 순이다. 조합원 수는 약 317만 명이며, 이 중 판매농협이 약 128만 명, 구매농협이 약 173만 명, 서비스농협이 약 16만 명이다.

한편 최근에는 일부 판매농협이 자재를 취급하거나 조합원에 대한 서비스사업을 겸영하는 것이 증가하고 있는 추세이며, 대부분의 판매농협은 단일품목으로 전문화되어 있고 일부 판매농협만이 2개 이상의 품목을 취급하고 있다. 아울러 농협이나 조합원에 운영자금이나 시설자금을 공급하고 있는 신용조합이 잘 발달되어 있다. 최근에는 농업인 수 감소와 농협 경영환경 변화에 따른 합병 등으로 매년 농협 수와 조합원 수가 감소하고 있는 추세이다.

미국농협의 조직 형태는 전문농협별로 대동소이하지만, 미국농협을 주도하고 있는 판매농협을 중심으로 살펴보고자 한다. 미국의 판매농협은 지역농협(Local Cooperatives) 및 광역농협(Regional Cooperatives)이 조직되는 방식을 기준으로 연합형, 집중형, 혼합형 등 크게 세 가지 유형으로 구분할 수 있으며, 이 중 대부분이 집중형이다. 먼저 연합형(Federated type)을 살펴보면, 조합원이 지역농협에 가입하고 다시 광역 단위로 연합회를 구성하는 형태로 지역 단위 사업은 지역농협이, 광역 단위의 사업은 지역농협인 연합회가 담당한다. 결국 연합회인 광역농협은 광역시장에서 지역농협의 판매사업 대리자 역할(Selling Agent)을 담당하게 된다. 연합형 농협의 대표적인 사례로는 골든젬협동조합(Golden Gem Growers, Inc.), 캘리포니아 통조림협동조합(California Canning Growers) 등을 들 수 있다. 두 번째로 집중형(Centralized Type)은 조합이 조합원과 직접 거래하여 사업을 운영하는 형태의 농협이다. 광역 단위 연합회가 없는 지역농협이나 광역화된 대형 지역농협을 말하며, 대형 지역농협의 경우 지역 단위 사업은 지점이나 지역 상인을 상대로 영업한다. 집중형의 대표적인 사례로는 선다이아몬드협동조합(Sun-Diamond Growers, Inc.), 시트러스월드협동조합(Citrus World, Inc.) 등을 들 수 있다. 세 번째로 혼합형(Mixed Type)은 연합형과 집중형의 혼합형태를 띠고 있는데, 대표적인 사례는 썬키스트협동조합(Sunkist Growers, Inc.) 등을 들 수 있다(그림 5-1).

〈그림 5-1〉 미국농협의 조직체계

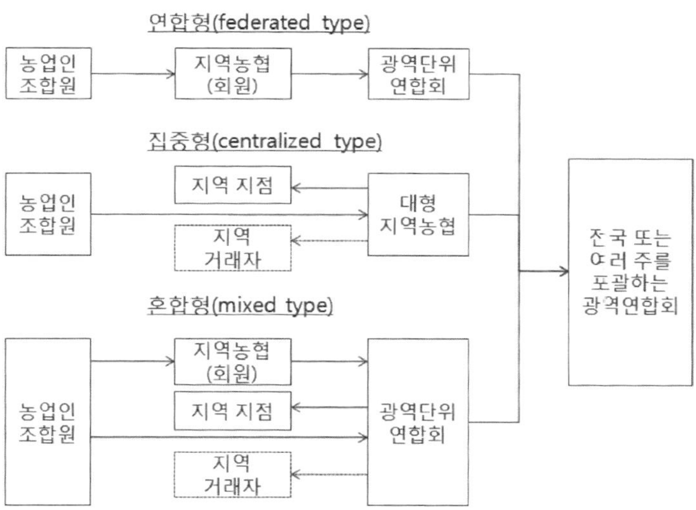

자료: Martin A. Abrahamsen, Agricultural Co-operation in the United States, Plunnkett Foundation Occasional Paper No. 45 (1980)에서 재인용

나. 사업

미국의 농가는 기업농과 가족농으로 구성되어 있는데, 아직도 가족농의 비중이 상당히 큰 편이다. 따라서 농협 중에서 가족농을 중심으

로 한 지역농협(Local Cooperative)의 비중이 상당히 큰 편이며, 사업물량이 5백만 달러 미만인 영세조합이 1,719개로 전체의 49.6%를 차지하고 있다. 전체 농협에 대한 이들의 구성비는 조합원 수로는 20.6%를 차지하지만, 사업물량은 전체 사업물량의 2.7%에 불과하다. 반면 사업규모가 10억 달러 이상인 조합은 16개에 불과하지만, 사업물량은 농협 전체물량의 40.2%를 차지하고 있으며, 이들은 대개 연합회 단위의 농협이다. 특히 조합원의 영농규모 확대와 대형 소매점의 급증으로 조합원이 대규모 농협과 거래하거나 민간업자와의 직거래를 확대하고 있어 지역농협의 사업량이 급격히 감소하고 있다. 노스다코타 대학교의 넬슨(William Nelson) 교수는 소규모 지역농협의 경우 영농인구의 감소, 지도자의 지도력 감소, 전문경영인 부족, 전통적 협동조합 사업 방식의 한계 등에 의해 절반 정도는 사업을 줄이거나 폐쇄할 처지라고 지적하고 있다.

미국농협의 사업실적은 1999년 현재, 총 1,152억 달러인데, 이 중 판매농협이 69.8%로 가장 큰 비중을 차지하고 있으며, 다음으로 구매농협 26.8%, 서비스농협 3.4% 순이다. 판매농협의 총매출액은 약 845억 달러인데, 사업 종류별로 보면 낙농 284억 달러, 곡류 228억 달러, 청과물 101억 달러, 축산 96억 달러 순이다. 농협당 평균 매출액을 보면, 낙농농협이 약 13억 달러로 규모가 가장 크며, 청과물과 곡류농협은 각각 약 4.3억 달러, 약 2.5억 달러로 상대적으로 규모가 작음을 알 수 있다. 순이익률을 보면 곡류와 낙농농협이 높게 나타나고 있으며, 청과물과 축산농협이 상대적으로 낮게 나타나고 있다.

미국농협의 시장점유율을 보면, 1999년 현재 낙농농협의 경우 89%

로 가장 높으며, 곡류는 34%, 청과물은 18%를 차지하고 있고, 축산의 경우 13%로 매우 낮다. 낙농과 축산은 시장점유율이 계속 증가하고 있으며, 곡류와 청과물은 증가하다 감소하는 경향을 보이고 있다.

낙농의 경우 가공공장이나 중간상인에 판매하는 물량의 대부분을 농협을 통해 공급하고 있어 시장점유율이 매우 높으며, 청과물의 경우 대체로 시장점유율은 낮은 편이지만, 신선 감귤류, 건포도, 크랜베리 등 일부 품목에서 시장 주도권(market leader)을 가지고 있다. 결국 청과물이나 축산은 품목의 특성상 유통경로가 다원화되어 있고, 농민을 조직하기가 상대적으로 어려워 사업실적이 다른 품목보다 약세를 보이는 것으로 여겨진다.

3. 판매농협의 성장 요인

가. 미국의 농업 여건

미국의 호당 경지면적은 85ha로 영농규모가 매우 크며, 지역별로 1~2개의 품목을 중심으로 특화되어 있기 때문에 농가도 단일 품목을 중심으로 전문화되어 있다. 청과물의 경우 태평양지역(California 등), 남동지역(Florida 등), 북동지역에 집중되어 있으며, 낙농의 경우 동북부, 서북부, 대서양 중부지역에 집중되어 있다. 지역별로 품목이 집중되어 있기 때문에 판매농협은 규모화에 의한 사업의 효율성을 높이기 위해 품목별로 전문화된 동일한 이해관계의 농업인을 중심으로 조직되었다. 결국 미국의 농업 여건은 미국 판매농협이 품목별로 전문화된 배경이라 할 수 있다.

나. 정부의 법적 · 제도적 지원

미국 정부는 농업인과 상인의 불공정한 경쟁, 공급과잉 등에 의한 농산물시장의 불균형 문제를 해결하고, 협동조합의 설립을 지원하기 위해 다음과 같은 법적 · 제도적 장치를 마련하고 있다.

1) 캐퍼볼스테드법(Capper-Volstead Act, 1922년)

이 법은 협동조합이 독점금지법(Antitrust Act)에 저촉되지 않으면서 농산물 판매를 위한 공동 활동을 수행할 수 있도록 보장하고 있다. 아울러 협동조합이 독점금지법에 저촉되지 않기 위해 갖추어야 할 조건을 명시하고 있는데, ① 농산물 생산자인 조합원의 상호이익을 위해 활동, ② 비조합원에 대한 사업물량이 조합원의 사업물량을 초과해서는 안 됨, ③ 조합원에게는 출자금의 액수에 관계없이 1인1표 허용, ④ 배당은 1년에 출자액의 8% 이상을 허용하지 않음 등인데, 법적으로 협동조합임을 인정하는 기본 조건에 대한 규정이라고 볼 수 있다. 한편 농산물가격이 비정상적으로 상승할 정도로 농협이 독점을 행사하거나, 주(洲) 간 또는 국제간 상거래를 문란하게 한다고 판단될 경우 농무부(USDA)는 독점행위에 대한 시정을 요청할 수 있으며, 만약 농협이 이를 무시하면 농무부는 법원에 청원하게 된다.

2) 협동조합유통법(Cooperative Marketing Act, 1926년)

이 법에서는 미국 농무부(USDA)의 협동조합에 대한 지원을 정형화하고 있으며, 농무부 내에 농업협동조합국(ACS: Agricultural Cooperative

Service)의 설치와 역할을 규정하고 있다. 그 내용을 보면, ① 통계자료의 수집 및 분석, ② 경제적 · 법적 · 재정적 · 사회적 관점에서 협동조합 연구 수행, ③ 협동조합 사업에 대한 조사연구, ④ 농업인이 협동조합을 조직할 수 있도록 지원, ⑤ 농업생산과 유통에 관련된 정보수집 및 분석, ⑥ 협동조합 원칙과 실제에 대한 지식 향상, ⑦ 미국과 다른 나라에서 진행되는 협동조합 연구의 지원 등이다.

3) 농산물유통법(Agricultural Marketing Act, 1929년)

이 법은 농산물 판매의 효율성 제고를 위해 ① 농산물 투기의 최소화, ② 비효율적이고 낭비적인 농산물 유통수단 제거, ③ 협동조합 등 농업인 생산자 조직 지원, ④ 생산 및 출하조정에 의한 농산물 과잉공급 조절 등을 위해 제정되었다. 이를 통해 농산물 유통에 대한 정부의 역할이 강조되었고, 농업인과 협동조합은 농산물 판매사업을 안정적으로 수행할 수 있는 기반이 조성되었다. 특히 농산물 가격안정 정책의 추진과 농협연합회에 대한 지원을 위해 연방농업위원회(Federal Farm Board)와 정부 지정 품목의 농협연합회 대표로 구성된 상품자문위원회(Advisory Commodity Committees)를 구성하기도 하였다.

4) 유통명령제(Marketing Order)

유통명령제는 농산물의 과잉생산에 의한 가격폭락을 막아 농산물시장을 안정시키기 위한 정부의 생산 · 출하 조정 정책으로 1937년의 농산물유통협약법(Agricultural Marketing Agreement Act)을 근거로 미 의회의 승인하에 시행되는 법적 제도이다. 농업인 개인이나 생산자단체(농협)가 해결할 수 없는 농산물 유통 문제를 생산자뿐만 아니라 유통인, 소비자까지 참여하여 협의를 통해 출하조정을 결정한다. 참여자의 합의를 전제로 위원회와 실행조직을 구성한 후 정부의 공권력을 위임받아 등급과 물량에 따라 농산물 출하를 규제하며, 위반 시 벌금 부과, 실형 등의 처벌이 가능하다.

유통명령은 농업인의 투표로 결정되는데, 농협은 다수의 농업인을 대표하는 조직이기 때문에 유통명령의 발동 · 실행에 있어 중추적인 역할을 담당하게 된다. 유통명령을 통해 농협은 시장에서 안정적인 가격을 받을 수 있을 뿐만 아니라, 농업인과의 판매협약(Marketing Agreement)을 통해 농협의 처리능력 범위 내에서 판매사업이 이루어지게 되는 이점이 있다.

5) 기타 농산물 유통 및 농가경제 안정을 위한 정책

농협은 농협의 사업활동에 대한 정부 지원 외에도 농가경제 안정을 위한 다양한 정책에 힘입어 조합원 사업을 안정적으로 유지해 나가고 있다.

이런 정책들로는 ① 유통기구의 부당행위를 막기 위한 포장 및 가축업자법(Packers and Stockyards Act, 1921년), ② 선물시장을 통한 농산물의 가격위험에 대한 헤징이 가능케 한 상품교역법(Commodity Exchange Act), ③ 밀, 면화, 옥수수, 돼지, 쌀, 낙농품 등 6개 기초품목의 재배면적과 생산량을 줄이고 농민들에게 보상금을 지불하는 농업조정법

(Agricultural Adjustment Act, 1933년), ④ 상품신용공사(CCC: Commodity Credit Corporation, 1933년)를 설립하여 농산물가격을 지지하는 융자차액보조금(LDP: Loan Deficiency Payment)제도, ⑤ 유통의 모든 단계에 대한 연구자금을 지원하는 연구 및 유통법(Research and Marketing Act, 1946년), ⑥ 푸드스탬프사업(Food Stamp Programming) 도입, 학교급식 확대 등으로 정부 비축농산물 및 국산 농산물의 소비를 확대시킨 농업법(Agricultural Act, 1961년), ⑦ 가족농 보호를 위한 가격지지 정책을 부족불지불제로 바꾸어 농산물가격이 목표가격 이하로 하락하면 언제나 차액을 지급하도록 한 농업 및 소비자 보호법(Agriculture and Protection Act, 1970년) 등을 들 수 있다. 이 외에도 앞에서 설명했듯이 1970년대 이후에는 농가소득을 지지하기 위한 다양한 직접지불정책이 등장하고 있다.

다. 미국농협의 사업전략

미국의 농협들은 주산지가 형성되어 있는 농업 여건에서 단일 품목별로 조직되어 전문성이 강한 장점이 있다. 아울러 조합원의 자발성에 의한 참여에는 한계가 있기 때문에 안정적인 물량조달과 품질관리를 위해 조합원과 판매협약을 체결하고, 공동계산제를 도입하였다. 또한 다양한 판매조직을 구축하여 농산물시장에서 교섭력을 높이고 유통비용을 절감하기 위한 다양한 사업전략을 구사하고 있다. 아울러 가공 사업에서 민간업체와의 경쟁력을 높이기 위해 다양한 방법으로 조직을 재편하면서 자본조달과 생산의 규모화 · 전문화를 모색하고 있다.

1) 조합원과의 판매협약(Marketing Agreement)

조합원이 농협에 농산물을 출하할 때, 조합원은 상인과 농협 중 유리한 쪽을 택해 농산물을 출하하게 된다. 이로 인해 지속적으로 농협에 출하한 농민이 손해를 보게 되는 무임승차자(free-rider) 문제가 발생하고, 농협은 사업물량을 안정적으로 확보하지 못해 적절한 사업계획을 통한 시장 대응 활동을 수행할 수 없게 된다.

이러한 문제를 해결하기 위해 농협은 조합원과 출하물량, 출하시기 등에 대한 출하협약을 맺게 되는데, 이로 인해 농협은 적절한 사업전략을 수립하여 조합원의 농산물 판매를 효율적으로 조직할 수 있다. 농협은 계획된 상품출하로 규모의 경제를 실현하고, 가격교섭력을 강화하는 등 시장에서의 경쟁력을 강화할 수 있다. 또한 조합원과의 협의를 통해 농산물의 생산 및 출하조절을 모색할 수도 있다.

판매협약은 조합원이 농협을 통해 농산물을 판매할 때 조합과 조합원 사이의 권리와 의무를 규정한 법적 계약이다. 조합원은 조합에 농산물을 출하하고 조합은 가능한 최고의 가격을 받을 의무를 명시하고 있다. 이는 농협과 조합원 사이의 계약임과 동시에 조합원과 타 조합원과의 약정이기도 하다. 따라서 판매협약을 이행하지 못한 조합원은 법적으로 강제된다. 또한 일부 판매농협은 조합원의 적극적인 사업 이용을 위해 판매협약을 조합원의 가입조건으로 명시하고 있다.

판매협약에 명시되는 주요 계약 내용으로는 ① 조합원의 출하물량, ② 약정기간, ③ 투자조건, ④ 생산물의 물리적 특성, ⑤ 조합원의 자격, ⑥ 출하와 연계한 조합원의 출자의무, ⑦ 벌칙, ⑧ 보상, ⑨ 대금정산 방법, ⑩ 품질관리, ⑪ 생산조절 등을 들 수 있다.

곡류 판매농협을 제외하면 대부분의 판매농협에서 60% 이상의 조합원이 판매협약에 참여하고 있다. 농민의 저장이 어려워 유통기간이 짧은 품목일수록 판매협약 참여율이 높은데, 청과물 88%, 낙농 76%, 기타 60% 순이다.

2) 공동계산제(Pooling)

공동계산제는 전문 판매기법을 갖춘 농협 직원이 조합원을 대신하여 생산물을 판매한 후 계약에 따라 판매대금을 정산하는 협동조합의 독특한 사업 방식이다. 조합원은 판매활동에 관한 의사결정을 농협에 위임하고, 판매가격이나 판매시기의 결정에 관여하지 않는다. 출하처나 출하시기에 따른 판매가격의 차이에도 불구하고 일정 기간 동안의 판매대금 총액을 출하물량과 등급에 따라 조합원별로 정산한다. 농협은 품질의 차이에 따라 출하가격을 차등 지급한다. 공동계산 실시과정에서 발생한 모든 비용은 판매대금 정산 시 공제되며, 조합원의 자금사정을 고려하여 농산물 인도 시 조합원에게 일부 선도자금이 제공되기도 하는데 이는 판매대금 정산 시 공제된다. 공동계산은 반드시 위에서 설명한 판매협약(Marketing Agreement)을 수반하며, 농협과 조합원 간에 대상품목, 참여구역, 생산, 수확, 운송, 등급기준, 운영기간, 정산방법 등에 관한 협의와 조정을 필요로 한다.

공동계산의 장점으로는 ① 위험분산, ② 판매능력 향상, ③ 시장교섭력 증대, ④ 품질관리, ⑤ 규모의 경제 등을 들 수 있으며, 단점으로는

① 정산의 지연, ② 조합원의 개성 상실, ③ 시장에 대한 유연성 저하 등을 들 수 있다.

3) 다양한 판매조직 구축

가) 연합사업체(MACs: Marketing Agency-in-Common)

일반적으로 판매농협 연합회는 가공사업이나 광역 단위 시장활동 등 소규모 판매농협이 독자적으로 수행하기 어려운 사업을 수행하기 위해 회원농협이 자본을 공동 투자하여 별도의 대규모 농협을 설립한 것이다. 이러한 연합회는 회원농협들이 협력하여 전문적이고 규모화된 새로운 판매 · 가공사업을 통해 새로운 시장에 진출하기 위한 것이다.

한편, 연합사업체도 일종의 연합회 조직이지만, 일반 연합회와는 달리 이미 독자적인 판매사업을 수행하고 있는 대규모 판매농협들이 공동으로 수행하면 유리한 일부 사업을 대행시키기 위한 협의체 수준의 판매조직이다. 연합사업체는 새로운 시장에 진출하기 위한 조직이 아니라, 이미 진출하고 있는 시장에서 회원농협 간 협력으로 사업의 효율성을 극대화하기 위해서 조직된다. 이는 다른 농협의 자원을 공동으로 이용할 수 있거나, 고정비용을 줄일 수 있을 때 활용된다. 또한 특정 농협에서 개발한 판매프로그램을 다른 농협으로 확대하고자 할 때나 인지도가 높은 브랜드를 공동으로 이용하고자 할 때도 조직되고 있다. 연합사업체가 조직되는 경로는 크게 두 가지이다.

첫째, 동일한 품목을 생산하는 대규모 가공농협들이 부산물 판매를 위해 연합사업체를 조직하게 된다. 부산물은 물량이 적어 새로운 판매망을 구축하는 데 비용이 많이 든다. 따라서 몇 개의 조합이 연합사업체를 만들어 부산물을 공동으로 판매하여 판매비용을 절감하게 된다. 일례로 미네소타주 노스타코타에 있는 3개의 설탕조합은 부산물인 사탕무 제지(beet pulp)와 당밀(molasses)을 판매하기 위해 연합사업체인 미드웨스트농산품협동조합(Midwest Agri Commodities, Inc.)을 조직하였다.

둘째, 고도의 판매기법이나 브랜드를 갖고 있는 대규모 농협들이 농산물 판매 규모나 시장을 확대하고자 할 때 연합사업체를 설립한다. 이런 경우 연합사업체는 수출업무, 배송, 주문접수 등 회원농협들이 공통으로 위임한 일부 농산물 판매사업을 대행하거나, 고객 인지도가 높은 브랜드를 다른 농협의 품목에 공동으로 사용하는 업무를 담당하게 된다.

이러한 연합사업체는 회원농협 간 판매협약을 근간으로 사업을 수행하는데, 회원농협이 물적 · 인적자원을 파견하는 형태로 배타적인 소유권을 갖고 있으며, 회원농협은 비교적 적은 자본을 투자하고 있어 지배구조 문제가 크지 않다. 또한, 다른 판매농협 연합회에 비해 적은 자산을 보유하고 있고, 적은 회원 수를 가지고 있어 정보교환 및 회원농협 간 사업계약이 용이하다.

나) 교섭농협(Bargaining Cooperatives)

사업기능에 따라 미국의 판매농협은 크게 일반적인 판매농협과 교섭농협의 2가지 유형으로 구분할 수 있다. 일반적인 판매농협(Marketing Cooperatives)은 선별 · 포장, 가공, 저온저장 등 유통상의 물리적인 처리과정을 수행한 후 농산물을 판매하는 농협을 말하며, 교섭농협(Bargaining Cooperatives)은 농산물 유통의 물리적인 처리과정은 수행하지 않고 중간상인, 가공업자 등과 교섭력을 바탕으로 판로개척이나 가격교섭만을 수행하는 농협이다. 일례로 교섭농협인 캘리포니아토마토농협(California Tomato Growers Association)의 경우 초기에는 캘리포니아토마토산업에 대한 농장에서의 품질관리, 등급표준화, 가공업자의 구매행태, 가격 등에 대한 정보를 조합원에게 제공하고, 조합원의 법적인 문제를 처리하기 위해 설립하였으나, 조합원의 시장가격에 대한 불만이 야기되자 1973년부터는 가격협상에 참여하게 되었고, 1987년에는 세계 토마토 물량의 약 20%를 중개하고 있다. 낙농농협의 경우 교섭농협(Bargaining-Only Cooperatives)은 가공공장은 운영하지 않고 구매자나 가공업자와의 가격협상에 초점을 두고 활동하고 있으며, 약 68%의 낙농농협이 교섭농협이다. 낙농농협에서 대규모 가공농협이 구성하고 있는 연합사업체(MACs)는 교섭농협인 경우가 많다.

4) 농산물 판매기능 및 조직의 농협 간 수평 · 수직적 통합

미국농협은 오래전부터 연합회를 조직하여 판로개척 및 거래교섭활동을 전개해 오고 있으며, 연합회를 통해 규모화된 선별, 포장, 가공시설을 설치하거나 농협 간 판매시설을 계열화하여 이용효율성을 향상시켜 오고 있다. 또한 주산지가 집중되어 있는 조직에서는 농산물 판매농협과 가공농협의 사업제휴 및 합병 등에 의한 사업의 규모화가 활발히 진행되고 있다. 1989년부터 1998년까지 10년 동안 346개의 농협이 합병 등을 통한 구조조정을 착수하였다. 이로 인해 가공 사업은 대규모 농협이나 연합조직에서 대부분 담당하고 있는데, 1992년 현재 낙농농협의 시장점유율을 보면, 우유 82%, 버터 65%, 치즈 43%이며, 청과물농협의 시장점유율을 보면, 음료 40%, 건조과일 40%, 통조림 33%를 차지하고 있다.

5) 대규모 농협의 브랜드 전략

신선 채소의 경우 대부분 소규모 식품(소매)점을 통해 소매되고 있어 브랜드의 영향이 적지만, 과일의 경우 많은 농협에서 강력한 브랜드화 전략을 구사하고 있다. 예로 감귤류(오렌지)는 썬키스트(Sunkist), 아보카도는 칼라보(Calavo Growers of California), 투스틴(Tustin), 씨에이(CA) 등이 유명하다.

지역 단위, 전국 단위 브랜드는 가공제품을 중심으로 이루어지고 있는데, 대부분 협동조합의 브랜드는 단일 품목을 중심으로 이루어지고 있다. 예로 오렌지주스의 썬키스트(Sunkist), 포도주스나 잼의 내셔널그레이프(National Grape), 웰치(Welch), 사과주스의 트리탑(Tree Top) 등이 유명하다.

미국 판매농협의 주요 전국 단위 브랜드(National Brand)로는 청과물의 경우 다이아몬드 에이(Diamond A: 채소통조림), 웰치스(Welch's: 사과주스, 젤리), 썬키스트(Sunkist: 오렌지 소다), 썬메이드(Sun-Maid: 통조림), 콜로니(Colony: 와인), 썬스위트(Sunsweet: 건과), 오션스프레이(Ocean Spray: 주스) 등 13개 대규모 농협의 16개 브랜드가 있다.

4. 미국농협의 최근 동향

가. 미국 협동조합의 환경 변화

미국농협은 농가인구의 변화, 기술의 혁신, 경쟁 여건의 변화, 소비자의 역할 변화, 식품가공 유통의 변화, 세계화, 정책 환경의 변화 등 외부 환경의 영향을 받고 있다. 농가인구의 고령화와 가족농의 감소 추세는 미국농협이 다양한 서비스와 상품, 새로운 조직체계를 통해 새로운 구성원의 요구에 적응해야 하는 과제를 낳고 있다. 기술의 혁신에 따라 상업농이 크게 증가하고 있다. 지구 위치정보시스템(GPS)을 활용한 농지 활용의 극대화, 바이오연료의 개발, 생명공학의 활용으로 농업에 혁신이 일어나고 있는데 미국농협들이 이와 같은 성장 추세에 어느 정도 동참할 수 있는지가 문제로 대두하고 있다. 미국의 식품 유통체계는 가공, 유통, 도매, 소매업체의 집중화가 지속적으로 일어나고 있다. 농민의 의사결정권과 자율적 선택권을 제약하게 되는 이른바 미국농업의 양계식 계열화(chikenization) 추세가 나타나고 있는 것이다. 오늘날은 소비자가 시장을 주도하고 있어서 미국농협들이 원료농산물의 1차 취급자로 역할을 한정하지 않고 브랜드 역량을 갖추어 소비자에 접근해야만 하는 상황이다. 특히, 식품가공 산업과 소매 산업의 공급사슬관리(supply chain management)를 통한 대기업화는 미국농협들이 자신의 위치를 어디에 놓아야 하느냐는 전략적 문제를 일으키고 있다. 세계화에 따른 농산물시장의 질서 개편은 미국농업에도 미국 국내외의 시장에서 새로운 경쟁자를 만들어 내고 있다. 이에 따라 미국농협들은 더 이상 조합원이 생산한 모든 농산물의 출하처 기능을 수행할 수 없게 되고 높은 품질 기준을 시행하거나, 등급을 맞추지 못하는 농민과는 관계를 단절시켜서 부가가치를 높이고 제품을 차별화해야만 하게 되었다. 마지막으로, 농업보조금, 환경규제와 같은 미국 정부 정책의 변화가 미국농협이 새로운 규제에 대응하기 위한 비용을 추가적으로 발생시키고 있다. 이와 같은 외부 환경 변화와 함께 미국농협이 직면하고 있는 내부적 도전과제를 아래에서 살펴본다.

1) 자본금 확충의 제약

미국농협에서도 직면하고 있는 가장 힘든 과제 중의 하나가 서비스의 개선과 확대를 위해 필요한 자본금을 확충하는 문제이다. 협동조합의 이용자 소유 원칙에 따라 협동조합의 현재 이용자들인 조합원이 재정을 부담해야 한다는 점이 문제를 더욱 복잡하게 만든다. 협동조합은 출자금을 소유자에게 체계적으로 상환하도록 되어 있는 유일한 사업체이다. 미국농협들이 최소한의 투자만을 요구하면서 조합원을 확대해온 관행도 장애물이 되고 있다. 미국농협에 대해 저렴한 비용으로 조합원에게 서비스를 제공하면서, 오래된 출자금도 상환해 주고, 현금으로 이용배당도 실시하고, 신규 자본금을 충당하기 위한 충분한 수익도 올리라는 복합적인 기대가 종종 있다. 농업인들이 기업 간의 수직통합이나, 가공산업과 같은 위험요소가 있는 활동에 투자하기를 꺼리는 경향도 자본금 확충의 제약요인이다. 이용고 배당을 유보하여 자본금 조달을 하려는 경우 내부의 마찰이 일어날 수 있다. 타인 자본금을 조달하기 위해 협동조합을 영리회사(IOF)로 전환하는 경우에는 농업인 조합원이 그 회사에서 여전히 수익을 얻을 수는 있지만 그 수익이 이용자의 소유권과 통제권에 의해 보호를 받지는 못하게 된다.

2) 조합원 성격과 요구의 다양화

농업인 조합원의 다양성 문제가 미국농협의 조합원 제도에 반영되고 있다. 경영규모가 큰 상업적 농업인인 조합원은 협동조합에 대해 더 많은 혜택을 요구하는 경우가 있다. 노령 농업인과 신진 농업인 사이에는 기술적 혁신과 협동조합의 신규 사업에 대해 서로 다른 기대를 가질 수 있다. 취미농, 겸업농, 은퇴 후 농업인, 상업농 등 다양한 유형의 조합원이 존재하게 됨에 따라 협동조합의 경영층이 이들을 융합할 수 있는 방안을 모색해야 하는 과제를 갖게 되었다.

3) 효과적인 이사회 활동의 필요성

미국의 협동조합은 각 주의 법률에 따라 법인으로서 영리회사와 같이 이사회를 두고 있지만, 소유자인 농업인 조합원이 대표가 된다는 점에서 특성이 있다. 생산자 출신 이사들이 경제적 원리보다는 내부 정치적 논리에 따라 의사결정을 하게 되는 문제, 이사들의 지도능력이 일반 조합원 수준에 머무르고 있는 문제 등이 발생할 수 있다. 특히, 생산에는 전문적인 조합원일지라도 유통, 기술혁신, 복잡한 계약, 세계화 문제에 대응할 만한 경험과 훈련이 부족한 경우가 문제다. 지역의 농산물 판매조합 이사들이 식품가공회사를 인수할 정도의 준비가 되어 있는가에 의문이 있는 것이다. 이에 따라 이사회의 감독 권한을 정책 영역에 한정해야 한다는 의견도 등장하고 있다.

4) 경영진의 협동조합에 대한 인식 부족

협동조합 경영의 일부는 영리회사(IOF)와 유사하다. 그러나 경영에 관한 문제 중에는 협동조합에 고유한 것이 있어서 협동조합의 원칙, 구조, 운영에 대한 정확한 이해가 필요하다. 영리회사에서 최고경영자는 이사진을 선택할 때 영향력을 행사하는 경우도 있으나, 협동조합에서는 그 영향력이 미미한 것이 보통이다. 경영진이 교체되어도 이사진은 그대로인 것이 오히려 일반적이다. 협동조합의 경영진은 자기가 선택하지도 않았고, 협동조합 운영에 대해 의견이 다를 수도 있는 이사들과 함께 일해야만 한다. 이에 따라 협동조합의 경영진 선정에는 조합원과의 밀접한 관계 속에서 일을 잘 해낼 수 있는 능력을 고려할 필요가 있다.

5) 부가가치 사업에 대한 관심 증대

미국농협에서는 최근 부가가치 창출 문제와 식품가공업에 대한 관심이 증대되고 있다. 많은 연구자들이 부가가치 가공 분야를 21세기 미국농협의 성장 부문으로 보고 있다. 이에 따라 전통적으로 농업인 조합원에게 중요했던 사업 부문들을 어떻게 정리하고, 강력한 식품 소매업체들이 지배하고 있는 식품가공시장에서 영향력을 확대하기 위해 미국농협들이 제한된 자원을 어느 정도까지 투자해야 하는가라는 새로운 문제가 발생하고 있다.

나. 연합회 협동조합에 대한 변화 압력과 재편

1) 지역협동조합과 연합회 간의 관계 변화의 압력

21세기 초반 현재 약 3분의 2의 미국 지역에서는 전통적인 연합회 협동조합(이하 연합회)을 통하여 조합원이 생산한 농산물을 판매하거나 영농자재를 공급하고 있으며, 3백만 명의 농업인 조합원이 있는 지역조합의 75% 이상이 연합회에 가입하고 있다. 지역협동조합과 연합회 간에는 기본적인 문화적 갈등이 존재한다. 지역협동조합에서 사업계획은 노령 농업인 중심으로 이루어져 현상유지적인 데 반하여 연합회는 시장의 경쟁에 대해 적극적으로 대처해야 한다는 입장을 보이곤 한다. 예를 들어 노령 농업인의 요구에 따라 연합회가 필요한 투자를 게을리하는 경우 미래의 양돈 농가가 될 농업인들이 대기업의 계약생산자 처지로 전락해 버릴 우려가 있다는 주장이다. 많은 연합회 경영진은 지방조합들이 이익을 초과하는 서비스를 조합원에 제공하는 문화를 지니고 있다고 생각한다. 연합회가 농산품의 가격을 높게 매입하거나 영농자재를 저렴하게 공급할 수는 있지만 이런 경우 종국적으로는 연합회의 경영에 어려움을 초래하거나 지역조합에 대한 배당을 어렵게 한다. 협동조합 간의 협력에 대해서도 연합회와 지역조합이 입장을 달리하는 경우가 많다. 연합회가 비용절감을 위해 지역조합 간의 전략적 제휴를 요청하면 지역조합은 이를 시장에서 경쟁을 제거하는 것으로 받아들이곤 한다. 지역조합은 여러 연합회에 가입하여 거래조건을 협상하고 영리회사와도 거래관계를 형성하려고 하는 경우도 있다. 연합회는 규모의 경제를 위해 넓은 범위에서 연대하는 대신에 지역조합이 단기적으로 유리한 거래조건을 찾는 경향에 대해 의구심을 가지고 있다. 한편 연합회는 적극적으로 경쟁관계에 있는 영리회사와도 전략적 제휴를 추구하지만 지역조합은 다른 조합, 영리회사와의 제휴에 소극적인 편이다.

2) 연합회 계통조직체계의 재편

지역조합들인 곡물 판매조합과 농자재 구매조합의 연합회 시스템에 이미 중요한 변화가 일어나고 있다. 연합회들은 경쟁관계에 있던 종전의 농자재 구매사업을 관련 제품 전반을 취급하는 유한책임회사(LLC: Limited Liability Company)로 분리 독립시키고, 곡물판매사업 부문을 다국적 영리회사에 매각한 후 식품가공업체로 전환해 나가고 있다. 지역조합들은 합병을 하거나 일부 대형지역조합(super-local)으로 변화하고 있다. 구조조정에 따라 실질적인 수익률 증가가 일어나지 않더라도 변신을 통해 발생할 수도 있었던 경영악화 현상을 방지하였다면 그것도 구조조정의 성공 사례가 된다.

연합회는 전통적으로 지역의 회원조합들에게 주요 물품과 서비스를 공급하는 유일한 공급자였다. 연합회는 주요 농자재를 대량으로 구매하여 지역조합에 판매하였고, 회원조합은 농업인 조합원들에게 재판매하여 왔다. 또한 연합회는 곡물을 저장, 판매, 운송하는 역할을 하며 이에 필요한 대규모 시설들을 유지해 왔다. 이들 연합회는 오늘날 농업인 조합원을 대상으로 한 자재 공급과 농산물 판매 기능 양 측면에서 대규모 다국적기업과 경쟁해야 하는 상황에 놓였다.

최근 미국 서부의 영농자재 구매협동조합 연합회들은 공동으로 합작기업을 설립하여 공급시스템에 변화를 일으키고 있다. 농작물 투입재 부문에서 CHS(Cenex Harvest States), Farmland Industries 그리고 Land O'Lakes(LOL) 연합회는 Agrilianc LLC(유한책임회사)를 설립했다. 사료 부문에서는 LOL과 Farmland Industries가 Land O'Lakes Farmland Feed LLC를 설립하였고, 이 회사는 2001년 Purina Mills를 인수한 후 2002년 Farmland Industries의 파산과 함께 Land O'Lakes Purina Feed LLC가 되었다. 1998년 CHS와 Farmland Industries는 유류 제품을 공급하기 위해 Country Energy LLC를 설립하였고, 그 후 CHS가 전체 지분을 획득하여 CHS 내부의 에너지 부문이 되었다.

곡물 판매 조합들은 다국적 곡물기업과 합작기업을 설립하고 있다. 예를 들어 1985년 GROWMARK 협동조합 연합회는 다국적기업인 ADM에 곡물 유통터미널을 주식교환 방식으로 매각하였다. 이 곡물 엘리베이터들을 ADM의 자회사인 ADM/GROWMARK가 운영하고 GROWMARK에 속한 지역 조합들은 계속해서 이 곡물 엘리베이터를 이용하도록 하면서 ADM은 GROWMARK에 지역조합에서 공급한 곡물에 대한 운송료를 지불하였다.

미국 중서부의 협동조합 연합회들은 이와 같이 영농자재 공급과 곡물 판매에 대한 직접적인 관여를 줄이면서 식품가공산업 부문에 자원을 집중하고 있다. LOL에 속한 지역조합들은 버터와 유제품 부분에서 LOL의 우월적 브랜드 지위에 따른 혜택을 받고 있으며, 이와 같은 사업모델을 CHS 협동조합 연합회 등이 채택하려고 노력하고 있다. 예를 들어, 2001년에 CHS는 다국적기업인 Cargill과 밀가루 제분공장을 통합하여 Horizon Millings, LLC를 합작으로 설립하고 새로운 기존 브랜드와 함께 새로운 브랜드를 개발하기로 하였다.

앞에서 기술한 바와 같이 지역협동조합들 간에는 합병을 통하여 규모를 확대하려는 노력이 계속적으로 일어나고 있다. 아이오와주에서는 5개의 대형 지역조합이 20%의 곡물판매와 영농자재공급을 담당하고 있으며, 10개로 확대하면 시장 점유율은 35%로 확대된다. 이와 같은 중앙집중형 조직구조를 지닌 대형지역조합을 만들려는 경향은 계속될 것으로 예상된다.

다. 새로운 조직모델의 추구

일부 농업인들은 새로운 조직모델에 주목하면서 21세기의 도전에 대응해 나갈 수 있는 대안을 제시하고 있다. 신세대협동조합[3]은 제2장

3 신세대협동조합은 1990년대 초 미국 노스다코타와 미네소타 지역에 가공사업을 중심으로 50여 개 농협이 새롭게 등장하면서 시작됐는데, 이들은 산물출하를 주로 하는 기존의 지방 판매농협과는 달리 포장 · 가공 등의 새로운 부가가치 창출을 통해 조합원의 실익을 증대하고자 하는 새로운 형태의 협동조합운동이다. 신세대협동조합의 특징을 구체적으로 알아보면, 첫째, 협동조합을 결성할 때 높은 자기자본을 확보하고 있는데 이는 출하권 발행을 통하여 출자금을 모집하고 있기 때문이다. 출자금은 농가가 출하할 수 있는 물량을 규정하고 있으며 출자하지 않는 농가는 조합 사업을 이용할 수 없다. 출하권의 존재로 신세대협동조합은 전통적인 협동조합보다 조합원으로부터 충분한 자기자본을 조달하여 경영안정을 추구하고 있다. 둘째, 출하권을 통하여 협동조합과 조합원 간 엄격한 계약관계를 형성하고 있다. 따라서 주식과 출하권을 연계시켜 조합원은 구입한 주식 수에 비례하여 조합에 출하할 권리와 동시에 의무를 부여하고 있다. 조합과 조합원 간에 판매협약을 체결하며 여기에는 출하 의무 이외에도 농산물의 품질조건, 대금 결제와 비용계산, 제재수단 등 다양한 권리와 의무 조항을 포함한다. 만일 조합원이 출하를 이행하지 못하면, 조합은 그 물량을 다른 곳에서 조달하고 이에 대한 비용을 그 조합원에게 부담시킨다고 한다. 마지막으로, 운영 원칙상 특징을 보면, 하나, 전통적 협동조합 원칙을 고수하고 있으며, 협동조합은 자본독점을 방지하기 위해 1인의 주식보유한도를 설정하고 있다. 둘, 민주적 관리를 위해 1인1표 주의를 채택하여 선거를 통해 이사회를 구성하고 있다. 셋, 전통적 협동조

에서 비례모형 협동조합의 사례로 자세한 설명을 하였으므로 여기서는 간략히 제시한다. 이 모델은 부가가치 가공업 분야에 참여하고 있는 농산물 마케팅 협동조합을 조직하기 위하여 활용되어 왔다. 이 조합은 협동조합과 다른 형태의 사업체를 구분해 주는 협동조합의 원칙을 포기하지 않고 전통적인 협동조합 모델이 직면한 문제점을 극복해 나갈 수 있는 대안을 제공하려고 한다. 전통적인 마케팅 협동조합이 성공적으로 운영되면, 농업인 조합원은 두 가지의 중요한 혜택을 보게 된다. 그중 첫째는 상품에 대한 공정 가격을 수취할 수 있으며, 둘째는 이용고에 비례하여 배당을 받을 수 있는 것이다. 신세대협동조합에서 농업인 조합원들은 그 밖에도 다음과 같은 이익을 얻게 된다. 첫째, 협동조합과 거래를 줄이거나 중단하고자 할 때 자신의 지분을 현금으로 전환할 수 있는 선택권을 얻을 수 있게 된다. 둘째, 자신의 조합에 대한 출자 지분에 비례하여 자본 소득을 얻을 수 있는 기회를 얻게 된다. 전통적인 협동조합에서 조합원들은 조합원이 되기 위하여 실질적으로 의미 있는 투자를 할 필요가 없었으므로 조합에 대한 주인의식이 미흡하였다. 그리고 언제든지 협동조합과 거래를 중단할 수 있었으며 그 후 아무런 추가 비용을 들이지 않고서도 이용자로 복귀할 수 있었다. 신세

합은 이용고 배당원칙을 적용하고 있어 조합원의 이익을 극대화하지 못한 수준에서 균형이 이루어지는 최적화 범위에서 비효율성이 있는 반면, 신세대협동조합은 출하권의 도입으로 조합원의 출자비율과 사업이용비율을 일치시키고 있어 출자배당과 이용고 배당 간의 갈등문제를 해결하고 있다. 신세대협동조합의 운영 원칙은 이 외에도 몇 가지 문제를 해결하여 주고 있다. 이를테면 조합원의 농산물 생산에 대한 정보를 잘 전달하여 주고 있고, 조합원의 경영성과 평가를 용이하게 해준다. 특히 출하권 거래허용에 따른 가격변동은 직접적으로 협동조합의 경영성과에 대한 외부적 평가를 반영하고 있어 개별 조합원이 복잡한 재무 분석을 하지 않고도 경영성과평가를 할 수 있다.

대협동조합에서는 이러한 행위가 불가능하게 되었다. 조합원들에게는 이용자로서의 출하 의무 사항이 사전에 출자한 금액과 직접 연결되어 있기 때문이다. 신세대협동조합은 실질적인 선투자가 이루어진 이후에 연중 일정한 물량의 생산물 출하 의무를 요구하기 때문에 조합원들이 젊고, 교육수준도 높으며, 대규모 상업농으로서 수익성과 특히 양도 가능한 출하권의 가치에 관심을 갖는 사람들로 구성되는 경향이 있다.

다음은 제휴와 합작투자기업의 설립이다. 생산자와 소규모 협동조합들은 자신의 능력을 벗어난 수준의 자산이 필요한 사업에 참여하기 위하여 유사한 처지에 있는 협동조합과 연합회를 구성하는 노력을 기울여 왔다. 오늘날 연합회가 결성되는 경우는 매우 드물다. 21세기에 접어들면서 협동조합이 자원을 결합하기 위하여 선호하는 전략은 협동조합 간 또는 협동조합이 아닌 영리회사와 합작투자기업(joint venture)을 설립하는 것이다.

예를 들어 Agri-Mark 협동조합은 Kraft로부터 치즈공장을 매입했다. Agri-Mark는 Kraft의 상표인 Cracker Barrel 치즈를 만들기 위해 조합원의 우유를 구입하고, Kraft는 치즈를 판매한 후 Agri-Mark가 경영 위험을 최소화하고 건전한 수익을 확보할 수 있는 수준의 수수료를 지급하고 있다.

이들 합작투자기업은 협동조합이 새로운 기회를 모색하면서 이에 적합한 혁신적인 구조를 채택하고 있음을 보여준다. 합작투자는 합병이나 기업인수와 달리 당초의 목적을 달성할 수 없을 경우 다른 참여자에게 커다란 타격을 입히지 않고 관계를 정리할 수 있다는 또 다른 장점이 있다. 한편 지역조합들 사이에 합병이 필요한 경우 사료공장이나 비료공장 등 합작투자 사업체를 설립하여 양자 간에 협력을 진전시키고 이를 합병으로 이끌어 가는 경우도 있다.

앞에서 설명한 교섭조합 역시 새로운 조직모델의 하나로 활용되고 있다. 계약재배자들이 선택할 수 있는 조직 전략은 계약조건을 교섭하기 위하여 교섭조합 또는 전문조합을 결성하는 것이다. 이러한 유형의 협동조합은 기업화된 농업 분야에서 상대적으로 새로운 조직체이다. 최근에 전미가금계약생산자협회(NCPGA: National Contract Poultry Grower Association)에서 계약조건을 교섭하기 위하여 양계농가들을 조직하고자 하였다. 가공업자들의 방해는 조합을 조직하는 과정에서 계속하여 나타났으며, 다수의 계약생산 농가들을 조직화하는 데 어려움이 있었다.

한편, 일부에서는 전통적인 협동조합 조직을 다시 활용하거나 새로운 형태의 파생적 조직을 만들려는 노력도 일어나고 있다. 소규모 농가에 대한 기존 협동조합의 지원이 대규모 상업농에 비하여 비용 면에서 차별화되더라도 접근에 있어서는 공정하게 이루어지도록 지속적으로 개선되어야만 한다. 협동조합의 판매 활동을 통해 소규모 농가의 비용이 절감될 수 있으며, 인근 지역 시장에 대한 접근에 도움을 받을 수도 있다. 일부 협동조합에서는 틈새시장 접근 전략을 추구하고 있다. 틈새시장 협동조합은 취급하는 물품과 그 물품이 생산되는 영역의 특성 때문에 규모가 매우 작다. 예를 들어 협동조합은 유기농 재배 식품 시장과 다양한 민족적 기호를 반영한 소규모 식품 시장이 앞으로 어떻게 발전해 나갈 것인가에 주목할 필요가 있다. 그러한 특수성이 있다면 대규모 업체들과 반드시 경쟁하지 않고도 부가가치 가공 부문에서 성공할 기회가 있을 수 있다. 마지막으로, 소수의 농가가 공동으로 생산 서비스를 제공하는 협동조합을 설립하고 단일 농장처럼 영농을 하여 생산비를 절감하는 경우도 있다.

학습문제 풀이

[1] 미국농협의 생성 단계에 관한 설명으로 적절하지 않은 것을 고르시오.

① 농민단체의 적극적 지원

② 정부기관의 효율적 지원

③ 농민 조합원의 사업 참여

④ 정부의 협동조합 출자

정답 4번

해설 정부 출자는 없었다.

[2] 최근 미국농협의 변화를 초래한 요인에 해당하지 않는 것을 고르시오.

① 협동조합 기본법의 제정

② 정부의 농산물 가격지지 정책 철회

③ 식품시장에서 기업 집중의 심화

④ 대형 유통업체의 소매시장 지배력 확대

정답 1번

해설 협동조합 기본법의 제정이 없었다.

[3] 미국농협의 조직체계에 해당하지 않는 것을 고르시오.

① 연합형 협동조합

② 신용사업 겸영농협

③ 집중형 협동조합

④ 혼합형 협동조합

정답 2번

해설 신용사업은 별도 농협으로 조직된다.

[4] 미국에서 개별 농민과 지역농협이 조합원으로 참여하는 농협조직을 고르시오.

① 전문형 농협 ② 연합형 농협

③ 집중형 농협 ④ 혼합형 농협

정답 4번

해설 집중형 농협의 특성이다.

[5] 미국농협에서 시장 점유율이 가장 높은 분야를 고르시오.

① 청과 ② 축산

③ 곡물 ④ 낙농

정답 4번

해설 낙농 분야에서 협동조합의 시장 점유율은 89% 수준에 달한다.

[6] 미국에서 판매농협의 성장요인이 포함되지 않는 것을 고르시오.

① 품목별로 전문화된 대형 농민의 참여

② 정부의 법률적 · 제도적 지원

③ 생산지향적 사업전략의 추구

④ 시장지향적 사업전략의 추구

정답 3번

해설 시장지향적 사업전략이 강조되고 있다.

[7] 미국농협에서 정부의 지원 정책에 관한 설명으로 틀린 것을 고르시오.

① 캐퍼-볼스테드 법의 제정 ② 협동조합 유통법의 제정

③ 유통명령제도의 도입 ④ 국제협동조합연맹 원칙의 강조

정답 4번

해설 19세기 소비자 협동조합의 원칙으로 21세기 농협 운영과는 현실적 괴리가 있다.

[8] 미국에서 협동조합의 독점금지법 적용 제외를 규정한 법률을 고르시오.

① 협동조합 유통법

② 농산물 유통법

③ 캐퍼-볼스테드 법

④ 협동조합 기본법

정답 3번

해설 1922년에 제정되었다.

[9] 미국농협의 사업전략에 관한 설명으로 적절하지 않은 것을 고르시오.

① 조합원과의 판매 협약

② 공동계산제 적용

③ 브랜드 전략

④ 정부 정책사업 대행

정답 4번

해설 관련성이 전혀 없다.

[10] 미국농협의 브랜드 전략 사례에 포함되지 않는 것을 고르시오.

① Sunkist ② Welch's

③ Sun Maid ④ Danish Crown

정답 4번

해설 덴마크 양돈 협동조합의 브랜드이다.

[11] 미국의 판매농협이 조직되는 방식과 관계가 없는 것은?

① 연합형 ② 집중형

③ 혼합형 ④ 분산형

정답 4번

[12] 미국의 유통명령제(Marketing Order)에 대한 설명으로 틀린 것은?

① 1929년의 농산물유통법을 근거로 의회의 승인하에 시행되는 법적 제도이다.

② 농산물의 과잉생산에 의한 가격폭락을 막아 농산물시장을 안정시키기 위한 출하조정 정책이다.

③ 생산자뿐만 아니라 유통인 소비자까지 참여하여 공동의 이익을 위해 출하조정을 결정한다.

④ 농협은 유통명령제를 통해 안정적인 가격을 받을 수 있고 처리능력 범위에서 농산물을 취급할 수 있다.

정답 1번

[13] 미국농협을 주도하고 있는 판매농협의 조직 형태 중 가장 많은 유형은?

① 독립형 ② 연합형

③ 집중형 ④ 혼합형

정답 3번

★ OX 퀴즈

미국에서는 1922년 캐퍼-볼스테드 법 제정으로 농민들이 협동조합을 통해 공동으로 농산물을 판매하는 행위가 독점금지법의 적용을 받지 않게 되었다. (○)

미국 농무부(USDA)는 협동조합을 "이용자가 소유하고 통제하는 사업체로서, 그 이익을 출자지분에 비례하여 이용자에게 배분하는 사업체"라고 정의하였다. (×)

제3절 일본의 농협운동[4]

1. 역사

가. 산업조합 단계

일본의 근대적인 협동조합운동은 1900년에 라이파이젠이 구상한 독일의 산업경제조합법을 모방한 산업조합법을 제정한 데서 비롯되었다. 산업조합은 사단법인으로서 신용조합, 판매조합, 구매조합, 이용가공조합의 4종이 있었다. 사업 면에서는 일반조합이 신용사업을 겸영할 수 없도록 하였다가 1906년 신용조합이 판매사업을 겸영하도록 함으로써 종합농협의 기틀이 마련되었다.

4 일본농협은 설립 당시 독일 라이파이젠 협동조합을 모델로 한 산업조합을 계승하면서 다양한 이해관계를 포용하는 방향으로 조직이 설립되었다. 회원농협은 종합농협과 전문농협으로 이루어져 있고, 연합회도 종합농협 연합회와 전문농협 연합회로 이루어져 있다. 중앙회는 현 단위 조직과 전국 단위 조직으로 구성되어 있다. 복잡한 계통조직 → 조직 간 사업의 중복과 경합 치열 → 지금은 현 연합회와 전국 연합회가 통합되어 있다. 또 일본농협의 협동회사 설립은 1948년 기존의 농업회 해산과 함께 농협이 승계한 농촌공장의 경영부실을 해소하기 위한 방편으로 자회사를 설립한 것이 계기가 되었다. 1970년대에는 유통업체의 농촌 침투에 대응하여 생활물자 부문의 자회사가 설립되었다. 1988년 이후에는 회원농협을 중심으로 광역 합병의 진전과 함께 합병 후의 사업 및 조직 재편의 일환으로 한 자회사를 설립했다. 1994년에는 농업생산법인에 대한 농협의 출자가 가능해짐에 따라 농작업 수탁회사 설립이 주류를 이루었다. 일본농협의 특징을 보면, 첫째, 종합농협 중심체제다. 초기부터 일본농협은 종합농협과 전문농협으로 조직되어 왔으나, 경영규모가 영세한 농가를 종합적으로 지원하기 위한 종합농협체제가 발달되어 왔다. 둘째, 일본농협도 한국농협과 마찬가지로 농촌경제를 회생시킬 목적으로 정부의 정책사업을 대행하고 있다. 셋째, 농촌지역을 기반으로 한 지역농협의 위상을 강화하고 있다. 넷째, 지속적인 합병을 추진하고 있다. 예컨대 중앙회(全中, 縣中)가 회원농협과 공동으로 합병농협에 대한 경영컨설팅(JASMIC)을 실시하여 합병의 효과를 높이기 위한 노력을 지속적으로 하고 있다. 다섯째, 일본농협도 한국농협과 마찬가지로 경제사업의 적자를 신용 · 공제사업의 흑자로 보전하고 있는 실정이다.

일본 정부는 현 정부와 농회를 통해 산업조합 설립을 강력히 지도하였으며, 국가정책의 추진체로서 협동조합을 중시하였다. 각지에서 산업조합이 설립되자 정부는 1909년 산업조합법을 개정하여 산업조합의 지도기관으로 농협중앙회의 전신인 산업조합중앙회를 설립하였다. 농협운동을 보다 능률적으로 수행하기 위해 1910년에는 현 단위 연합회를, 1923년에는 전국 단위 연합회와 농림중금의 전신인 산업조합중앙금고도 설립하였다. 1931년에는 전국적인 판매사업연합회가 설립됨으로써 계통조직이 정비되었다.

1937년 중일전쟁 이후 일본은 본격적인 전시체제로 들어갔고, 산업조합도 국가협력단체에 편입되었다. 정부는 농촌경제를 통제하기 위해 1943년 산업단체법을 제정하였으며, 산업조합과 농회(農會)를 통합하여 농업회(農業會)를 결성하였다. 농업회는 전 농민이 회원이 되고 가입과 탈퇴가 인정되지 않을 뿐만 아니라, 지방장관이 임원을 임명하는 등 강제적인 단체가 됨으로써 협동조합의 성격을 상실하게 되었다. 따라서 1943년부터 농협법이 제정된 1947년까지는 일본농협운동의 공백기였다고 할 수 있다.

나. 농업협동조합 단계

1) 전후 농협 재건시대

제2차 세계대전이 끝난 후 미군정하에서 일본 경제 회복을 위한 협동조합운동의 재기가 요청되자, 농지개혁에 의해 창설된 자작농을 바탕으로 한 협동조합 설립을 위해 현재의 농업협동조합법이 1947년에 제정되었다. 결국 기존의 농업회를 계승하여 하향식으로 조직되었으며, 종합농협 13,800개와 특수농협 14,800개의 이원체제로 전개하게 되었다. 또한 사업을 중심으로 현 단위에 844개, 전국 단위 14개의 연합회를 구축하였으며, 초기에는 중앙회 조직은 만들어지지 않았다.

농협은 발족 초기부터 큰 위기에 봉착하였다. 1949년부터의 경제불황 때문에 농협의 경영도 부실해졌으며, 약체농협은 예금지불을 제한하거나 정지하는 경우가 속출했다. 이 외에도 ① 농협의 난립, ② 임원의 자질 문제, ③ 조합원의 농협 의식 희박, ④ 자재 유통의 다원화 등으로 많은 어려움을 겪었다. 이로 인해 정부는 재무처리 기준령을 제정하여 농협의 경영에 적극적으로 개입하게 되었다. 1951년에는 농림어업조합 재건정비법, 1953년에는 농림어업조합연합회 정비촉진법을 제정하여 경영부실 조합에 대해 정부가 이자 보상을 실시하였다.

중앙회를 대신해 농협의 지도를 담당한 전국지도농협연합회(全指連)가 있었으나, 재원과 권한이 약해 제대로 기능하지 못했다. 결국 1954년 농협 육성에 대한 강력한 지도력을 갖추기 위해 새로운 조직으로 도도부현과 전국에 농협중앙회를 만들었다. 이리하여 중앙회는 농민대표로 구성된 도도부현 및 전국 농업위원회와 함께 농업을 대표하는 단체가 되었다.

2) 농협의 발전 단계

1954년부터 전국적으로 종합사업계획화운동을 전개하였는데, 이 운동은 조합원의 영농과 생활설계를 조합원에게 만들게 하고 농협은 이를 기초로 판매사업 등을 종합화하는 계획을 수립하고 실행하는 것이다. 이 운동에 의하여 농협의 영농지도체제가 확립되고 농협이 발전하는 기초가 되었다.

1957년부터는 농협쇄신확충3개년계획운동을 전개하였는데, 그 내용은 ① 조합원 교육과 임직원 자질 향상을 위한 농협 이념 강화, ② 영농지도체제 확립을 통한 농가경제의 계획화, ③ 농협 3단계 조직의 정비, ④ 집행체제 강화 및 경영의 안정화, ⑤ 계통 전 이용체제의 강화 등이었다. 한편 1961년에 실시된 농협합병조성법을 계기로 1961년 12,050개 조합이 1970년 6,185개로 합병되었다.

1973년 석유파동으로 경제 불황이 계속되자 농협의 사업도 정체되었고, 고도의 경제성장하에서 농협과 조합원의 결합도 약화되었다. 따라서 농협은 1976년 제14회 전국농협대회에서 협동활동 강화운동을 전개하였다. 그 내용을 보면, 영농 측면에서는 ① 계획영농체제 수립, ② 생산조직의 활성화, ③ 농업투자의 효율화, ④ 농축산물 판매체제의 강화 등이고, 농협운영 측면서는 ① 조합원의 의사를 반영한 농협경영, ② 조합원 · 임직원 교육 강화, ③ 농협조직의 사업체제 정비, ④ 농업 · 농협에 관한 홍보활동 강화 등이다.

1980년대에 들어와 경제성장이 둔화되면서 농산물의 수요 증가는 정체되고, 쌀, 밀감, 우유 등 많은 품목이 과잉 상태로 되자 생산조정에 노력하게 되었다. 또한 농민들의 농업에 대한 위기의식이 확산되자 농협은 제15회 전국대회에서 일본농업의 과제와 농협의 대책을 결정하고 전국적인 농산물의 수급조정 강화에 힘쓰게 되었다. 이후 농협은 수입개방 등에 의한 농업인의 경영환경 악화에 대응하여 1995년의 식관

법(食管法) 개정, 1999년의 신농업법(新農業法) 제정 등 다양한 입법 활동을 통해 농업과 농업인의 이해를 정부 정책에 반영하였다. 또한 수입자유화, 금융자유화, 규제완화 등에 의해 농협의 경영환경이 악화되자 이에 대응하기 위한 새로운 사업 및 조직 전략을 마련하는 등 지속적인 발전을 위해 노력하고 있다.

2. 조직

일본농협은 Japan Agricultural Co-operatives의 약자인 JA를 1992년 4월부터 농협을 상징하는 명칭으로 사용하고 있다. 일본농협의 사업체계에서 보면 기본적으로 단위농협-현 연합회-전국 연합회로 구성된 3단계 조직이다. 그러나 단위농협도 종합농협과 전문농협으로 구성되어 있으며, 연합회도 사업별 · 업종별로 분화되어 있어 매우 복잡한 양상을 보이고 있다. 이렇게 정치 · 사회적 필요에 의해 조직을 확대해 온 결과, 농협 간 경쟁이 치열해지고 조직운영에 대한 비효율성이 높다는 문제가 제기되고 있다. 따라서 일본농협은 사업 및 경영 효율성을 제고하기 위해 사업별 연합회인 현 연합회와 전국 연합회를 통합하고 있는 중이다.

또한 단위농협 및 연합회에 대한 지도 · 감독 및 농정활동 등을 위해 별도의 중앙회를 두고 있다. 중앙회 역시 현 중앙회, 전국 중앙회로 나누어져 있다.

가. 단위농협

일본의 단위농협은 우리나라처럼 시정촌(市町村) 단위 지역조합인 종합농협과 품목별 · 업종별 조합인 전문농협으로 나누어져 있다. 종합농협은 신용, 구매, 판매, 공제, 영농지도, 복지 및 서비스 사업을 겸영하는 가장 일반적인 형태의 농협이며, 전문농협은 낙농, 원예특산, 축산, 양계, 농촌공업 등으로 구분되어 있다.

1998년 1,833개로 줄었던 종합농협의 수는 지속적인 합병의 결과 2009년 현재 719개가 되었으며 전문농협은 2007년에 2,445개가 되었다. 2004년 현재 종합농협의 조합원 수는 정조합원 505만 명과 준조합원 409만 명이었다. 당시 1개 JA당 조합원은 정조합원 5,537명과 준조합원 4,481명을 합해 1만 18명 정도였다.

나. 연합회

1) 현 연합회

현 연합회에는 종합농협(JA)이 중심이 된 사업 부문별 연합회와 전문농협을 중심으로 한 각종 전문련(專門連)이 있다. 사업 부문별 연합회에는 신용사업을 담당하는 신련(信連), 공제사업을 담당하는 공제련(共濟連), 농자재 구매사업과 농산물의 가공 · 판매사업를 담당하는 경제련(經濟連), 농촌의 복지 · 의료 등을 담당하는 후생련(厚生連)이 있고, 업종별 · 품목별 전문련(專門連)에는 양잠련(養蠶連), 축산련(畜産連), 원예련(園藝連), 낙농련(酪農連) 등이 있다.

종합농협 연합회인 신련, 경제련, 후생련 등에 전문농협이 회원으로 가입되어 있는 경우가 많으며, 전문농협의 연합회인 전문련에도 종합농협이 회원으로 가입한 경우가 있다. 2006년 현재, 현 연합회에는 경제련 9개, 신련 41개, 공제련 47개, 후생련 36개 그 밖에 각종 현 연합회 112개가 있다.

2) 전국 연합회

전국 연합회는 현 연합회가 회원으로 가입하여 각종 사업을 수행하는 전국 단위의 연합회이다. 전국 연합회에는 현 경제련을 회원으로 하는 전농(全農), 현 공제련을 회원으로 하는 전공련(全共連), 현 후생련을 회원으로 하는 전후련(全厚連), 현 전문련을 회원으로 하는 각종 전국전문련(全國專門連) 등이 있다. 신용사업은 별도의 전국 연합회를 두지 않고 특별법인 농림중앙금고법(農林中央金庫法)에 의해 현신련이 농림중금(農林中金)의 회원으로 가입하여 사업 및 조직관계를 맺고 있다. 농림중금은 농협뿐만 아니라 어협, 임협의 단위농협 및 연합회가 회원으로 가입되어 있어 농림어업협동조합을 종합하는 금융기관이다.

다. 중앙회

현 중앙회는 단위농협과 현 연합회의 종합 지도조직으로 종합농협, 전문농협 및 현 연합회가 회원으로 가입하고 있다. 따라서 단위농협은 현 연합회에 가입됨과 동시에 현 중앙회에 가입하게 된다. 중앙회는 연합회와는 달리 동일 구역에 하나밖에 설립될 수 없으며, 회원농협과 연합회에 대한 감사권을 갖고 있다. 또한 중앙회에 회원농협과 연합회에 대한 강력한 지도 · 감독 기능을 부여하기 위해서 연합회와는 별도로 중앙회라는 명칭을 사용했다.

전국농협중앙회(全中)는 전국 연합회(13), 현 중앙회(47), 현 중앙회의 정회원인 단위농협(JA, 719)과 현 연합회(126)인 회원과 준회원(12)으로 조직되어 있으며, 수익사업은 하지 않고 회원의 회비로 운영되고 있다. 현 중앙회에 가입하고 있는 단위농협은 자동적으로 전중(全中)

〈그림 5-2〉 일본농협의 계통조직도

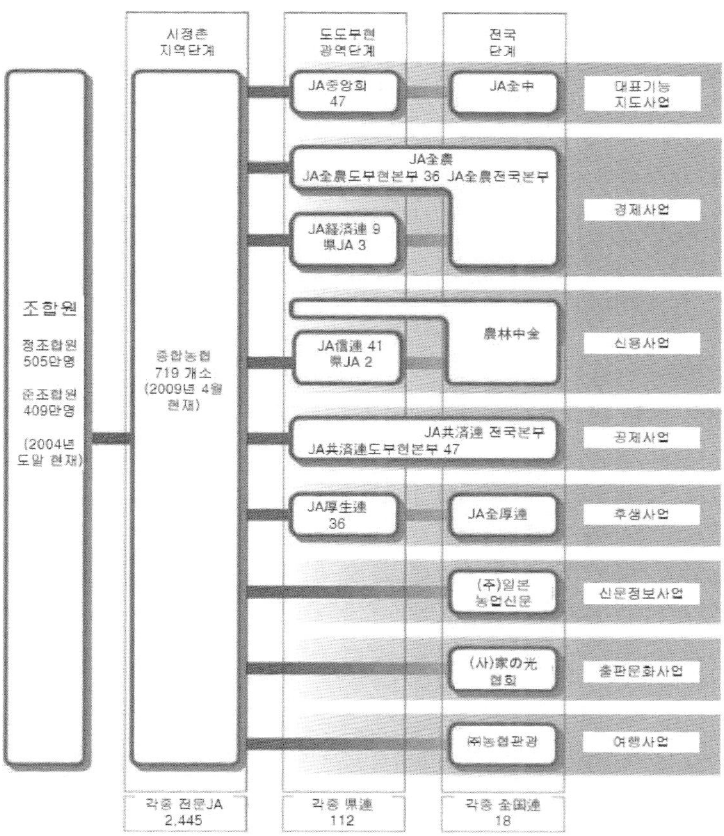

의 회원이 된다. 전국농협중앙회는 현 중앙회와 전국 연합회에 대한 지도 · 감독 기능을 갖게 된다. 따라서 전중은 전국 연합회의 상위 조직이며, 협동조합 최고의 사령탑이다. 최고의 의사결정기구로 총회를 두고 있으며, 정회원 중 246명의 대의원을 구성하고 있다. 전중은 3년마다 농협전국대회를 개최하여 농협계통의 주요 경영방침을 결정하고 있다.

3. 사업

가. 신용사업

JA 단위농협, JA 신련, 농림중금으로 구성된 'JA뱅크'는 실질적으로 하나의 금융기관으로 기능을 한다. 2009년 3월 말 현재 일본 JA 계통 신용사업의 3단계 종합균형을 살펴보면, 조달은 총 118조 5,585억 엔 중 예적금이 91조 2,258억 엔으로 76.9%, 농림채권이 5조 2,550억 엔으로 4.4%, 수탁대부금이 2조 948억 엔으로 1.8%, 기타 19조 9,828억 엔으로 16.9%를 구성하였다. 운용은 유가증권과 금전 신탁에 66조 6,666억 엔으로 56.2%, 대출금 37조 9,333억 엔으로 32.0%, 현금, 예치금, 금융기관 대출금이 6조 3,095억 엔으로 5.6%, 기타 7조 6,491억 엔으로 6.5%를 차지하였다.

한편, 공제사업에서는 2009년 현재 개인연금을 포함한 생활공제 1,704만 건, 손해공제 1,192만 건, 자동차 공제 849만 건의 계약을 유지하고 있다.

나. 경제사업

일본농협의 경제사업 취급액은 2004년 현재, 종합농협이 3조 3,285억 엔, 현 경제련이 1조 9,261억 엔, 전농이 4조 6,030억 엔을 차지하고 있는데, 1990년 이래 그 실적이 계속 감소하고 있는 추세이다.

전농의 농산물 판매사업을 보면, 총판매액 중 쌀이 1조 242억 엔, 채소 1조 2,462억 엔, 축산 1조 313억 엔, 과일 4,572억 엔으로 나누어진다. 판매사업의 취급액이 1990년 이후 감소하고 있는데, 이는 농산물 가격의 정체도 영향을 미치고 있지만, 전업농 · 대규모농가의 농협 이탈도 큰 요인으로 작용하고 있다.

일본농협의 구매사업은 비료, 농기계, 사료 등 생산자재와 생활물자 구매를 포함하고, 각 JA와 JA 경제련(經濟連), 전농 현 본부, JA 전농이 각각 기능적인 역할 분담을 한다. 농가에 직접 공급하는 2004년 JA의 취급액은 3조 5,253억 엔이고, 중간 단계에서 JA경제련(經濟連) 1조 1,329억 엔, JA 전농 2조 4,519억 엔을 취급하였다.

다. 영농지도 및 서비스 사업

일본농협은 농업 진흥에 관한 지도, 농산물의 생산에서 판매까지의 지도, 생산자조직 육성 지도 등을 포괄적으로 수행하는 지도사업을 실시해 왔다. 그러나 최근 전업농의 진전으로 농가의 기술수준이 향상되면서 재배기술에 중점을 둔 영농지도원의 수가 감소되는 경향을 보이고 있다. 이 외에도 농협은 공동이용시설의 설치, 농작업 수위탁 등 생산에 관련된 각종 사업을 실시하고 있는데, 조합원이 생산한 농산물의 집하 · 가공 등에 필요한 공동이용시설을 설치하고 있는 농협이 많다. 예로 청과물 집하 · 선별시설은 70%의 농협이, 미곡종합처리장은 약 40%의 농협이 설치하고 있다.

한편 일본농협은 농촌지역 노령화에 대비해 노령자 복지 대책을 충실히 추진하고 있는데, 개호보험 참여 확대, 가정방문 도우미 양성, 노인의 집 운영 등을 들 수 있다. 또한 지역자치단체와 함께 농촌지역의 활성화를 위해 지역 및 지역농업 개발을 위한 다양한 사업에 참여하고 있다.

4. 주요 특징

가. 종합농협 중심체제

초기부터 일본농협은 종합농협과 전문농협으로 조직되어 왔으나, 경영규모가 영세한 농가를 종합적으로 지원하기 위한 종합농협체제가 발달되어 왔다. 앞의 사업현황에서도 보았지만, 전문농협은 종합농협에 비해 사업규모도 작을 뿐만 아니라, 경영 여건도 어려운 형편이다. 고도의 경제성장 속에서 식생활 패턴의 변화와 정부의 정책적 지원으로 성장작목의 주산지가 형성됨에 따라 전문농협을 강화해야 한다는 주장도 제기되고 있다. 그러나 개별농가의 규모는 아직도 영세하고, 여전히 다양한 작목을 재배하고 있으며, 전문농협의 경우 신용사업을 취급하지 않아 경영이 좋지 못하며, 업무의 계절적인 제약을 받고 있다. 이러한 여건으로 인해 일본농협은 종합농협 중심으로 조직을 운영하고 있다.

한편 농업인구의 급격한 감소, 도시화의 진전 등으로 농촌사회도 커다란 변화를 겪고 있다. 농촌인구 감소로 농촌경제가 위축됨에 따라 조합원의 겸업화가 증가하고 있으며, 농촌에는 비농업인과 농업인의 혼주화 현상이 나타나고 있다. 농촌경제가 악화됨에 따라 조합의 경영환경도 악화되고 있기 때문에 일본농협은 지역경제를 살리기 위한 다양한 활동에 참여하고 있다. 또한 조합원의 요구는 농업뿐만 아니라 비농업적인 부문에서도 더욱 커지고 있으며, 지역경제 활성화를 위한 다양한 사업이 요구되기 때문에 일본농협은 종합농협을 더욱 강화하는 방향으로 나아가고 있다.

규모화에 의한 조직의 효율성을 높이기 위해 합병을 추진하고 있으며, 지역 및 지역농업개발 계획을 수립해 다양한 사업을 발굴하고, 농업인에 대한 지원도 여러 측면에서 종합적으로 검토하고 있다.

나. 정책사업 대행

일본농협도 우리나라와 마찬가지로 농촌경제를 회생시킬 목적으로 정부의 정책적 지원에 의해 설립되었다. 따라서 농협은 농업자금 공급은 물론 영농자재공급, 농산물 가격안정사업, 양곡수매, 농산물 생산지도 등 농업정책의 공동목표를 달성하기 위해 정책사업을 대행해 왔다. 이 외에도 농촌 복지사업, 농촌 주택사업, 전업농육성사업 등 다양한 사업을 정부의 지원을 바탕으로 실시하고 있다. 특히 농업위원회의 협력을 바탕으로 농업생산 및 농가경제 안정을 위한 사업을 추진하고 있으며, 지역에서는 지방자치단체와의 협력을 바탕으로 지역농업개발을 위해 다양한 사업을 개발하고 있다.

판매사업의 경우 정책사업을 배경으로 성장하여 왔는데, 일본농협 판매사업의 시장점유율을 보면, 1997년 현재 채소 60%, 과일 75%, 축산 54% 등으로 높은 수준이다. 채소생산출하안정법, 과수농업진흥특별법 등의 제도적 뒷받침에 힘입어 농협의 청과물 판매사업의 취급량이 증대하였으며, 이 중 정책사업 취급물량이 3분의 1 이상을 점유하고 있다. 일례로 채소공급안정기금제도를 들 수 있는데, 이 제도는 사업 대상 채소류의 품목과 산지, 출하시장 및 출하시기를 미리 지정하고, 농협과 같은 출하단체를 통해 공동 출하하는 농가에 대해 적정가격을 보전해 주는 제도이다. 일반적으로 보전가격은 지난 10년간 도매시장 평균가격의 90% 선에서 결정되고 있다. 과수 부문에서도 비슷한 제도가 운영되고 있다. 이처럼 일본농협은 농산물 유통 및 수급에 대한 정부의 지원을 통해 안정적인 사업 기반을 확보해 오고 있다.

다. 농촌지역을 기반으로 한 지역농협의 위상 강화

영세한 조합원의 영농구조, 수입개방 등으로 인해 농산물의 생산과 판매를 통한 조합원의 소득 향상에는 한계가 있다. 또한 농가인구가 감소하고 농업과 타 산업을 겸영하는 겸업농가가 증가하고 있기 때문에 농업과 지역사회를 유지하는 것도 중요한 문제로 대두되고 있다. 따라서 일본농협은 농업을 유지 · 발전시키기 위한 지역농업 전략과 함께 농업과 공생하는 지역사회 만들기를 토대로 지역농협의 위상을 강화하고 있다. 이를 기반으로 조합원의 수익사업 개발과 삶의 질을 향상시키기 위한 복지사업도 전개하고 있다.

지역농업 전략은 지역 실정에 맞는 농업 전략을 지방자치단체와 함께 수립하는 것인데, ① 전업농 및 농업법인 육성 · 지원, ② 농업담당자 농협 영농센터의 기능 및 체제 정비, ③ 농지활용 극대화, ④ 중산간 지역 직접지불제 등을 통한 농지보전, ⑤ 농협의 판매사업 활성화, ⑥ 농가 경영안정 대책 마련 등을 포함하고 있다. 아울러 농업을 기반으로 하는 지역사회를 만들기 위해 ① 지역단위의 종합적인 토지이용계획 수립, ② 도농교류를 위한 전원주택 공급 및 그린투어리즘 개발, ③ 조합원의 생활설계에 기초한 자산관리 사업 실시, ④ 농촌의 노령화에 따른 고령자 종합 복지사업 추진, ⑤ 지역주민의 요구에 기초한 시민농원, 학원농장, 지역특산 가공사업 등을 추진하고 있다.

라. 지속적인 합병 추진

일본농협을 둘러싼 경영환경을 보면, 조합원의 욕구가 다양화 · 고도화됨과 동시에 타 업체와의 경쟁으로 경영이 어려워지고 있다. 이러한 가운데 농협은 정부의 정책적 지원하에 사업의 규모화와 효율성을 통해 경영기반을 확립하기 위한 회원농협 간 합병을 지속적으로 추진해 왔다. 1961년 농협합병조성법이 제정된 이래 수차례의 합병계획을 통해 1960년 12,050개인 지역농협을 2010년 4월 현재 719개로 합병하였으며, 최종적으로 500여 개로 축소한다는 계획을 가지고 있다.

한편, 일본농협은 합병 후에도 ① 경영환경 변화에 대응한 농협개혁 미흡, ② 자금, 사업범위, 사업량, 직원 수 증가에 대응한 경영체계 미확립, ③ 구태의연한 사업방식 · 경영관리 · 인사노무관리 등 기존의 사업체계 및 관행을 벗어나지 못해 뚜렷한 경영개선 효과가 나타나지 않았다. 따라서 중앙회(全中, 縣中)가 회원농협과 공동으로 합병농협에 대한 경영컨설팅(JASMIC)을 실시하여 경영진단을 통한 경영계획 수립으로 합병의 효과를 높이기 위해 노력하고 있다.

경영컨설팅은 합병농협의 규모에 걸맞은 사업 및 조직체계를 구축하기 위한 것이며, 그 내용으로는 ① 본 · 지소의 기능과 역할 재조정, 사업조직의 통폐합, ② 능력주의 인사제도 도입과 직원의 적정 배치에 의한 노동생산성 향상, ③ 사업 부문별 · 사업소별 손익관리체제 도입, ④ 종합경영관리시스템(Compass-JA)의 도입 등을 포함하고 있다.

마. 계통 간 경합

일본농협은 설립 당시 독일 라이파이젠 협동조합을 모델로 한 산업조합을 계승하면서 다양한 이해관계를 포용하는 방향으로 조직을 설립하였다. 따라서 회원농협은 신용사업을 중심으로 경제사업을 결합한 종합농협과 품목별 · 기능별로 전문화되어 있는 전문농협이 있다. 또한 연합회도 회원농협의 조직체계에 맞게 종합농협 연합회와 전문농협 연합회가 있으며, 이들은 다시 현 단위와 전국 단위로 나누어져 있다. 아울러 연합회와 달리 중앙회가 현 단위와 전국 단위에 조직되어 있다.

이처럼 복잡한 계통조직으로 인해 조직 간 사업의 중복과 경합이 치열하여 갈등을 겪는 경우가 있다. 경제사업의 경우 종합농협과 전문농협의 경합이 심하며, 대규모 합병농협과 현 연합회의 경합, 현 연합회와 전국 연합의 경합도 종종 나타나고 있으며, 조직의 경영에도 악영향을 미치고 있다. 따라서 최근 일본농협은 현 연합회를 전국 연합회와 통합함으로써 조직 간 경합을 줄이는 방안을 추진 중에 있다.

한편 조사, 감사, 농정활동 등 비경제적 사업을 수행하는 중앙회와 경제 · 신용 · 공제 등을 수행하는 연합회가 분리되어 있다. 이로 인해 중앙회는 회원농협과 연합회의 분담금으로 사업을 운영하고 있는데, 회원농협과 연합회의 경영이 어려워짐에 따라 분담금의 갹출이 어려워지자 중앙회 사업이 어려워지고 있는 실정이다.

바. 다양한 협동회사의 설립

일본농협의 협동회사 설립은 일찍이 1950년대부터 진행되어 왔는데, 이는 1947년 농협법 제정에 이어 1948년 기존의 농업회 해산과 함께 농협이 승계한 농촌공장의 경영부실을 해소하기 위한 방편으로 자회사를 설립한 것이 계기가 되었다. 이후 1970년대 초반에는 유통업체의 농촌 침투에 대응하여 연합회를 중심으로 한 생활물자 부문 등의 자회사 설립이 피크를 이루었고, 1988년 이후에는 회원농협을 중심으로 광역합병의 진전과 함께 합병 후의 사업 및 조직 재편의 일환으로 한 자회사 설립이 다시 번성하고 있다. 회원농협에 의한 자회사 설립은 농축산물 가공, 장제, 생활물자, 자산관리, 농작업 수탁업무 등 다양한 영역에 걸쳐 전개되고 있는데, 최근에는 1994년 농업기반강화촉진법 개정과 함께 농업생산법인에 대한 농협의 출자가 가능해짐에 따라 농작업 수탁회사 설립이 주류를 이루고 있다.

1998년 3월 현재 총 1,075개의 협동회사가 있는데, 이 중 절반 이상이 회원조합이 출자한 것이고 경제련이 3분의 1 정도를 점하고 있다. 사업별로는 농축산물 도매, 생활물자 소매 등 도 · 소매와 음식업이 289개로 가장 많고, 장제 등 서비스업이 229개 사, 가공 등 제조업이 182개로 뒤를 잇고 있다.

회원조합을 모체로 하는 협동회사는 그 설립 목적이 조합 자체적으로 사업추진이 곤란한 부문이나 조합원의 니즈 증가에 대한 필요성 등 다양하다. 이를 구체적으로 보면, ① 광역합병 후 일부 수익성이 낮거나 경쟁이 치열한 사업 부문(생활물자, 식자재택배, 장제 등)을 자회사화하는 사업 · 조직 재구축의 일환, ② 토 · 일요일 구분 없이 지속되는 사업, 전문성이 요구되는 사업, 비조합원의 이용도가 높은 사업(주유소, LP가스, 장제 등)으로 이용자의 편리성 증대를 목적, ③ 통상의 근무시간대에는 곤란하거나 불규칙적이고, 귀소화물이 없어 채산성이 낮은 운송사업 등의 특수한 근무 형태나 노무관리 면에서의 대응, ④ 조합원의 토지이용계획 상담, 자산의 보전관리운용을 위한 종합적인 지원 등 고도한 전문능력 발휘와 직원의 업무 의욕 고취 환경 조성, ⑤ 경영체로서 사업 및 경영을 유지하고 손익책임을 명확화 등을 들 수 있다.

사. 경제사업 적자를 신용사업 수익으로 보전

일본농협도 조합원의 경영규모가 영세하고, 농협의 사업 구역이 좁아 사업의 효율적인 운영이 어려워 경제사업에서는 수익을 내지 못하고 있다. 따라서 경제사업의 적자를 신용 · 공제사업의 흑자로 보전하고 있는 실정이다.

학습문제 풀이

[1] 일본농협의 최근 동향과 관련한 설명으로 틀린 것은?

① 농촌에는 비농업인과 농업인의 혼주화 현상이 나타나고 있다.

② 농촌경제가 악화됨에 따라 조합의 경영환경도 악화되고 있다.

③ 농촌경제가 왜소해짐에 따라 조합원의 겸업화가 증가하고 있다.

④ 다양한 지역경제 활성화 사업을 위하여 전문농협을 강화하고 있다.

정답 4번

[2] 일본농협의 조직에 대한 설명 중 틀린 것은?

① 2009년 현재 일본의 종합농협 수는 지속적인 합병의 결과 219개로 감소되었다.

② 사업 및 경영 효율성 제고를 위해 사업별 연합회인 현 연합회와 전국 연합회를 통합하고 있는 중이다.

③ 전국 연합회는 현 연합회가 회원으로 가입하여 각종 사업을 수행하는 전국 단위의 연합회이다.

④ 단위농협은 현 연합회에는 가입할 수 있으나 현 중앙회에 가입할 수 없다.

정답 4번

[3] 일본농협의 특징이 아닌 것은?

① 일본농협은 전문농협 중심으로 조직을 운영하고 있다.

② 일본농협도 우리나라와 마찬가지로 농촌경제를 회생시킬 목적으로 정부의 정책적 지원에 의해 설립되었다.

③ 일본농협은 농업을 유지, 발전시키기 위한 지역농업 전략과 함께 농업과 공생하는 지역사회 만들기를 토대로 지역농협의 위상을 강화하고 있다.

④ 일본농협은 정부의 정책적 지원하에 사업의 규모화와 효율성을 통해 경영기반을 확립하기 위한 회원농협 간 합병을 지속적으로 추진해 왔다.

정답 1번

[4] 일본농협의 역사에서 산업조합에 관한 설명으로 적절하지 않은 것을 고르시오.

① 독일의 협동조합 제도를 모방하였다.

② 1900년에 산업조합법이 제정되었다.

③ 초기에는 신용, 구매, 판매, 이용가공조합의 4종이 있었다.

④ 지역농협과 경합하였다.

정답 4번

해설 일본농협은 1947년에 설립되었다.

[5] 일본농협의 설립 단계에 관한 설명으로 적절하지 않은 것을 고르시오.

① 1945년에 농업협동조합법이 제정되었다.

② 농협은 정부에 의해 하향식으로 조직되었다.

③ 1949년 경기불황으로 농협경영이 부실해졌다.

④ 종합농협과 특수농협의 2원체제로 설립되었다.

정답 1번

해설 1947년에 제정되었다.

[6] 일본의 농협중앙회에 관한 설명으로 적절하지 않은 것을 고르시오.

① 1954년에 설립되었다.

② 도도부현 단위와 전국 단위로 설립되었다.

③ 회원농협이 운영비용을 부담하였다.

④ 정부 출자에 의해 설립되었다.

정답 4번

해설 정부 출자는 없었다.

[7] 일본농협의 조직 체계에 관한 설명으로 적절하지 않은 것을 고르시오.

① 3단계 조직이다.

② 단위농협은 종합농협과 전문농협으로 구분된다.

③ 조합원은 정조합원과 준조합원으로 구분된다.

④ 농협중앙회는 회원농협에 무이자 자금을 지원한다.

정답 4번

해설 농협중앙회는 회원농협의 회비로 운영된다.

[8] 일본농협에서 전국 단계 계통조직이 아닌 것을 고르시오.

① JA 전농

② JA 전중

③ 농림중금

④ JA 경제련

정답 4번

해설 도도부현 단계 조직이다.

[9] 일본농협의 사업에 포함되지 않는 것을 고르시오.

① 신용사업

② 경제사업

③ 공제사업

④ 은행사업

정답 4번

해설 일본농협은 상업은행 업무를 영위하고 있지 않다.

[10] 일본농협 사업체제의 특징에 관한 설명으로 틀린 것을 고르시오.

① 종합농협 사업체제

② 정책사업의 대행

③ 지속적인 합병 추진

④ 중앙회의 무이자 자금지원

정답 4번

해설 일본의 농협중앙회는 회원의 회비로 운영된다.

[11] 일본농협의 협동회사 운영에 관한 설명으로 틀린 것을 고르시오.

① 광역합병에 따른 사업과 조직의 재편 방식이다.

② 지역농협은 농업생산법인에 대해 출자하고 있다.

③ 협동회사는 주로 연합회 단위에서 운영된다.

④ 주말에도 운영되는 사업 분야에 설립되고 있다.

정답 3번

해설 협동회사의 절반은 회원조합이 출자한 것이다.

[12] 일본농협의 운영에 관한 설명으로 적절하지 않은 것을 고르시오.

① 지역단위로 종합농협 체제를 강화하고 있다.

② 미국 군정의 주도로 1947년 농협법이 제정되었다.

③ 정책사업 대행 업무를 수행하고 있다.

④ 사업구조 개편으로 신용사업과 경제사업이 분리되었다.

정답 4번

해설 1947년 농협법에 따라 사업 분야별로 전국 연합회가 설립되었다.

[13] 일본농협의 발전과정에 관한 설명으로 적절하지 않은 것을 고르시오.

① 계통 조직 간의 사업 경합이 존재한다.

② 지역농협은 신용사업 수익으로 경제사업 적자를 보전하고 있다.

③ 광역합병 이후에도 경영개선의 효과가 미미한 수준이다.

④ 정부정책과 별도로 경제사업 활성화를 추진하고 있다.

정답 4번

해설 일본농협의 경제사업은 정부정책과 연계되어 있다.

부록

NH농협 공채 면접문제 작성모음

1) 기저효과에 대해 설명해보시오.

▶경제지표를 평가하는 데 있어 기준시점과 비교시점의 상대적인 수치에 따라 그 결과에 큰 차이가 날 수 있음을 뜻합니다. 즉, 경기가 좋은 때를 기준시점으로 현재의 경제 상황을 비교할 경우 경제지표는 실제보다 위축된 모습을 보이게 됩니다. 반면, 불황기의 경제 상황을 기준시점으로 비교하면 경제지표가 실제보다 부풀려져 나타날 수 있습니다.

2) 래퍼곡선이 무엇인가?

▶래퍼곡선은 공급중시 경제학 또는 공급 측 경제학의 근간이 되는 이론을 설명하는 곡선입니다. 공급중시 경제학은 기업가 등 경제주체에 대한 유인을 중시하고 있으며, 조세가 이에 중대한 영향을 미친다고 보고 있습니다. 래퍼(B. Laffer)는 세율의 변화가 경제주체들의 유인에 주는 영향을 통해 조세수입에 미치는 효과를 래퍼곡선으로써 상징적으로 설명하였습니다.

3) 매출액이란?

▶기업의 매출액은 매우 중요합니다. 바로 기업이 성장하는지 아닌지는 매출과 직결되기 때문입니다. 상품의 매출 또는 서비스의 제공에 대한 수입금액으로 반제품, 부산품, 작업폐물 등을 포함한 총매출액에서 매출환입액 및 에누리액을 공제한 순매출액 및 에누리액을 공제한 순매출액을 말합니다. 매출은 실현주의 원칙에 따라 상품을 인도한 날 또는 서비스를 제공한 날에 실현된 것으로 계상하나 예외적으로 건설업이나 조선업의 미완성 공사는 공사가 진행된 정도에 따라 실현된 것으로 계상할 수 있습니다.

4) 영업이익이란?

▶기업이 주력사업으로 얼마나 이익이 나는지는 영업이익이 말해 줍니다. 영업이익이 많이 나면 주력사업에서 이익이 그만큼 많이 발생된다는 뜻입니다.

5) 당기순이익이란?

▶일정 기간의 순이익을 의미합니다. 순이익이란 매출액에서 매출원가, 판매비, 관리비 등을 빼고 여기에 영업 외 수익과 비용, 특별 이익과 손실을 가감한 후 법인세를 뺀 것입니다. 한마디로 일정 회계기간 동안 발생한 기업의 전체 수익에서 비용을 차감한 금액입니다. 주력사업이 아니고 이자소득인지 기업이 원래 하던 사업 외에 모든 소득에 비용을 뺀 것이 당기순이익입니다.

6) 영업활동현금흐름이란?

▶기업이 제품의 제조 · 판매 등 주요 활동을 하면서 발생하는 현금의 유입 · 유출을 말합니다. 한마디로 기업이 한 회계기간 동안 제품 판매 등 영업을 통해 실제 벌어들인 현금을 말합니다. 외부차입은 포함되지 않고 외상매출이나 미수금 등도 반영되지 않습니다.

7) 투자활동현금흐름이란?

▶기업이 투자 목적으로 운영하는 자산 및 영업에 사용되는 유형자산 등의 취득 및 처분과 관련한 현금의 유출입니다. 예를 들어, 투자활동현금흐름이 음수인 경우, 현재 기존사업을 확장하거나 신규사업에 진출하는 등 더 많은 미래 수익을 창출하기 위한 투자활동이 활발하다고 해석할 수 있으며, 이러한 활발한 투자활동은 향후 미래의 현금흐름을 증가시킬 가능성이 높다고 판단할 수 있습니다.
반면 현재 투자활동현금흐름이 양수일 경우, 투자활동보다는 기존의 생산설비 매각 등으로 인하여 현금 유입이 발생하는 것이기 때문에 미래 현금흐름의 증가를 기대하기 어렵다고 볼 수 있습니다. 다만, 여유자금을 운용하기 위해 지분상품이나 채무증권을 취득하고 처분하는 과정에서도 투자활동현금의 유출입이 발생하므로 반드시 어떤 투자활동으로 현금흐름이 음수 혹은 양수가 되었는지도 함께 분석해야 합니다.

8) 부채비율이란?

▶기업이 갖고 있는 자산 중 부채가 얼마 정도 차지하고 있는가를 나타내는 비율로서, 기업의 재무구조 특히 타인자본의존도를 나타내는 대표적인 경영지표입니다. 대차대조표의 부채총액을 자기자본으로 나눈 비율(부채총액/자기자본)로 소수 혹은 백분율로 표시합니다. 즉 타인자본의 의존도를 표시하며, 경영분석에서 기업의 건전성의 정도를 나타내는 지표로 쓰입니다. 기업의 부채액은 적어도 자기자본액 이하인 것이 바람직하므로 부채비율은 1 또는 100% 이하가 이상적입니다. 다만 대기업 제조업 등은 부채비율이 200% 이하면 안전하다고 봅니다. 그리고 금융업 쪽은 부채비율이 상대적으로 높습니다. 이 비율이 높을수록 재무구조가 불건전하므로 지불능력이 문제가 됩니다. 이 비율의 역수(逆數)는 자본부채비율(자기자본/부채총액)이 됩니다. 또한 부채비율이 조금 높아도 자본유보율이 높으면 크게 문제는 되지 않습니다. 채무 지불 능력이 있는 업체로 간주하기 때문입니다.

9) 자본유보율이란?

▶영업활동에서 생긴 이익인 이익잉여금과 자본거래 등 영업활동이 아닌 특수 거래에서 생긴 이익인 자본잉여금을 합한 금액을 납입자본금으로 나눈 비율입니다. 사내유보율, 내부유보율로도 불리며 기업이 동원할 수 있는 자금량을 측정하는 지표로 쓰입니다. 일반적으로 부채비율이 낮을수록 유보비율이 높을수록 기업의 안전성이 높다고 할 수 있으나, 유보율만 가지고 단정적으로 좋다 나쁘다를 평가할 수는

없습니다. 과감한 신규투자로 인해 기업에 유보율이 낮아질 수도 있고 경기가 어려울 때는 현금을 많이 확보하기 위해 유보율이 올라갈 수도 있기 때문입니다. 기업이 영업활동으로 벌어들이는 현금이 없어도 보유하고 있는 부동산이나 주식을 처분해 일시적으로 유보율이 올라가는 경우도 있습니다. 유보율이 높을수록 불황에 대한 적응력이 높고 무상증자 가능성도 높습니다.

10) ROE(%): Return On Equity

▶경영자가 기업에 투자된 자본을 사용하여 이익을 어느 정도 올리고 있는가를 나타내는 기업의 이익창출능력으로 자기자본수익률이라고도 합니다. 산출 방식은 기업의 당기순이익을 자기자본으로 나눈 뒤 100을 곱한 수치입니다. 예를 들어 자기자본이익률이 10%라면 주주가 연초에 1,000원을 투자했더니 연말에 100원의 이익을 냈다는 뜻입니다. 기간이익으로는 경상이익, 세전순이익, 세후순이익 등이 이용되며, 자기자본은 기초와 기말의 순자산액의 단순평균을 이용하는 경우가 많은데 이는 기간 중에 증 · 감자가 있을 경우 평균잔고를 대략적으로 추정하기 위한 것입니다. 기간 중에 증 · 감자가 없었다면 기초잔고를 이용해도 됩니다. 자기자본이익률이 높은 기업은 자본을 효율적으로 사용하여 이익을 많이 내는 기업으로 주가도 높게 형성되는 경향이 있어 투자지표로 활용됩니다. 투자자 입장에서 보면 자기자본이익률이 시중금리보다 높아야 투자자금의 조달비용을 넘어서는 순이익을 낼 수 있으므로 기업투자의 의미가 있습니다. 시중금리보다 낮으면 투자자금을 은행에 예금하는 것이 더 낫기 때문입니다.

11) FCF(free cash flow)

▶기업이 사업으로 벌어들인 돈 중 세금과 영업비용, 설비투자액 등을 제외하고 남은 현금을 의미합니다. 철저히 현금 유입과 유출만 따져 돈이 회사에 얼마 남았는지 설명해 주는 개념. 투자와 연구개발 등 일상적인 기업 활동을 제외하고 기업이 쓸 수 있는 돈입니다. 회계에서는 영업활동현금흐름과 투자활동현금흐름을 합한 것과 같습니다. 잉여현금흐름 = 당기순이익 + 감가상각비 − 고정자산증가분 − 순운전자본증가분입니다. 잉여현금흐름은 배당금 또는 기업의 저축, 인수합병, 자사주 매입 용도로 사용할 수 있습니다. 그러나 잉여현금흐름이 적자로 전환하면 해당 기업은 외부에서 자금을 조달해야 합니다.

12) CAPEX(Capital expenditures)

▶미래의 이윤을 창출하기 위해 지출하는 비용을 말합니다. 유효수명이 당 회계연도를 초과하는 기존의 고정자산에 대한 투자에 돈을 사용할 때 발생합니다. CAPEX는 회사가 장비, 토지, 건물 등의 물질자산을 획득하거나 이를 개량할 때 사용합니다. 회계에서 CAPEX는 자산계정에 추가하므로(자본화), 자산내용(세금부과에 적용되는 자산가치)의 증가를 가져옵니다. CAPEX는 일반적으로 현금흐름표에서 장비와 토지자산에 대한 투자 등에서 볼 수 있습니다.

13) PER(Price-Earning Ratio)

▶주가수기비율로 PER는 주가를 주당순이익(EPS)으로 나눈 수치로 계산되며 주가가 1주당 수익의 몇 배가 되는가를 나타냅니다. 예를 들어 A기업의 주가가 6만 6,000원이고 EPS가 1만 2,000원이라면 A사의 PER는 5.5가 됩니다. PER가 높다는 것은 주당순이익에 비해 주식가격이 높다는 것을 의미하고, PER가 낮다는 것은 주당순이익에 비해 주식가격이 낮다는 것을 의미합니다. 그러므로 PER가 낮은 주식은 앞으로 주식가격이 상승할 가능성이 큽니다. 쉽게 말해 PER가 3이라는 말은 내가 현재 투자한 주가가 원금만큼 투자해 회수하는 기간이 3년이 걸린다는 뜻입니다.

14) EPS(Earning Per Share)

▶기업이 벌어들인 순이익(당기순이익)을 그 기업이 발행한 총주식 수로 나눈 값으로, '주당순이익'을 말합니다. 1주당 이익을 얼마나 창출하였느냐를 나타내는 지표입니다. 즉 해당 회사가 1년간 올린 수익에 대한 주주의 몫을 나타내는 지표라 할 수 있습니다. 또한 주당순이익은 주가수익비율(PER) 계산의 기초가 되기도 합니다. EPS가 높을수록 주식의 투자 가치는 높다고 볼 수 있으며, 그만큼 해당 회사의 경영실적이 양호하다는 뜻입니다. 따라서 배당 여력도 많으므로 주가에 긍정적인 영향을 미칩니다. EPS는 당기순이익 규모가 늘면 높아지게 되고, 전환사채의 주식전환이나 증자로 주식 수가 많아지면 낮아지게 됩니다. 특히 최근 주식시장의 패턴이 기업의 수익성을 중시하는 쪽으로 바뀌면서 EPS의 크기가 중요시되고 있습니다.

15) BPS(bookvalue per share)

▶주당 순자산가치로 기업의 총자산에서 부채를 빼면 기업의 순자산이 남는데, 이 순자산을 발행주식수로 나눈 수치를 말합니다. 기업이 활동을 중단한 뒤 그 자산을 모든 주주들에게 나눠줄 경우 1주당 얼마씩 배분되는가를 나타내는 것으로, BPS가 높을수록 수익성 및 재무건전성이 높아 투자가치가 높은 기업이라 할 수 있습니다. 한편, BPS에는 주가 정보가 고려돼 있지 않기 때문에 해당 회사의 주가가 자산가치에 비해 얼마나 저평가 혹은 고평가되어 있는지 판단하기 위해 PBR이라는 값을 사용합니다. PBR(Price Bookvalue Ratio)은 주가순자산비율(PBR · Price Bookvalue Ratio)로, 주가를 BPS로 나눈 비율을 뜻합니다.

16) PBR(Price Book-value Ratio)

▶주가가 한 주당 몇 배로 매매되고 있는지를 보기 위한 주가기준의 하나로 장부가에 의한 한 주당 순자산(자본금과 자본잉여금, 이익잉여금의 합계)으로 나누어서 구합니다. 즉 주가가 순자산(자본금과 자본잉여금, 이익잉여금의 합계)에 비해 1주당 몇 배로 거래되고 있는지를 측정하는 지표입니다. 예를 들어 PBR이 1이라면 특정 시점의 주가와 기업의 1주당 순자산이 같은 경우이며 이 수치가 낮으면 낮을수록

해당 기업의 자산가치가 증시에서 저평가되고 있다고 볼 수 있습니다. 즉, PBR이 1 미만이면 주가가 장부상 순자산가치(청산가치)에도 못 미친다는 뜻입니다.

PBR은 PER(주가수익비율)과 함께 주식투자의 중요한 지표가 됩니다. 부도사태가 빈발하고 있는 현실에서 회사가 망하고 나면 회사는 총자산에서 부채를 우선 변제해야 합니다. 그러고도 남는 자산이 순자산이란 것인데, 이것이 큰 회사는 그만큼 재무구조가 튼튼한 것이고 안정적인 회사입니다. 주당 순자산은 '(총자산－총부채)÷발행주식 수'가 됩니다. 그러므로 주당순자산비율(PBR)은 '주가÷주당순자산'이 되고 배수가 낮을수록 기업의 성장력, 수익력이 높다는 말입니다. PER이 기업의 수익성과 주가를 평가하는 지표인 데 비해 PBR은 기업의 재무상태 면에서 주가를 판단하는 지표입니다.

17) 필립스 곡선이 무엇인가?

▶실업률과 화폐임금상승률 사이에는 매우 안정적인 함수관계가 있음을 나타내는 모델로서 영국의 경제학자 필립스(Phillips, A. W.)에 의해 발표된 것입니다. 즉 인플레이션의 요인에 대한 수요견인설(demand–pull theory)과 비용인상설(cost–push theory) 사이에 열띤 논쟁이 계속되고 있을 때 필립스는 영국의 경제통계로부터 화폐임금상승률과 실업률 사이에는 역의 함수관계가 있음을 발견했습니다. 원래는 화폐임금상승률과 실업률 사이의 관계로 표시되지만 물가상승률과 실업률 사이의 관계로 표시되기도 합니다. 일반적으로 실업률이 낮을수록 화폐임금상승률 또는 물가상승률이 높으며, 반대로 화폐임금상승률이 낮을수록 실업률은 높습니다.

18) 수요공급 곡선이 무엇인가?

▶한마디로 상품의 가격과 수요량 · 공급량의 관계를 나타내는 곡선입니다. 가격이 오르면 수요량은 감소하고 공급량은 증가하며, 가격이 내리면 반대의 현상이 일어납니다. 가격과 수요 · 공급량을 각각 수직, 수평으로 하는 직각 좌표에 이러한 현상을 표시하면, 가격–수요곡선은 우하향(右下向)하는데, 보통 자유경쟁하에서 실제 가격은 수요곡선과 공급곡선의 교점이 됩니다. 그런데 이것은 엄밀하게 말하면 가격이 오를 경우 소비의 변화를 드러내는 가격–소비 곡선으로 볼 수 있으며 부(富)와 다른 상품의 가격(價格) 선호(選好)가 변하지 않을 경우 한 상품의 가격과 그 가격에서의 소비량의 관계를 설명하는 곡선입니다.

19) 더블딥에 대해 설명해보시오.

▶경기침체 후 회복기에 접어들다가 다시 침체에 빠지는 이중침체 현상입니다. 이를테면 경제학에서 더블딥은 불황에 빠졌던 경기가 단기간(1～2분기) 회복했다 다시 불황에 빠지는 상태로 W–자형의 불황을 의미합니다. 실질 GDP 성장률로 측정한 경기가 2중(double)으로 가라앉는(dip) 것입니다. 더블딥이 전망되면 현재 추진하는 경기부양책의 한계로 인하여 추가적인 경기부양책이 요구됩니다.

20) 풍년기근 현상에 대해 설명해보시오.

▶풍년기근 현상이란 농축산물이 매년 가격의 폭락과 폭등이 반복되는 상황 속에서 풍년이 들어 생산이 증가하면 농업 소득이 오히려 감소하는 현상을 말합니다.

21) 출구전략에 대해 설명해보시오.

▶경기침체기에 경기를 부양하기 위하여 취하였던 각종 완화정책을 경제에 부작용을 남기지 않게 하면서 서서히 거두어들이는 전략을 말합니다.

22) 커플링 전략에 대해 설명해보시오.

▶나라의 경제는 끊임없이 영향을 주고받으면서 서로 비슷한 흐름을 보이게 되지요. 서로 닮아간다는 뜻에서 이것을 '동조화(coupling)' 현상이라고 합니다.

23) 디커플링 전략이란

▶동조화(coupling)의 반대 개념이다. 한 나라 또는 일정 국가의 경제가 인접한 다른 국가나 보편적인 세계경제의 흐름과는 달리 독자적인 경제 흐름을 보이는 현상을 말합니다.

24) DTI에 대해 설명해보시오.

▶금융부채 상환능력을 소득으로 따져서 대출한도를 정하는 계산 비율을 말합니다. 대출상환액이 소득의 일정 비율을 넘지 않도록 제한하기 위해 실시합니다.

25) 애그플레이션에 대해 설명해보시오.

▶농업을 뜻하는 영어 '애그리컬처(agriculture)'와 '인플레이션(inflation)'을 합성한 신조어로서 곡물 가격의 상승하는 영향으로 일반 물가가 상승하는 현상을 가리킵니다.

26) 헤지펀드에 대해 설명해보시오.

▶소수의 투자자로부터 자금을 모집하여 운영하는 일종의 사모펀드로, 시장 상황에 개의치 않고 절대수익을 추구합니다. 시장의 흐름에 따라 상대적으로 높은 수익을 추구하는 일반 펀드와 달리 다양한 시장 환경 속에서도 절대수익을 창출하려는 목적을 가진 펀드입니다. 다시 말해 시장 상황이 좋지 않을 때에도 수익을 추구하는 펀드라 할 수 있습니다.

27) 바나나 현상에 대해 설명해보시오.

▶각종 환경오염 시설들을 자기가 사는 지역권 내에는 절대 설치하지 못한다는 지역 이기주의의 한 현상이며 공공정신의 약화 현상입니다. 'Build Absolutely Nothing Anywhere Near Anybody'라는 영어 구절의 각 단어 머리글자를 따서 만든 신조어입니다. '어디에든 아무것도 짓지 마라'라는 이기주의적 의미로 통용되기 시작했으며 유해시설 설치 자체를 반대하는 것입니다.

28) 적자호황에 대해 설명해보시오.

▶경기 상황은 매우 좋아 보이지만 내 속은 적자를 띠고 있어 이런 경우 후에 큰 타격을 가져올 수 있어 위험하다고 합니다.

29) 불황형 흑자란

▶수출이 줄어들긴 했지만 수입이 더 큰 폭으로 줄어들어 겉보기에는 흑자로 보이지만 불황의 형태임을 나타내는 말입니다.

30) FTA는 무엇이며 이를 대응하기 위해 농협은 어떤 준비를 해야 하는가?

▶한마디로 국가 간 상품의 자유로운 이동을 위해 모든 무역 장벽을 완화하거나 제거하는 협정입니다. 이를테면 농식품 수출 기업과 농협이 해외 수출 지원에 나서고, 현지 박람회에 참가하는 등 대 해외 수출 활성화 방안을 모색해 농산물뿐만 아니라 농기계 가공식품 등을 출품해 관련 사업의 기반을 다지는 기회로 삼아야 합니다.

31) 한미 FTA를 체결한 이후, 수출을 활성화할 수 있는 방안은 무엇인가?

▶한미 FTA로 인해 수출이 크게 확대된 산업에 속한 기업이나 근로자의 경우 더 큰 이윤 혹은 소득 증가의 기회를 얻었지만 그렇지 못한 산업의 경우, 특히 한미 FTA로 인해 오히려 수입 경쟁이 더 심화된 산업의 경우 상대적으로 낮은 이윤 혹은 소득을 경험했을 확률이 높은데요. 비수출 기업이나 규모가 작은 기업에서 일할 경우, 상대적으로 학력이 낮거나 고령일 경우 시장개방으로 인한 상대적 불이익에 노출될 가능성이 높으며 따라서 이들 취약 계층에 대한 모니터링 시스템과 안전장치 및 지원 제도가 보완될 필요가 있습니다.

32) 애플의 CEO 스티브 잡스에 대해 어떻게 생각하는가?

▶먼저 스티브 잡스처럼 생각하고 스티브 잡스처럼 성공하라는 말이 떠오릅니다. 그는 세상을 가능성의 관점에서 바라보라고 끊임없이 자극했습니다. 그는 저를 포함한 많은 사람들이 스스로의 안에서 같은 잠재력을 볼 수 있도록 했다는 점을 높이 사고 싶습니다. 저는 애플 제품이 세상에 미치는 큰 영향을 다시금 생각하게 합니다. 앞으로 우리도 사람들을 연결하며 그들이 다르게 생각하도록 영감을 주고, 세상에 흔적을 남기도록 힘을 주는 혁신적 도구들을 만드는 것이 중요하다고 생각합니다.

33) 하나로마트에서 수입산 바나나를 판매하는 것에 대해 어떻게 생각하는가?

▶근래 농협중앙회가 농협이 운영하는 '하나로마트'에 대해 수입농산물 판매를 금지하면서 애꿎은 소비자들만 피해를 입고 있다는 기사를 봤습니다. 특히 일부 지역농협들은 "소비자와 조합원의 요구에 부응해 수입농산물 판매를 허용해야 한다"라는 주장을 펴면서 딜레마에 빠진 모습입니다. 최근 해외에서 이주한 주민들이 늘어나면서 소비자들의 수입농산물 판매 요구가 높다고 합니다. 바나나의 경우 수입산과 국내산 1송이 가격 차이가 4배에 달한다고 합니다. 이런 상황이라면 수입농산물 판매는 지속적으로 이뤄질 수밖에 없습니다. 따라서 국산 바나나 판매가격 현실화와 더불어 해외 이주민을 위한 별도의 진열대를 설치해서 합리적으로 해결하는 것이 중요하다고 생각됩니다.

34) 노블레스 오블리주에 대해 말해보시오.

▶높은 사회적 신분에 상응하는 도덕적 의무를 뜻하는 말입니다. 초기 로마시대에 왕과 귀족들이 보여준 투철한 도덕의식과 솔선수범하는 공공정신에서 비롯되었습니다. 가진 자들의 의무, 즉 가지지 못한 자들에게 자신이 가지고 있는 무언가를 베푸는 행위를 뜻합니다. 국가에서 하는 복지 사업도 한 예라고 볼 수 있습니다. 무료에 가까운 의료 보험 제도, 빈민층을 대상으로 한 구조 작업, 지원금 그 외 기타 등등. 하지만 국가에서 나오는 돈은 결국 국민들의 세금! 결국 비슷한 사람끼리 돈을 모아 조금 더 가난한 사람에게 준다는 것이죠. 하지만 노블레스 오블리주에서는 그런 돈들을 '가진 자', 즉 부자들이 내는 것입니다. 우리나라로 치면 삼성 재벌급? 그런 사람들이 빈민층을 구조해 준다면 정부는 국민들의 세금을 다른 곳에 쓸 수 있어서 좋고, 기업은 이미지가 좋아지니 좋고, 빈부격차가 약해지니 나라 발전 자체에도 좋을 것입니다.

35) 지급유예(모라토리엄)에 대해 설명해보시오.

▶채무의 상환 또는 다른 법적 의무의 이행에 허락된 지연으로 경제 또는 정치의 혼란 등의 긴급사태가 발생했을 경우 정부의 명령에 의해 은행예금을 포함한 채무의 지급을 일정 기간 연기시키는 조치입니다.

36) 구상권에 대해 설명해보시오.

▶채무를 대신 변제해 준 사람이 채권자를 대신하여 채무당사자에게 반환을 청구할 수 있는 권리를 말합니다. 국가소송에 있어서는 국가가 불법행위로 피해를 본 사람들에게 배상금을 먼저 지급한 뒤 실제 불법행위에 책임이 있는 공무원을 상대로 배상금을 청구하는 권리를 이르기도 합니다.

37) SSM에 대해 설명해보시오.

▶Super SuperMarket은 '기업형 슈퍼마켓'으로 불리는 것으로, 대형마트보다 작고 일반 동네 슈퍼마켓보다 큰 유통매장을 지칭합니다. 일반적으로는 개인 점포를 제외한 대기업 계열 슈퍼마켓을 지칭합니다.

38) 그린오션에 대해 설명해보시오.

▶친환경 정책을 바탕으로 새로운 시장을 개척하고, 그 시장에서 부가가치를 창출하고자 하는 경영전략을 말합니다. 레드오션이 이미 경쟁이 치열해진 시장을, 블루오션이 경쟁을 벗어난 새로운 시장을 의미한다면, 그린오션은 친환경정책, 저탄소 녹색경영 등 환경 문제에 가치를 두고 부가가치를 창출하는 시장을 의미합니다.

39) 버핏세에 대해 설명해보시오.

▶'투자의 귀재', 워런 버핏(Warren Buffett) 버크셔 해서웨이 회장의 이름을 딴 부유층 대상 세금입니다. 연간 100만 달러(약 11억 원) 이상을 버는 부유층의 자본소득에 적용되는 실효세율이 적어도 중산층 이상은 되도록 세율 하한선(minimum tax rate)을 정하자는 방안입니다. 워런 버핏이 부유층에 대한 세금 증세를 주장해 오바마 정부가 과세 불평등 해소 목적으로 도입을 제안한 바가 있습니다.

40) 은행세에 대해 설명해보시오.

▶세계 금융위기 당시 은행 구제금융에 들어간 국민의 세금을 회수하고, 금융위기 재발을 방지하기 위하여 은행에 부과하는 세금입니다. 은행세란 은행에 부과하는 일종의 부담금입니다. 2010년 1월 미국의 버락 오바마 대통령이 세계 금융위기를 초래한 대형 은행들에 대하여 이른바 금융위기 책임비용을 물리겠다고 선언하면서부터 부각되기 시작하여 오바마세라고도 불립니다.

41) 성과연봉제에 대해 설명해보시오.

▶성과연봉제란 업무성과와 사원 능력, 회사에 대한 공헌도 등을 평가해서 연간 임금액을 결정하는 임금 형태로 보통 성과평가를 바탕으로 결정되게 됩니다. 직무 직급 간 사원들의 형평성을 유지해야 하고 수당 지급액에 있어서 오류가 생기지 않도록 연봉 지급의 기준 및 절차를 정하여 놓아야 합니다. 이를 연봉제 규정이라고 합니다.

42) 쌀 직불금에 대해 설명해보시오.

▶정부가 쌀값 등의 농산물가격 하락으로 인한 농가소득 감소분의 일정액을 보전해 줌으로써 농업인 등의 소득안정을 위해 시행하는 제도입니다. 즉, 정부가 시장가격보다 비싼 값에 쌀을 구매해 주는 추곡수매제를 2005년 폐지하면서 새로 도입한 제도입니다. 농지 소유 여부에 관계없이 실제 농사를 짓는 사람에게 주어지며 금액은 농지 소유 면적과 상관없이 무제한으로 지급됩니다.

43) 스미싱에 대해 설명해보시오.

▶스미싱(smishing)은 휴대전화 문자를 의미하는 문자메시지(SMS)와 인터넷, 이메일 등으로 개인 정보를 알아내 사기를 벌이는 피싱(Phishing)의 합성어로 스마트폰의 소액 결제 방식을 악용한 신종 사기 수법입니다.

44) G20에 대해 설명해보시오.

▶선진 7개국 정상회담(G7)과 유럽연합(EU) 의장국 그리고 신흥시장 12개국 등 세계 주요 20개국을 회원으로 하는 국제기구입니다. G7을 20개 국가로 확대한 세계경제 협의기구로, 1999년 12월 정식으로 발족되었습니다. 이후 2009년 9월 G20 정상회의를 정기적 · 계속적으로 열기로 합의하면서 세계경제 문제를 다루는 최상위 포럼으로 격상됐습니다.

45) 립스틱 효과에 대해 설명해보시오.

▶경기가 불황일 때 립스틱같이 낮은 가격으로 사치를 즐기기에 적당한 저가 제품의 매출이 증가하는 현상. 저가이지만 그럭저럭 소비자의 효용을 만족시켜 줄 수 있는 상품의 경우 호황기보다는 불황일 때 오히려 더 잘 팔리는 현상을 말합니다. 값비싼 화장품들보다는 상대적으로 가격이 저렴하면서도 화장했다는 효과가 잘 드러나는 립스틱이 여성들 사이에서 더 잘 팔린다는 데서 나온 경제용어입니다. 립스틱 효과와 비슷한 용어로 불황일수록 미니스커트가 유행한다는 '미니스커트 효과'도 있습니다. 불황일 때는 가라앉은 기분을 띄우기 위해 미니스커트를 입는다고 합니다. 무거운 사회적 분위기를 환기하기 위해 미니스커트를 입는다는 것입니다. 하지만 미니스커트 효과도 한계가 있습니다.

46) 무어의 법칙에 대해 설명해보시오.

▶인텔 및 페어차일드 반도체(Fairchild Semiconductor)의 창립자 고든 무어는 1965년 기고를 통해 향후 최소 10년간 마이크로칩의 성능이 매 1년마다 두 배씩 늘어날 것이라고 주장했습니다. 이는 정립된 학설이나 법칙은 아니며, 시기별로 당초의 주기보다 빨라지거나 늦어지는 것으로 알려져 있습니다.

47) 6차 산업에 대해 설명해보시오.

▶6차 산업이란 1차 산업인 농림수산업, 2차 산업인 제조 · 가공업, 3차 산업인 유통 · 서비스업을 복합한 산업으로, 이 개념은 1990년 중반 일본의 농업경제학자인 이마무라 나라오미(今村奈良臣)가 처음 주창한 것으로 알려져 있습니다. 이는 농산물을 생산만 하던 농가가 고부가가치 상품을 가공하는 것은 물론 향토 자원을 이용해 체험프로그램 등 서비스업으로 확대시켜 높은 부가가치를 발생시키는 것을 말합니다.

48) 치킨게임에 대해 설명해보시오.

▶어느 한쪽이 양보하지 않을 경우 양쪽이 모두 파국으로 치닫게 되는 극단적인 게임이론입니다. 즉, 두 명의 경기자들(players) 중 어느 한쪽이 포기하면 다른 쪽이 이득을 보게 되며, 각자의 최적 선택(optimal choice)이 다른 쪽 경기자의 행위에 의존하는 게임을 말합니다. 여기서 의존적이라 함은 한쪽이 포기하면 다른 쪽이 포기하지 않으려 하고, 한쪽이 포기하지 않으면 다른 쪽이 포기하려 한다는 사실을 의미합니다. '매와 비둘기 게임(hawk–dove game)'이라고도 하며, 우리말로는 '겁쟁이 게임(coward game)'으로 자주 번역됩니다.

49) 임금피크제에 대해 설명해보시오.

▶근로자가 일정 연령에 도달한 시점부터 임금을 삭감하는 대신 근로자의 고용을 보장(정년보장 또는 정년 후 고용연장)하는 제도로, 기본적으로는 정년보장 또는 정년연장과 임금삭감을 맞교환하는 제도라 할 수 있습니다.

50) 2020. 5. 1.부터 시행된 공익직불제에 대해 설명해보시오.

▶2019. 12. 31. 『농업 · 농촌 공익기능 증진 직접지불제도 운영에 관한 법률(약칭: 농업농촌공익직불법)』이 국회를 통과하였고, 2020. 5. 1.부터 시행이 되었습니다. 이는 농업 · 농촌의 공익적 기능 증진을 위해 정부 재정을 생산농가에 직접 지급하는 공익직불제가 첫발을 내딛는 큰 변화입니다. 개정 법률은 농업 · 농촌의 공익기능 증진과 농업인 등의 소득안정을 위하여 농업 · 농촌 공익기능 증진 직접지불제도의 체계 확립과 시행에 필요한 재원을 확보하기 위한 농업농촌 공익기능 증진 직접지불기금의 설치 및

운영 등에 관한 사항을 규정함을 목적으로 하고 있습니다.

51) 워킹푸어에 대해 설명해보시오.

▶직장은 있지만 아무리 일을 해도 가난을 벗어나지 못하는 근로빈곤층을 말합니다. 이들의 소득은 최저생계비에 못 미치거나 간신히 웃도는 수준에 머물고 있습니다. 1990년대 중반 미국에서 처음 사용되기 시작했으며 2000년대 중반부터는 전 세계적으로 널리 쓰이는 용어가 됐습니다. 이들은 고정적인 수입처가 있지만 저축할 여력이 없어 가난을 피할 수 없기 때문에 질병이나 실직이 곧바로 절대빈곤으로 이어질 수 있는 취약 계층입니다.

52) 미국의 양적완화 정책에 대해 설명해보시오.

▶2007~2008년 세계 금융위기 이후 연 2.5퍼센트였던 미국의 기준 금리가 0퍼센트대로 떨어져 더는 금리를 내릴 수 없게 되자 미국의 중앙은행 격인 연방준비제도가 시중은행이 보유한 채권을 사들여 시장에 돈을 공급한 통화정책을 말합니다. 양적완화는 기준 금리가 제로에 가까운 상황에서 금리를 낮추기 어려울 때 쓰는 이례적인 정책으로, 금리를 더 내릴 수 없는 상황에서 시중에 돈을 공급한다는 의미에서 양적완화라고 합니다. 한마디로 양적완화란, 중앙은행이 통화를 시중에 직접 공급해 신용경색을 해소하고, 경기를 부양시키는 통화정책입니다.

53) 저관여제품에 대해 설명해보시오.

▶제품의 중요도에 따라 분류, 제품에 대한 중요도가 낮고, 값이 싸며, 상표 간의 차이가 별로 없고, 잘못 구매해도 위험이 별로 없는 제품을 구매할 때 소비자의 의사결정 과정이나 정보처리 과정이 간단하고 신속하게 이루어지는 제품을 말합니다.

54) 딤섬본드에 대해 설명해보시오.

▶외국계기업이 홍콩 채권시장에서 발행하는 위안화 표시 채권을 말합니다. 2010년 2월 중국 정부가 홍콩 금융시장 확대를 위해 외국계기업의 위안화 표시 채권 발행을 허용함으로써 도입됐습니다. 외국인 투자자들은 중국 정부의 엄격한 자본통제 때문에 본토에서 발행되는 위안화 표시 채권은 살 수 없는 반면 '딤섬본드'는 아무런 제한 없이 투자가 가능합니다. 한편, 외국계기업이 중국 본토에서 발행하는 위안화 채권은 '판다본드'라고 합니다.

55) 코스피 지수에 대해 설명해보시오.

▶한국증권거래소에 상장되어 거래되는 모든 주식을 대상으로 산출해 전체 장세의 흐름을 나타내는 지수입니다.

56) 갈라파고스 이론에 대해 설명해보시오.

▶갈라파고스 이론(현상)이란 전 세계적으로 쓸 수 있는 제품인데도 자국 시장만을 염두에 두고 제품을 만들어 글로벌 경쟁에 뒤처지는 현상을 가리키는 말입니다. 예를 들면 일본이 우리나라랑 스마트폰 시장에서 뒤처진 이유와 같습니다. 일본은 국제 표준을 소홀히 한 탓에 경쟁력 약화라는 치명적인 약점을 만들어 한국에 완패를 당한 것입니다. 갈라파고스의 자연은 아름답지만, 이처럼 갈라파고스라는 말은 전혀 아름답지 않은 '시대착오'라는 말과 거의 동의어로 쓰이고 있습니다.

57) 크라우드 펀딩에 대해 설명해보시오.

▶한마디로 자금을 필요로 하는 수요자가 온라인 플랫폼 등을 통해 불특정 다수 대중에게 자금을 모으는 방식입니다. 크라우드 펀딩(Crowd funding)은 군중을 뜻하는 영어 단어 '크라우드'와 재원 마련을 뜻하는 '펀딩'이 합쳐진 단어입니다. 즉, 여러 사람에게 자금을 마련한다는 뜻을 품습니다. 때론 소셜펀딩으로 불리기도 합니다. 영어로는 '크라우드 펀드', '크라우드 파이낸싱(군중 자금 조달)' 등과 같은 비슷한 단어가 있습니다. 이 단어들은 공통적으로 개인이나 기업, 단체가 자금을 여러 사람에게서 마련한다는 뜻을 담고 있습니다.

58) 하이브리드 채권에 대해 설명해보시오.

▶주식과 부채의 중간 성격으로 만기가 없고 은행이 청산될 때까지 상환 의무가 없는 은행의 자본조달 수단을 말합니다. 하이브리드의 종류에는 영구후순위채, 누적배당형 우선주 등이 있으며 영국 바클레이즈 은행이 이 방법을 사용한 적이 있습니다. 하이브리드는 순위채와 달리 제한적인 범위 내에서 기본자본으로 분류됩니다. 은행권이 기본자본비율을 증가시켜 재무건전성을 높이기 위한 방법 중 하나로 사용하는 하이브리드는 각 은행이 금융감독원에 요청해 허가를 받는 방식으로 이뤄집니다. 최근 우리, 한미은행 등이 기본자본 확충과 관련해 금융당국에 하이브리드 허가를 요구한 바 있습니다.

59) 순이자마진에 대해 설명해보시오.

▶금융기관의 자산단위당 이익률로, 수익성 평가지표의 하나입니다. 은행 등 금융기관이 자산을 운용해 낸 수익에서 조달비용을 뺀 나머지를 운용자산 총액으로 나눈 수치로 금융기관 수익성을 나타내는 지표입니다.

60) 피치마켓에 대해 설명해보시오.

▶레몬마켓의 반의어로 우량한 재화나 서비스들이 계속해서 시장을 채우는 것을 말합니다. 레몬마켓은 정보의 비대칭성 때문에 저품질의 재화, 서비스만이 거래되는 시장 상황을 빗댄 표현입니다.

61) 좀비기업에 대해 설명해보시오.

▶좀비기업은 '되살아난 시체'를 뜻하는 '좀비(zombie)'에 비유한 것으로, 회생 가능성이 크지 않은데도 정부나 채권단 지원으로 간신히 연명하는 기업을 말합니다. 중소기업 대출 연체율은 지속적으로 상승하고 있는 반면 전국 부도업체 수는 지속적으로 감소하고 있습니다. 이 같은 현상은 퇴출돼야 할 기업이 정부 지원 정책에 편승해 생명을 이어가는 사례가 늘어났기 때문으로 분석됩니다. 이러한 좀비기업은 정작 도움이 필요한 기업에 가야 할 지원을 빼앗아가 경제 전반에 악영향을 미친다는 우려가 제기되고 있습니다.

62) 자본잠식에 대해 설명해보시오.

▶기업의 적자 누적으로 인해 잉여금이 마이너스가 되면서 자본 총계가 납입자본금보다 적은 상태를 말합니다. 자본잠식은 말 그대로 하면 자본이 깎여나간다는 뜻입니다. 그렇다면 기준이 되는 자본은 무엇일까? 회계상 자본 항목은 크게 자본금과 잉여금으로 구성됩니다. 자본금은 주식의 총가치입니다. '발행주식 수×액면가'가 기업의 자본금이 됩니다. 잉여금은 주가가 액면가보다 높을 때 새로 주식을 발행해 발행가와 액면가의 차액만큼 회사가 벌어들인 주식발행 초과금이나 회사가 영업을 통해 벌어들인 이익 가운데 주주에게 배당금을 지급한 뒤 회사 내부에 쌓아둔 유보금과 같이 회사 내부에 쌓인 돈을 말합니다.

63) 블랙스완에 대해 설명해보시오.

▶극단적으로 예외적이어서 발생 가능성이 없어 보이지만 일단 발생하면 엄청난 충격과 파급효과를 가져오는 사건을 가리키는 용어입니다. 경제 영역에서 전 세계의 경제가 예상하지 못한 사건으로 위기를 맞을 수 있다는 의미로 사용됩니다. 미국의 뉴욕 대학교 교수인 탈레브(Taleb, N. N.)가 월가의 허상을 파헤친 동명의 책을 출간하면서 널리 사용되기 시작하였습니다.

64) 협동조합에 대해 설명해보시오.

▶농업 생산성의 증진과 농가소득 증대를 통한 농민의 경제적 · 사회적 지위 향상을 목적으로 전국적으로 조직된 농가 생산업자의 협동 조직체입니다. 협동조합이 가지고 있는 특징은 조직이 자발적이고,

운영이 민주적이며, 사업활동이 자조적이고, 경영이 자율적이라는 점에서 정부기업과 구별되며, 또 경제활동의 목적이 조합의 이윤 추구에 있지 않고 조합원에게 봉사하는 데 있다는 점에서 주식회사와도 구별됩니다. 한 걸음 더 나아가 협동조합은 비단 조합원에 대한 봉사 이외에도 정부의 손이 미쳐 미치지 못하는 분야에서 시장경제의 상도덕 재건(商道德再建)과 경제질서 회복에 이바지할 뿐만 아니라 지역사회 발전에도 일익을 담당하고 있습니다.

65) PF에 대해 설명해보시오.

▶사업주로부터 분리된 프로젝트에 자금을 조달하는 것입니다. 즉, 경제 건설이나 대형 사업과 같은 특정 프로젝트에서, 미래에 발생할 현금 흐름을 담보로 하여 그 프로젝트의 수행 과정에 필요한 자금을 조달하는 금융 기법입니다.

66) 사이드카에 대해 설명해보시오.

▶선물가격이 전일 종가 대비 5% 이상 변동(등락)한 시세가 1분간 지속될 경우 주식시장의 프로그램 매매 호가는 5분간 효력이 정지되는데 이런 조치를 사이드카라고 합니다. 코스피 지수나 코스닥 지수가 전일 종가지수 대비 10% 이상 폭락한 상태가 1분 이상 지속하면 주식매매를 일시 정지시키는 '서킷브레이커(circuit breaker)'와 비슷한 개념입니다. 하지만 사이드카는 5분이 지나면 자동 해제돼 매매가 재개된다는 점, 하루 한 차례에 한해 발동되며 주식시장 매매거래 종료 40분 전 이후, 즉 오후 2시 20분 이후에는 발동되지 않습니다.

67) 양적 팽창에 대해 설명해보시오.

▶질적인 성장을 고려하지 않은 채 양을 증대시키는 것을 말합니다. 양적 팽창, 질적 성장 어느 하나 중요치 않은 게 없다고 생각합니다.

68) MOT에 대해 설명해보시오.

▶한마디로 기술을 전략적으로 활용함으로써 새로운 사업 기회를 창출하고 혁신적 제품을 고안하는 등 공학과 경영학을 통합한 개념입니다. 1980년대 미국 스탠퍼드대 윌리엄 밀러 교수가 기술경영 강좌를 개설한 것이 효시입니다. 기술을 전략적으로 활용함으로써 새로운 사업 기회를 창출하고 혁신적 제품을 고안하는 등 공학과 경영학을 통합한 개념입니다. 이를 통해 기술투자 비용에 대해 최대 효과를 내는 것을 목표로 합니다.

69) GCF에 대해 설명해보시오.

▶녹색기후기금(Green Climate Fund)이란 뜻으로 개발도상국의 온실가스 감축과 기후변화에 대응하기 위해 만들어진 국제금융기구입니다. 즉, 유엔 산하기구로 선진국이 개발도상국의 온실가스 기후변화 적용을 지원하기 위해 유엔 기후변화 협약을 중심으로 만든 국제금융기구입니다.

70) 체리피커에 대해 설명해보시오.

▶기업의 상품이나 서비스를 구매하지 않으면서 자신의 실속을 차리기에만 관심을 두고 있는 소비자를 말합니다. 케이크는 먹지 않으면서 케이크 위에 올려져 있는 체리만 빼내어 먹는 행위에 비유하여 나온 표현입니다. 본래는 신용카드 발급 시 제공되는 특별한 서비스 혜택만 누리고, 카드는 사용하지 않는 고객을 가리킵니다. 주로 카드 상품이나 금융 상품 가입 시 제공되는 혜택은 최대한으로 이용하면서, 해당 상품의 사용은 최소한으로 제한하는 행위가 전형적인 '체리피킹(cherry picking)'이라고 할 수 있습니다.

71) 디마케팅에 대해 설명해보시오.

▶기업들이 자사 상품에 대한 고객의 구매를 의도적으로 줄임으로써 적절한 수요를 창출하는 마케팅 기법입니다. 기업들이 자사의 상품을 많이 판매하기보다는 오히려 고객들의 구매를 의도적으로 줄임으로써 적절한 수요를 창출하고, 장기적으로는 수익의 극대화를 꾀하는 마케팅 전략입니다. 수요를 줄인다는 점에서 이윤의 극대화를 꾀하는 기업의 목적에 어긋나는 것 같지만, 사실은 그렇지 않습니다.

72) 사물인터넷에 대해 설명해보시오.

▶사물인터넷(Internet of Things)은 세상에 존재하는 유형 혹은 무형의 객체들이 다양한 방식으로 서로 연결되어 개별 객체들이 제공하지 못했던 새로운 서비스를 제공하는 것을 말합니다. 사물인터넷(Internet of Things)은 단어의 뜻 그대로 '사물들(things)'이 '서로 연결된(Internet)' 것 혹은 '사물들로 구성된 인터넷'을 말합니다. 기존의 인터넷이 컴퓨터나 무선 인터넷이 가능했던 휴대전화들이 서로 연결되어 구성되었던 것과는 달리, 사물인터넷은 책상, 자동차, 가방, 나무, 애완견 등 세상에 존재하는 모든 사물이 연결되어 구성된 인터넷이라 할 수 있습니다. 한마디로 인터넷을 기반으로 모든 사물을 연결하여 정보를 상호 소통하는 지능형 기술 및 서비스입니다.

73) 자유학기제에 대해 설명해보시오.

▶중학교에서 한 학기 또는 두 학기 동안 학생 참여형 수업 및 과정 중심 평가를 통해 다양한 학생들이 스스로의 잠재력 및 자기 주도적 학습 능력 등을 키우는 교육 실현을 위해 도입된 정책입니다. 아일랜드의 전환학년제와 비슷한 것으로, 전환학년제는 1974년 리처드 버크 당시 아일랜드 교육부 장관이 시험의 압박에서 학생을 해방시키고 폭넓은 학습경험을 유도하겠다며 도입한 제도입니다. 전환학년제 동안 지필고사를 생략하거나, 학교 자율적으로 기업과 지역사회의 도움을 받아 진로체험 활동 프로그램을 짜는 방식도 자유학기제와 유사합니다.

74) 추심에 대해 설명해보시오.

▶어음이나 수표소지인이 거래은행에 어음과 수표의 대금 회수를 위임하고, 위임을 받은 거래은행은 어음과 수표의 발행점포 앞으로 대금의 지급을 요청하는 일련의 절차를 말합니다.

75) 파레토 법칙에 대해 설명해보시오.

▶'80 대 20 법칙' 또는 '2 대 8 법칙'이라고도 합니다. 전체 결과의 80%가 전체 원인의 20%에서 일어나는 현상을 가리킵니다. 예를 들어, 20%의 고객이 백화점 전체 매출의 80%에 해당하는 만큼 쇼핑하는 현상을 설명합니다. 이 용어를 경영학에 처음으로 사용한 사람은 품질경영 전문가인 조셉 주란(Joseph M. Juran)입니다. "이탈리아 인구의 20%가 이탈리아 전체 부의 80%를 가지고 있다"라고 주장한 이탈리아의 경제학자 빌프레도 파레토(Vilfredo Federico Damaso Pareto)의 이름에서 따왔습니다.

76) 이중곡가제에 대해 설명해보시오.

▶정부가 쌀 · 보리 등 주곡을 농민으로부터 비싼 값에 사들여 이보다 낮은 가격으로 소비자에게 파는 제도입니다. 구입가격과 판매가격의 차액만큼이 정부의 재정지출로 이루어져 차액보전에 따른 적자가 누적되고 있고, 추곡수매물량을 계속 늘려온 결과 관리비 급증 등의 문제를 안고 있습니다.

77) ODM에 대해 설명해보시오.

▶주문자가 제조업체에 제품의 생산을 위탁하면 제조업체는 이 제품을 개발 · 생산하여 주문자에게 납품하고, 주문업체는 이 제품을 유통 · 판매하는 형태를 말합니다.

78) TPP에 대해 설명해보시오.

▶환태평양경제동반자협정 아시아 · 태평양 지역 국가들의 다자간 자유무역협정으로, 무역장벽 철폐와 시장개방을 통한 무역자유화를 목적으로 합니다. 태평양 연안의 광범위한 지역을 하나의 자유무역지대로 묶는 다자간 자유무역협정(한 번에 여러 국가와 체결하는 자유무역협정)입니다.

79) 분수효과에 대해 설명해보시오.

▶저소득층의 소비 증대가 기업 부문의 생산 및 투자 활성화로 이어져 경기를 부양시키는 효과를 말합니다. 부유층에 대한 세금을 늘리는 대신 저소득층에 대한 복지를 강화하면 저소득층의 소득이 증가하고, 소득의 증가는 소비의 증가로 이어집니다. 저소득층의 소비 증가는 다시 기업 부문의 생산 및 투자를 활성화시키고, 이는 경기 전반에 긍정적인 영향을 미쳐 부유층에게도 혜택이 돌아갑니다. 고소득층의 소득 증대가 투자 활성화로 이어져 저소득층에게도 그 혜택이 돌아간다는 낙수효과와 반대되는 말입니다. 한마디로 저소득층의 소득 증대가 총수요 진작 및 경기 활성화로 이어져 궁극적으로 고소득층의 소득도 높이게 되는 효과를 가리키는 말입니다.

80) 옐로우칩에 대해 설명해보시오.

▶주식시장에서 대형 우량주인 골든칩까지는 이르지 못하지만 향후 주가상승 여력이 있는 '중저가 우량주'를 가리키는 말입니다.

81) 구제역의 정의와 해결 방안에 대해 설명해보시오.

▶구제역은 소, 돼지, 양, 사슴 등 발굽이 둘로 갈라진 우제류에 속하는 동물에게 퍼지는 감염병입니다. 위생적이며 쾌적한 시설에서 가축이 서식할 수 있도록 효율적인 조치를 취하고 방역을 담당하는 컨트롤 타워를 만들어 최대한 빠르게 대처해야 한다고 생각합니다.

82) 콜금리에 대해 설명해보시오.

▶금융기관 간 영업활동 과정에서 남거나 모자라는 자금을 30일 이내의 초단기로 빌려주고 받는 것을 '콜'이라 부르며, 이때 은행 · 보험 · 증권업자 간에 이루어지는 초단기 대차에 적용되는 금리를 일컫습니다.

83) 후원금과 뇌물의 차이에 대해 설명해보시오.

▶대가성의 차이인데 후원금은 일종의 기부금 형식이고 뇌물은 대가를 바라며 주는 부정한 돈이라고 생각합니다.

84) 유리천장에 대해 설명해보시오.

▶충분한 능력을 갖춘 구성원, 특히 여성이 조직 내의 일정 서열 이상으로 오르지 못하게 하는 '보이지 않는 장벽'을 은유적으로 표현한 말입니다. 원래는 여성들의 고위직 진입을 가로막는 조직 내의 보이지 않는 장애라는 의미로 사용하다가 여성뿐 아니라 흑인이나 소수민족 출신자처럼 인종차별적 상황에까지 확대하여 사용하게 되었습니다. 이 용어는 1979년 미국의 경제주간지 〈월스트리트저널〉에서 여성 승진의 어려움을 다룬 기사에 처음 등장하였고, 1986년 동일한 잡지에 실린 다른 기사를 통해 재등장하면서 널리 알려졌습니다.

85) 경제민주화에 대해 설명해보시오.

▶자유시장경제체제에서 발생하는 과도한 빈부격차를 보다 평등하게 조정하자는 취지의 용어입니다. 우리나라 헌법 119조 1항은 '대한민국 경제 질서는 개인과 기업의 경제상 자유와 창의를 존중함을 기본으로 한다'라고 적시하고 있습니다. 반면 2항은 '국가는 균형 있는 국민경제 성장과 적정한 소득 분배, 시장 지배와 경제력 남용 방지, 경제주체 간의 조화를 통한 경제 민주화를 위해 경제에 관한 규제와 조정을 할 수 있다'라고 돼 있습니다. 1항은 자유시장경제 원칙을, 2항은 그로 인한 부(富)의 편중 같은 부작용을 막기 위해 국가가 개입할 여지를 둔 조항입니다.

86) 핀테크에 대해 설명해보시오.

▶핀테크(FinTech)는 Finance(금융)와 Technology(기술)의 합성어로, 금융과 IT의 융합을 통한 금융서비스 및 산업의 변화를 통칭합니다.

87) 4차 산업혁명에 대해 설명해보시오.

▶한마디로 정보통신기술(ICT)의 융합으로 이뤄지는 차세대 산업혁명입니다. 4차 산업혁명은 ▷1784년 영국에서 시작된 증기기관과 기계화로 대표되는 1차 산업혁명, ▷1870년 전기를 이용한 대량생산이 본격화된 2차 산업혁명, ▷1969년 인터넷이 이끈 컴퓨터 정보화 및 자동화 생산시스템이 주도한 3차 산업혁명에 이어, ▷로봇이나 인공지능(AI)을 통해 실제와 가상이 통합돼 사물을 자동적 · 지능적으로 제어할 수 있는 가상 물리 시스템의 구축이 기대되는 산업상의 변화를 일컫습니다.

88) 잡쉐어링에 대해 설명해보시오.

▶근무시간 조정으로 일자리 창출을 의미합니다. 즉, 한 사람이 하던 일을 근무 시간을 줄여 두 사람이 하도록 하는 것으로 정규직 1명을 2명의 비정규직으로 하는 것을 말합니다. 반면 워크쉐어링(work sharing)은 근무시간 조정을 위한 해고 없는 구조조정을 말합니다. 통상적으로 사전적인 의미는 위와 같지만 현재 우리나라에서 실시되고 있는 임금삭감을 통한 신규사원공채 등이 잡쉐어링으로 불리고 있습니다.

89) 승자의 저주에 대해 설명해보시오.

▶경쟁에서는 이겼지만 승리를 위하여 과도한 비용을 치름으로써 오히려 위험에 빠지게 되거나 커다란 후유증을 겪는 상황을 뜻하는 말입니다.

90) 한우 이력제에 대해 설명해보시오.

▶소의 출생에서부터 판매에 이르기까지의 정보를 기록 · 관리하여 위생이나 안전에 문제가 발생할 경우 그 이력을 추적하여 신속하게 대처하기 위하여 마련한 제도입니다. 즉, 소의 출생, 도축, 포장처리, 판매까지 기록 관리해서 문제가 생기면 이력을 추적해 원인 파악 및 잘잘못을 명확히 하기 위해 만들어진 제도입니다.

91) 사회적 기업에 대해 설명해보시오.

▶비영리조직과 영리기업의 중간 형태로, 사회적 목적을 추구하면서 영업활동을 수행하는 기업입니다. 취약계층에 사회서비스 또는 일자리를 제공하여 지역주민의 삶의 질을 높이는 등의 사회적 목적을 추구하면서 재화 및 서비스의 생산 · 판매 등 영업활동을 수행하는 기업을 말합니다.

92) 밴드왜건에 대해 설명해보시오.

▶어떤 선택이 대중적으로 유행하고 있다는 정보로 인하여, 그 선택에 더욱 힘을 실어주게 되는 효과를 말합니다. 밴드왜건 효과(Bandwagon effect · 모방 효과)란 과시적 소비는 보통 일부 부유층을 중심으로 시작되는데 주위 사람들이 이들의 소비를 모방하면서 사회 전체로 확산되는 영향을 말합니다. 유명 연예인이 특정 브랜드 옷을 입고 나왔을 때 그 상품이 금세 품절되는 현상은 바로 이 밴드왜건 효과 때문이라고 볼 수 있습니다.

93) NLL에 대해 어떻게 생각하는가?

▶유엔군사령관 클라크 장군이 1953년 8월 30일 휴전 후 정전협정의 안정적 관리를 위하여 설정한 남북한의 실질적인 해상경계선이 NLL입니다. 북한이 2006년 3월 제3차 남북장성급 군사회담부터 서해 북방한계선 재설정 협의를 주장했고, 2007년 10월 남북정상회담에서는 서해 평화협력지대 개발 합의로 절충안이 마련됐습니다. 한 달 뒤 열린 제2차 남북 국방장관회담에서는 남북군사공동위원회를 구성해 북방한계선 재설정 문제를 논의키로 합의했다. 그러나 이명박 정부 들어 남북대화가 중단되면서 협의는 더 이상 진행되지 못했습니다.

남한에서는 북방한계선이 지난 반세기 이상 남북한 사이의 해상경계선의 효력이 있는 것으로 주장해 왔으나, 북한에서는 휴전 후 북방한계선을 자주 침범하면서 이를 부인해 왔습니다. 특히 서해상에는 매년 6월 꽃게잡이 철을 맞아 남과 북 사이에 서해상 영해침범이라는 상호 엇갈린 주장과 군사적 경고와 행동이 주기적으로 반복되고 있습니다. 이에 따라 남북한 사이에 해상에서 무력충돌의 잠재적 가능성이 상존하고 있으므로, 이를 해결할 노력이 필요합니다.

94) 구황작물에 대해 설명해보시오.

▶불순한 기상조건에서도 상당한 수확을 얻을 수 있어 흉년이 들 때 큰 도움이 되는 작물입니다. 비황작물(備荒作物)이라고도 합니다. 일반적으로 구황작물은 생산량이 기후조건에 영향을 적게 받아야 하므로 생육기간이 짧아야 하고, 척박한 땅에서도 잘 자라는 것이어야 한다. 흔히 구황작물로 취급되는 것으로는 조 · 피 · 기장 · 메밀 · 감자 · 고구마 등이 있으며 보리도 구황작물의 역할을 하기도 했습니다.

95) 선지급에 대해 설명해보시오.

▶수출계약과 동시에 송금을 받거나 수입자에게서 화물대금의 송금을 받고 선적하는 결제 방법입니다. 아울러 선지급금융이란 은행이 무역 거래 따위와 관련하여 자기 자금으로 금융을 해주는 것으로 통상 180일 이내의 단기 금융을 말합니다.

96) 햇살론에 대해 설명해보시오.

▶농업협동조합, 수산업협동조합, 신용협동조합, 새마을금고와 같은 서민 금융 회사가 신용 등급이 낮거나 소득이 적은 서민들을 대상으로 연 10% 초반대의 금리로 돈을 빌려주는 대출 상품입니다. 신용 6등급 이하의 서민을 대상으로 연 10%대 초반의 이자로 최고 5,000만 원까지 빌려주는 대출상품을 뜻합니다.

97) 예대마진율에 대해 설명해보시오.

▶대출금리와 예금금리의 차이를 나타낸 비율을 뜻합니다. 즉, 은행이 고객으로부터 받는 수신에서 고객에게 지급하는 이자와 은행이 고객에게 대출해 주는 여신에서 고객에게 받아내는 이자의 차액이라고 보면 됩니다. 예금과 대출상품이 금융기관 내에도 많은 관계로 평균 예금금리–평균 대출금리로 구합니다.

98) 구상권 청구에 대해 설명해보시오.

▶채무를 대신 변제해 준 사람이 채권자를 대신하여 채무당사자에게 반환을 청구할 수 있는 권리를 말합니다. 국가소송에 있어서는 국가가 불법행위로 피해를 본 사람들에게 배상금을 먼저 지급한 뒤 실제 불법행위에 책임이 있는 공무원을 상대로 배상금을 청구하는 권리를 이르기도 합니다.

99) 순환출자에 대해 설명해보시오.

▶그룹 계열사들끼리 돌려가며 자본을 늘리는 것을 말합니다. 즉, 한 그룹 내에서 A기업이 B기업에, B기업이 C기업에, C기업은 A기업에 다시 출자하는 식으로 그룹 계열사들끼리 돌려가며 자본을 늘리는 것을 말합니다. 예를 들어, 자본금 100억 원을 가진 A사가 B사에 50억 원을 출자하고 B사는 다시 C사에 30억 원을 출자하며 C사는 다시 A사에 10억 원을 출자하는 방식으로 자본금과 계열사의 수를 늘리는 방식입니다.

100) 스태그플레이션에 대해 설명해보시오.

▶침체를 의미하는 ‘스태그네이션(stagnation)’과 물가상승을 의미하는 ‘인플레이션(inflation)’을 합성한 용어로, 경제활동이 침체되고 있음에도 불구하고 지속적으로 물가가 상승되는 상태가 유지되는 저성장 · 고물가 상태를 의미합니다.

101) NIM에 대해 설명해보시오.

▶NIM(순이자 마진)은 금융기관의 자산단위당 이익률로, 수익성 평가지표의 하나입니다. 은행 등 금융기관이 자산을 운용하여 낸 수익에서 조달비용을 차감해 운용자산 총액으로 나눈 수치로 금융기관의 수익력을 나타내는 지표입니다. 이자 부분 수익률만으로 종전 은행의 수익성을 평가하는 지표로 사용되던 예대마진의 한계를 보완하기 위하여 도입되었습니다. 예금과 대출의 금리 차이에서 발생한 수익뿐만 아니라 채권 등 유가증권에서 발생한 이자도 포함됩니다. 유가증권 평가이익과 매매이익은 포함되지 않습니다.

102) GMO에 대해 설명해보시오.

▶유전자조작식품. 유전자 조작 또는 재조합 등의 기술을 통해 재배 · 생산된 농산물을 원료로 만든 식품입니다. 유전자 변형은 특정 작물에 없는 유전자를 인위적으로 결합시켜 새로운 특성의 품종을 개발하는 유전공학적 기술로, GMO는 이와 같은 유전자 변형을 가한 농수산물을 가리킵니다. 이는 넓은 의미에서는 ▷선택적 증식, ▷이종교배, ▷성전환, ▷염색체 변형, ▷유전자 이전 등 생명공학과 밀접하게 연관된 개념이라고 할 수 있습니다. 대표적인 GMO로는 콩, 옥수수, 면화, 카놀라, 사탕무, 알팔파 등이 있습니다.

103) 다우지수에 대해 설명해보시오.

▶미국의 다우존스사가 가장 신용 있고 안정된 주식 30개를 표본으로 시장가격을 평균산출하는 세계적인 주가지수입니다. 1884년부터 미국의 다우존스 회사가 발표하는 주가 평균. 공업 주 30종목 평균, 철도 주 20종목 평균, 공익사업 주 15종목의 평균과 65종목 종합 주가 평균이 있습니다.

104) 모기지론에 대해 설명해보시오.

▶부동산을 담보로 주택저당증권을 발행하여 장기주택자금을 대출해 주는 제도입니다. 모기지론 제도란 주택을 구입할 때 소유자는 구입자금의 20~30%만을 불입하고 나머지 자금은 관련금융공사에서 주택저당권을 증권화시켜 자금을 유동화시키고 여기서 조성된 자금을 가지고 모자라는 주택자금을 충당하는 제도이며 여기서 저당권을 증권화시킨 대출자금을 모기지론이라 일컫습니다. 다시 말하면, 주택에 대한 저당권을 근거로 은행 등 금융회사에서 장기로 주택구입자금을 융자해 주는 것. 주택자금을 대출한 은행은 주택저당증권을 발행한 후 이를 팔아 대출자금을 회수합니다. 이 제도가 실시되면 서민들은 적은 돈으로 내 집 마련을 할 수 있으며, 부동산가격의 비탄력적 시장구조를 개선할 수 있다는 면에서 장점이 있습니다만, 현재 우리나라의 금리 수준이 아직까지는 선진 외국에 비해 높은 편이어서 이를 어느 정도까지 현실화시킬 수 있느냐가 관건이라 하겠습니다.

105) 브렉시트에 대해 설명해보시오.

▶영국의 유럽연합 탈퇴를 뜻하는 신조어입니다. 영국의 유럽연합(EU) 탈퇴를 뜻하는 말로, 2020년 1월 31일 단행됐습니다. 브렉시트는 2016년 6월 진행된 브렉시트 찬반 국민투표에서 결정됐고, 당초 2018년 3월 브렉시트를 단행할 예정이었습니다. 하지만 이후 영국 의회의 브렉시트 합의안 부결로 총 3차례 연기되면서 2020년 1월 31일로 결정됐으며, 이후 영국 내부의 법안 통과 절차와 EU 유럽의회 · 유럽이사회의 승인 절차까지 완료되면서 브렉시트가 단행됐습니다. 다만 양측은 브렉시트의 원활한 이행을 위해 12월 31일까지를 전환기간으로 설정하고 이 기간에는 모든 것을 브렉시트 이전과 똑같이 유지하면서 미래관계협상을 실시하도록 협의, 2020년 1월 31일 이후에도 큰 변화는 없었습니다. 그러다

2020년 12월 24일 영국과 EU가 미래관계협상을 타결하면서 영국과 EU는 4년 6개월 만에 완전한 결별을 앞두게 됐고, 2021년 1월 1일부터 브렉시트가 현실화됐습니다.

106) 구제역에 대해 설명해보시오.

▶발굽이 2개인 소 · 돼지 · 염소 · 사슴 · 낙타 등 우제류(발굽이 2개인 동물) 동물의 입과 발굽 주변에 물집이 생긴 뒤 치사율이 5～55%에 달하는 가축의 제1종 바이러스성 법정전염병입니다. 구제역은 바이러스의 감염으로 발생하는데 바이러스의 학명은 Picornaviridae Aphthovirus이다. 바이러스의 크기는 약 20nm(나노미터)이며 세계 최초로 발견된 동물 바이러스입니다.

107) 바이럴 마케팅에 대해 설명해보시오.

▶네티즌들이 이메일이나 다른 전파 가능한 매체를 통해 자발적으로 어떤 기업이나 기업의 제품을 홍보할 수 있도록 제작하여 널리 퍼지는 마케팅 기법입니다. 컴퓨터 바이러스처럼 확산된다고 해서 이러한 이름이 붙었습니다. 바이럴 마케팅은 2000년 말부터 확산되면서 새로운 인터넷 광고 기법으로 주목받기 시작하였습니다. 기업이 직접 홍보를 하지 않고, 소비자의 이메일을 통해 입에서 입으로 전해지는 광고라는 점에서 기존의 광고와 다릅니다. 입소문 마케팅과 일맥상통하지만 전파하는 방식이 다릅니다. 입소문 마케팅은 정보 제공자를 중심으로 메시지가 퍼져나가지만 바이럴 마케팅은 정보 수용자를 중심으로 퍼져나갑니다.

108) 이상기후 현상에 대해 설명해보시오.

▶기온이나 강수량 따위가 정상적인 상태를 벗어난 상태로 현재까지 가장 심각한 이상기후는 지구의 온난화 현상입니다. 즉, 특정 지역에서 기온 · 강수량 등의 기후요소가 통계적 평년값을 벗어나 현저히 높거나 낮은 수치를 나타내는 것을 뜻합니다. 기후(climate)는 장기간에 걸친 날씨의 평균이나 변동의 특성을 말하는데, 세계기상기구(WMO)에서 정한 평균값 산출 기간은 30년입니다. 이상기후 현상으로는 폭염 · 열대야 · 한파 · 홍수 · 폭설 · 가뭄 등이 있습니다. 이러한 이상기후를 일으키는 요인으로는 지구온난화를 비롯해 엘니뇨 · 라니냐 · 기압 배치의 변화 등이 있습니다.

109) 면세유제도란 무엇인가?

▶면세유제도란 농업, 임업인, 어민이 농 · 임 · 어업에 사용하기 위한 석유류 공급에 대해 부가가치세, 개별소비세, 교통 · 에너지 · 환경세, 교육세, 자동차세를 면제하는 제도입니다.

110) 블록딜이란 무엇인가?

▶증권시장에서 기관 또는 큰손들의 대량매매. 시장에 주식이 대량으로 나오면 시장가격에 영향을 미쳐 팔고자 하는 가격에 팔 수 없는 상황이 초래됩니다. 따라서 주식을 대량 보유하고 있는 매도자가 사전에 자신의 매도물량을 인수할 수 있는 매수자를 구해 시장가격에 영향을 미치지 않도록 장 시작 전이나 장이 끝난 후에 시간외매매로 전일종가(장 시작 전)나 당일종가(장 마감 후)에 주식을 넘기는 매매를 말합니다.

111) MZ세대의 특징에 대해서 말해보시오.

▶1980년대 초~2000년대 초 출생한 밀레니얼세대와 1990년대 중반~2000년대 초반 출생한 Z세대를 통칭하는 말입니다. 디지털 환경에 익숙하고, 최신 트렌드와 남과 다른 이색적인 경험을 추구하는 특징을 보입니다.

MZ세대는 집단보다는 개인의 행복을, 소유보다는 공유(렌털이나 중고시장 이용)를, 상품보다는 경험을 중시하는 소비 특징을 보이며, 단순히 물건을 구매하는 데에서 그치지 않고 사회적 가치나 특별한 메시지를 담은 물건을 구매함으로써 자신의 신념을 표출하는 '미닝아웃' 소비를 하기도 합니다. 또한 이들 세대는 미래보다는 현재를, 가격보다는 취향을 중시하는 성향을 가진 이들이 많아 '플렉스' 문화와 명품 소비가 여느 세대보다 익숙하다는 특징도 있습니다.

112) 리플레이션이 무엇인가?

▶경제가 디플레이션(deflation) 상태에서 벗어났지만 심각한 인플레이션(inflation)을 유발하지 않을 정도로 통화를 재(re-)팽창시키는 것을 의미합니다. 즉 디플레이션을 벗어나 어느 정도 물가가 오르는 상태로 만드는 상황을 뜻합니다. 유휴자본과 유휴설비가 있고 실업이 급증한 경우, 정책적으로 상품의 생산과 유통을 확대시켜 경기를 진작하고 불황에서 탈출하려 할 때에 감세나 통화량 증가를 적당히 조절해 심한 인플레이션이 되지 않을 정도로 경기대책을 세우는 것을 말합니다.

113) 알뜰 주유소에 대해 설명해보시오.

▶석유공사와 농협이 정유사에서 대량으로 공동구매한 휘발유와 경유를 공급받고, 주유소 부대 서비스 등을 없애 주유비용을 기존 주유소에 비해 낮춘 주유소입니다.

114) 미소금융에 대해 설명해보시오.

▶제도권 금융회사와 거래할 수 없는 저소득자와 저신용자를 대상으로 한국에서 실시하는 소액대출사업을 말합니다. 즉, 기술과 경험은 갖추었으나 신용이나 담보가 없어 일반 금융 회사를 이용할 수 없는 사회 취약 계층에 대하여 소액의 창업 자금을 담보나 보증 없이 빌려주는 일입니다.

115) 지급준비율이란?

▶은행이 고객으로부터 받은 예금 중에서 중앙은행에 의무적으로 적립해야 하는 비율을 말합니다. 흔히 줄임말로 지준율이라고 불립니다. 지급준비율제도는 본래 고객에게 지급할 돈을 준비해 은행의 지급 불능 사태를 막는다는 고객 보호 차원에도 도입됐습니다. 그러나 요즘에는 금융정책의 주요 수단이라는 점에 더 큰 의의가 있습니다. 중앙은행이 지급준비율을조작함으로써 시중 유동성을 조절할 수 있기 때문입니다. 즉, 지급준비율을 높이면 중앙은행에 적립해야 할 돈이 많아져 시중의 유동성을 흡수하게 되고 낮추면 시중 유동성이 확대됩니다.

116) 스튜어드십 코드란?

▶기관투자자들의 의결권 행사를 적극적으로 유도하기 위한 자율 지침으로, 기관투자자들이 투자 기업의 의사결정에 적극 참여해 주주와 기업의 이익 추구, 성장, 투명한 경영 등을 이끌어 내는 것이 목적입니다. 국내에서는 2016년 시행됐으며, 최대 투자기관인 국민연금이 2018년 스튜어드십 코드를 도입해 투자 기업의 주주가치 제고, 대주주의 전횡 저지 등을 위해 주주권을 행사하고 있습니다.

117) O2O란?

▶O2O. 단어 그대로 온라인이 오프라인으로 옮겨온다는 뜻입니다. 정보 유통 비용이 저렴한 온라인과 실제 소비가 일어나는 오프라인의 장점을 접목해 새로운 시장을 만들어 보자는 데서 나왔습니다. 스마트폰 사용자는 전 세계를 통틀어 19억 명(2013년 기준)에 이른다. 2019년에는 56억 명이 스마트폰을 쓸 것으로 보입니다. 스마트폰이 널리 보급되면서 온라인과 오프라인의 경계선이 흐려졌습니다. 전화기만 꺼내 들면 언제 어디서나 인터넷을 사용할 수 있기 때문이다. 여기서 'O2O(Online to Offline)'가 태어났습니다.

118) PLS란?

▶지금까지는 기준이 설정되어 있는 농약을 중심으로 관리해 왔습니다. 그러나 수입농산물의 종류도 다양해지고 수입량도 증가하고 있어 정부와 소비자 모두가 철저한 농약 관리가 필요하다고 생각하고 있습니다. 그래서 농약의 불법 사용을 금지하고 농약 PLS제도를 도입했습니다. 앞으로 PLS제도를 통해 농약 걱정 없는 더 안전한 농산물만 식탁에 오르게 됩니다.

119) 메디치효과란?

▶한마디로 서로 다른 분야의 요소들이 결합할 때 각 요소가 갖는 에너지의 합보다 더 큰 에너지를 분출하게 되는 효과를 말합니다. 오늘날 기업에서는 디자이너, 수학자와 같이 서로 다른 성향의 인재들을 함께 뒤섞어 자리를 배치하는 제도를 마련하여 더 혁신적인 성과를 거두기 위해 힘쓰고 있습니다.

120) 링겔만 효과란?

▶집단 속에 참여하는 사람의 수가 늘어갈수록 성과에 대한 1인당 공헌도가 오히려 떨어지는 집단적 심리현상을 말합니다. 독일 심리학자 링겔만이 집단 내 개인 공헌도를 측정하기 위해 줄다리기 실험을 했는데 그 결과, 참가자가 늘수록 한 사람이 내는 힘의 크기가 줄어드는 것으로 나타났습니다. 즉, 1 대 1 게임에서 1명이 내는 힘을 100으로 가정할 때, 2명이 참가하면 93, 3명일 때는 85, 8명일 때는 49로 떨어진 것입니다. 이러한 효과를 심리학자 링겔만의 이름을 따 링겔만 효과라 부릅니다. 조직 속에서 개인의 가치를 발견하지 못할 때, 여러 명 중 단지 한 명에 지나지 않는다는 생각이 링겔만 효과로 나타난다고 추측됩니다.

121) 전시효과란?

▶j. S. 듀젠베리에 의해 처음으로 이 용어가 사용되었으며, 시위효과(示威效果)라고도 합니다. 개인의 소비지출의 수준은 그 개인의 소득수준만으로 정해지는 것이 아니며, 주위 사람들이 더 높은 소비생활을 하게 되면 이에 따라서 그 개인의 소비도 영향을 받아 소비성향이 높아지는 경향이 있는데, 이러한 영향을 가리키는 말입니다.

전시효과로 장기적 소비함수는 단기적 소비함수와 달라질 것으로 생각되며, 또 소득이 낮은 개발도상국에서도 실력 이상의 높은 소비지출이 행해지고, 이것이 개발도상국의 자본축적을 저해하는 한 요인이 되고 있습니다.

122) 과시효과란?

▶과시효과란 명품산업에서는 가격이 높을수록 수요가 늘어나는 경우가 있는데, 이렇듯 가격이 비싸질수록 수요가 증가하는 현상을 말합니다. 베블런은 19세기 말 미국 사회경제학자로 1899년 저서인 '유한계급론'에서 유한계급, 즉 부유층에 속한 사람은 자신의 사회적 지위를 유지하거나 자신을 대중에게 알리기 위해 과시적 소비를 하며 이런 유한계급의 소비가 생산성 향상이나 사회 발전에 도움이 되기보다는 단순히 '소비' 자체에 머무른다고 비판했습니다.

123) 피구효과란?

▶임금의 하락이 고용증대에 미치는 영향에 대하여 A. C. 피구와 J. M. 케인스 사이에 전개된 임금논쟁의 과정에서 생긴 개념으로, D. 파틴킨에 의해 명명된 효과입니다. 피구효과에 의해서 완전고용은 실현될 수 있으므로 고전파 이론이 타당하다는 것이 피구의 주장이기는 하지만, 피구 자신은 혼합자본주의 경제에서의 임금의 하방경직성(下方硬直性)의 존재를 현실 문제로서 인식하고 있었습니다. 피구는 비정상적인 디플레이션에 의한 실업해소책을 권장하지 않았으며 아무튼 피구효과의 실증적 타당성에 대해서는 명확한 결론에 도달하지 못하였습니다.

124) 펭귄효과란?

▶펭귄효과란, 소비자가 어떤 물건을 사야 할지 망설일 때 다른 사람들이 먼저 구매하는 모습을 보고 자신도 따라 구매하게 되는 심리를 말합니다. 이는 펭귄의 행동에서 유래한 것으로, 펭귄들이 먹이를 구하기 위해 바다에 들어가야 하지만 천적 때문에 주저하다가, 한 마리가 먼저 뛰어들면 나머지 펭귄들도 따라 들어가는 모습과 비슷하다. 즉, 다른 사람의 행동을 보고 안심하거나 동조하여 결정하는 소비 행태를 설명할 때 쓰입니다.

125) 언더독 효과란?

▶경쟁에서 열세에 있는 약자에게 연민을 느끼며 지지하고 응원하게 되는 심리 현상을 뜻하는 말입니다. 정치, 스포츠, 문화예술 등 다양한 영역에 걸쳐 나타난다. 투견 시합을 볼 때 아래에 깔린 개(언더독)를 응원하게 되는 현상에서 비롯된 말로, 언더독과 반대로 위에 올라타 우세를 보이는 개는 '탑독(Top dog)'이라 한다. 이 용어는 1948년 미국 대선 때 사전 여론조사에서 뒤지던 민주당의 해리 트루먼 후보가 공화당의 토머스 듀이 후보를 제치고 당선되면서부터 널리 사용되기 시작했습니다. 부동층 유권자들이 언더독인 해리 트루먼에게 동정표를 던져 판세가 뒤집혔다고 본 것입니다. 한편, 이와 달리 의사결정 과정에서 강자나 다수파에 편승하는 현상은 밴드왜건 효과라고 합니다.

126) 스파게티볼 효과란?

▶여러 국가와 FTA를 동시다발적으로 체결할 때 각 국가의 복잡한 절차와 규정으로 인하여 FTA 활용률이 저하되는 상황을 일컫는 말입니다. 이를테면, 원산지규정을 제대로 이해하지 못하고 수출을 할 경우 FTA에 따른 관세 인하는커녕 면제받은 세금을 반환하는 것은 물론 벌금까지 징수당할 수 있다. 이로 인하여 FTA 활용도가 떨어지고, 여러 가지 문제들이 발생하게 되는 상황을 스파게티볼 효과라고 합니다.

127) 컨벤션 효과란?

▶경선이나 전당대회 등 정치적 이벤트 직후 해당 정당이나 정치인의 지지율이 상승하는 현상을 이르는 말이다. 이는 정치는 물론 사회 전 분야에서 어느 특정 사건을 계기로 해당 분야에 대한 관심이 커지는 현상을 가리킬 때도 사용된다.

128) 부메랑 효과란?

▶부메랑 효과란 사람이 의도한 목적과 달리, 자신의 행동이 오히려 불리한 결과로 되돌아오는 현상을 말한다. 예를 들어, 경제적으로는 선진국이 개발도상국에 원조나 투자를 하면, 개발도상국이 경쟁력 있는 제품을 생산해 선진국과 경쟁하게 되는 경우가 있다. 제2차 세계대전 이후 미국의 지원으로 산업을 발전시킨 독일과 일본이 오늘날 세계 경제를 주도하게 된 것이 대표적인 사례다. 환경적으로는 인간의 무분별한 개발이 환경 파괴를 초래하고, 이는 자연재해나 환경 문제로 되돌아와 인간에게 부정적 영향을 주는 경우가 있다. 심리적으로는 타인에게 강압적으로 설득하려 할수록, 상대가 오히려 반대로 행동하여 의도와 정반대의 결과가 나타나는 경우가 부메랑 효과에 해당한다.

129) 프라임레이트란?

▶신용이 가장 높은 기업에 대해 대출할 때 적용하는 우대금리를 말하며 이는 금융기관 대출금리의 기준이 되므로 기준금리라고도 한다. 신용도가 높은 기업은 일반대출금리 중 가장 저율의 프라임레이트가 적용되지만 신용등급이 낮은 기업은 여기에 일정 금리가 가산된 것을 적용받는다. 따라서 프라임레이트는 일반 대출금리의 하한선이 되기도 한다. 프라임레이트는 기업의 자금수요와 금융시장의 자금수급사정에 따라 결정되어 경제 사정을 잘 나타내준다. 경우에 따라 중앙은행의 재할인율에 연동돼 금융정책에 의해 변동되기도 한다.

130) KREI란 무엇인가?

▶한국농촌경제연구원[Korea Rural Economic Institute, 韓國農村經濟研究院]을 뜻한다. 이는 농림경제 및 농어촌 사회 발전에 관한 종합적인 조사 · 연구와 농림정책의 수립을 지원하는 전문 연구기관이다.

131) NBS에 대해 들어보셨나요?

▶농협이 운영하는 한국농업방송으로 알고 있다. 한국농업방송의 영문 표기는 NBS (Nongmin Broadcasting System)입니다. NBS의 글자체는 봄을 상징하는 잎사귀를 녹여내 새로움과 도약의 의미를 담았습니다. 또한 대지를 적시는 푸른 잎처럼 시청자에게 긍정적인 에너지를 주는 채널이 되고자 하는 의지를 표현하였으며, 농민신문사 로고 색상인 파란색을 바탕으로 진취적인 이미지와 도약을 나타내고 있습니다.

132) FAO란 무엇인가?

▶국제연합식량농업기구[Food and Agriculture Organization of the United Nations, 國際聯合食糧農業機構]이다. 국제연합식량농업기구는 국제연합 전문기구의 하나로 식량과 농산물의 생산 및 분배능률 증진, 농민의 생활수준 향상 등을 목적으로 한다. 흔히 영문 명칭의 머리글자를 따서 FAO로 불린다. 2011년 3월 현재 191개 나라가 가입해 있다. 사무국은 이탈리아의 로마에 있다. 1943년 5월 미국 프랭클린 루스벨트 대통령의 제창에 의해 개최된 연합국 식량농업회의가 모체가 됐다. 같은 해 7월 FAO헌장이 기초되고, 1945년 10월 캐나다 퀘벡에서 개최된 제1회 식량농업회의에서 채택된 FAO헌장에 의거해 설립됐다. 농업 · 임업 · 수산업 분야의 유엔 기구 중 최대 규모다. 본부에 3,500명, 세계 각지에 2,000여 명의 직원이 있다. 세계식량계획(WFP)과 함께 식량원조와 긴급구호 활동을 전개하며 국제연합개발계획(UNDP)과 함께 기술원조를 확대하고 있다.

133) IFAD란 무엇인가?

▶국제농업개발기금을 뜻하며, 심화되는 세계식량 문제를 해결하고, 개발도상국의 농업개발을 위한 자금의 지원을 목적으로 1976년에 협정서에 서명하여 설립된 국제기구(IFAD: International Fund for Agricultural Development)이다. 본부는 이탈리아 로마에 있다. 1974년 11월 세계식량회의(WFC)에서 기금설립이 제의되어, 1975~1976년까지 5차의 협의를 거쳐 1976년 6월 13일 국제연합총회 특명전권대표회의에서 정식으로 채택되어 1976년 12월 20일 국제연합총회 본회의에서 협정서에 서명함으로써 설립되었다.

134) WFP란 무엇인가?

▶WFP(유엔세계식량계획)는 세계 최대 규모의 인도적 지원 기관입니다. 긴급 상황에서는 생명을 구하고, 분쟁과 재난, 기후 위기를 극복 중인 지역에는 식량 지원을 통해 평화로 가는 길을 만듭니다.

135) SOC란 무엇인가?

▶생산활동에 직접적으로 투입되지는 않으나 간접적으로 기여하는 자본으로, 도로 · 항만 · 철도 등이 이에 속한다. 보다 넓은 의미로 정의할 때는 교육 · 상하수도 시설 · 치산치수(治山治水) 사업 · 국유림 · 법질서와 사회제도 등도 이에 포함된다. 즉, 생산활동에 직접적으로 사용되지는 않지만 경제활동을 원활하게 하기 위하여 꼭 필요한 사회기반시설을 말한다. infrastructure(사회기반시설)의 앞부분만 따서 흔히 인프라(infra)라고도 한다.

136) 블록체인에 대해 설명해보시오.

▶누구나 열람할 수 있는 장부에 거래 내역을 투명하게 기록하고, 여러 대의 컴퓨터에 이를 복제해 저장하는 분산형 데이터 저장기술이다. 여러 대의 컴퓨터가 기록을 검증하여 해킹을 막는다.

블록체인은 크게 퍼블릭 블록체인과 프라이빗 블록체인으로 나뉜다. 퍼블릭 블록체인은 모두에게 개방돼 누구나 참여할 수 있는 형태로 비트코인, 이더리움 등 가상통화가 대표적이다. 프라이빗 블록체인은 기관 또는 기업이 운영하며 사전에 허가를 받은 사람만 사용할 수 있다. 참여자 수가 제한돼 있어 상대적으로 속도가 빠르다.

137) 바이아웃이란?

▶기업의 지분 상당 부분을 인수하거나 아예 기업 자체를 인수한 후 대상기업의 정상화나 경쟁력 강화를 통해 기업가치를 제고하는 것을 말한다. 이는 캐시 바이 아웃 레이터(cash by out rate)의 준말이다. 해외채권단이 보유하고 있는 (주)대우 등 4개 대우그룹 계열사와 현지법인이 보유하고 있는 무보증채권 중 앞으로 설립될 특수목적법인이 매입해 주는 채권 비율. 합의된 안에 따르면 (주)대우의 경우 바이아웃 비율이 32.3%인데 이 경우 A라는 해외채권단이 100억 원의 무담보채권을 보유하고 있다면 이 중 32억 3,000만 원만 매입해 준다는 말이다.

138) 그린메일이란?

▶한마디로 경영권을 담보로 보유주식을 시가보다 비싸게 되파는 행위이다. 경영권이 취약한 대주주에게 보유주식을 높은 가격에 팔아 프리미엄을 챙기는 투자자를 그린메일러(green mailer)라 하고, 이 때 보유주식을 팔기 위한 목적으로 대주주에게 편지를 보내는데 달러가 초록색이어서 그린메일이라는 이름이 붙여졌다. 공갈 · 갈취를 뜻하는 블랙메일(black mail)의 메일과 미국 달러 지폐의 색깔인 그린(green)의 합성어로 미국 증권시장에서 널리 사용한다.

139) PL(Private Label product)이란?

▶Private Brand(유통업체 브랜드로 번역되기도 함)는 다른 말로 Private Label, 혹은 In–House Brand 라고도 합니다. 프라이빗 브랜드는 특정 유통채널 안에서만 유통 혹은 판매되는 브랜드를 의미하고 해당 유통업체의 규모 등에 따라 전국적으로도 유통될 수 있습니다. Private Brand는 거의 할인점이나 백화점 혹은 대형 슈퍼마켓 체인점들에 의해 소유되고 관리되는 경우입니다. 광고 등의 마케팅 비용, 중간 마진, 브랜드로열티 등이 없거나 저렴해 일반적으로 National Brand에 비해 품질은 비슷하지만 가격이 저렴한 특징을 가지고 있습니다. 반면 더 높은 이윤을 가져다주므로 대형 유통업체들이 앞다투어 도입하고 있습니다.

140) NB(National Brand)란?

▶National Brand(일부 번역서에는 전국브랜드라는 용어로 사용하기도 함)는 일반 소매점이나 기타 유통 채널 등을 통해 일반 소비자가 다양한 판매처에서 구매할 수 있는 브랜드입니다. 주로 전국적으로 유통되는 브랜드이지만 특정 지역에 기반한 브랜드라도 다양한 판매처나 유통채널을 통해 소비자들과 연결된다면 그 역시 National Brand입니다.

141) 프리미어급이란?

▶프리미어급이라는 것은 최고급 혹은 최상급이라는 의미인데 이마트가 최고급(?) 혹은 최상급인가요? 아마도 우리말로 표현하자니 스스로 생각해 봐도 웃음 나와서 영어로 그냥 붙인 게 아닌가 싶군요. 어쨌건 영어로 Premier Brand와 대비되는 개념으로는 가장 많이 사용되는 Value Brand라는 용어가 있고 그 외에도 Generic product, Second grade 등등으로 불리기도 합니다.

142) ICAO란?

▶국제민간항공기구. 국제민간항공조약에 기초해 1947년 4월에 발족된 유엔 전문기구이다. 비행의 안전 확보, 항공로나 공항 및 항공시설 발달의 촉진, 부당경쟁에 의한 경제적 손실의 방지 등을 목적으로 하고 있다. 2004년 1월 현재 188개국이 가맹했으며 한국은 1952년에 가입했다. 1983년 9월 KAL기 격추사건 때도 이 기구의 특별 이사회가 조사단의 파견과 보고를 한 바 있다. 총회는 통상 5년마다 개최되며 제21회 총회가 1994년 8~9월에 서울에서 개최된 바 있다.

143) 안성팜랜드란?

▶안성팜랜드는 직접 만지고 먹이 주며 즐거운 체험을 할 수 있는 곳으로, 소, 양, 거위, 돼지, 당나귀 등 다양한 가축들과 함께 즐거운 체험프로그램을 진행하고 있다. 온 가족이 함께 즐길 수 있는 놀이시설과 우리나라 농축산업의 소중함을 몸과 마음으로 느낄 수 있는 교육시설 등 가족단위 관광객들에게 많은 인기를 받고 있는 곳이다.

144) PB상품이란 무엇인가?

▶대형 소매업자들이 독자적으로 제작한 자체 브랜드로, 백화점이나 대형 슈퍼마켓 등의 대형 소매업체 측에서 각 매장의 특성과 고객의 성향을 고려하여 독자적으로 만든 자체 브랜드 제품을 말한다. 자가상표, 자체 기획상표, 유통업자 브랜드라고도 불린다. 그 상품이 해당 점포에서만 판매된다는 것에서 전국 어디에서나 제품을 구매할 수 있는 제조업체의 브랜드(NB: national brand) 제품과 차이가 있다.

145) RPC란 무엇인가?

▶한마디로 산물 상태의 미곡을 공동으로 처리하는 시설로 미곡종합처리장을 뜻한다. 반입에서부터 선별 · 계량 · 품질검사 · 건조 · 저장 · 도정을 거쳐 제품 출하와 판매, 부산물 처리에 이르기까지 미곡의 전 과정을 처리하는 시설을 말한다. 농가의 노동력 부족을 해소하고 관리비용을 절감하며 미곡의 품질 향상 및 유통구조를 개선하기 위한 시설로, rice processing complex를 줄여 간략히 하여 RPC라고도 부른다.

146) NFC가 무엇인가?

▶NFC란 'Near Field Communication'의 약자로 가까운 거리에서 무선 데이터를 주고받는 통신 기술을 의미하며, NFC 기능이 있는 스마트폰을 기기에 접촉하기만 하면 자동으로 블루투스 페어링이 됩니다. 복잡한 설정 과정 없이 쉽고 빠르게 스마트폰과 블루투스 기기를 연결합니다. NFC 접촉 시 스마트폰의 NFC 기능이 켜져 있어야 하고, 잠금화면이 해제되어 있어야 합니다. NFC 접촉 시 스마트폰 연결을 위한 어플이 자동으로 실행될 수 있습니다.

147) IOT란 무엇인가?

▶초연결사회의 기반 기술 · 서비스이자 차세대 인터넷으로 사물 간 인터넷 혹은 개체 간 인터넷(Internet of Objects)으로 정의되며 고유 식별이 가능한 사물이 만들어낸 정보를 인터넷을 통해 공유하는 환경을 의미한다(Cisco, 2011). 이는 기존의 USN(Ubiquitous Sensor Network), M2M(Machine to Machine)에서 발전된 개념으로, 사물지능통신, 만물인터넷(IoE: Internet of Everything)으로도 확장되어 인식되고 있다.

148) 치유농업이란?

치유농업은 농업농촌의 다원적 기능을 바탕으로 다양한 농업활동을 통해 건강의 유지 회복증진을 목적으로 대상자의 심리적 · 사회적 · 신체적 건강을 회복하고 증진하기 위해 치유농업자원 차유농업시설을 이용하여 교육하거나 설계한 프로그램을 체계적으로 수행하는 것을 의미한다.

149) 치유농업의 목적

치유농업은 농업활동을 정신적 · 사회적 · 신체적 건강을 증진하고 사회적 취약계층과 소외된 사람들을 통합하는 목적으로 이용하는 활동을 말한다.

150) 치유농업의 효과

치유농업의 직접적인 효과에 해당하는 내용으로 치유농업의 목적 유형과 상통한다. 치유농업의 목적 유형은 예방, 치료, 재활로 구분할 수 있다. 예방이란 신체 · 정신질환 등의 잠재적 건강 문제를 미리 막거나 건강한 발달과 삶의 질 향상, 건강의 유지 · 증진을 목적으로 하며, 치료는 현재 앓고 있는 질병, 장애, 또는 문제를 완화하거나 병적 상태를 덜어 주는 것을 의미한다. 재활은 신체적 · 정신적 · 사회적 · 직업적 · 경제적인 장애 상태의 능력과 기능을 증진 · 회복시키는 것을 의미한다. 치유농업은 전 생애에 걸쳐 인간의 신체, 인지, 심리 · 사회적 영역에서의 예방, 치료, 재활 효과를 도출할 수 있다.

151) 도시농업이란?

도시농업은 도시농업의 육성 및 지원에 관한 법률에 따라 도시지역에 있는 토지, 건축물 또는 다양한 생활공간을 활용하여 농작물을 경작 또는 재배하는 행위로서 대통령령으로 정하는 행위를 말한다.

152) 사회적 농업이란?

사회적 농업은 개인의 필요성과 공공 지출 감소의 관점에서 사회 · 보건 서비스를 강화하기 위해 농업(식물과 동물)과 농장의 자원을 사용하는 것이다.

즉, 도시농업과 사회적 농업의 범위가 함께 있는 치유농업은 체험 기반의 농장 활동과 도시농업 기반의 농업체험 활동의 연계를 통해 사회적 농업까지 폭넓게 수렴하는 형태이다.

153) 지역단위 푸드플랜이란?

지역단위 푸드플랜이란 지역 내 식품 생산 · 유통 · 소비 과정을 체계적으로 계획하고 조정하는 정책 · 전략을 말한다. 쉽게 말해, 한 지역에서 사람들이 먹는 음식이 어떻게 생산되고, 유통되며, 소비되는지를 종합적으로 관리하고 지역의 특성과 필요에 맞게 식량 체계를 설계하는 것이다.

154) 지역단위 푸드플랜의 효과

지역단위 푸드플랜은 지역 내 식품 생산과 유통, 소비를 종합적으로 계획하고 조정함으로써 다양한 긍정적 효과를 가져온다. 우선 지역에서 생산된 식품을 우선 활용하여 외부 식량 의존도를 낮추고 안정적인 공급을 확보함으로써 지역 식량 자급률을 높일 수 있다. 또한, 농민과 가공업체, 유통업체가 지역 안에서 상호 연계되면서 경제적 부가가치가 증가하고 일자리가 창출되어 지역경제 활성화에도 기여한다. 더불어 안전하고 영양가 있는 지역 식품을 제공함으로써 주민의 건강과 식생활 수준을 향상시키며, 지역 생산 · 소비 체계를 활용해 장거리 운송과 식품 낭비를 줄여 환경 지속가능성을 강화할 수 있다.

나아가 생산자와 소비자, 행정과 민간이 함께 참여하고 협력함으로써 지역 공동체의 유대감과 협력 정신도 증진된다. 이처럼 지역단위 푸드플랜은 경제, 건강, 환경, 공동체 등 다양한 측면에서 지역 전체에 긍정적인 효과를 가져오는 통합적 전략이라 할 수 있다.

155) 지역푸드통합지원센터란?

지역푸드통합지원센터는 지역 내 농산물 생산, 유통, 가공, 판매, 소비를 종합적으로 지원하고 조정하는 기관이다. 이 센터는 농민과 생산자에게 경영과 판로 확대를 지원하고, 가공업체와 유통업체가 효율적으로 연계되도록 돕는다. 또한, 지역 식품의 안전성과 품질 관리를 강화하며, 주민에게는 신선하고 안전한 지역 식품을 안정적으로 공급한다. 나아가 지역단위 푸드플랜과 연계하여 식량 자급률 향상, 지역경제 활성화, 환경 지속가능성, 주민 건강 증진 등 다양한 목표를 달성하도록 지원함으로써, 지역 식품 체계 전반을 효율적이고 통합적으로 운영하는 핵심 역할을 수행한다.

156) 지역 푸드플랜의 문제점

첫째, 지역별 역량의 차이로 인해 계획 실행에 제약이 있다. 일부 지역은 농산물 생산량이나 유통 기반이 충분하지 않아 계획을 현실화하기 어렵다. 둘째, 소규모 농가 중심의 지역에서는 재정적 · 물리적 자원이 부족하여 안정적인 생산과 공급 체계를 구축하기 힘들다.

셋째, 행정과 이해관계자의 협력이 부족한 경우가 많다. 지방자치단체, 농민, 유통업체, 시민단체 간 갈등이나 조율 미흡은 정책 집행을 어렵게 한다. 넷째, 농민과 유통업체 간 가격과 물량 조정에서 갈등이 발생할 수 있으며, 이는 지역 푸드플랜의 신뢰성을 떨어뜨린다.

다섯째, 데이터와 정보 부족 문제도 심각하다. 정확한 생산량, 소비 패턴, 유통 구조에 대한 체계적 자료가 부족하면 정책 결정이 단편적 정보나 경험에 의존하게 된다. 여섯째, 단기적 성과에 치중하면 지속가능성이 떨어진다. 초기에는 계획이 실행되더라도 장기적으로 농가 참여와 소비자 신뢰가 유지되기 어렵다. 일곱째, 재정적 안정성 확보가 어려워 정책이 일회성으로 끝나는 경우가 많다. 충분한 예산과 지원 체계가 마련되지 않으면 계획 추진이 불안정해진다. 여덟째, 지역적 특수성과 중앙 정책 간 불일치 문제도 있다. 지역 실정에 맞게 계획을 설계해도 중앙정부 정책과 충돌하면 제약을 받을 수 있다.

157) 지역 푸드플랜의 바람직한 추진 방안

지역 푸드플랜을 효과적으로 추진하기 위해서는 지역의 특성과 여건을 충분히 고려한 맞춤형 계획 수립이 우선되어야 한다. 각 지역의 농업 환경, 소비 패턴, 유통 구조를 분석하여 현실적이고 구체적인 목표를 설정하는 것이 필요하다.

또한 지역 내 자원과 역량을 강화하는 일이 중요하다. 안정적인 농산물 생산과 공급을 위해 생산 기반, 저장시설, 유통망, 인력 등을 확보하고, 부족한 부분은 단계적으로 확충해야 한다. 이를 통해 지역 푸드플랜의 실행 가능성을 높일 수 있다.

이해관계자 간 협력 체계를 구축하는 것도 핵심이다. 지방자치단체, 농민, 유통업체, 시민단체 등이 정기적인 협의와 공동 의사결정을 통해 상호 신뢰와 협력을 유지해야 하며, 이를 통해 정책 집행의 안정성을 확보할 수 있다.
정확한 데이터에 기반한 정책 추진 역시 필수적이다. 생산량, 소비량, 유통 구조 등에 대한 체계적인 정보 수집과 분석을 통해 계획을 수립하고 실행 과정에서 발생할 수 있는 문제를 최소화해야 한다.
장기적인 지속 가능성을 확보하는 것도 중요하다. 단기적인 성과에만 치중하지 않고, 농가 참여와 소비자 신뢰, 재정 안정성을 함께 고려한 계획을 마련함으로써 정책이 일회성에 그치지 않도록 해야 한다.
이를 위해 안정적인 재정 및 지원 체계 마련이 필요하다. 충분한 예산, 인력, 교육 프로그램 등 지원 기반을 확보함으로써 계획 추진 과정에서 발생할 수 있는 위험을 최소화할 수 있다.
또한 중앙정부 정책과의 연계를 강화해야 한다. 지역 푸드플랜이 중앙 정책과 충돌하지 않도록 조율하고, 필요한 경우 지원을 연계함으로써 정책 효과를 극대화할 수 있다.
주민 참여 확대도 필수적이다. 지역민과 소비자가 계획 수립과 실행 과정에 적극 참여하도록 홍보와 교육을 강화함으로써 정책의 실효성과 정당성을 높일 수 있다.
협동조합이나 사회적 경제 조직을 활용하는 것도 바람직하다. 이를 통해 생산과 유통, 판매를 공동으로 관리하면 안정적인 공급과 가격 조정에 도움을 주어 지역 푸드플랜의 효율성을 높일 수 있다.
마지막으로 성과 평가와 피드백 체계를 구축해야 한다. 정책 시행 후 성과를 주기적으로 점검하고 문제점을 보완하며 계획을 지속적으로 개선함으로써 지역 푸드플랜이 안정적이고 효과적으로 운영될 수 있다.

158) 스마트팜 시스템이란?

스마트팜 시스템이란 정보통신기술(ICT)과 센서, 자동화 기술을 활용하여 농작물과 가축의 생육 환경을 실시간으로 모니터링하고 제어하는 농업 시스템을 말합니다. 이를 통해 온도, 습도, 토양 상태, 양분, 급수 등을 정밀하게 관리하여 생산성을 높이고, 노동과 자원 소비를 줄이며, 농업 경영의 효율성을 개선할 수 있습니다.

159) 미래농업기술 전망

하나. 농업과학기술은 첨단 ICT기술의 적용으로 농산물 생산기술의 발전이 가속화되고 4차 산업혁명의 지능정보기술이 스마트팜 재배기술에 적용됨으로써, 작물 생산의 혁신과 소비자에게 신선하고 안전한 먹거리를 제공하게 될 것이다. 특히 농업용 로봇기술은 부족한 농촌일손 대체와 작물 생산의 혁신적 개선으로 가장 시급히 도입되어야 할 4차 산업혁명 기술이다.
둘. 스마트 농업은 작물의 생산성을 높이는 데 필요한 시스템을 갖춘 첨단 ICT기술 융합으로 발전하고 있다. 이러한 스마트팜 기술에 4차 산업혁명 기술인 스마트 센싱과 모니터링 기술, 스마트 빅데이터 분석 기술, 스마트 농기계 활용 기술 등의 지능정보기술이 적용되어 작물의 최적 재배환경을 유지하고,

병충해에 대응하는 안전한 작물 수확이 가능하고, 시장에 적기에 공급할 수 있는 작기 조절재배 등이 가능한 농업혁신이 실현되고 있다.
셋. 지구 생태계가 나빠지고 있어, 환경문제 해결과 변화하고 있는 소비자의 까다로운 먹거리 니즈에 부합하는 정밀한 농작물 재배로 생산되는 고품질 안전한 농작물 재배가 현재의 농업 문제 해결과 미래 농업을 대비하는 주요 어젠다이다. 심각한 기후변화가 농업에 미치는 영향을 잘 분석하고, 과학기술의 농업 분야 적용과 보급을 통해 4차 산업혁명이 가져다줄 농업의 혁신이 미래농업을 대비하는 중요한 전략이 될 것이다.

160) 농업과 인공지능기술의 관계

농업의 빅데이터는 4차 산업혁명에 필수적인 재료이다. 빅데이터 없이는 인공지능 기술 서비스, 생각도 할 수 없다. 2006년 2명의 구글 직원이 클라이밋 코퍼레이션(Climate Corporation)을 창업하였다. 농업 현장에서 발생하는 다양한 데이터를 분석하여 농가의 의사결정을 지원하는 회사이다. 센서를 이용하여 지역별 날씨, 토양의 수분 및 각종 유기물, 농업기계 운용 등의 데이터를 광범위한 지역에서 모으고 있다. 현재 미국 전역의 250만 개의 장소에서 매일 1,500억 개의 토양정보와 10조 개의 기상 시뮬레이션 정보를 실시간으로 수집하고 축적하고 있다. 그리고 그 막대한 양의 데이터를 분석하여, 작물의 생장 상황, 건강 상태(영양, 질병 등), 수확량 예측 등의 정보를 실시간 제공한다. 이 서비스는 정말 효과가 있었을까?
조사한 결과 이 서비스를 이용한 농가에서 2년간 평균 5%가량의 수확량 증가를 경험했다. 실제로 이 서비스를 통해 농산물 재배 비용은 줄이고 생산량은 증가시킬 수 있었던 것이다. 비록 아직은 초기 단계이지만 빅데이터 축적이 임계점을 넘을 경우 유료서비스는 더욱 증가할 것이 확실시된다. 2016년 유료서비스 농지 면적은 560만ha에서 2017년 1,010만ha로 증가하였고, 2025년에는 1억 6천만ha가 서비스 될 것이라고 하는데 이것은 남한의 16배에 달하는 면적이다.
이런 성과는 기업가치 상승으로 돌아왔다. 2013년 몬산토는 무려 1조 원에 클라이밋 코퍼레이션을 인수했고, 현재 몬산토는 독일 바이엘과 합병했다. 2020년이 되면 이 회사의 기업가치는 수십조 원에 이를 것이라고 한다.
셈 에싱턴 수석연구원은 한 언론사 인터뷰에서 "우리 회사의 센서 네트워크는 전례 없는 분량의 엄청나면서도 세밀한 현장 데이터들을 수집하고 있다. 궁극적으로 우리는 수많은 종류의 센서들을 모두 통합하여 농업 현장을 살아 있는 데이터 시스템으로 바꾸고자 합니다"라고 하면서 농업 빅데이터 수집에 대하여 제안했다.

161) 농업 분야에서의 인공지능

농업 분야에서 인공지능은 사람의 한계를 뛰어넘는 많은 일들을 해낼 수 있다. 기상이변을 예측하거나 올해 수확량이 평년보다 적거나 많을지 계산하고, 농업을 더 예측 가능한 과학적인 산업으로 만들어 효율성과 수익성을 높일 수 있다. 또한 트랙터 등 농기계는 산지가 많은 국내의 복잡한 지형에서도 자율적으로 주행하고 작업할 수 있다. 비닐하우스에 적용하면 작물의 상태에 따라 실시간으로 일조량, 습도, 영양 상태 등을 자율적으로 조절하는 '스마트팜(Smart Farm)'이 가능하다. 이처럼 첨단 인공지능 기술은 작물의 재배환경을 최적화하면서 노동력, 물, 농약 등 농업에 필요한 자원의 사용을 최소화하고 생산량은 증대시킨다. 인공지능 기술의 도입은 식량생산 측면 외에도 농업이 현재 직면하고 있는 많은 문제들을 해결할 수 있는 대안이 되고 있다. 하나부터 열까지 사람의 손이 필요했던 농업이 인공지능과 로봇기술을 통해 자동화 · 무인화되면서 농업인구의 고령화 문제와 심각한 일손 부족 문제에 해법을 제시할 수 있다. 또한 농가 수익의 증가로 농업인들이 겪고 있는 경제난 해소에도 큰 도움이 될 수도 있다.

4차 산업혁명의 시대에 빅데이터, 인공지능 기술이 농업을 혁신적으로 변화시키고 있다. 이러한 첨단기술은 생산성을 향상시키고 자원의 사용은 줄임으로써 지속 가능한 농업을 실현할 뿐 아니라 미래 인류의 식량안보를 강화할 수 있을 것으로 기대된다.

162) 푸드 혁신을 통한 신소비자 시장 창출

사람들의 소득수준이 올라가면서 맛있는 음식을 찾아 먹는 '미식'의 시대가 다가왔다. 최근 들어 사람들이 음식을 맛있고 간편하게 소비하려는 니즈가 커지면서 정보기술(IT)을 바탕으로 한 푸드테크(Food Tech) 시장이 확대되고 있다.

음식과 IT의 결합, 푸드테크에 주목해야 한다. 음식과 IT가 융합된 푸드테크는 식품관련 산업에 IT를 접목해 새로운 산업을 창출하는 것을 말한다. 사람들은 이제 버튼 하나만 누르면 음식 배달부터 맛집 추천, 빅데이터를 이용한 맞춤형 레시피에 이르기까지 원하는 것을 즉시 얻을 수 있다. 푸드테크는 O2O(Online to Offline) 서비스의 증가 및 외식산업의 발전과 함께 급부상하고 있다. 푸드테크는 음식배달 및 식재료 배송, 음식점 정보 서비스, 스마트팜, 그리고 인공 소고기 같은 차세대 식품까지 포괄하는 개념이다.

163) 미래형 슈퍼마켓의 모습은

이탈리아를 대표하는 체인형 슈퍼마켓 브랜드 COOP는 액센츄어와 공동으로 2015년 밀라노 엑스포에 4차 산업혁명 기술을 접목한 미래형 슈퍼마켓을 출품해서 큰 호응을 받았다. 호응이 커지자 원래 1회성 Pop-Up 매장으로 출품했던 미래형 슈퍼마켓을 상설매장으로 전환하여 현재 밀라노에서 영업 중이다. 그렇다면 대체 미래형 슈퍼마켓은 어떤 모습일까? 이곳에서는 상품진열대마다 디스플레이를 설치하여 고객의 상품 선택과정에서 필요한 각종 정보를 제공한다. 농산물 생산자의 정보, 상품 정보, 요리법, 영양 정보, 가격 정보 등이 고객의 동선과 몸짓에 따라 표시되고 로봇 점원과 로봇팜이 상품을 진열하고 판매된 매대를 정리한다.

이제 소비자가 선택할 수 있는 농산물의 생산에서 유통, 판매-소비까지 이어지는 유통단계는 데이터 중심의 시스템으로 정비될 것이다. 4차 산업혁명은 농업 유통혁신 모델을 만들고 있는 것이다.

164) 스마트팜에 적용되는 인공지능 기술

스마트팜에 적용되는 인공지능 기술은 농장의 최적 환경을 알고리즘 시스템이 스스로 판단해서 제어하는 기술이다.

스마트팜에 적용되는 인공지능 기술은 크게 5가지로 구분할 수 있다. 그 기술에는 농장 내외부의 환경에 대한 데이터를 생성하여 클라우드 시스템에 전송하는 사물인터넷 IoT기술, 각종 센서 데이터를 실시간으로 전송받아 데이터를 저장하고 분석하는 클라우드 시스템(Cloud System), 수집된 데이터를 빅데이터화 하여 데이터의 유효한 분석과 적용을 실행하는 빅데이터 기술, 빅데이터 분석 결과 스마트팜에 최적 환경제어에 학습하고 적용하는 인공지능(Artificial Intelligence) 기술 그리고 인공지능 기술로 로봇이 투입되어 지능화된 농장경영이 가능하도록 하는 로봇기술이 있다.

먼저, 사물인터넷 IoT 기술에 대해 알아보겠다. 사물인터넷 기술은 스마트팜 내부/외부의 센서 데이터를 인지하고 최적 환경으로 유지하는 기술이다. 사물인터넷 기술은 모든 사물에 센서를 탑재하여 실시간 데이터를 송수신할 수 있으며, 인터넷을 기반으로 모든 사물을 연결하여 사람과 사물, 사물과 사물 간의 정보를 상호 소통하는 지능형 기술이다.

스마트팜의 내부와 외부의 여러 환경에 대한 정확한 데이터를 계측하기 위해서는 정밀한 센서를 설치하여 데이터를 수집해야 한다. 따라서 사물인터넷 기술을 활용하여 농장 내외부의 센서에 IoT 소프트웨어를 탑재하여 무선 환경으로 클라우드 서버에 1~10분 간격으로 정기적 데이터 송신을 할 수 있다.

모든 센서에 IoT 소프트웨어가 설치되어 각 구역별로 정확한 환경 상태를 파악할 수 있고, 이에 대응하여 최적 환경으로 유지하기 위한 환경제어 기준값을 실시간으로 업데이트할 수 있게 된다. 따라서 사물인터넷 기술은 스마트팜의 인공지능 시스템의 가장 기본적인 출발이라고 볼 수 있다.

클라우드 시스템 기술은 스마트팜에서 생성되는 실시간 환경데이터 값과 그 외 다양한 데이터를 저장하고 분류해서 빅데이터로 활용될 수 있도록 운영하는 기술이다. 스마트팜에 운영되는 클라우드 시스템은 게이트웨이를 통해 각종 센서 데이터를 클라우드 서버로 송신하여 실시간 농업 데이터 수집을 할 수 있는 서버 플랫폼 기능이다.

센서 데이터를 빅데이터화 하여 분석하는 서버 환경으로 데이터베이스에 분산 저장된 다중/대량 데이터를 분류하고 분석할 수 있는 환경으로 프로그래밍 기술이 요구된다.

농업용 클라우드 시스템은 스마트팜의 환경을 실시간으로 조절하는 제어룰 생성을 제공한다. 초기에 스마트팜에 환경제어기준 데이터(환경기준/생육기준)를 입력하여 제어하는데, 제어룰을 클라우드 시스템에 생성하여 여기에 따라 제어 온실의 천창 개폐, 팬 구동, 스크린 차단 등의 적절한 환경제어가 뒤따르게 된다.

실시간으로 수집되는 환경데이터 값에 대응하여 제어룰이 온실의 각종 엑츄레이터를 구동하는 제어활동을 하며 최적의 환경을 유지하는 통제망이 된다. 환경 측정 데이터와 생육 측정 데이터 값을 정기적으로 수집 · 분석하여 새로운 제어룰로 생성하여 최적화된 의사결정 시스템으로 운영하게 된다.

클라우드 시스템은 수집 · 분석된 환경/생육/농장경영 데이터 등을 통해 정확한 생육진단을 하고, 제어 유효성을 분석하며, 분석결과를 토대로 농장의 생산량을 예측하고 병충해를 실시간 예찰 진단할 수 있다. 농장 환경 변화에 능동적으로 대응하는 자율제어 엔진을 탑재하여 사람의 판단 없이 인공지능 시스템에 의한 최적 농장 환경 제어가 가능하게 된다.

165) 농업 빅데이터 기술(딥러닝)이란?

딥러닝 알고리즘은 스마트팜에서 발생될 수 있는 모든 수치 데이터와 이미지 데이터를 각각 하나의 틀에 모두 넣어 타임라인(Timeline)으로 정렬하고, 융합 분석하는 기술이다. 이러한 데이터 융합 분석 기술을 사용함으로써 분석 정확도를 향상시키고 신뢰성 있는 분석결과를 도출하게 된다.
빅데이터의 활용은 인공지능(딥러닝) 기술로 병해충을 사전에 예측할 수 있다. 농장의 환경과 작물의 생육 데이터, 경영 각 데이터 틀을 분석하는 데는 개별적인 분석이 아닌 딥러닝 기술을 도입하여 작물 재배 전 주기에 걸친 융합 데이터를 분석하고, 그 분석 결과를 활용하여 작물의 생장 장애와 병해충을 사전에 예측할 수 있다. 융합 데이터 분석과 이미지 데이터 처리 기술로 빠르고 정확한 분석을 수행할 수 있게 된다.
이전에는 작물의 생육정보를 수집하는 것이 제한적이었지만 이미지 데이터 처리가 가능해지면서 얼마든지 정보를 수집할 수 있게 되었다. 이미지 데이터 기술을 통해 식물의 상태 및 이상을 파악할 수 있는데, 이때 사용되는 기술은 이미지 딥러닝 기술인 CNN(Convolution Neuron Network) 알고리즘이다. 이미지 분석 기술을 활용하여, 작물의 병충해와 생장장애를 판단할 수 있다.
이미지 정보를 활용한 딥러닝 기술을 기반으로 병충해와 생장장애 진단 · 분석기술을 개발할 수 있다. 우선 이미지 분석을 위한 모델을 설계하고, 스마트팜에 설치된 CCTV 영상과 외부 이미지를 통해 학습할 대상의 이미지를 수집한다. 전문가와의 협의를 통해 이미지의 항목에 대해 기준점 및 척도를 정의하면 농작물의 이상 징후를 사전에 판단할 수 있다. 여기서 끝이 아니다. 이미지에 대한 학습 결과를 통해 문제를 파악하고 이를 보완하여 에러가 최하점이 되도록 재학습을 하는 순환구조의 학습 알고리즘을 개발하여 사용한다.
인공지능 기술 중에 학습 기능의 알고리즘이 딥러닝이다. 빅데이터가 수집되면 분석해서 그 유용한 결과물을 농장제어에 반영하는 기술이 딥러닝 알고리즘이다. 빅데이터로 분석한 결과 농장제어 기준값을 수정하여 제어하게 되면 점점 더 정확하고 좋은 생육환경을 만들 수 있는 제어 기준값을 딥러닝 알고리즘이 만들어 가는 기술이다.

166) 치유농업의 발전 방안

치유농업이란 농업과 농촌의 자원을 활용해 정신적 · 육체적 · 사회적 어려움을 겪는 사람들에게 재활 · 보호 등의 치유기능을 제공하는 것입니다. 자연친화적인 요양시설을 세워 암환자의 회복을 돕거나, 정신적으로 어려움을 겪는 환자의 심리치료 목적 등으로 다양하게 활용합니다. 국내에서도 치유농업활동이 조금씩 이뤄지고 있지만, 구체적인 규모나 수익은 집계되지 않을 정도로 미미합니다.
그러므로 초기에는 농가와 전문가가 협력하거나, 치유농업 관련 교육을 받은 인력이 지역의 유휴농지나 마을의 공동시설을 활용하면서 치유농업을 운영해야 합니다. 단, 치유농업을 생산물 판매나 다른 농촌관광 프로그램과 함께 진행하면서 홍보하고, 점차 치유농업의 비중을 확대하는 방안이 합리적일 것입니다. 치유농업 농장이 농촌에 자리를 잡고 외지인들의 방문이 늘어나면 농촌마을과 기반시설을 유지하는 데 도움을 줄 수 있습니다. 또 농촌의 사회적 자본과 환경을 활용해 새로운 고용 기회도 창출할 수 있으며 마을 주민들의 자조적 돌봄시설로도 활용할 수 있습니다. 국가적으로도 복지비용에 대한 부담을 덜 방안이 됩니다. 이를 위해서는 정부와 지방자치단체의 협력과 지원이 반드시 필요합니다.

참고문헌

권웅, “협동조합 주요 이론”, 농협경제연구소, 2003.

송춘호 · 전성군, “농업 농협 논리 및 논술론”, 한국학술정보, 2012. 3.

신기엽, “협동조합의 이론과 현실”, 「한국농협론」, 농협중앙회, 2001. 9.

신기엽 외, “한국농협론”, 농협경제연구소, 2001.

신기엽 외, “협동조합길라잡이”, 농협경제연구소, 2010. 4.

신인식, “남북한 농업경제비교”, 「농협대학 농업발전연구소」, 1992. 1.

이광현, “핵심역량 경영”, 명진출판, 1995.

이인우, “유럽연합 농협의 변화 추이와 시사점”, 『농협조사월보』, 2002.

이종수, “협동조합의 정체성”, 농협중앙교육원, 2002. 6.

임영선, “협동조합의 이론과 현실”, 한국협동조합연구소, 2014. 10.

전성군, “이해관계자 협동조합사례”, 농협중앙교육원, 2003. 5.

전성군 · 배동웅, “미국농협의 편익과 한계”, 농협중앙교육원, 2003. 3.

전성군, “최신협동조합론”, 한국학술정보, 2008. 8.

전성군, “협동조합지역경제론”, 한국학술정보, 2012. 12.

전성군, “실전협동조합교육론”, 한국학술정보, 2014. 3.

조완규, “협동조합론”, 도서출판 동문, 2004. 12.

진흥복, “개정 협동조합론”, 선진문화사, 1991. 2.

최영조, “협동조합론 문제은행”, 협동아카데미, 2007. 10.

최용주, 『사회적경제의 도래와 협동조합운동』, 농협경제연구소, 2009.

한국협동조합연구소, 『한국 협동조합 섹터의 발전방향과 사회적 기업과의 연계가능성』, 2011.

황영모, 『협동조합을 통한 사회적경제의 준비와 실천』, 전북발전연구원, 2012.

현대 협동조합론

초판인쇄 2025년 11월 28일
초판발행 2025년 11월 28일

지 은 이 송춘호 · 전성군
펴 낸 이 채종준
펴 낸 곳 한국학술정보(주)
주　　소 경기도 파주시 회동길 230(문발동)
전　　화 031-908-3181(대표)
팩　　스 031-908-3189
투고문의 ksibook1@kstudy.com
등　　록 제일산-115호(2000. 6. 19)

ISBN 979-11-7457-325-4 93330

책에 대한 더 나은 생각, 끊임없는 고민, 독자를 생각하는 마음으로 보다 좋은 책을 만들어갑니다.